学前教育专业教育教研成果系列教材

U0577765

学前声乐

主　编　孟　浩

副主编　张　菡　贺奇叶力土　吴立新

参　编　王玉泉　肖慕薇　温　颖

车立华　瑶斯图

北京理工大学出版社
BEIJING INSTITUTE OF TECHNOLOGY PRESS

版权专有 侵权必究

图书在版编目(CIP)数据

学前声乐 / 孟浩主编. -- 北京 : 北京理工大学出版社，2016.12（2024.1重印）

ISBN 978 - 7 - 5682 - 3558 - 7

Ⅰ. ①学… Ⅱ. ①孟… Ⅲ. ①声乐–学前教育–教学参考资料 Ⅳ. ①G613.5

中国版本图书馆 CIP 数据核字（2016）第 318851 号

责任编辑： 陈　玉　　**文案编辑：** 陈　玉
责任校对： 周瑞红　　**责任印制：** 李志强

出版发行 / 北京理工大学出版社有限责任公司
社　　址 / 北京市丰台区四合庄路 6 号
邮　　编 / 100070
电　　话 / （010）68914026（教材售后服务热线）
（010）68944437（教材资源服务热线）
网　　址 / http：//www. bitpress. com. cn

版 印 次 / 2024 年 1月第 1 版第 9 次印刷
印　　刷 / 定州市新华印刷有限公司
开　　本 / 787 mm × 1092 mm　1/ 16
印　　张 / 13
字　　数 / 325 千字
定　　价 / 42.00 元

图书出现印装质量问题，请拨打售后服务热线，负责调换

前　言

“声乐”是学前教育专业一门重要的必修课程，兼有专业理论与实践课的性质。它是一门提高学生艺术素养的重要课程，也是为社会培养实用性和应用型人才的重要途径，对学生的综合素质与实操能力提高有很大的作用。学习本课程既可以使学生掌握幼儿园音乐教育所需要的声乐专业技能，又能为学生进一步学习幼儿歌唱教育活动设计等专业课程打下基础。

一、课程任务

1. 掌握学前教育专业的声音基础知识与演唱技能。
2. 掌握幼儿歌曲的演唱特点、技法与表演方法。
3. 能够较好地运用歌唱技能完成学前幼儿音乐教育活动。
4. 介绍中外优秀声乐作品及幼儿歌曲精品。

二、教材特点

1. 合理选择教学内容。本教材结合学生的认知规律和学习特点，将传统的声音理论部分由任课教师在训练中适度讲解。

2. 选择实用的歌曲。本教材针对人才培养目标，贯彻应用型、技能型人才培养理念，侧重技能的培训和学前教育工作的实际要求加以训练，选择有代表性的民族歌曲与草原歌曲、儿童歌曲进行训练。

3. 突出实操技能训练。本教材通过实践教学、现场观察和多媒体教学环节，突出实用性和操作性，有针对性地培养学生解决教学中存在问题的能力。

4. 采用新技术。本教材采用二维码技术支持，方便学生听取个别曲目。

5. 选择有特色的歌曲。本教材增加一部分有内蒙古特色的优秀歌曲及蒙古族儿歌。

三、教学方法和教学形式建议

1. 由于本课程选曲较多，教师在教学时可根据学生的实际情况有目的地选择，有些难度较大的歌曲可以作为欣赏曲目，特别要注重儿童歌曲的演唱与教学。

2. 可以适当增加儿歌教学案例部分，以适应幼儿园音乐教学要求。

本书由孟浩担任主编，张菡、贺奇叶力土、吴立新担任副主编，王玉泉、肖慕薇、温颖、车立华、瑶斯图担任参编。在编写过程中得到同仁们的大力支持，在此一并表示感谢！

由于编者水平有限，不足之处在所难免，恳请广大读者批评指正。

编　者

目　录

单元一　歌曲选编

第一节　初级曲目

一、中国部分

二、外国部分

第二节 蒙古族民歌

第三节 蒙古族儿歌

单元三　幼儿歌曲

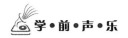

参考文献

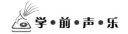

单元一

歌曲选编

学习目标

知识目标：1. 理解歌曲内涵与曲作者的创意。

2. 明晰歌曲主题思想、音乐特点和演唱风格。

3. 了解不同地域、不同时代、不同类型歌曲的音乐特点。

4. 掌握歌曲的演唱风格。

能力目标：1. 能自如地运用歌唱方法较完整地演唱歌曲。

2. 能够独立分析处理歌曲。

3. 能够把握歌曲的演唱风格，较完整地表达歌曲思想感情。

第一节 初级曲目

一、中国部分

踏雪寻梅

1=E 2/4

刘雪庵 词
黄 自 曲

```
3 5  5 12 | 3   0 | 3 6  5 12 | 3   0 3 5 | i.    7 |
雪霁  天晴  朗,      腊梅  处处  香。   骑驴

3 6  5 | 5 3  2 1 | 1   0 | 3 5  5 0 | 2 5  5 0 |
把桥  过, 铃儿  响叮  当。  响叮  当,  响叮  当,

3 5  5 0 | 1 1  i 0 | 0 1 3 5 | i   7. 5 | 3 6  5 |
响叮  当,  响叮  当,  好     花  采得 瓶供  养,

5 12 3 4 | 5   5 | 5 3  2. 1 | 1   0 ‖
伴我 书声 琴  韵,   共度  好时  光。
```

浏 阳 河

1=F 2/4

徐叔华 词
唐璧光 曲

```
5 6 i 6 5 3 5 | 3   2. | 1 1  2 5 3 | 2 3 1. | 5 3 5  6. 5 |
1.浏 阳    河     弯过了 几道  弯?  几十  里
2.浏 阳    河     弯过了 九道  弯,  五十  里
```

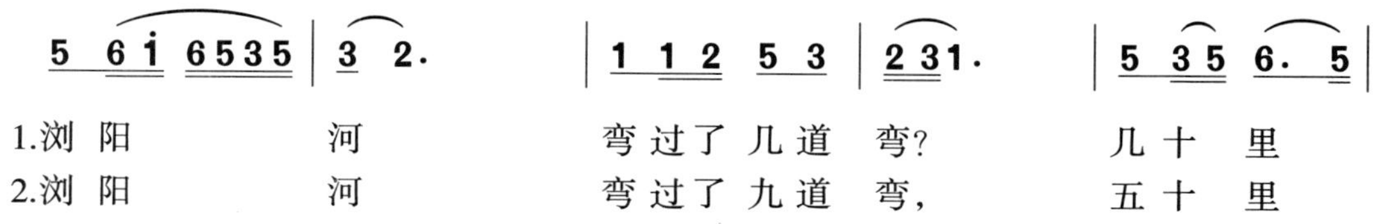

3.5 3	2.1 6 5	1 —	1 1 23 5 5 3	2.1 6 5

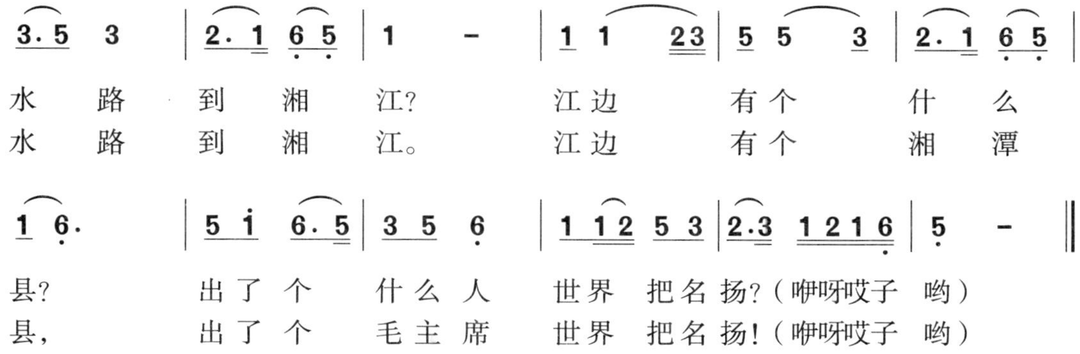

水　路　到　湘　江?　　江边　　有个　　　什么
水　路　到　湘　江。　　江边　　有个　　　湘潭

1 6.	5 1 6.5 3 5 6	1 1 2 5 3	2.3 1 2 1 6	5 —

县?　出了个　什么人　世界　把名扬?（咿呀哎子　哟）
县，出了个　毛主席　世界　把名扬!（咿呀哎子　哟）

长 城 谣

潘习农 词
刘雪庵 曲

1=F 4/4

（5 3 5 6 1 2 3 3 | 2 2 2 1 — ）‖: 5 35 3 5 | 1. 6 5 — |

　　　　　　　　　　　万里 长城 万里 长，
　　　　　　　　　　　没齿 难忘 仇和 恨，

5 6 1 3 5 3 | 2. 6 1 — | 5 35 3 5 | 1. 6 5 — |

长 城 外面 是 故　乡，高粱 肥 大 豆 香，
日 夜 只想 回 故　乡，大家 拼命 保 故 乡，

5 5 6 1 3 2 | 1 — — 0 | 2 12 1 2 | 5. 3 2 — |

遍地 黄金 少 灾 殃。自 从 大难 平 地 起，
哪怕 敌人 逞 豪 强。万 里 长城 万 里 长，

3 1 23 5 3 5 6 | 1. 6 1. 3 | 5 35 3 5 | 1. 6 5 — |

奸 淫 掳 掠 苦 难 当，苦难 当，奔 他 方，
长 城 外面 是 故 乡，四 万万 同胞 心 一 样，

5 5 6 1 3.5 3 2 | 1 — — 0 | (2 12 1 2 | 5. 3 2 — |

[1.]
骨肉 离散 父母　丧。
新的 长城 万里

[2.]
3 1 23 5 3 5 6 | 1. 6 1 — ）‖: 1 — — 0 ‖

　　　　　　　　　　长。

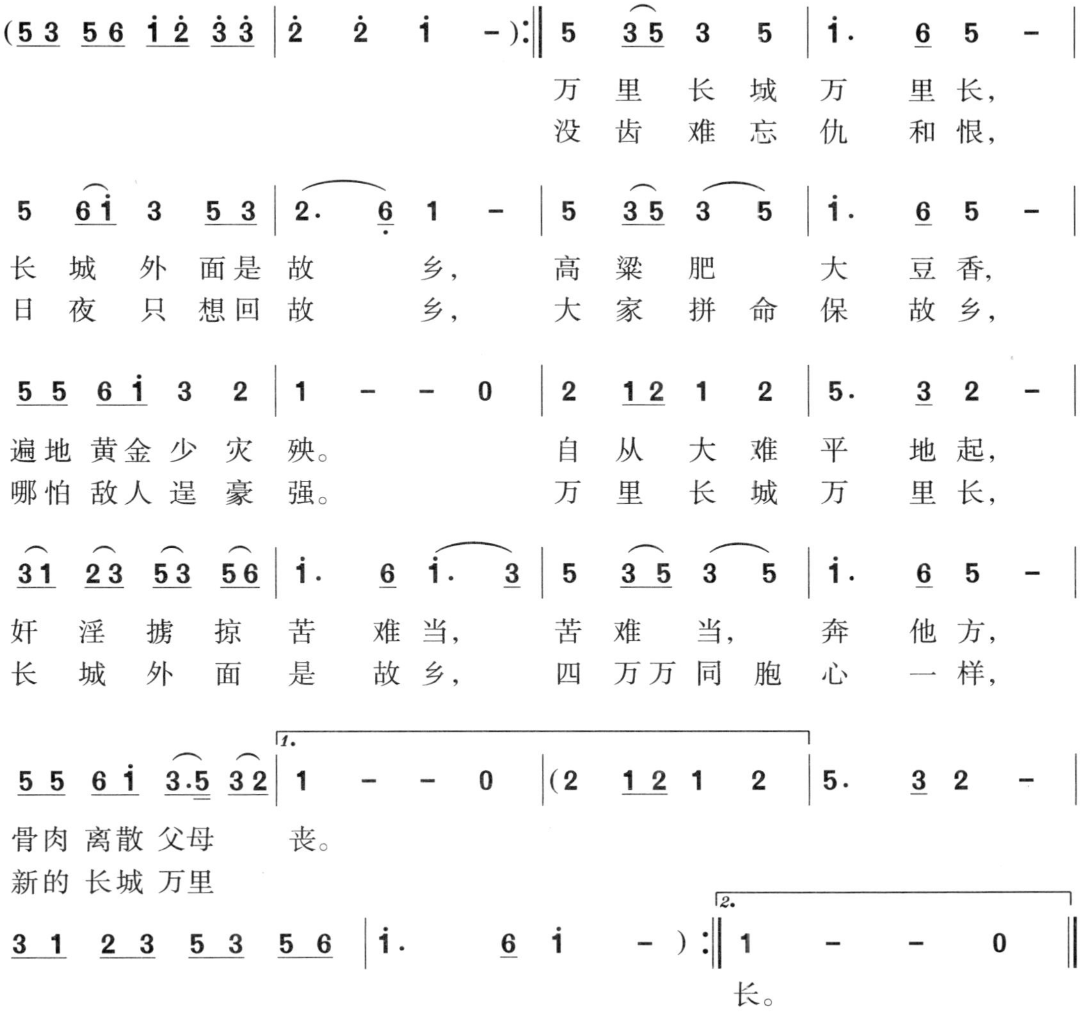

大海啊，故乡

（故事影片《大海在呼唤》主题歌）

1=F 3/4

王立平 词曲

稍慢　深情地

```
( 5 65·3 | 5 6 5 - | 65 41 65 5 - - | 34 3·21 | 6 2 2 - |
  45 43 16 | 1 - - ) | 1 21·76 | 5 3 3 - | 34 3·21 | 6 2 2 - |
```

小时候 妈妈 对我 讲，　大 海 就是 我 故 乡。

```
7 1 7·65 | 5 2 2 - | 4· 3 16 | 1 - - | 5 65·3 |
```

海 边 出 生，　海 里 成 长。　大 海 啊

```
5 65 5 - | 65 41 1 65 5 - - | 34 3·21 | 6 2 2 - |
```

大 海，　是我生活的地 方，　海 风 吹，　海 浪 涌，

```
45 43 16 | 1 - - | 5 65·3 | 5 65 5 - | 65 41 65 |
```

随我 漂流 四 方，　大 海 啊大 海　就像妈妈一

```
5 - - | 34 3·21 | 6 2 2 - | 45 43 16 | 1 - - :‖
```

样，　走遍天涯海角，　总在我的身 旁。

金风吹来的时候

任卫新 词
马骏英 曲

1=♭E 4/4

稍慢

```
( 6 1 46 65 5 | 6·6 1 46 65 5 | 4·5 63 32 5 | 3 23 21 61 1 - )
```

```
‖: 1·5 3̄5 21 3 3· | 1 1 5 3̄5 21 3 - | 1·5 5 31 1 61 | 2 23 3 62 2 - |
```

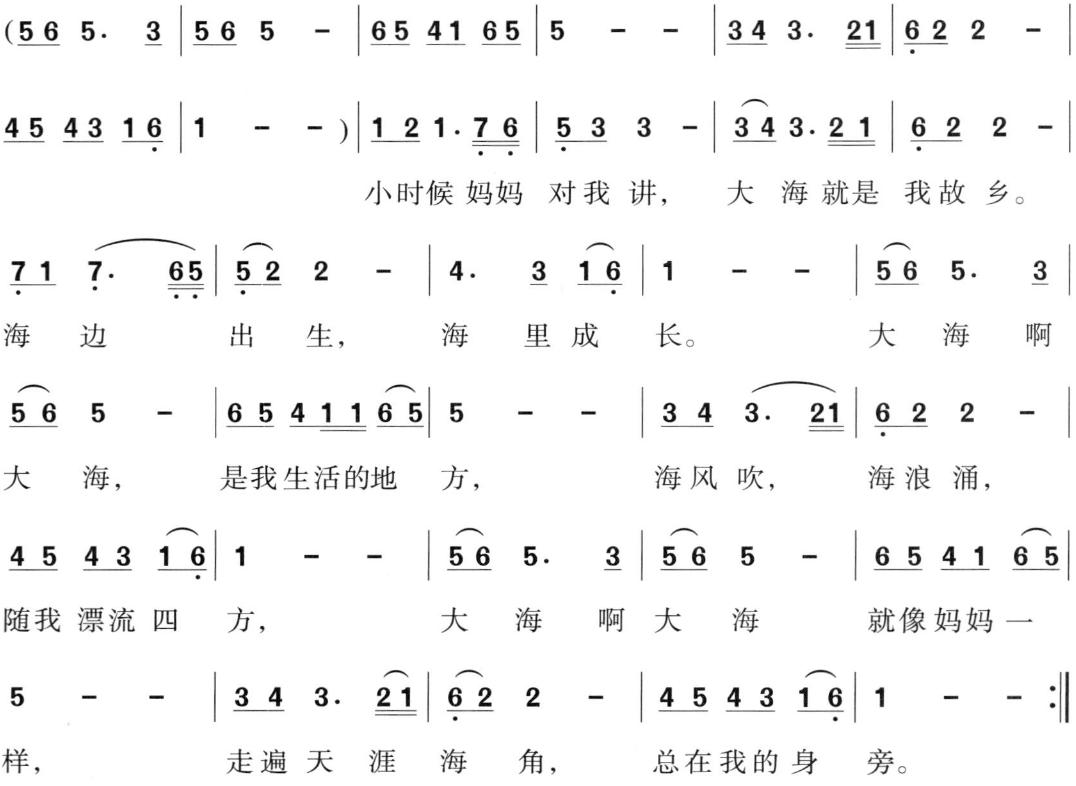

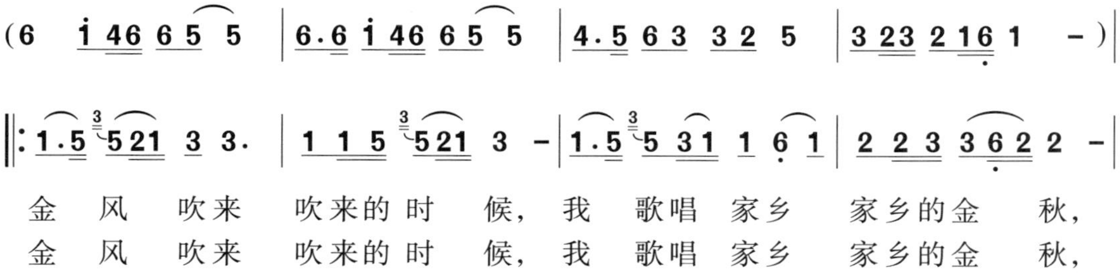

金 风 吹来 吹来的 时 候，我 歌唱 家乡 家乡的 金 秋，
金 风 吹来 吹来的 时 候，我 歌唱 家乡 家乡的 金 秋，

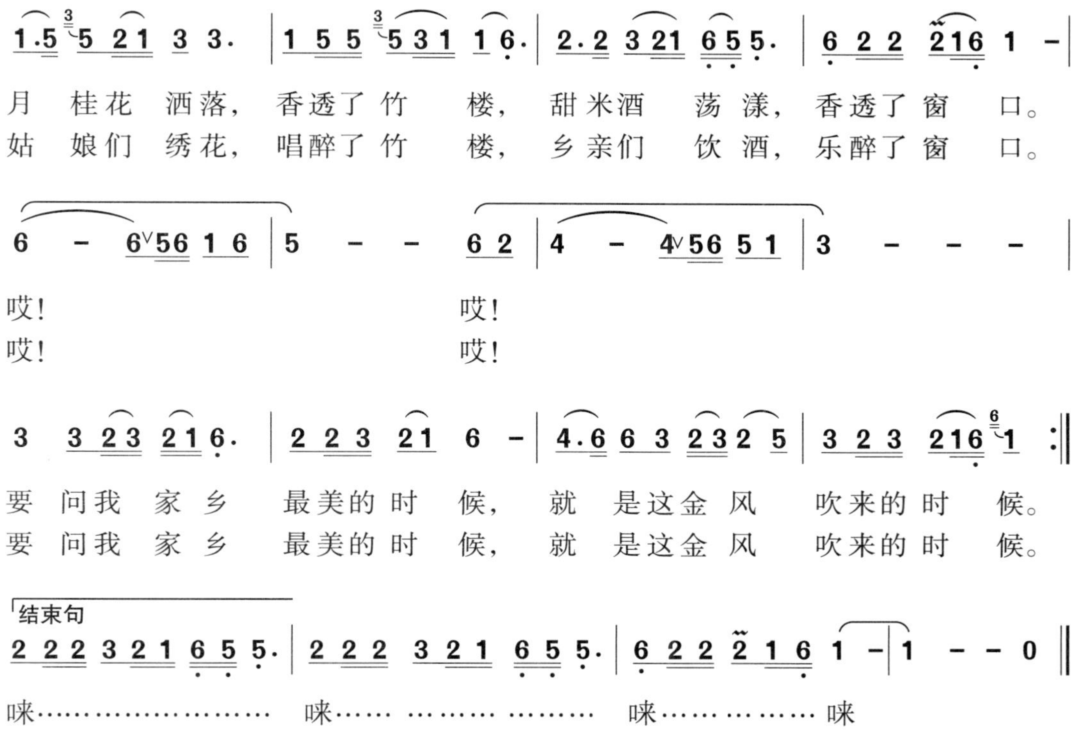
月 桂花 洒落，香透了 竹 楼，甜米酒 荡 漾，香透了 窗 口。
姑 娘们 绣花，唱醉了 竹 楼，乡亲们 饮 酒，乐醉了 窗 口。
哎！ 哎！
哎！ 哎！
要 问我 家 乡 最美的 时 候，就 是这金 风 吹来的 时 候。
要 问我 家 乡 最美的 时 候，就 是这金 风 吹来的 时 候。
结束句
咪…………………… 咪…… ……… ……… 咪…………… 咪

槐花几时开

1＝G $\frac{2}{4}$

稍慢 自由地

四川宜宾
汉族民歌

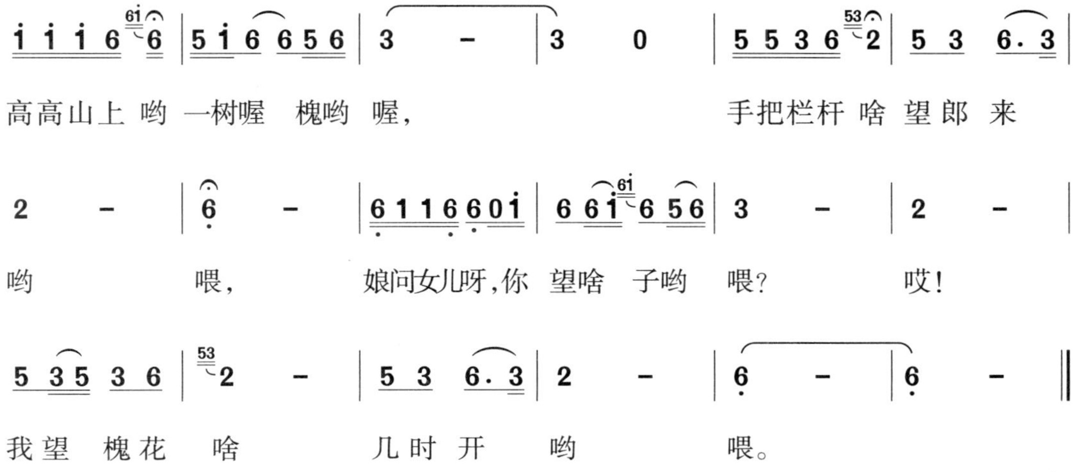
高高山上 哟 一树喔 槐哟 喔，手把栏杆 啥 望 郎 来
哟 喂，娘问女儿呀，你 望啥 子哟 喂？ 哎！
我 望 槐 花 啥 几 时 开 哟 喂。

牧 羊 歌

（电影《内蒙人民的胜利》插曲）

王震之 词
李 曦 曲

1＝D $\frac{2}{4}$
忧怨地 慢板

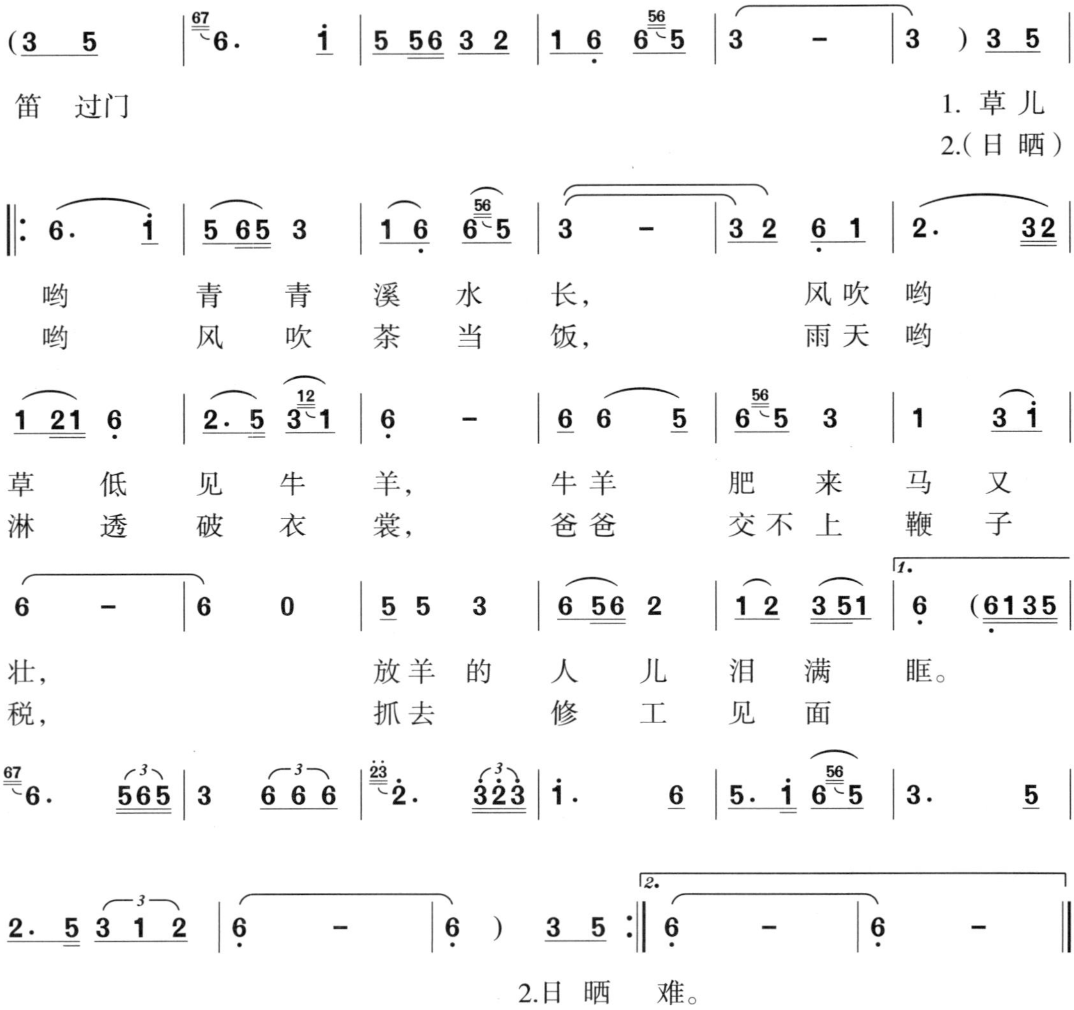
笛 过门
1. 草儿
2.（日 晒）
哟 青 青 溪 水 长， 风 吹 哟
哟 风 吹 茶 当 饭， 雨 天 哟
草 低 见 牛 羊， 牛 羊 肥 来 马 又
淋 透 破 衣 裳， 爸 爸 交 不 上 鞭 子
壮， 放 羊 的 人 儿 泪 满 眶。
税， 抓 去 修 工 见 面
2.日 晒 难。

我爱我的台湾岛

1＝F $\frac{2}{4}$
中速 稍慢 抒情地

高山族民歌

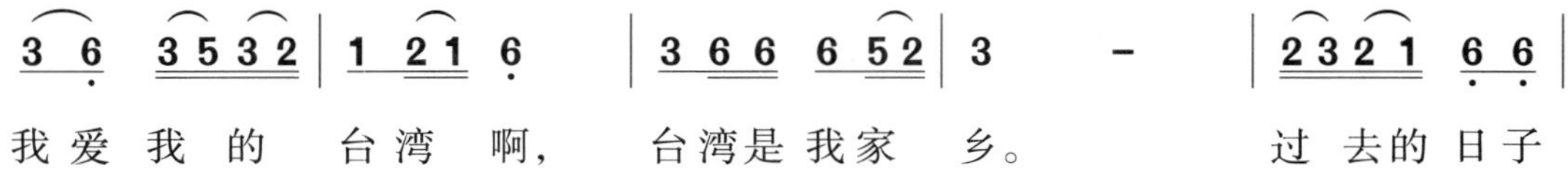
我 爱 我 的 台 湾 啊， 台 湾 是 我 家 乡。 过 去 的 日 子

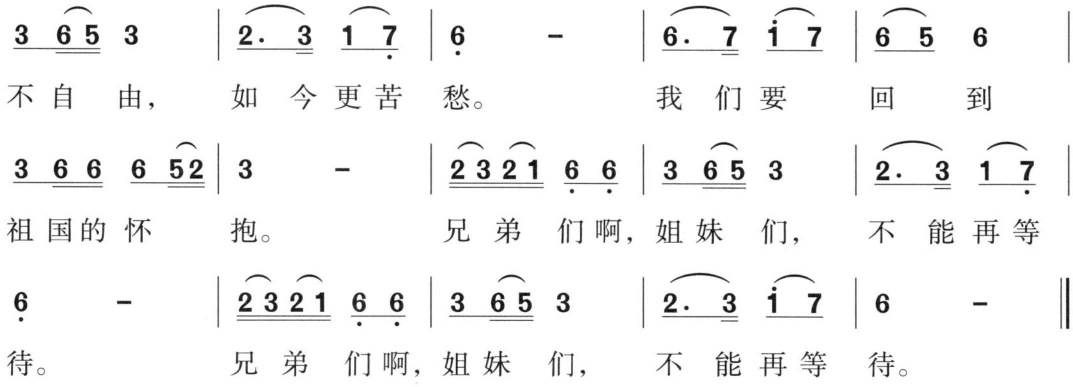
不自由，如今更苦愁。我们要回到
祖国的怀抱。兄弟们啊，姐妹们，不能再等
待。兄弟们啊，姐妹们，不能再等待。

渔光曲

（电影《渔光曲》插曲）

安　娥词
任　光曲

1＝C $\frac{4}{4}$

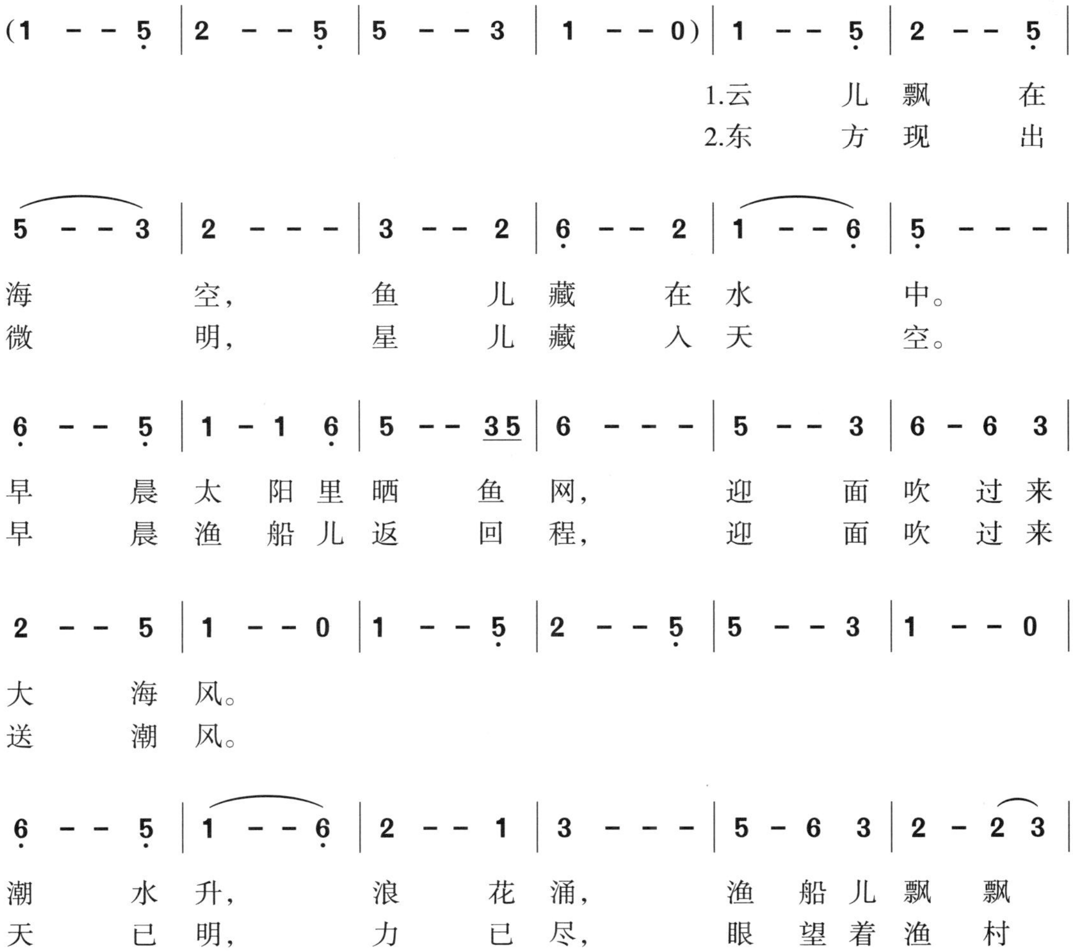
1.云儿飘在
2.东方现出
海空，鱼儿藏在水中。
微明，星儿藏入天空。
早晨太阳里晒鱼网，迎面吹过来
早晨渔船儿返回程，迎面吹过来
大海风。
送潮风。
潮水升，浪花涌，渔船儿飘飘
天已明，力已尽，眼望着渔村

各 西 东； 轻 撒 网， 紧 拉 绳，
路 万 重； 腰 已 酸， 手 也 肿，
烟 雾 里 辛 苦 等 鱼 踪！
捕 得 了 鱼 儿 腹 内 空！
鱼 儿 难 捕 租 税 重，
鱼 儿 捕 得 不 满 筐，
捕 鱼 人 儿 世 世 穷， 爷 爷 留 下 的
又 是 东 方 太 阳 红， 爷 爷 留 下 的
破 鱼 网， 小 心 再 靠 它 过 一 冬！
破 鱼 船， 小 心 再 靠 它 过 一 冬！

在那遥远的地方

1＝G $\frac{4}{4}$

王洛宾 词曲

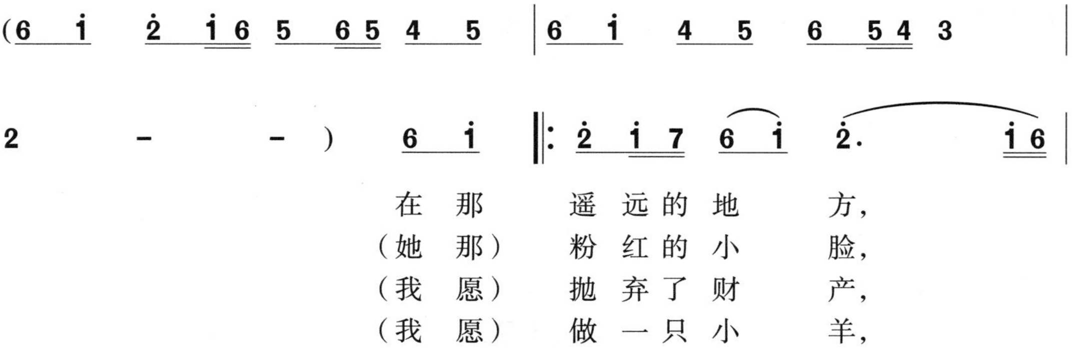
在 那 遥 远 的 地 方，
（她 那） 粉 红 的 小 脸，
（我 愿） 抛 弃 了 财 产，
（我 愿） 做 一 只 小 羊，

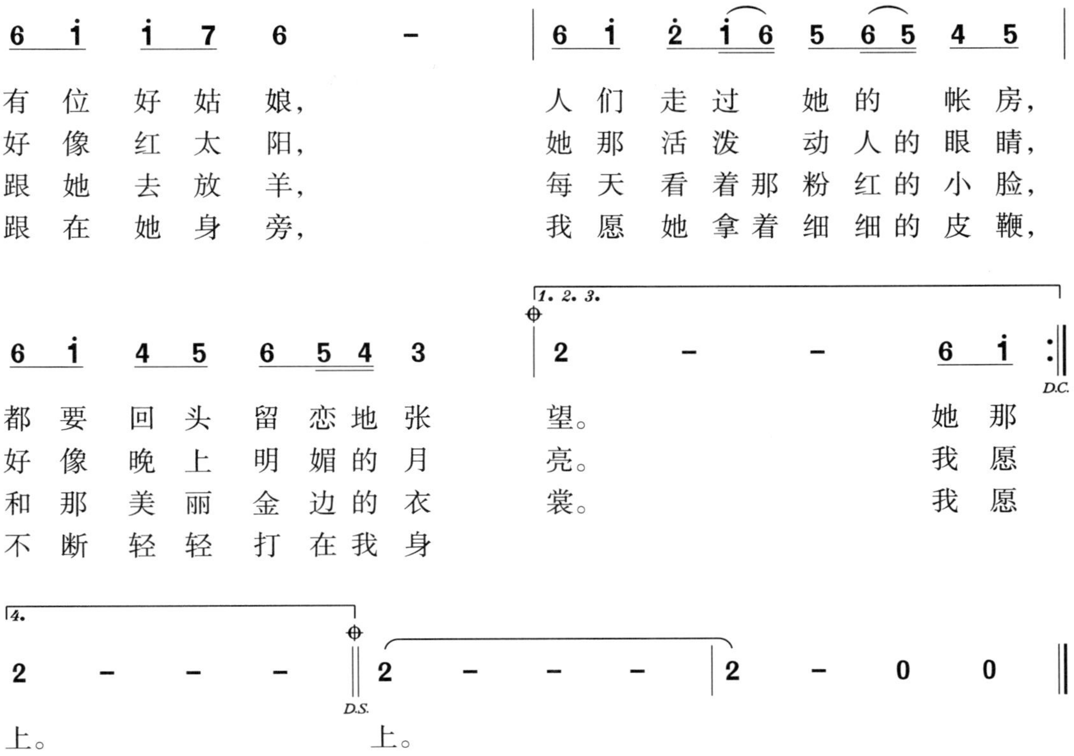

```
6 i̲  i̲ 7 6    -     | 6 i̲  2̇ i̲6  5 6̲5̲ 4̲5̲ |
```

有　位　好　姑　娘，　　　　人　们　走　过　她　的　帐　房，
好　像　红　太　阳，　　　　她　那　活　泼　动　人　的　眼　睛，
跟　她　去　放　羊，　　　　每　天　看　着　那　粉　红　的　小　脸，
跟　在　她　身　旁，　　　　我　愿　她　拿　着　细　细　的　皮　鞭，

```
6 i̲  4̲ 5̲  6̲ 5̲4̲ 3    | 2    -    -    6 i̲  :‖
                        1. 2. 3.                D.C.
```

都　要　回　头　留　恋　地　张　　望。　　　　她　那
好　像　晚　上　明　媚　的　月　　亮。　　　　我　愿
和　那　美　丽　金　边　的　衣　　裳。　　　　我　愿
不　断　轻　轻　打　在　我　身

```
4.
2    -    -    -  ‖ 2    -    -    - | 2    -    0    0  ‖
              D.S.
```

上。　　　　　　　　　上。

我的花儿

1＝E 2/4　　　　　　　　　　　　　　　　　　　哈萨克族民歌

中速稍快
```
mp
i̲  i̲  7̲ 5̲ | 6̲·6̲  5̲4̲3̲5̲ | 2    -    2̇    -    2̇    - |
```

1.你　的　名　字　多　亲　切，　　　哎！
2.你　好　比　是　那　海　洋，　　　哎！
3.你　的　名　字　多　香　甜，　　　哎！
4.虽　然　我　们　刚　相　见，　　　哎！

```
mp
i̲  i̲ 2̇  7̲ 5̲ | 6    5̲ 3̲ 2 | 1̲ 2̲  3̲2̲3̲5̲ | 2    -  ‖ mp 2̲ 5̲5̲ 5̲5̲
```

心　爱　的　姑　娘，　一　见　你　心　花　开　放。　　　美　丽　的　姑　娘，
我　是　那　海　鸥，　永　远　在　海　面　飞　翔。
苗　条　的　姑　娘，　我　献　给　你　酥　油。
多　情　的　眼　睛，　我　一　见　你　就　倾　心。

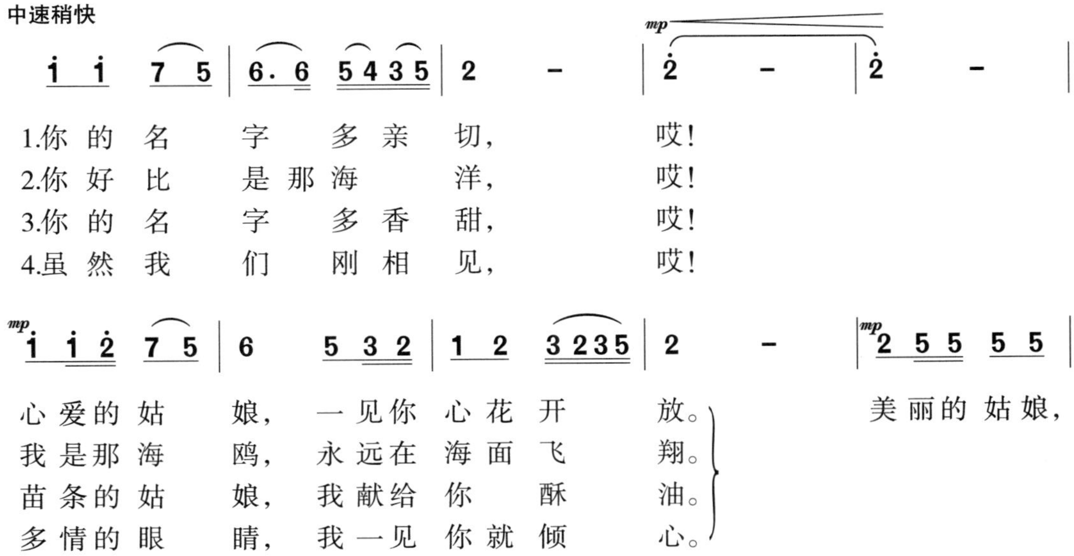

$\overbrace{\dot1\ \dot1}$ $\overbrace{7\ 6\ 7\ \dot2}$ | $\overbrace{6\cdot\ 5}$ f $\overbrace{3\ 4\ 3\ 2}$ | $\overbrace{1\ 2}$ $\overbrace{3\ 23}$ 5 | $\overset{\vee}{4}$ $\overset{\vee}{3}$ | $\overset{1.\ 2.\ 3.}{2}$ — ‖

我 的 花　　儿!　我 要　欢 笑,欢　　笑。　　哎 呀　呀!

$\overset{4.}{2}$ 0 ：‖ $\dot2$ — | $\dot2$ — | $\dot2$ — | $\dot2$ $\dot2$ |

　　　　　　呀!　　　　哎!　　　　　　　　　　哎!

$\dot2$ — | $\dot2$ — | 2 5 5 5 | $\overbrace{\dot1\ \dot1}$ $\overbrace{7\ 6\ 7\ \dot2}$ | $\overbrace{6\cdot\ 5}$ $\overbrace{3\ 4\ 3\ 2}$ |

　　　　　　　美 丽 的 姑 娘,我 的 花　　儿!　我 要

$\overbrace{1\ 2}$ $\overbrace{3\ 23}$ 5 | $\overset{\cdot}{4}$ $\overset{\cdot}{3}$ | $\dot2$ — | $\overset{\frown}{\dot2}$ 0 ‖

欢 笑,欢　　笑。　　哎 呀　呀!

跑马溜溜的山上

1=G $\frac{2}{4}$

四川康定民歌
江 定 仙 编曲

稍慢　饱满地

3 5　6 6 5 | $\overbrace{6\cdot\ 3}$ 2 | 3 5　6 6 5 | 6 3. | 3 5　6 6 5 | $\overbrace{6\ 3}$ 2 |

1.跑马 溜溜的　山　上　　一朵 溜溜的　云哟,　　端端 溜溜的　照　在
2.李家 溜溜的　大　姐　　人才 溜溜的　好哟,　　张家 溜溜的　大　哥
3.一来 溜溜的　看　上　　人才 溜溜的　好哟,　　二来 溜溜的　看　上
4.世间 溜溜的　女　子　　任我 溜溜的　爱哟,　　世间 溜溜的　男　子

5 3 $\overbrace{2\ 3\ 2\ 1}$ | 2 $6\cdot$ | $6\cdot$ 2. | 5 3. | $\overbrace{2\ 1\ 6\cdot}$ | 5 3 $\overbrace{2\ 3\ 2\ 1}$ | 2 $6\cdot$ ‖

康定溜 溜的　城哟,　月亮　　弯　　弯,　　康定溜 溜的　城哟!
看上溜 溜的　她哟,　月亮　　弯　　弯,　　看上溜 溜的　她哟!
会当溜 溜的　家哟,　月亮　　弯　　弯,　　会当溜 溜的　家哟!
任你溜 溜的　求哟,　月亮　　弯　　弯,　　任你溜 溜的　求哟!

春天，你在哪里

刘钦明　词
曲成久　曲

1＝F 2/4

流畅　抒情

（i. 76 | 6. 3 | 7 6765 | 5 — | 1123 61 | 6553 2 |

22 3 2365 | 1 — ） | 5.3 2365 | 1. 61 | 2 2 3 5365 | 5 — |

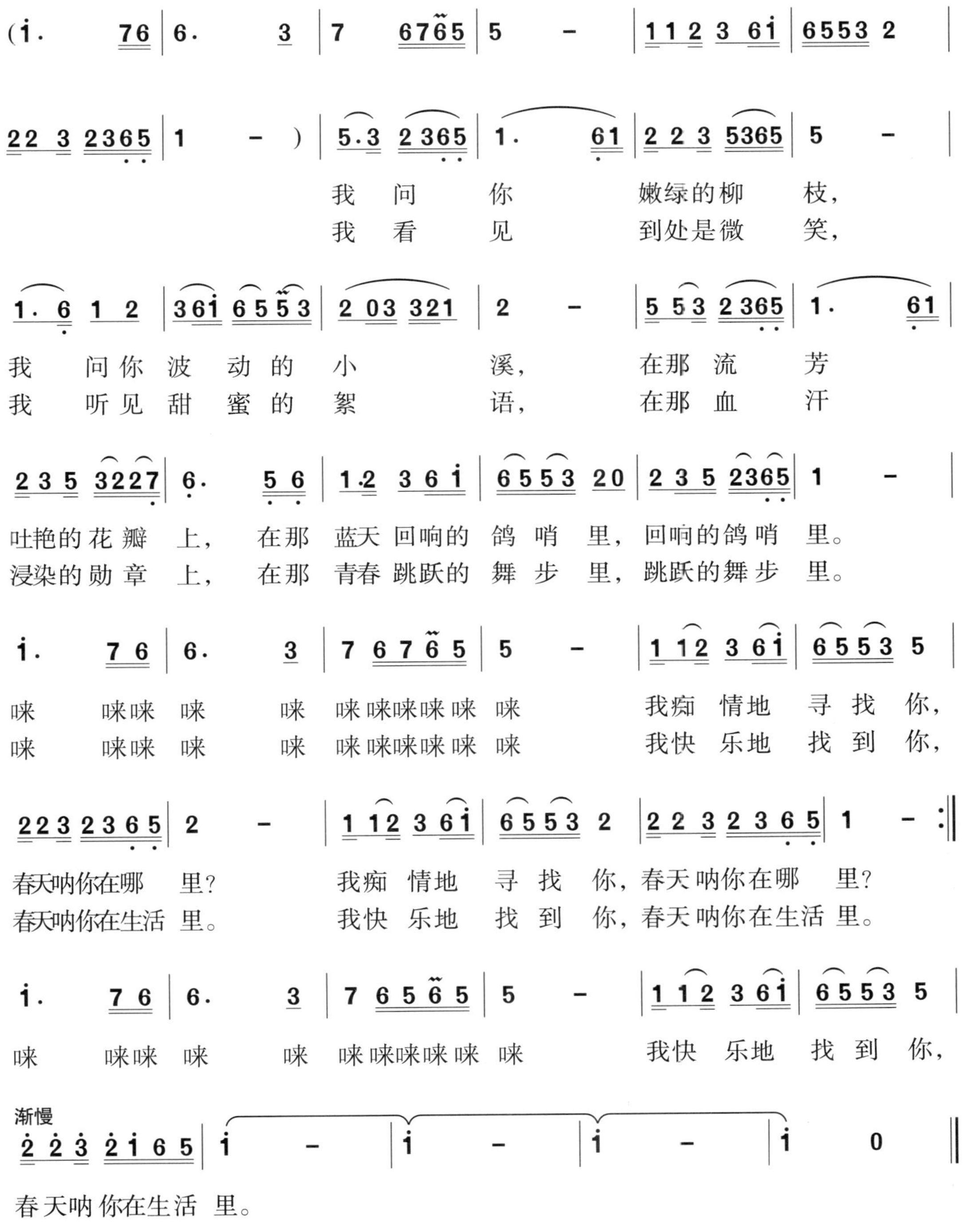

我　问　你　　嫩绿的柳　　枝，
我　看　见　　到处是微　　笑，

1. 6 1 2 | 361 6553 | 2 03 321 | 2 — | 5 53 2365 | 1. 61 |

我　问你波 动的 小　　溪，　在那 流　　芳
我　听见甜 蜜的 絮　　语，　在那 血　　汗

2 3 5 3227 | 6. 5 6 | 1.2 361 | 6553 20 | 2 3 5 2365 | 1 — |

吐艳的花 瓣 上，　在那 蓝天 回响的 鸽 哨 里，回响的 鸽 哨 里。
浸染的勋 章 上，　在那 青春 跳跃的 舞 步 里，跳跃的 舞 步 里。

i. 76 | 6. 3 | 7 6765 | 5 — | 1123 61 | 6553 5 |

咪　咪咪 咪　　咪　咪咪咪咪咪 咪　　我痴 情地 寻 找 你，
咪　咪咪 咪　　咪　咪咪咪咪咪 咪　　我快 乐地 找 到 你，

2232 365 | 2 — | 1123 61 | 6553 2 | 2232 365 | 1 — ：‖

春天呐你在哪 里？　我痴 情地 寻找 你，春天 呐你在哪 里？
春天呐你在生活 里。　我快 乐地 找到 你，春天 呐你在生活 里。

i. 76 | 6. 3 | 7 6565 | 5 — | 1123 61 | 6553 5 |

咪　咪咪 咪　　咪　咪咪咪咪咪 咪　　我快 乐地 找 到 你，

渐慢

2232 2165 | i — | i — | i — | i 0 ‖

春天呐 你在生活 里。

牧羊姑娘

1=C 4/4

抒情地

段庆民 词曲

```
5. 6 1 65 6 5 5 3 2 | 1 2 3 5 - | 1 2 3 6 5 3 5 6 | 2 - - -
```

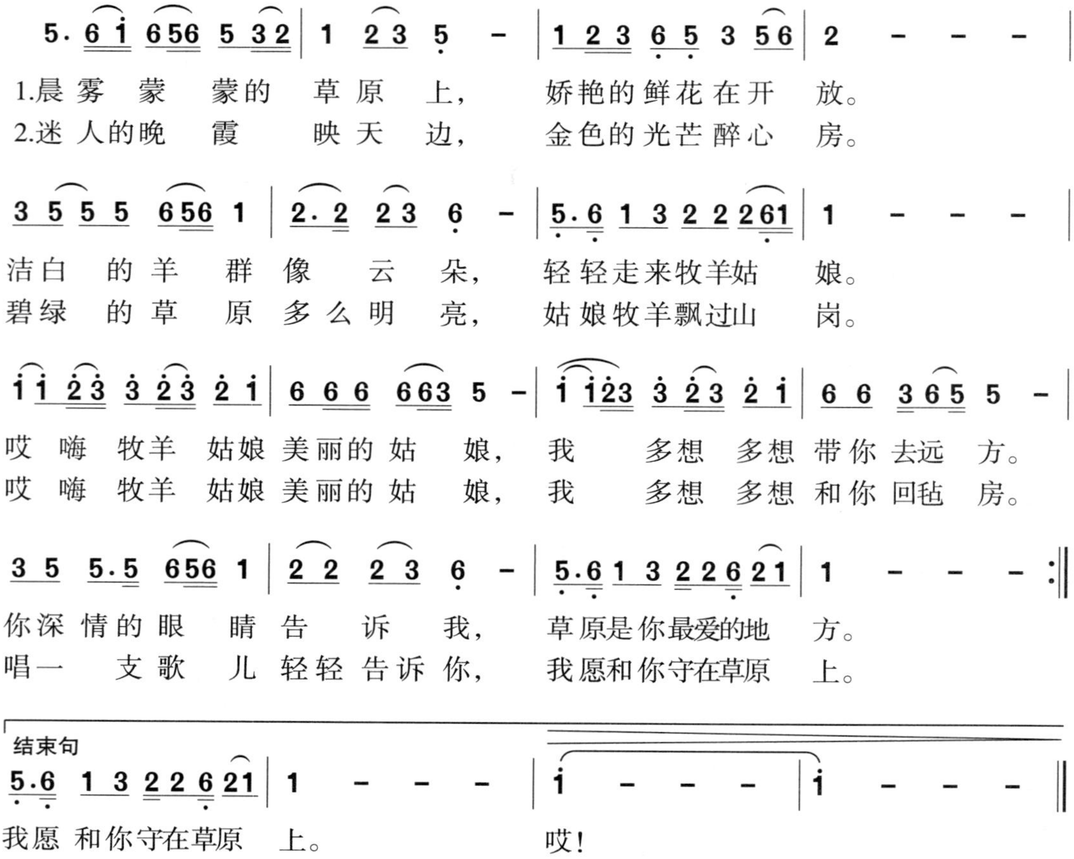

1.晨雾 蒙 蒙的 草原 上，　娇艳的鲜花在开 放。
2.迷人的晚 霞 映天 边，　金色的光芒醉心 房。

```
3 5 5 5 6 5 6 1 | 2. 2 2 3 6 - | 5. 6 1 3 2 2 2 6 1 | 1 - - -
```

洁白 的羊 群 像 云 朵，　轻轻走来牧羊姑 娘。
碧绿 的草 原 多么 明 亮，　姑娘牧羊飘过山 岗。

```
1 1 2 3 3 2 3 2 1 | 6 6 6 6 6 3 5 - | 1 1 2 3 3 2 3 2 1 | 6 6 3 6 5 5 -
```

哎 嗨 牧羊 姑娘 美丽的姑 娘，　我 多想 多想 带你去远 方。
哎 嗨 牧羊 姑娘 美丽的姑 娘，　我 多想 多想 和你回毡 房。

```
3 5 5. 5 6 5 6 1 | 2 2 2 3 6 - | 5. 6 1 3 2 2 2 6 2 1 | 1 - - - :‖
```

你深 情的眼 睛告 诉 我，　草原是你最爱的地 方。
唱一 支歌 儿轻轻 告诉 你，　我愿和你守在草原 上。

结束句

```
5. 6 1 3 2 2 2 6 2 1 | 1 - - - | 1 - - - | 1 - - - ‖
```

我愿 和你守在草原 上。　　　　哎！

女 儿 歌
（电影《黄土地》主题歌）

陈凯歌 词
赵季平 曲

1=C 2/4

稍慢 深情

```
‖:(0 5 6 1 | 3 2 2 6 | 1 7 5 | 6 - ) | 2 3 2 | 1 | 2 1 7 6
```

　　　　　　　　　　　　　　　　1.六 月 里黄 河
　　　　　　　　　　　　　　　　2.六 月 里黄 河

```
6 2 5 3 5 | 6 - | 6 2 2 6 5 | 6 3 2 2 | 5 3 3 2 1 | 2 -
```

冰 不 化，　扭着我 成亲 是我 大，
冰 不 化，　公家人 不 知我会 唱 歌，

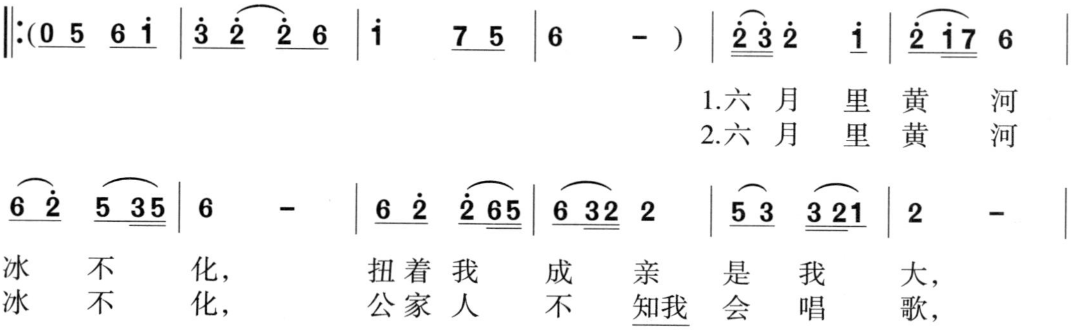

（6 2̇ 2̇65 | 6 32 2 | 5 3 321 | 2 - ） | 556 356 | 1̇ 765 6

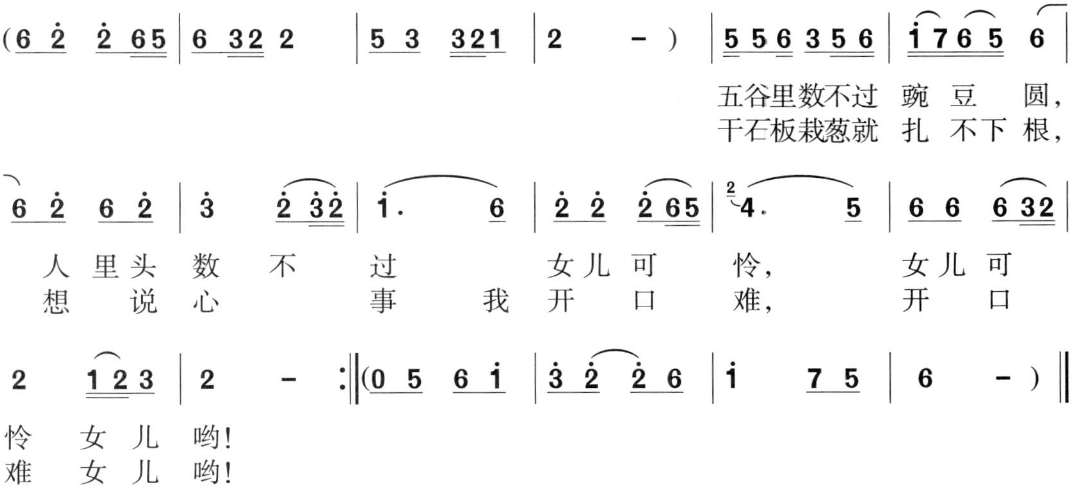

五谷里数不过 豌豆 圆，
干石板栽葱就 扎 不下根，

6 2̇ 6 2̇ | 3 | 2̇ 32 | 1. 6 | 2̇ 2̇ 2̇65 | 4. 5 | 6 6 632

人里头数不 过 女儿可 怜，女儿可
想 说心 事 我开口 难，开口

2 123 | 2 - ‖: （0 5 6 1̇ | 3̇ 2̇ 2̇6 | 1̇ 75 | 6 - ） ‖

怜 女儿 哟！
难 女儿 哟！

映 山 红

（电影《闪闪的红星》插曲）

陆柱国 词
傅庚辰 曲

1=♭B 2/4

稍慢 向往、期待

mf
（6 3 2̇ 1̇ | 3. 5 | 6 2̇ 2̇16 | 6 - ） | 3̇ 3̇ 3̇ 1̇ | 3̇ -

夜半 三更 哟

6 1̇ 2̇ | 1̇ - | 6 1̇ 3̇ 1̇ | 2̇. 3̇ | 6 3̇ 2̇16 | 5 -

盼 天 明，寒冬 腊月 哟 盼 春 风，

1̇ 1̇16 356 | 1̇ - | 2̇ 2̇1 | 3̇ - | 2̇ 3̇ 5̇ 3̇1̇ | 2̇. 3̇

若要 盼得 哟 红 军 来，岭上 开遍 哟

5̇ 3̇ 2̇16 | 1̇ - | 1̇ 1̇16 561̇ | 3̇ - | 5 5̇ 3̇ | 5̇ 6̇ -

映 山 红。若要 盼得 哟 红 军 来，

3̇ 6 5̇ 3̇1̇ | 2̇. 3̇ | 5̇ 3̇ 2̇16 | 1̇ - | 6 3̇ 2̇ 1̇ | 3. 5

岭上 开遍 哟 映 山 红。岭上 开遍 哟

渐慢

6 2̇ 2̇16 | 5 - | 6 3̇ 2̇ 1̇ | 3. 5 | 6 2̇ 2̇16 | 6 -

映 山 红。岭上 开遍 哟 映 山 红。

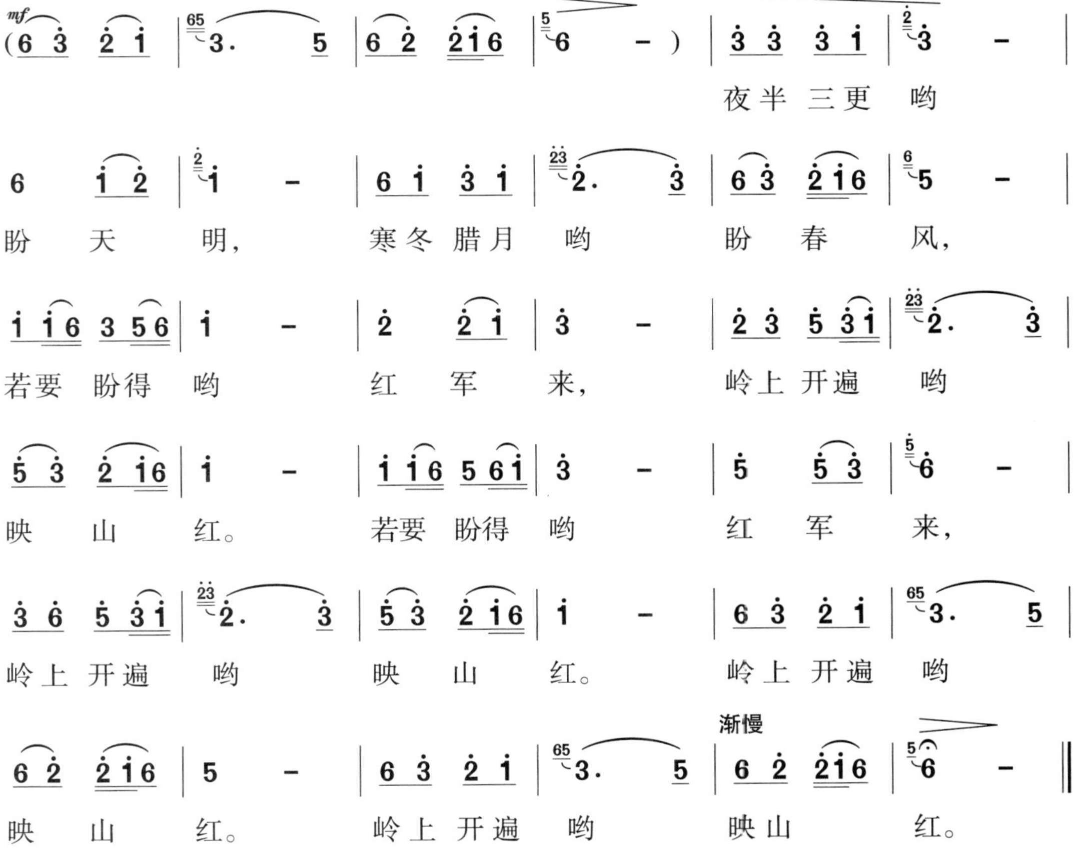

绣 荷 包

1=E $\frac{2}{4}$

山西民歌

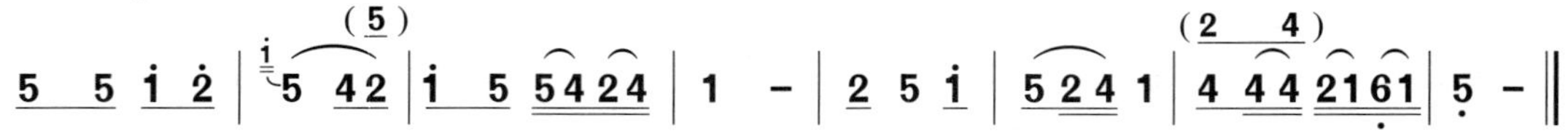

1.初 一到十 五， 十 五月 儿 高， 那春风 摆 动，杨(呀) 杨 柳 梢。

(5 4) (2 2 4)

2.摆 动杨柳 梢， 人 儿哄 吵 吵， 思想起 情 人，要一个荷 包 袋。

3.你 要带荷 包， 绸 子往 回 捎， 捎回了 绸 子来，妹妹 绣荷 包。

4.低 头进绣 房， 两 眼泪 汪 汪， 拿起个 钥 匙来，打开 龙凤 箱。

(1 5) (2 2 4 2 6)

5.打 开龙凤 箱， 红 纸取 一 张， 手拿上 钢 小剪，剜上个荷 包 样。

(2 2 4 2 1)

6.打 开丝线 包， 丝 线没 一 条， 打发上 小 梅璇，大街上跑 几 道。

(5 2 4)

7.东 街至西 街， 没有个 做 买 卖， 忽听见 南 街上，货郎 把 钵 摇。

8.货郎(你)把钵 摇， 梅 璇把 手 招， 你不用 那 招手，我也 我 知 道。

(5 2 1 2)

9.梅 璇前边 走， 货 郎在 后 头， 一霎时 来到 你大呀大 门 洞。

(1 5 5 4) (2 5 5 1) (4 4 4 6)

10.货 郎开言 道， 梅 璇你 细 听， 问问你 家青姑娘，用也 用 些 甚。

(5 6)

11.一 买红头 绳， 二 买擦 脸 粉， 三买上 胭 脂，抹点 红 嘴 唇。

(2 4) (5 2 4)

12.四 买紫大 红， 五 买双 桃 红， 六买上 三蓝蓝绿，七配 七 样 青。

(5 5 1 | 5524 1 | 224 4 6)

13.八 买石榴 红， 九 买绿 盈 盈， 十配上 十样 锦，少一点肉 粉 粉。

(5 2 4)(4 4 4 6)

14.将 线配齐 了， 又 拿针 两 包， 无有一个绣 花针，荷包 绣不 成。

高高太子山

赵大纲 词
克 义 曲

1＝G　4/4

中板 优美亲切地

(6̇6 6535 23 3212 | 6̇6 6535 23 3212 | 6̇6 6535 6· 53 | 渐慢 23 3212 6̂ －) |

原速

6̇· 6̇1 2 35 | 6 － － 53 | 6 532 35 | 3 － － － |

高 高 太 子 山　　哟，山 是 那 金 银 山，
高 高 太 子 山　　哟，山 顶 上 彩 云 飘，

3 35 6· 5 | 3 35 2 6̇· | 2 35 32 12 | 6̇· － － － |

弯 弯 哟　　洮 河 水，河 是 那 金 银 河。
弯 弯 哟　　洮 河 水，河 水 泛 金 波。

35
6 － － － | 6 61 6 5̇5 | 3 － － － | 稍快 3 35 6· 1 |

啊！　　　美 丽 的 家 乡 呀，　　肥 牛 羊，
啊！　　　毛 主 席 的 恩 情 呀，　　比 山 高

6 53 2 6̇· | 12 35 3 23 | 6̇· － － － | 3 35 6· 1 |

壮 骆 驼，密密 森林 满 山 坡。　　肥 牛 羊，
比 水 长，太阳 月亮 比 不 过。　　比 山 高

6 53 2 6̇· | 1. 12 35 3 23 | 6̇· － － － ‖ 2. 12 35 321 | 6̇· － － － ‖

壮 骆 驼，密密 森林 满山 坡。　　太阳 月亮比不 过。
比 水 长，

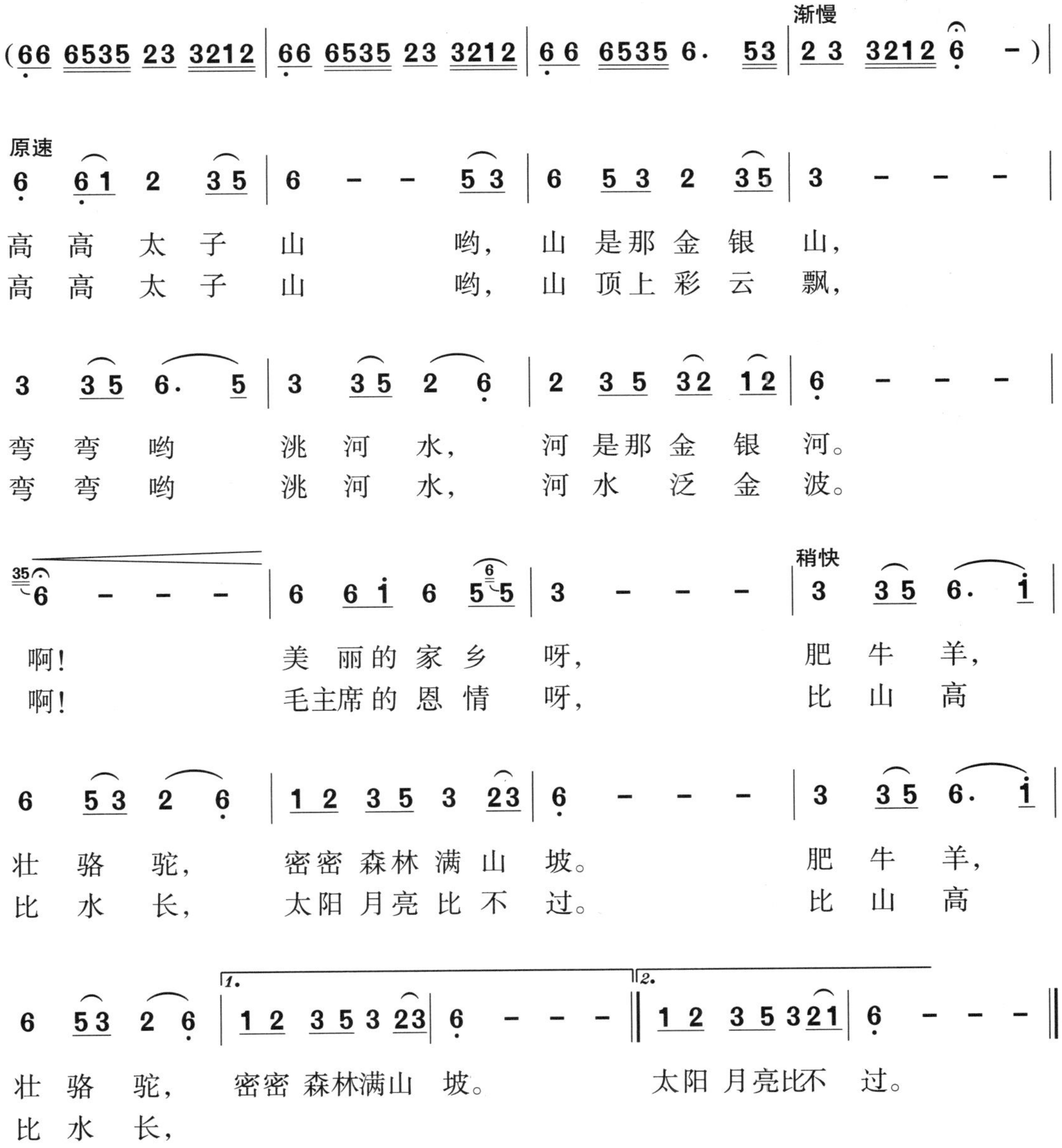

梅 娘 曲

田 汉 词
聂 耳 曲

1=G 2/4

0 3 ‖: 3 0 56 | 1 7 6 | 5 — | 1 2 3 6 6 5 | 5 — | 3 — |

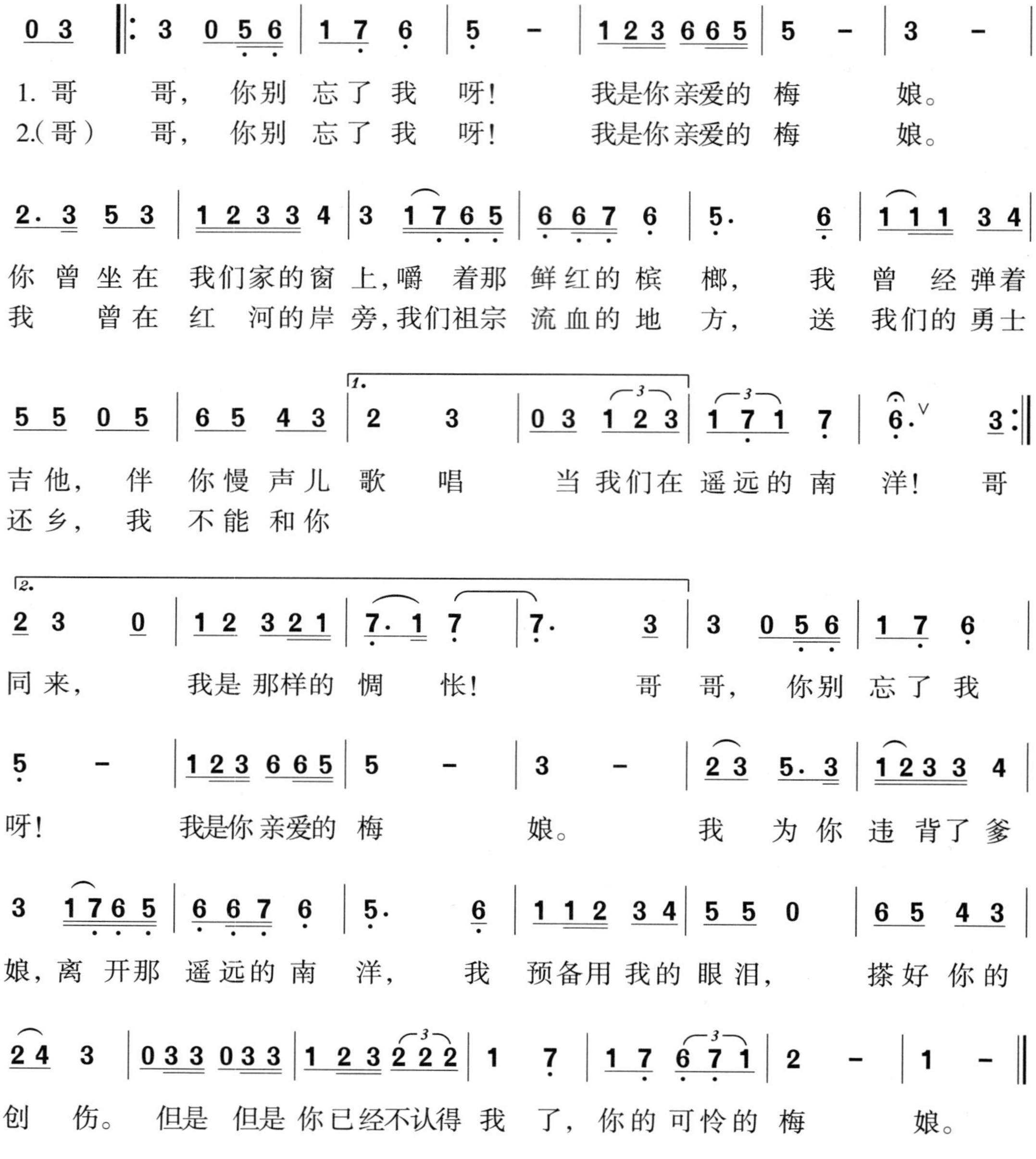

1. 哥　　哥，　你别　忘了我　呀！　　　我是你亲爱的　梅　　　　娘。
2.(哥)　哥，　你别　忘了我　呀！　　　我是你亲爱的　梅　　　　娘。

2. 3 5 3 | 1 2 3 3 4 | 3 1 7 6 5 | 6 6 7 6 | 5. | 6 | 1 1 3 4 |

你　曾　坐在　我们家的窗上，嚼　着那　鲜红的槟　榔，　我　曾　经弹着
我　曾在　红　河的岸旁，我们祖宗　流血的地　方，　送　我们的勇士

5 5 0 5 | 6 5 4 3 | [1. 2 　　 3 | 0 3 1 2 3 | 1 7 1 | 7 | 6. ⌄ | 3 :‖

吉他，　伴　你慢声儿　歌　唱　　当我们在遥远的　南　洋！　哥
还乡，　我　不能和你

[2. 2 3 0 | 1 2 3 2 1 | 7. 1 7 | 7. 　 3 | 3 0 56 | 1 7 6 |

同来，　　我是那样的　惆　怅！　　　哥哥，　你别　忘了我

5 — | 1 2 3 6 6 5 | 5 — | 3 — | 2 3 5. 3 | 1 2 3 3 4 |

呀！　　我是你亲爱的　梅　　　娘。　　　我　为你　违背了爹

3 1 7 6 5 | 6 6 7 6 | 5. | 6 | 1 1 2 3 4 | 5 5 0 | 6 5 4 3 |

娘，离　开那　遥远的南　洋，　我　预备用我的眼泪，　搽好你的

2 4 3 | 0 3 3 0 3 3 | 1 2 3 2 2 2 | 1 7 | 1 7 6 7 1 | 2 — | 1 — ‖

创　伤。　但是　但是你已经不认得　我　了，你的可怜的梅　　　娘。

军港之夜

马金星 词
刘诗召 曲

1=C $\frac{2}{4}$

中速稍慢　抒情地

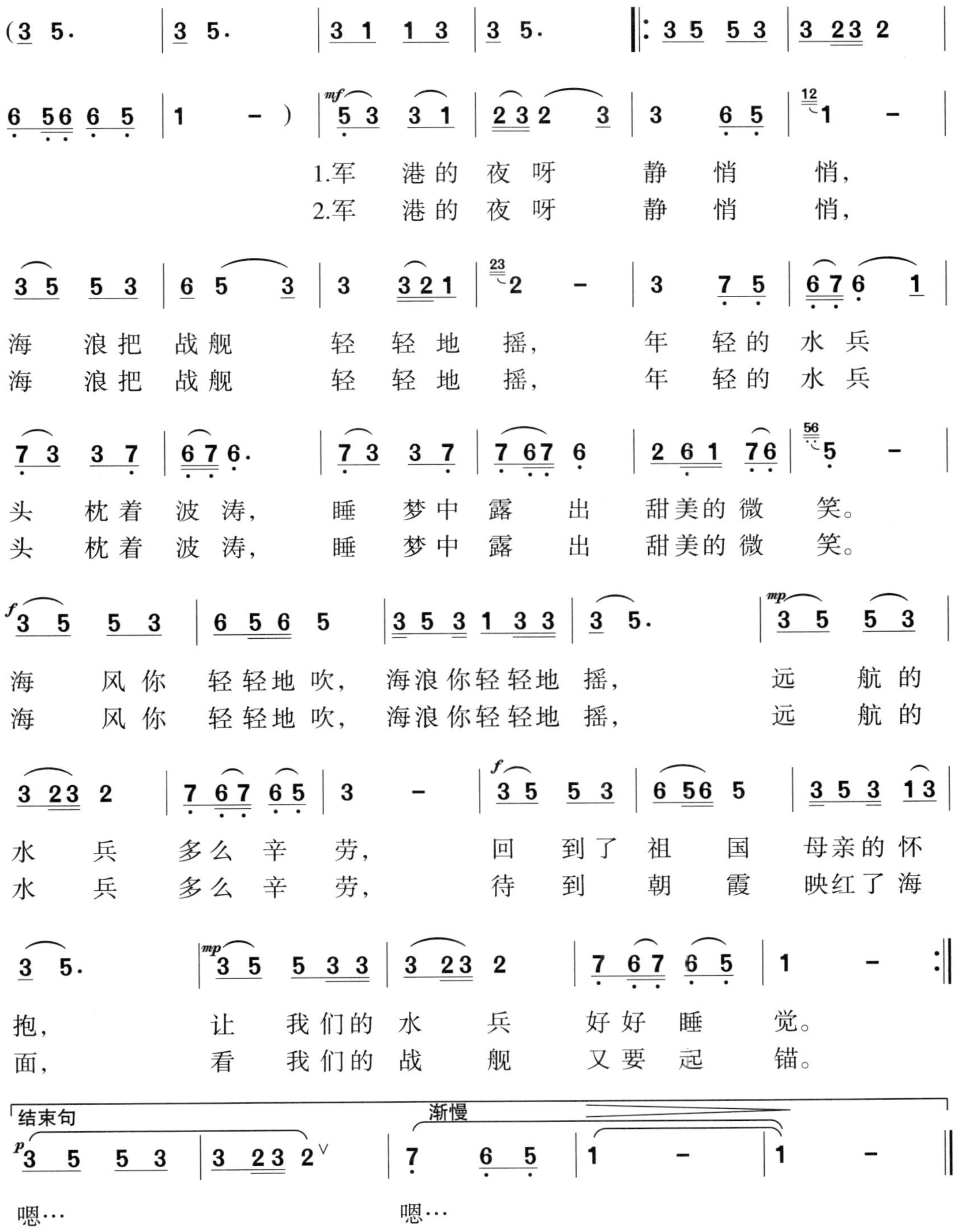
1.军 港的 夜 呀 静 悄 悄，
2.军 港的 夜 呀 静 悄 悄，
海 浪把 战舰 轻 轻 地 摇， 年 轻的 水 兵
海 浪把 战舰 轻 轻 地 摇， 年 轻的 水 兵
头 枕着 波 涛， 睡 梦中 露 出 甜美的 微 笑。
头 枕着 波 涛， 睡 梦中 露 出 甜美的 微 笑。
海 风你 轻轻地 吹， 海浪你轻轻地 摇， 远 航 的
海 风你 轻轻地 吹， 海浪你轻轻地 摇， 远 航 的
水 兵 多么 辛 劳， 回 到了 祖 国 母亲的 怀
水 兵 多么 辛 劳， 待 到 朝 霞 映红了 海
抱， 让 我们的 水 兵 好好 睡 觉。
面， 看 我们的 战 舰 又要 起 锚。
结束句
渐慢
嗯…
嗯…

雁 南 飞

李 俊 词

李伟才 曲

1=♭E 2/4

(5 3 ‖: i - | 7. 5 | 6 - | 6 6 5 | 3. 5 |

2 5 2 | 1 - | 1) 5 6 5 | 3 - | 3 5 6 5 | 3 - |
　　　　　　　　雁 南 飞，　　雁 南 飞，

3 6 5 | 3. 5 | 1 6 3 5 | 2 - | 2 3 5 | 2. 3 |
雁 叫 声 声 心 欲 碎。　不 等 今 日

6 - | 6 6 i | 7. 6 | 5 - 5 | 3 5. 3 |
去，　　已 盼 春 来 归，　　已 盼

2 5 2. 1 | 1 - | 1 6 7 | i - | i 6 i | 7. 5 |
春 来 归。　　今 日 去　原 为 春 来

6 - | 6 5 6 | 3 (5 6 | 3) 1 6 | 5 3 5 | 2 - |
归，　　盼 归　　莫 把 心 揉 碎，

2 5 3 | i - | 7. 5 | 6 - | 6 6 5 |
莫 把 心 揉 碎。　　　　且

3. 5 | 2 5 2. 1 | 1 - | 1 5 3 :‖ 6 6 5 |
等 春 来 归。　　　　且 等

2 - | 2 i | i - i | i - i | i - ‖
春 来 归。

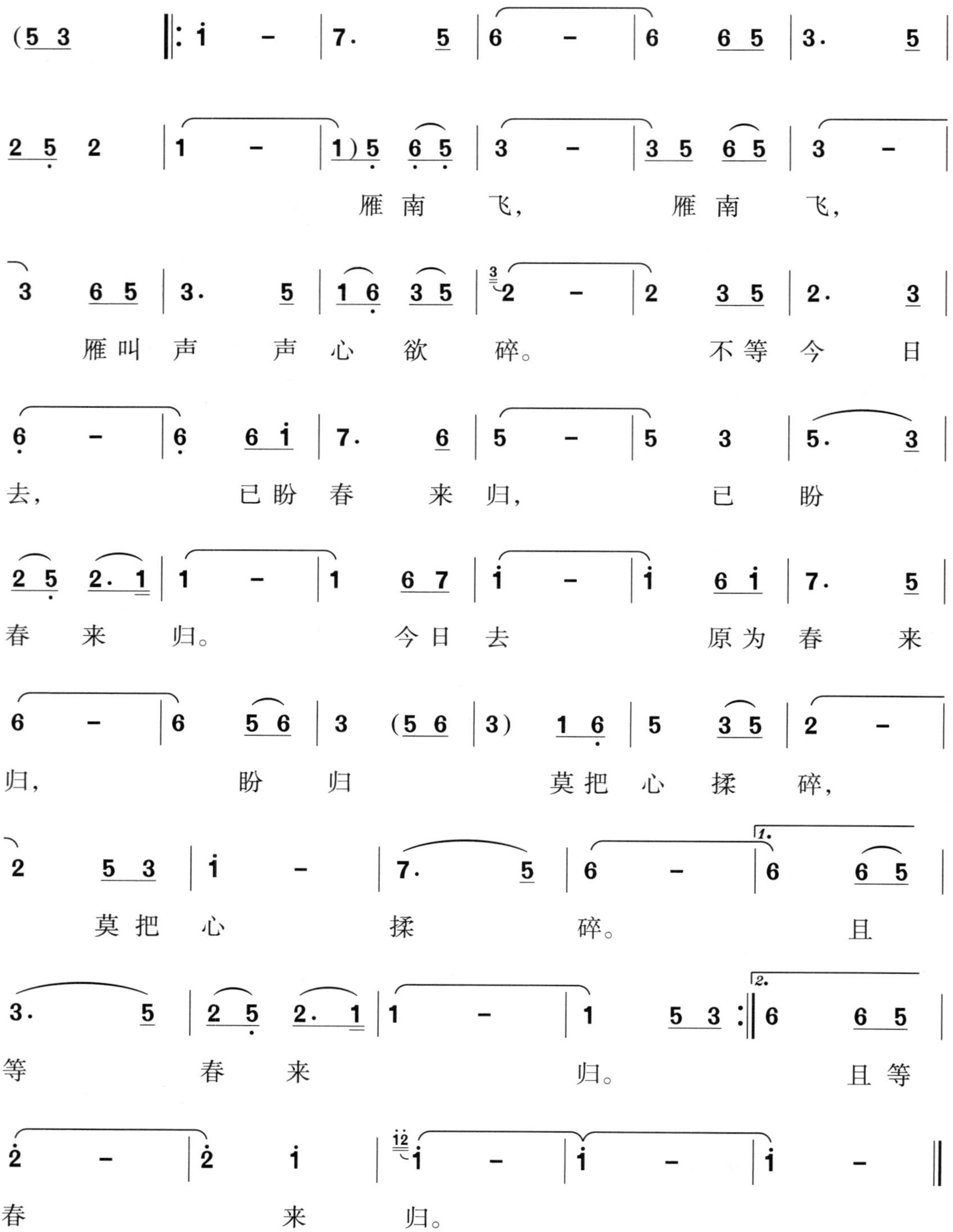

绣 红 旗

（歌剧《江姐》选曲）

阎　肃词
羊　鸣、姜春阳、金　砂曲

1=♭B 4/4

（0 6̣ | 5̣· 6̣ 5̣· 6̣ | 5̣ 3̣ 5̣ 2̣· 4̣ 3̣2̣3̣ | 2̇ 6 3̣5̣2̇ i· 3 |

2̇ 3 7̣2̣6̣ 5 —) ‖: 2̇ 2̇3̇7̇6 5· 3 | 6 2̇ 7̣6̣5 6 — |

线儿　　长，　　针儿　密，
千分　　情，　　万分　爱，

3̣· 3̣ 2̣ 5̣ 3̣ 2̣ i̲2̣7̣ | 6̣· i̲2̣3̣ 2̣6̣7̣6̣5 — | i̇ i̇ 6̇i̇ 5̇·6̇4̇5̇ 3 |

含着热泪绣红旗，绣呀绣红旗。热泪　随　着
化作金星绣红旗，绣呀绣红旗。平日　刀　丛

2̣·3̣1̣2̣ 6̣ 5̣4̣ 3 — | 5̇ 5̇ 3̇ 5̇ 3̇·5̇ 2̇6̇ | 7̇ 3̇ 2̇·3̇7̇6̇ 5 — |

针　线　走，　与其　说是　悲，不如说是　喜。
不　眨　眼，　今日　里心　跳　分外　急。

3̇ 3̇ 2̇·5̇3̇2̇ i· 6̇ | 4̇ 4̇ 3̇2̇3̇5̇ 2̇ — | 5̇ 3̇ 5̇ 2̇·4̇ 3̇2̇3̇ |

多少　　年啊多少　　代，　今天　　终　于
一针　　针啊一线　　线，　绣出　　一　片

2̇ 6 3̣5̣2̇ i· 3 |1. 2̇·3 7̣2̣6 5 — ‖ （5̇· 6̇ 5̇· 3 |

盼　到　你，　盼　到　你。
新　天　地，

2̇ 6 3̣5̣2̣ i —) :‖2. 2̇ 3 7̣2̣6 5 — ‖

新　天　　地。

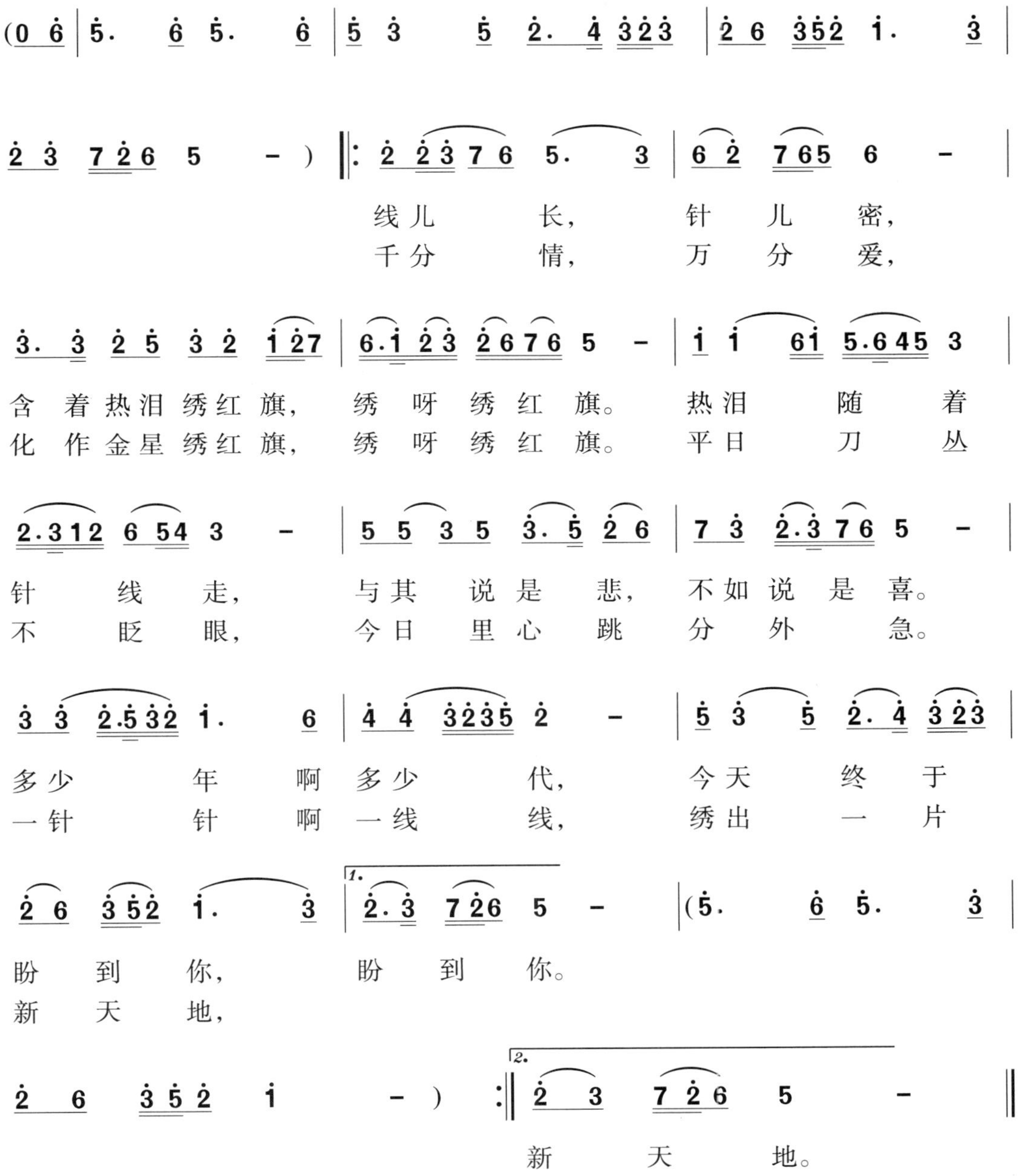

二、外国部分

百 灵 鸟

〔俄〕涅·库科尔尼克词
〔俄〕米·格林卡曲
薛　　范译配

1=G 4/4

中速 纯朴而有生气

p 3 6 5 4 | 3. 1̂2 3. 0 | 2. 1̂7 3. 3 | 6. 7̂1 0 |

1.听 这 歌 声 多 嘹 亮， 响 遍 天 空 大 地，
（3 0 0 3）
2.清 风 吹 去 这 支 歌， 却 不 知 道 送 给 谁，

3 6 5 4 | 3. 1̂2 3. 0 | *mf* 5. 3̂1 5. 4̂2 | 1. 2 3 0 |

歌 声 好 像 清 泉 水， 永 远 流 动 不 息。
（5 0 0 4 2）
听 到 这 支 歌 的 人， 心 中 自 能 领 会。

活泼的声音

p 3 6 5 3 | 1 5 4. 0 | 3 ♭7 6. 3 | 5 — 4 0 |

田 野 上 的 百 灵 鸟， 对 着 它 的 伴 侣，
（3.6）
我 的 歌， 你 飞 去 吧， 带 着 甜 蜜 的 希 望，

p 3 6 5 4 | 3. 2 1 0 | 7. 1̂2 1 6 | 3 — 6 0 |

唱 得 婉 转 又 悦 耳， 却 不 知 在 哪 里？
有 个 人 会 记 起 我， 为 我 悄 悄 叹 息。

mf 3 6 5 4 | 3. 2 1 0 | 7.7 2 4 | 3 — 3 — 6 0 ‖

唱 得 婉 转 又 悦 耳， 却 不 知 在 哪 里？
有 个 人 会 记 起 我， 为 我 悄 悄 叹 息。

照镜子

罗马尼亚民歌
考什布词

1=♭B 2/4

1.妈妈她到林里去了，我在家里闷得发慌。
2.镜子里面有个姑娘，那双眼睛又明又亮。
3.看我长得多么漂亮，谁能说我不够漂亮？
墙上镜子请你下来仔细照照我的模样，让我来把我的房门轻轻关上。轻轻关上。
镜子里面不是我吗？脸儿长得多么漂亮，耳边戴着一朵鲜花美丽芳香。美丽芳香。
妈妈给我做了一件多合身的绣花衣裳，妈妈有了我这女儿多么欢畅。多么欢畅。

红河谷

加拿大民歌
范继淹译配

1=F 4/4
中速稍慢

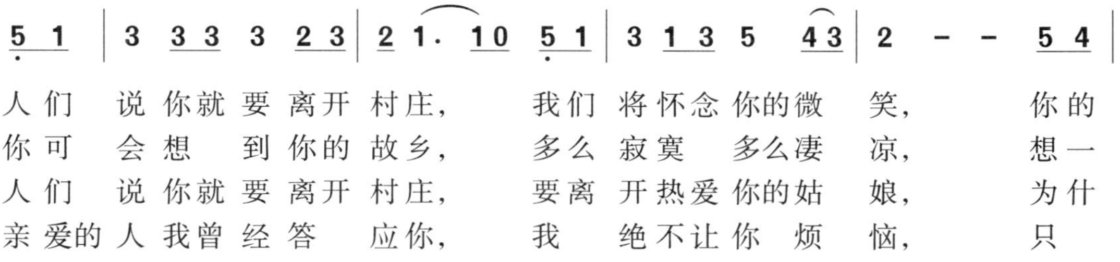
人们说你就要离开村庄，我们将怀念你的微笑，你的
你可会想到你的故乡，多么寂寞多么凄凉，想一
人们说你就要离开村庄，要离开热爱你的姑娘，为什
亲爱的人我曾经答应你，我绝不让你烦恼，只

3 3̲2̲ 1 2̲3̲ | 5̲ 4. 4̲0̲ 6̲6̲ | 5 7̲1̲ 2 3̲2̲ | 1 - 1 0 5̲1̲ |

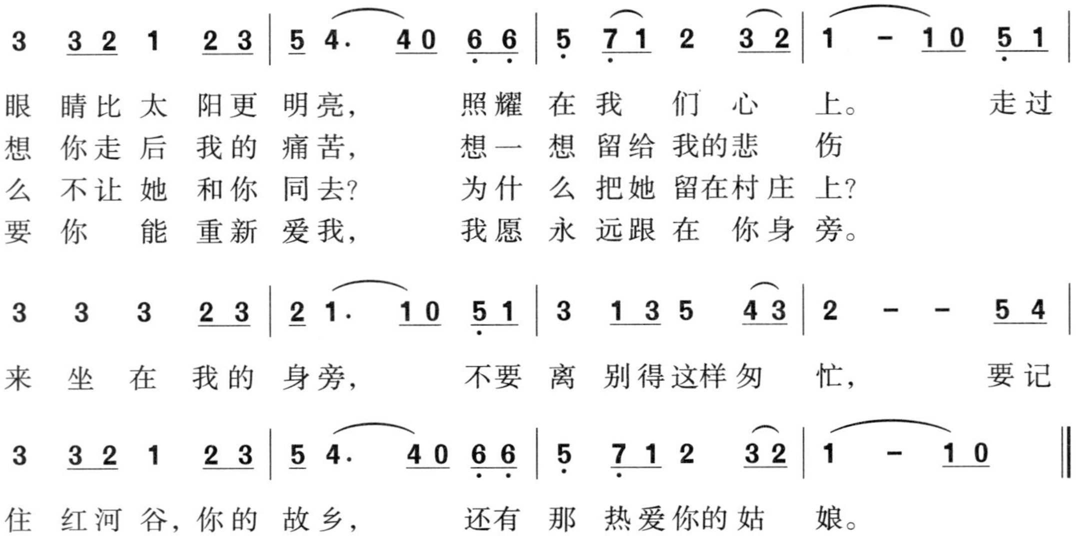

眼　睛　比　太　阳　更　明亮，　　照耀　在　我　们　心　上。　　　　走过
想　你　走　后　我　的　痛苦，　　想一　想　留　给　我　的　悲　伤
么　不　让　她　和　你　同去?　　为什　么　把　她　留　在　村庄　上?
要　你　能　重　新　爱我，　　我愿　永　远　跟　在　你　身旁。

3 3 3 2̲3̲ | 2̲1̲. 1̲0̲ 5̲1̲ | 3 1̲3̲5̲ 4̲3̲ | 2 - - 5̲4̲ |

来　坐　在　我　的　身旁，　　不要　离别　得　这样　匆　忙，　　要记

3 3̲2̲ 1 2̲3̲ | 5̲ 4. 4̲0̲ 6̲6̲ | 5 7̲1̲ 2 3̲2̲ | 1 - 1 0 ‖

住　红河谷，你　的　故乡，　　还有　那　热爱你　的　姑　娘。

桔 梗 谣

朝 鲜 民 歌
李云英 译词
屠咸若 配歌

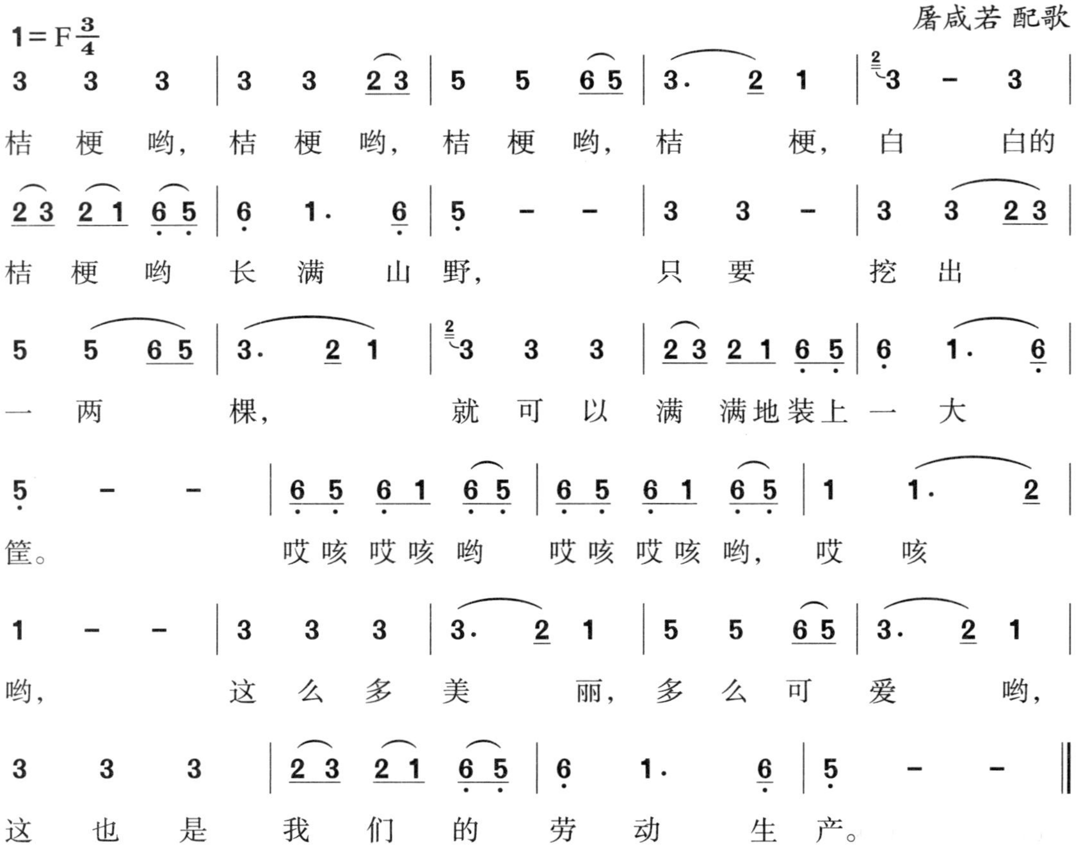

1=F 3/4

3 3 3 | 3 3 2̲3̲ | 5 5 6̲5̲ | 3. 2̲1̲ | ²3 - 3 |

桔梗哟，桔梗哟，桔梗　哟，桔　梗，白　白的

2̲3̲ 2̲1̲ 6̲5̲ | 6̲ 1. 6̲ | 5 - - | 3 3 - | 3 3 2̲3̲ |

桔梗哟长满山野，　　只要　挖出

5 5 6̲5̲ | 3. 2̲1̲ | ²3 3 3 | 2̲3̲ 2̲1̲6̲5̲ | 6̲ 1. 6̲ |

一　两　棵，　　就可以　满满地　装上一　大

5 - - | 6̲5̲ 6̲1̲ 6̲5̲ | 6̲5̲ 6̲1̲ 6̲5̲ | 1 1. 2 |

筐。　　哎咳哎咳哟　哎咳哎咳哟，　哎咳

1 - - | 3 3 3 | 3. 2̲1̲ | 5 5 6̲5̲ | 3. 2̲1̲ |

哟，　　这么　多　美丽，　多么　可　爱哟，

3 3 3 | 2̲3̲ 2̲1̲6̲5̲ | 6̲ 1. 6̲ | 5 - - ‖

这　也　是　我们的　劳动　生产。

小　路

1=G $\frac{2}{4}$　　　　［苏］鲍捷尔科夫 词

极慢 深思地　　　　［苏］伊凡诺夫 曲

一条 小 路 曲曲 弯弯 细又 长， 一 直 通 往
（纷 纷） 雪 花 掩盖了 他的 足 迹， 没 有 脚 步也
（他 在） 冒 着 枪林 弹雨的 危 险， 实 在 叫 我
（在 这） 大 雪 纷纷 飞舞的 早 晨， 战 斗 还 在
（一 条） 小 路 曲曲 弯弯 细又 长， 我 的 小路
迷雾的 远 方。 我要 沿着 这条 细长的 小 路，
没有歌 声。 在那 一片 宽广 银色的 原野 上，
心中 挂 牵。 我要 变成 一只 伶俐的 小 鸟，
残酷地 进 行。 我要 勇敢地 为他 包扎 伤 口，
伸向 远 方。 请你 带领 我吧，我的 小路 呀，
跟着 我的 爱人 上战 场。 我要 场。 纷纷
只有 一条 小路 孤零 零。 在那 零。 他在
立刻 飞到 爱人的 身 边。 我要 边。 在这
从那 炮火中 救他 出 来。 我要 来。 一条
跟着 爱人到 遥远的 边 疆。 请你 疆。

故乡的亲人

1=F $\frac{4}{4}$　　　　［美］福斯特 词曲

♩=63　　　　邓映易 译配

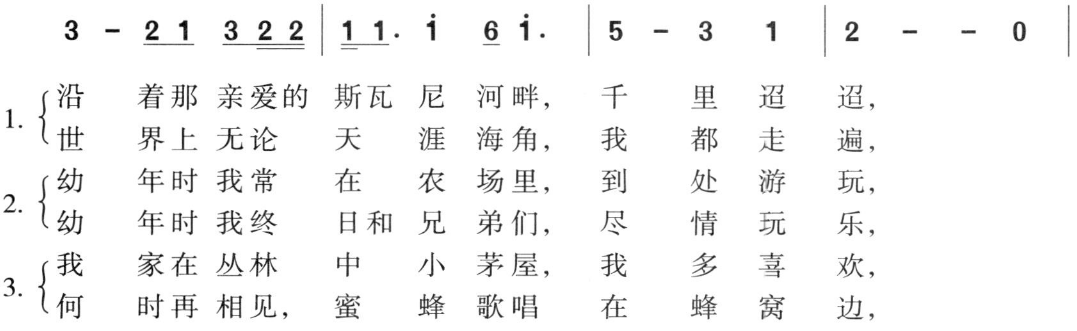
1. 沿 着那 亲爱的 斯瓦 尼 河畔， 千 里 迢 迢，
世 界上 无论 天 涯 海角， 我 都 走 遍，
2. 幼 年时 我常 在 农 场里， 到 处 游 玩，
幼 年时 我终 日和 兄 弟们， 尽 情 玩 乐，
3. 我 家在 丛林 中 小 茅屋， 我 多 喜 欢，
何 时再 相见， 蜜 蜂 歌唱 在 蜂 窝 边，

| 3 - 2̲1̲ 3̲2̲ | 1 i̇.̲i̲̇ 6̲i̇.̲ | 5 3̲1̲ 2 2 | 1 - - 0 ‖ |

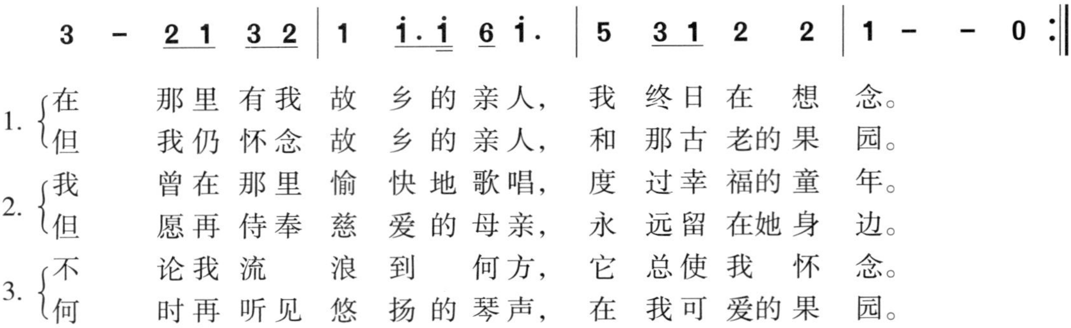

1. { 在　　那里有我 故　乡的亲人，我 终日在　想　念。
   { 但　　我仍怀念 故　乡的亲人，和 那古老的果　园。

2. { 我　　曾在那里 愉　快地歌唱，度 过幸福的童　年。
   { 但　　愿再侍奉 慈　爱的母亲，永 远留在她身　边。

3. { 不　　论我流　浪 到　　何方，它 总使我怀　念。
   { 何　　时再听见 悠　扬的琴声，在 我可爱的果　园。

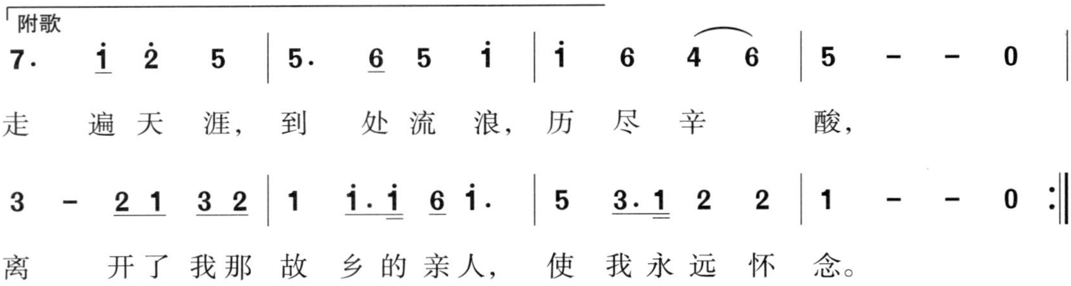

附歌

| 7. i̇ 2 5 | 5. 6̲ 5̲ i̇ | i̇ 6 4̲ 6̲ | 5 - - 0 |

走　遍天涯，到　处流浪，历尽辛　酸，

| 3 - 2̲1̲ 3̲2̲ | 1 i̇.̲i̲̇ 6̲i̇.̲ | 5 3̲.̲1̲ 2 2 | 1 - - 0 ‖ |

离　开了我那 故　乡的亲人，使 我永远怀　念。

友谊地久天长

（美国电影《魂断蓝桥》主题曲）

苏 格 兰 民 歌
[苏格兰] 罗伯特·彭斯词
邓 映 易 译配

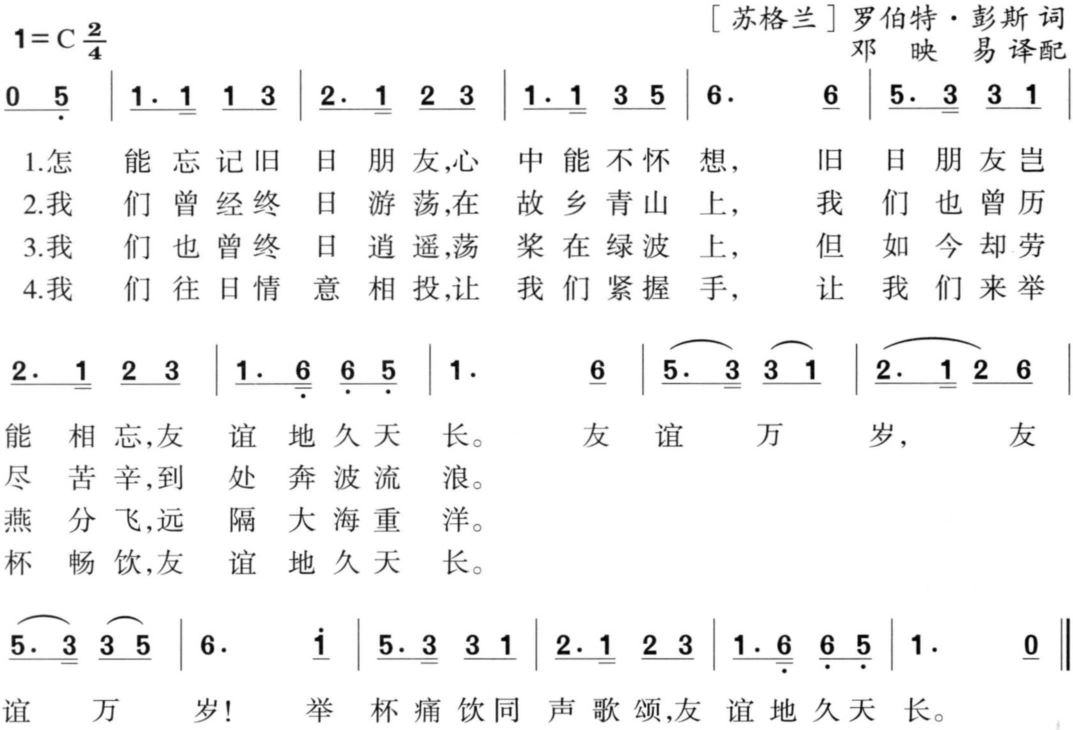

1=C 2/4

| 0 5̣ | 1.̲1̲ 1 3 | 2.̲1̲ 2 3 | 1.̲1̲ 3 5 | 6. 6̣ | 5.̲3̲ 3 1 |

1. 怎　能忘记旧 日朋友，心 中能不怀　想，　旧 日朋友岂
2. 我　们曾经终 日游荡，在 故乡青山上，　我 们也曾历
3. 我　们也曾终 日逍遥，荡 桨在绿波上，　但 如今却劳
4. 我　们往日情 意相投，让 我们紧握手，　让 我们来举

| 2.̲1̲ 2 3 | 1.̣̲6̲ 6̣ 5̣ | 1. | 6 | 5.̲3̲ 3 1 | 2.̲1̲ 2 6 |

能 相忘，友 谊地久天 长。　　友 谊万　岁，　友
尽 苦辛，到 处奔波流 浪。
燕 分飞，远 隔大海重 洋。
杯 畅饮，友 谊地久天 长。

| 5.̲3̲ 3 5 | 6. | i̇ | 5.̲3̲ 3 1 | 2.̲1̲ 2 3 | 1.̣̲6̲ 6̣ 5̣ | 1. | 0 ‖ |

谊 万　　岁！　举 杯痛饮同 声歌颂，友 谊地久天 长。

喀　秋　莎

〔苏〕伊萨科夫斯基 词
〔苏〕勃 兰 切 尔 曲
韩　　柏 译配

1=G 2/4
♩=100

```
6.  7. | 1.  6. | 1 1 7 6 | 7  3 0 | 7.  1 | 2.  7. |
```

1.正　当梨　花开　遍了天　涯，　河　上　飘　着
2.姑　娘唱　着美　妙的歌　曲，　她　在　歌　唱
3.啊，　这歌　声，姑　娘的歌　声，　跟　着光　明的
4.驻　守边　疆年　轻的战　士，　心　中怀　念
5.正　当梨　花开　遍了天　涯，　河　上　飘　着

```
2 2  1 7 | 6  - | 3  6 | 5  6 5 | 4 4  3 2 |
```

柔　曼的 轻　纱；　喀　秋莎 站　在　峻　峭的
草　原的 雄　鹰；　她　在　歌　唱心　爱的
太　阳　飞　去 吧！　去　向　远　方边　疆的
遥　远的 姑　娘；　勇　敢　战　斗保　卫
柔　曼的 轻　纱；　喀　秋莎 站　在　峻　峭的

```
3  6. | 0 4  2 | 3.  1 | 7 3  1 7 | 6  - : |
```

岸　上，　歌　声　好　像　明媚的 春　光。
人　儿，　她　还　藏　着　爱人的 书　信。
战　士，　把喀　秋　莎的 问候 传　达。
祖　国，　喀秋莎 爱　情　永远 属于　你。
岸　上，　歌　声　好　像　明媚的 春　光。

纺织姑娘

俄罗斯民歌
何燕生 译词
章　枚 配歌

1=D 6/8
中板

```
5 3 6  5 | 5.  4. | 5 7 2 6  5 | 3.  3 | 0 |
```

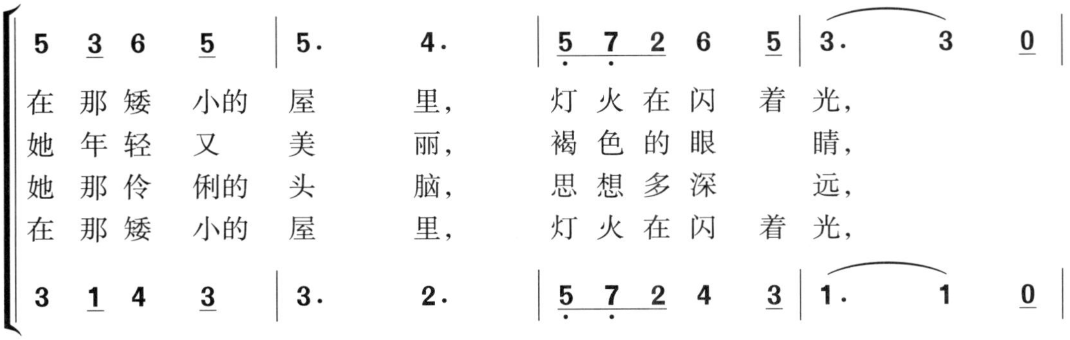

在 那矮 小的　屋　里，　灯 火在 闪　着 光，
她 年轻 又　美　丽，　褐 色的 眼　　睛，
她 那伶 俐的　头　脑，　思 想多 深　　远，
在 那矮 小的　屋　里，　灯 火在 闪　着 光，

```
3 1 4  3 | 3.  2. | 5 7 2 4  3 | 1.  1 | 0 |
```

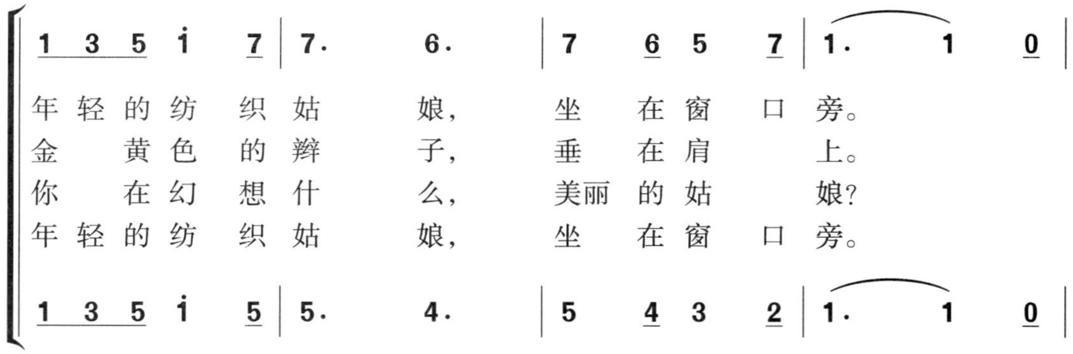
年轻的纺织姑娘，坐在窗口旁。
金黄色的辫子，垂在肩上。
你在幻想什么，美丽的姑娘？
年轻的纺织姑娘，坐在窗口旁。

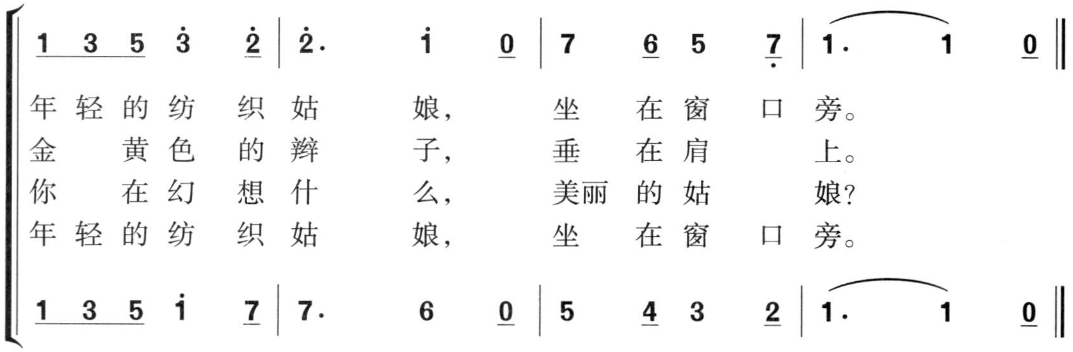
年轻的纺织姑娘，坐在窗口旁。
金黄色的辫子，垂在肩上。
你在幻想什么，美丽的姑娘？
年轻的纺织姑娘，坐在窗口旁。

在路旁

巴西民歌
汪德健 译词
刘淑芳 配歌

1=F 4/4
稍快

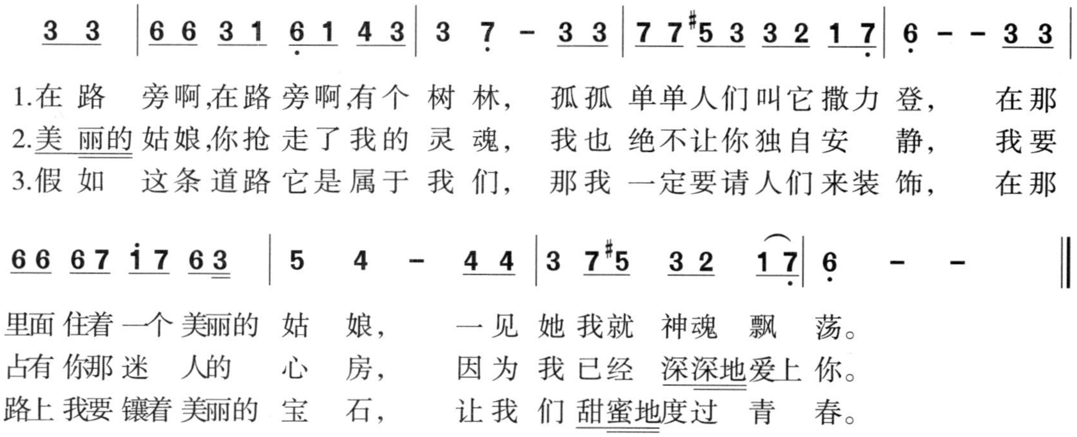
1.在路旁啊,在路旁啊,有个树林，孤孤单单人们叫它撒力登，在那里面住着一个美丽的姑娘，一见她我就神魂飘荡。
2.美丽的姑娘,你抢走了我的灵魂，我也绝不让你独自安静，我要占有你那迷人的心房，因为我已经深深地爱上你。
3.假如这条道路它是属于我们，那我一定要请人们来装饰，在那路上我要镶着美丽的宝石，让我们甜蜜地度过青春。

勃拉姆斯摇篮曲

〔德〕勃拉姆斯 曲
尚家骧 译配

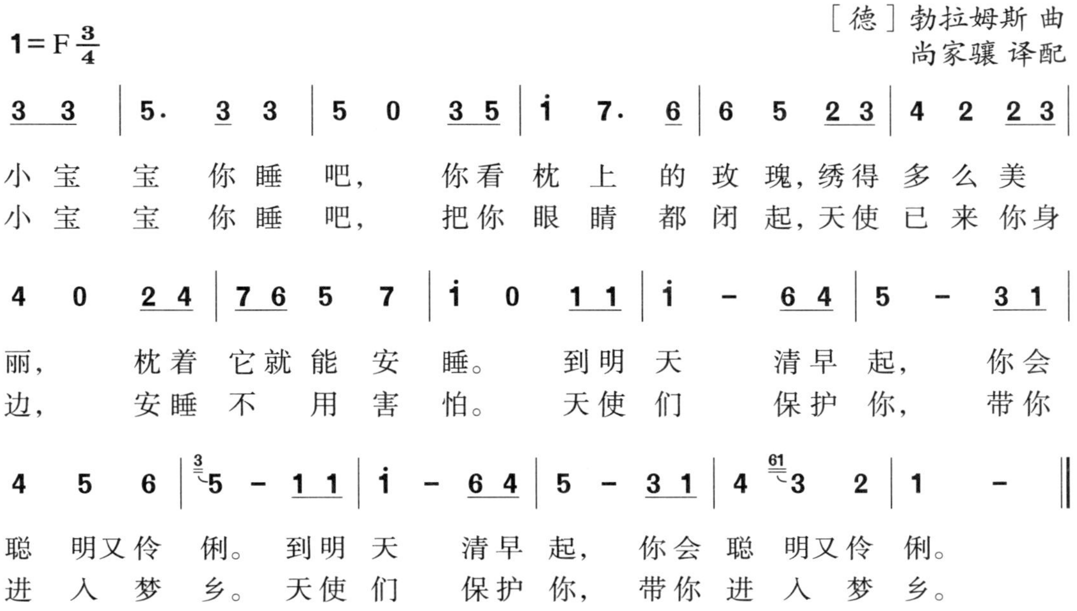

1=F 3/4

```
3  3  | 5. 33 | 5 0  35 | i  7. 6 | 6 5  23 | 4 2  23 |
```

小 宝　宝　你 睡　吧，　　你 看 枕 上　的 玫　瑰，绣 得 多 么 美
小 宝　宝　你 睡　吧，　　把 你 眼 睛　都 闭　起，天 使 已 来 你 身

```
4  0  24 | 7 6 5  7 | i  0  11 | i  -  64 | 5  -  31 |
```

丽，　　枕 着 它 就 能 安 睡。　　到 明 天　　清 早 起，　　你 会

边，　　安 睡 不 用 害 怕。　　天 使 们　　保 护 你，　　带 你

```
4  5  6  | 5 - 11 | i - 64 | 5 - 31 | 4 3 2 | 1 - |
```

聪　明 又 伶　俐。 到 明 天　清 早 起，　你 会 聪 明 又 伶　俐。
进　入 梦　乡。 天 使 们　保 护 你，　带 你 进 入 梦　乡。

摇　篮　曲

〔奥〕克劳蒂乌斯词
〔奥〕舒 伯 特曲
尚 家 骧译配

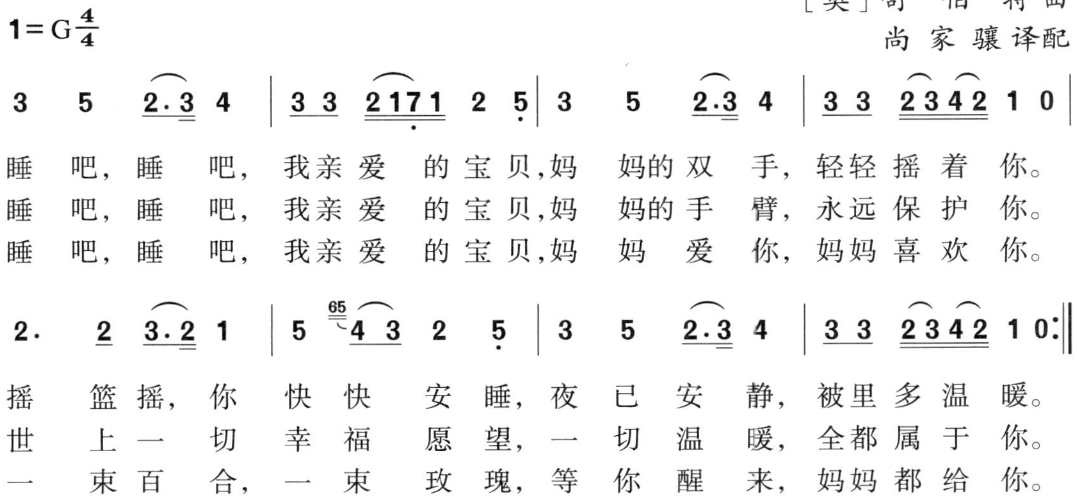

1=G 4/4

```
3  5  2.3 4 | 3 3  2171 | 2 5 | 3  5  2.3 4 | 3 3  2342 1 0 |
```

睡　吧，睡　吧，我 亲 爱　的 宝 贝，妈　妈 的 双　手，轻 轻 摇 着 你。
睡　吧，睡　吧，我 亲 爱　的 宝 贝，妈　妈 的 手　臂，永 远 保 护 你。
睡　吧，睡　吧，我 亲 爱　的 宝 贝，妈　妈 爱 你，妈 妈 喜 欢 你。

```
2. 2  3.2 1 | 5 43 2 5 | 3  5  2.3 4 | 3 3  2342 1 0 :|
```

摇　篮 摇，你 快 快 安 睡，夜 已 安　静，被 里 多 温　暖。
世　上 一 切 幸 福 愿 望，一 切 温　暖，全 都 属 于 你。
一　束 百 合，一 束 玫 瑰，等 你 醒　来，妈 妈 都 给 你。

渴望春天

[奥]奥弗贝克 词
[奥]莫 扎 特 曲
姚锦新 译配

1=D 6/8

愉快地

```
1  1  3  5  i | 5.  5 3 1 | 4  4 4 5 4 | 3.  0  1 |
```

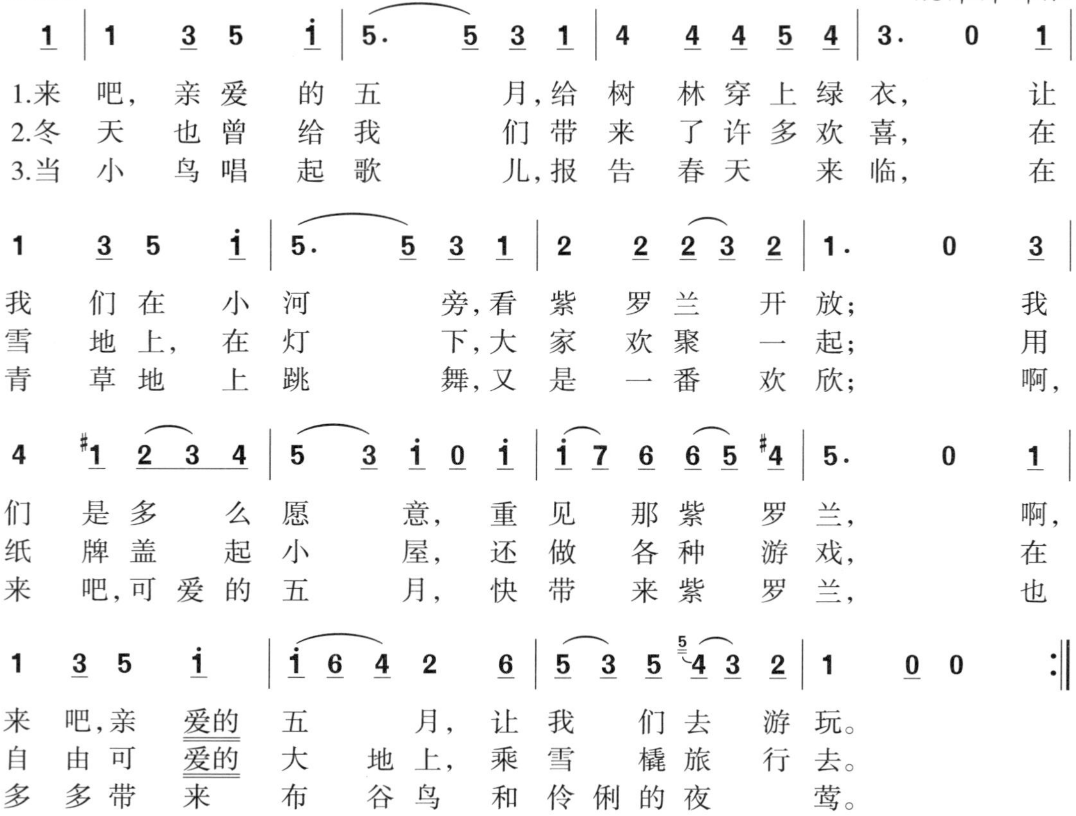

1.来 吧， 亲 爱 的 五 月，给 树 林 穿上绿 衣， 让
2.冬 天 也 曾 给 我 们 带 来了许多欢 喜， 在
3.当 小 鸟 唱 起 歌 儿，报 告 春天来 临， 在

```
1  3  5  i | 5.  5 3 1 | 2  2 2 3 2 | 1.  0  3 |
```

我 们 在 小 河 旁，看 紫 罗 兰 开 放； 我
雪 地 上， 在 灯 下，大 家 欢 聚 一 起； 用
青 草 地 上 跳 舞，又 是 一 番 欢 欣； 啊，

```
4  #1 2 3 4 | 5  3 i 0 i | i 7 6 6 5 | #4  5.  0  1 |
```

们 是 多 么 愿 意， 重 见 那 紫 罗 兰， 啊，
纸 牌 盖 起 小 屋， 还 做 各 种 游 戏， 在
来 吧，可 爱 的 五 月， 快 带 来 紫 罗 兰， 也

```
1  3  5  i | i 6 4 2 | 6  5 3 5 5̲4̲3 2 | 1  0  0 :|
```

来 吧，亲 爱的 五 月， 让 我 们 去 游 玩。
自 由 可 爱的 大 地 上， 乘 雪 橇 旅 行 去。
多 多 带 来 布 谷 鸟 和 伶 俐 的 夜 莺。

我亲爱的

[意]乔尔达尼 曲
尚家骧 译配

1=♭E 4/4

小广板

```
p
i  7. 6 | 5 - 6 5.4 | 3 - 4 32 | 5 - 1 7̲1 |
```

我 亲 爱 的， 请 你 相 信， 如 没 有 你， 我 心 中

```
3  2 (i  7.6 5 -) p6  5.4 | 3 - 4 32 | 5 1 1 4 3 2.1 |
```

忧 郁。 我 亲 爱 的， 如 没 有 你， 我 心 中 忧

```
1 - (5  4.3 | 2 5 1 4 3  2.1 | 1 5 3 1) p5  6 7 | 6 - 6  7 i |
```
渐强

郁。 你 的 爱 人 正 在 叹

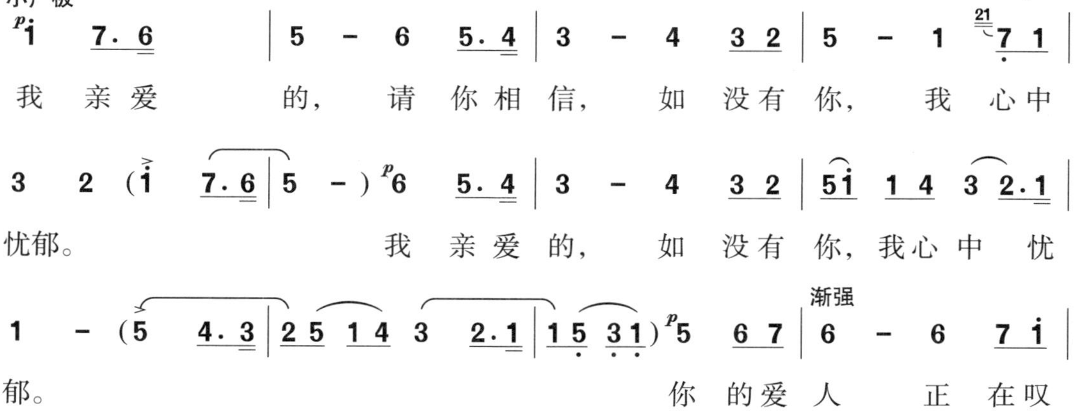

渐强 渐弱
息，请别对我无情无义，请别对我 无情无
渐慢 渐强
义，无情无义！我亲爱的，请你相信，如没有
渐强 渐强
你，我心中忧郁，我亲爱的，请你相信，如没有
渐弱 渐强
你，心中忧郁。

在我的心里

1=♭A $\frac{3}{4}$

慢

［意］斯卡拉蒂 曲
尚家骧 译配

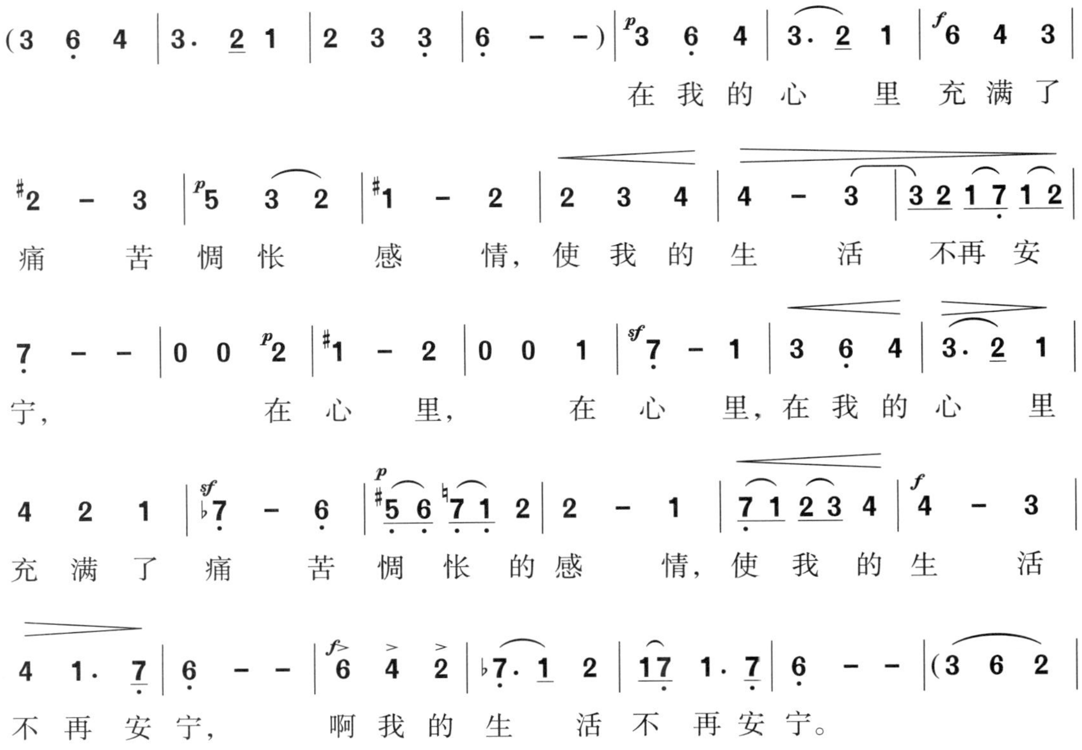
在我的心里充满了
痛苦惆怅感情，使我的生活不再安
宁，在心里，在心里，在我的心里
充满了痛苦惆怅的感情，使我的生活
不再安宁，啊我的生活不再安宁。

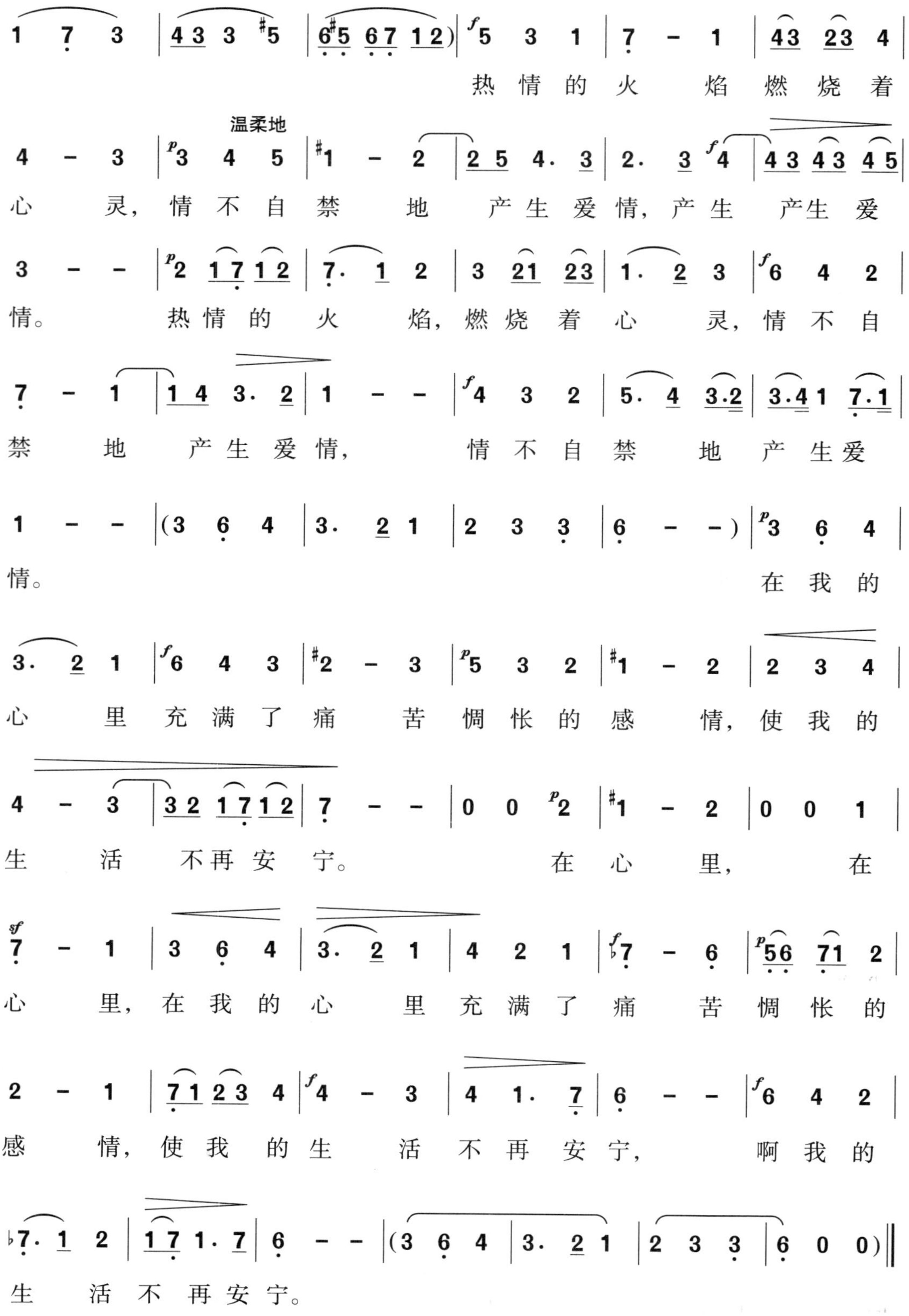

1 7. 3 | 4̲3̲ 3 #5 | 6̲5̲ 6̲7̲ 1̲2̲) f5 3 1 | 7. - 1 | 4̲3̲ 2̲3̲ 4
热情的火　焰燃烧着

温柔地
4 - 3 | p3 4 5 #1 - 2 | 2̲5̲ 4.3̲ 2.3̲ f4 | 4̲3̲ 4̲3̲ 4̲5̲
心　灵，情不自禁　地　产生爱情，产生　产生爱

3 - - | p2 1̲7̲1̲2̲ 7. 1 2 | 3 2̲1̲ 2̲3̲ 1.2̲ 3 f6 4 2
情。　热情的火　焰，燃烧着心　灵，情不自

7. - 1 | 1̲4̲ 3.2̲ 1 - - | f4 3 2 | 5.4̲ 3.2̲ 3.4̲1̲ 7.1̲
禁地　产生爱情，　情不自禁　地　产生爱

1 - - | (3 6. 4 | 3.2̲1̲ 2 3 3. | 6. - -) p3 6. 4
情。　　　　　　在我的

3.2̲ 1 | f6 4 3 | #2 - 3 | p5 3 2 | #1 - 2 | 2 3 4
心　里充满了痛　苦惆怅的感　情，使我的

4 - 3 3̲2̲1̲7̲1̲2̲ 7. - - | 0 0 p2 | #1 - 2 | 0 0 1
生　活　不再安宁。　　在　心　里，　在

sf7. - 1 | 3 6. 4 | 3.2̲ 1 | 4 2 1 | f7. - 6. | p5̲6̲ 7̲1̲ 2
心　里，在我的心　里充满了痛　苦惆怅的

2 - 1 | 7̲1̲2̲3̲ 4 f4 - 3 | 4 1.7̲ | 6. - - | f6 4 2
感　情，使我的生　活不再安宁，　啊我的

b7.1̲ 2 1̲7̲1.7̲ 6. - - | (3 6. 4 3.2̲1̲ | 2 3 3. | 6. 0 0)‖
生　活不再安宁。

第二节　中级曲目

一、中国部分

长大后我就成了你

1=♭E $\frac{4}{4}$
中速 ♩=54

宋青松 词
王佑贵 曲

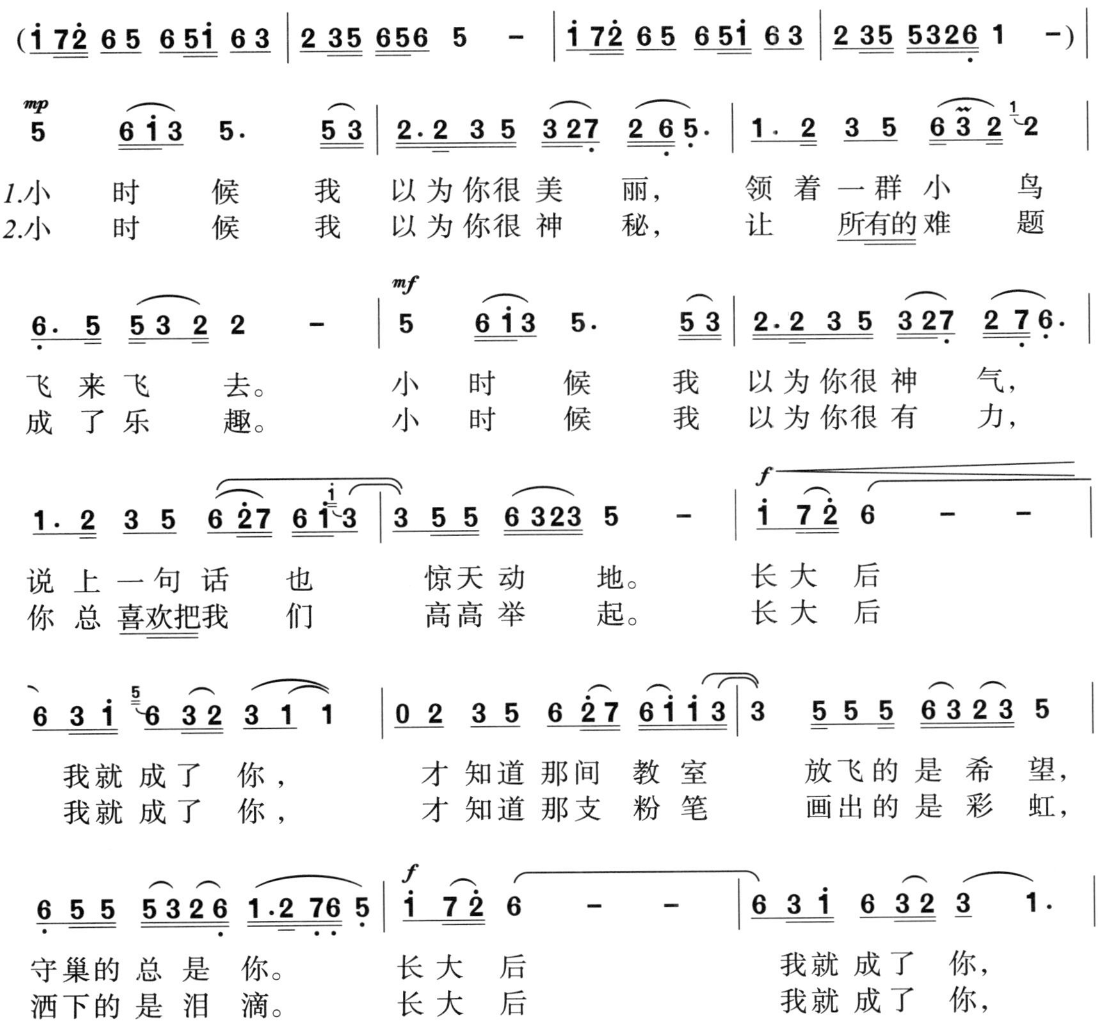

1.小 时 候 我 以为你很美 丽， 领 着一群小 鸟 飞 来 飞 去。 小 时 候 我 以为你很神 气， 说 上 一句 话 也 惊天动 地。 长大 后
2.小 时 候 我 以为你很神 秘， 让 所有的难 题 成 了乐 趣。 小 时 候 我 以为你很有 力， 你 总 喜欢把我 们 高高举 起。 长大 后
我就 成了 你， 才 知道 那间 教 室 放飞的 是 希 望， 守巢的 总 是 你。 长大 后 我就 成了 你，
我就 成了 你， 才 知道 那支 粉 笔 画出的 是 彩 虹， 洒下的 是 泪 滴。 长大 后 我就 成了 你，

$0 2 \quad 3 5 \quad 6 \widehat{27} 6 \widehat{113} | 30 \quad 5 5 5 \quad \widehat{6323} 5 | \dot{6} \cdot 5 5 \quad \widehat{5326} 1 \quad - :\|$

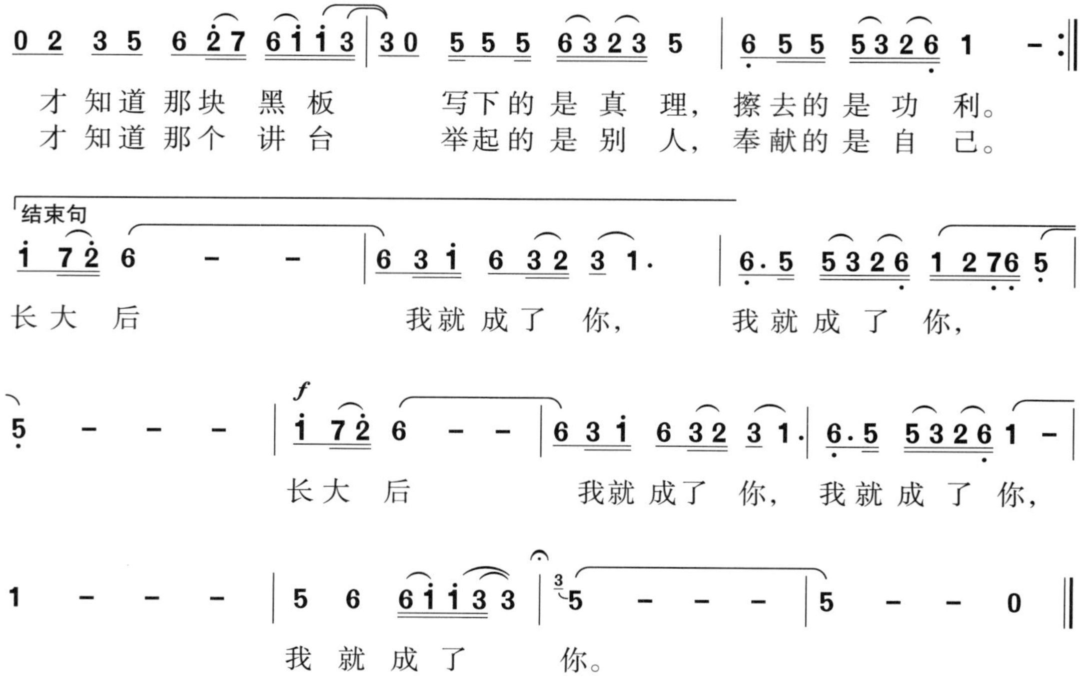

才 知道 那块 黑板　　写下的是 真　理， 擦去的是 功　利。
才 知道 那个 讲台　　举起的是 别　人， 奉献的是 自　己。

结束句

$\dot{1} \widehat{7\dot{2}} 6 \quad - \quad - | 6 3 \dot{1} \quad 6 3 \widehat{2} 3 1 \cdot | \dot{6} \cdot 5 \quad \widehat{5326} \quad 1\widehat{276}\dot{5} |$

长 大 后　　　我 就 成 了 你，　我 就 成 了 你，

$\dot{5} \quad - \quad - \quad - | \overset{f}{\dot{1}} \widehat{7\dot{2}} 6 \quad - \quad - | 6 3 \dot{1} \quad 6 3 \widehat{2} 3 1 \cdot | \dot{6} \cdot 5 \quad \widehat{5326} 1 \quad - |$

长 大 后　　　我 就成 了你，　我 就 成 了 你，

$1 \quad - \quad - \quad - | 5 \quad 6 \quad \widehat{6\dot{1}\dot{1}}\widehat{3}3 \quad \overset{3}{5} \quad - \quad - \quad - | 5 \quad - \quad - \quad 0 \|$

我 就 成 了　　你。

燕　子

新 疆 民 歌
吴祖强 改编

$1 = {}^{\flat}\text{A} \quad \frac{2}{4}$

$0 \quad \underline{5617} | 6\dot{1} \quad \underline{7675} | 6) \quad 6\dot{3} | \overset{\frown}{\dot{3}} \quad - | \dot{2}3 \quad \widehat{454} | \dot{2}\dot{2} \quad 33 |$

　　　　　　燕 子 啊，　听我 唱个 我心 爱的

$\dot{1}\dot{2} \quad 3 | \dot{2}\dot{2}3 \quad 1 7 | 6 7 \quad \widehat{1\dot{2}1} | \widehat{7675} \quad 6 | 6 \quad (\widehat{7675} \quad 6) | 6\dot{3} |$

燕 子歌，　亲爱的 听我 对你 说一 说。燕　子 啊，　　　　燕 子

$\overset{\frown}{\dot{3}} \quad - | \dot{2}3 \quad \widehat{454} | \dot{2}\dot{2} \quad 33 | \dot{1}\dot{2} \quad 3 | \dot{2}\dot{2}3 \quad 17 | 67 \quad \widehat{1\dot{2}1} |$

啊，　　你的 性情 愉快 亲切 又活泼，　你的 微笑 好像 星星

$\widehat{7675} \quad 6 | 6 \quad - | \dot{3} \quad \dot{6} | \dot{6} \quad - | \dot{6} \quad - | 34 \quad \widehat{565} |$

在 闪烁。　　啊　　　　　　　　眉毛 弯弯

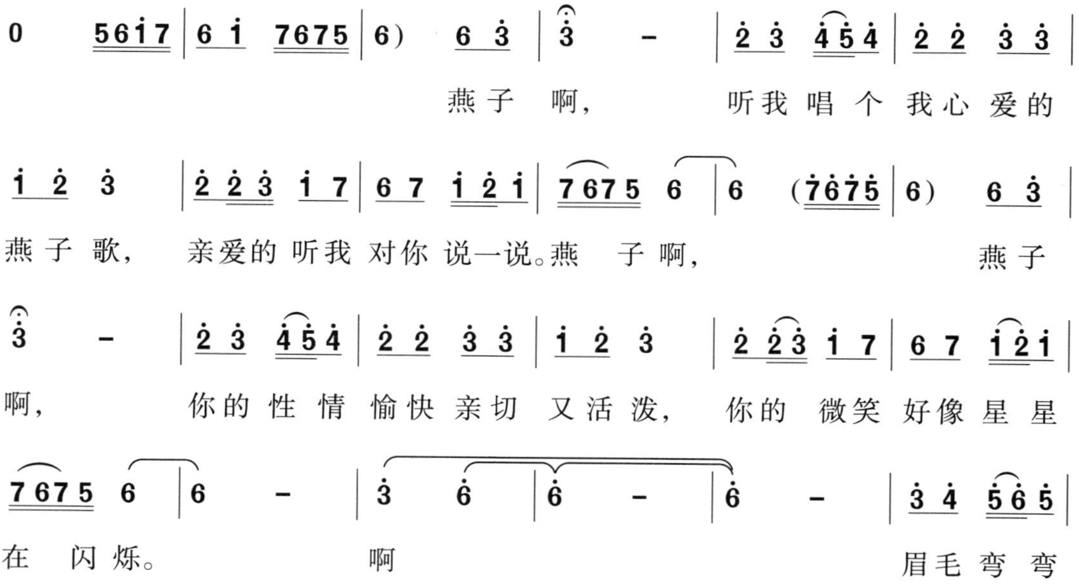

3 4 3 2 | 1 2 3 4 3 2 3 2 1·7 | 6 7 1 2 1 7 6 7 5 6 | 6 — |

眼睛 亮, 脖子匀 匀头发 长,是 我的姑 娘。燕 子啊,

6 6 3 | 3 — | 2 3 4 5 4 | 2 2 3 3 | 1 2 3 | 2 2 3 1 7 |

燕子 啊, 不要忘 了 你的诺言 变了心, 我是 你的,

6 7 1 2 1 | 7 6 7 5 6 6 0 | 3 6 6 — | 6 — ‖

你是我的 燕 子啊。 啊。

小河淌水

1 = D 4/4 3/4

深情 悠扬地

云 南 民 歌
尹宜公改编填词

6 — — | 6 1 2 3 3 2 1 6 | 3 2 2 1 6 — | 3/4 6 1 6 5 3 2 |

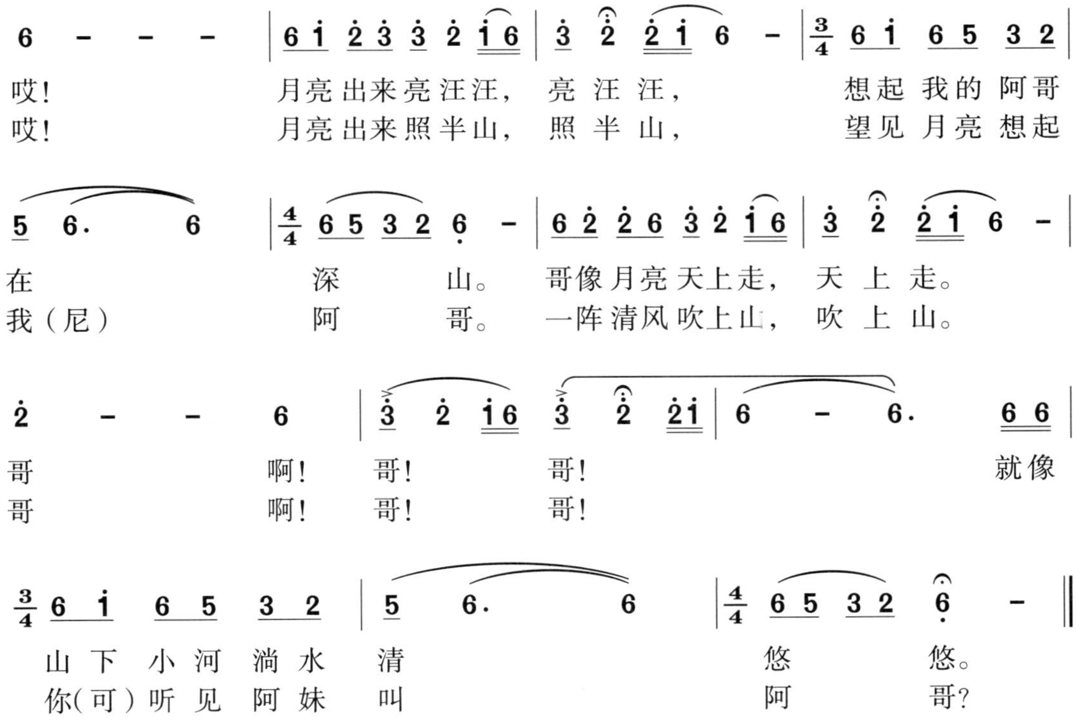

哎! 月亮出来亮汪汪, 亮汪汪, 想起我的阿哥

哎! 月亮出来照半山, 照半山, 望见月亮想起

5 6· 6 | 4/4 6 5 3 2 6 — | 6 2 2 6 3 2 1 6 | 3 2 2 1 6 — |

在 深 山。 哥像月亮天上走, 天上走。

我(尼) 阿 哥。 一阵清风吹上山, 吹上山。

2 — — 6 | 3 2 1 6 3 2 2 1 | 6 — 6· 6 6 |

哥 啊! 哥! 哥! 就像

哥 啊! 哥! 哥!

3/4 6 1 6 5 3 2 | 5 6· 6 | 4/4 6 5 3 2 6· — ‖

山下小河淌水 清 悠 悠。

你(可)听见阿妹 叫 阿 哥?

牧 羊 曲

（电影《少林寺》插曲）

王立平 词曲

1=E 4/4

中速、优美 ♩=140

```
(5 6) ‖: i. 6 | i - - 3i | 7. 6 | 7 - - 63 |

2. 3 | 5 - 0 2 0 6 | 1 3 5 6 3 5 | 3 5 6 3 5) 5 6 | 1. 5 3. 2 |
```
1.日出嵩山坳，
2.莫道女儿娇，

```
3 - - 5 6 | 1. 5 2. 1 | 2 - - 3 5 | 6 - - 3 5 | 1. 3 2 7 6 |
```
晨钟惊飞鸟，　　林间　小溪水潺潺，
无瑕有奇巧，　　冬去　春来十六载，

```
0 2 3 2 2 7 6 | 5 - - 5 6 | 1. 6 | i - - 3 i | 7. 6 |
```
坡上青青　草。野果香，　　山花俏，
黄花正年　少。腰身壮，　　胆气豪，

```
7 - - 6 3 | 2 - 3 7 6 | 5 - - 5 6 | 1. 6 | i - - 3 i |
```
狗儿跳，　羊儿跑。举起鞭　儿　轻轻
常练武，　勤操劳。耕田放　　牧　打豺

```
7. 6 | 7 - - 6 3 | 2. 3 | 5 - 0 2 2 6 |
```
摇，　　小曲漫　山　飘　漫山
狼，　　风雨一　肩　挑　一肩

1.
```
1 - - (5 6 ‖
```
飘。

2.
```
: 1 - - 6 3 | 2. 3 | 5 - 0 2 2 6 |
```
挑，　风雨一　肩　挑　一肩

```
1 - - - | 0 2 2 6 | 1 - - - | 1 0 0 0 ‖
```
挑　　　一肩　挑。

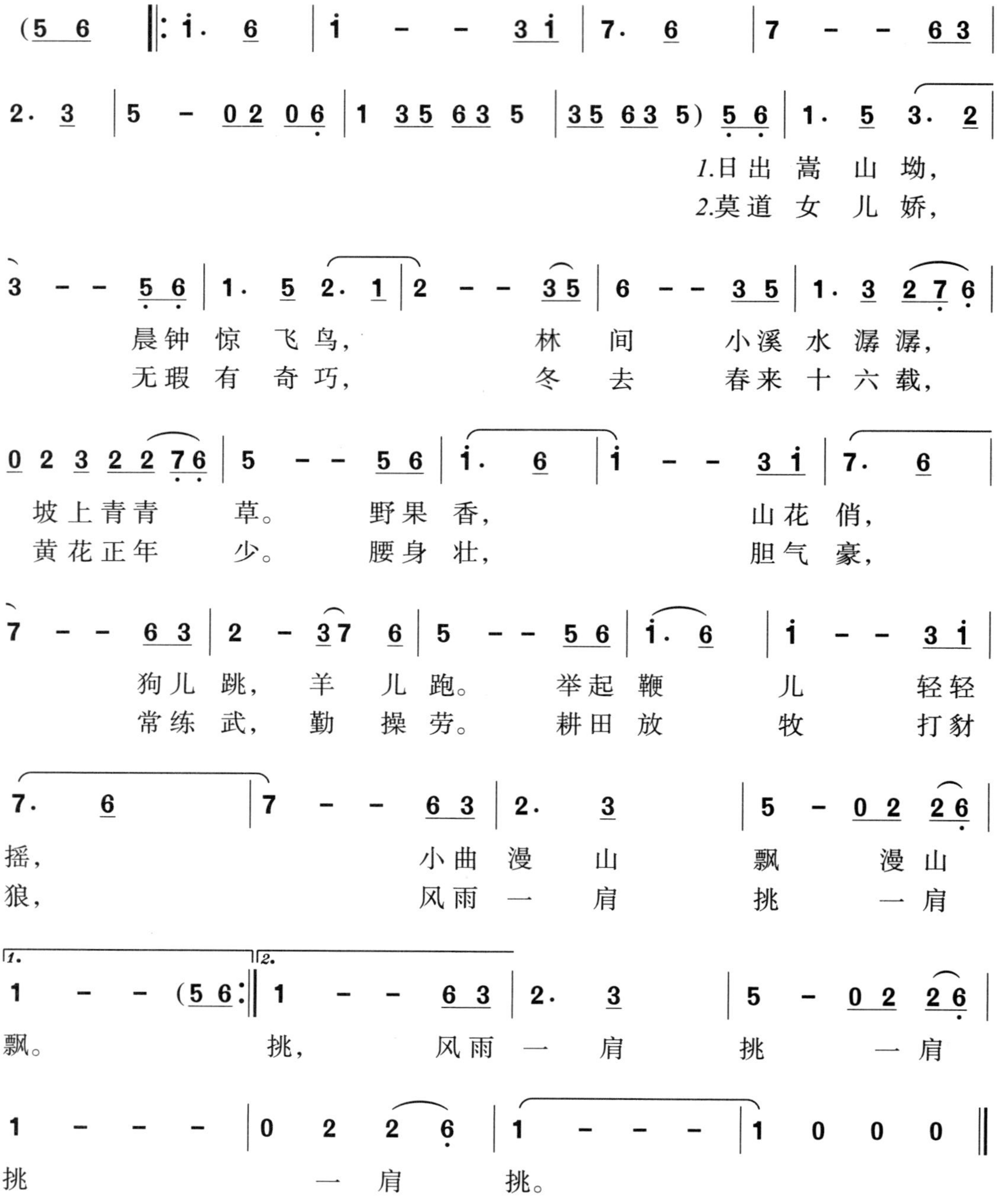

为了谁

1=G $\frac{4}{4}$

深情、真挚地 ♩=86

邹友开 词
孟庆云 曲

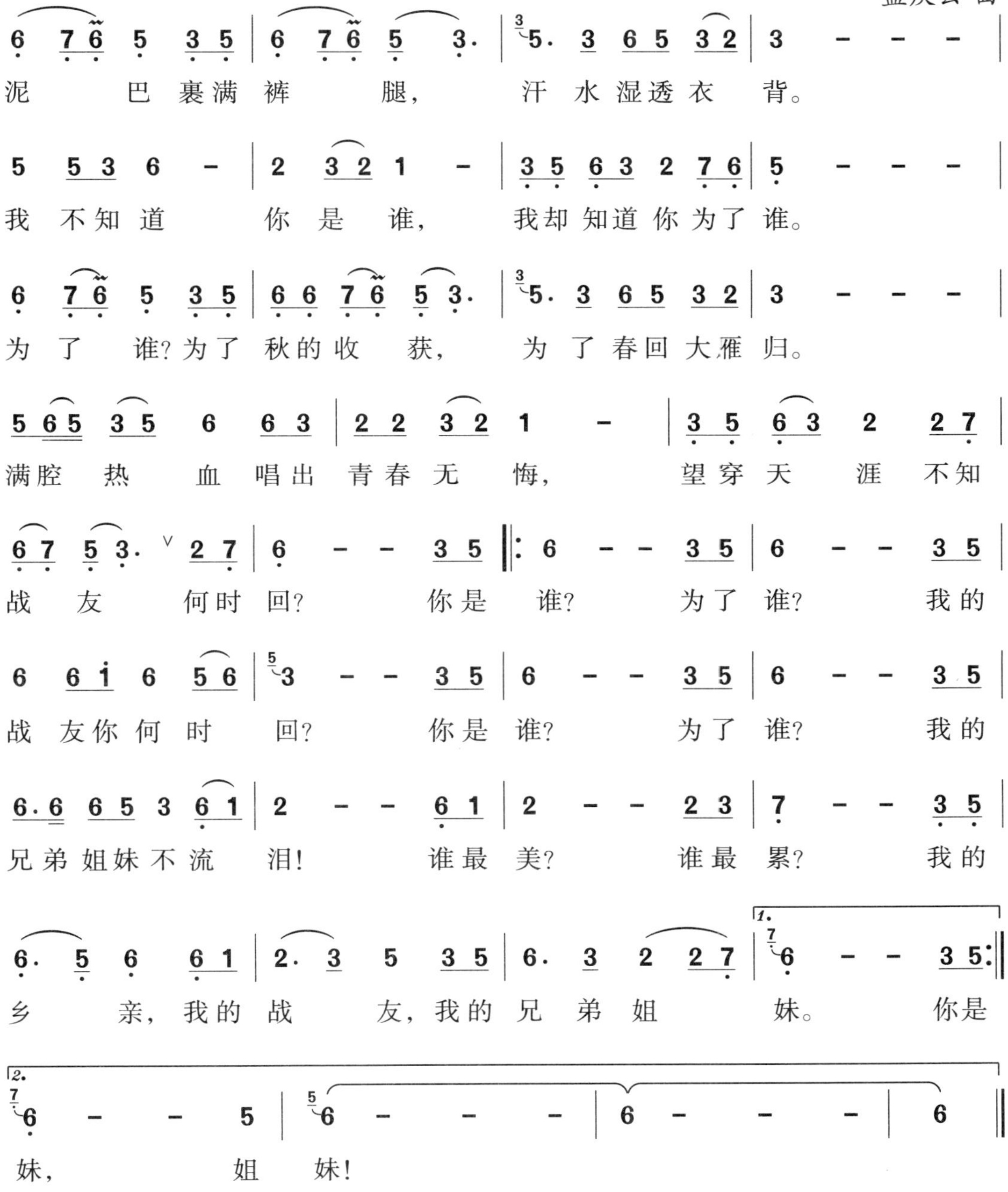
泥巴裹满裤腿，汗水湿透衣背。
我不知道你是谁，我却知道你为了谁。
为了谁？为了秋的收获，为了春回大雁归。
满腔热血唱出青春无悔，望穿天涯不知
战友何时回？你是谁？为了谁？我的
战友你何时回？你是谁？为了谁？我的
兄弟姐妹不流泪！谁最美？谁最累？我的
乡亲，我的战友，我的兄弟姐妹。你是
妹，姐妹！

天 路

1=♭E 2/4

石顺义 词
印 青 曲

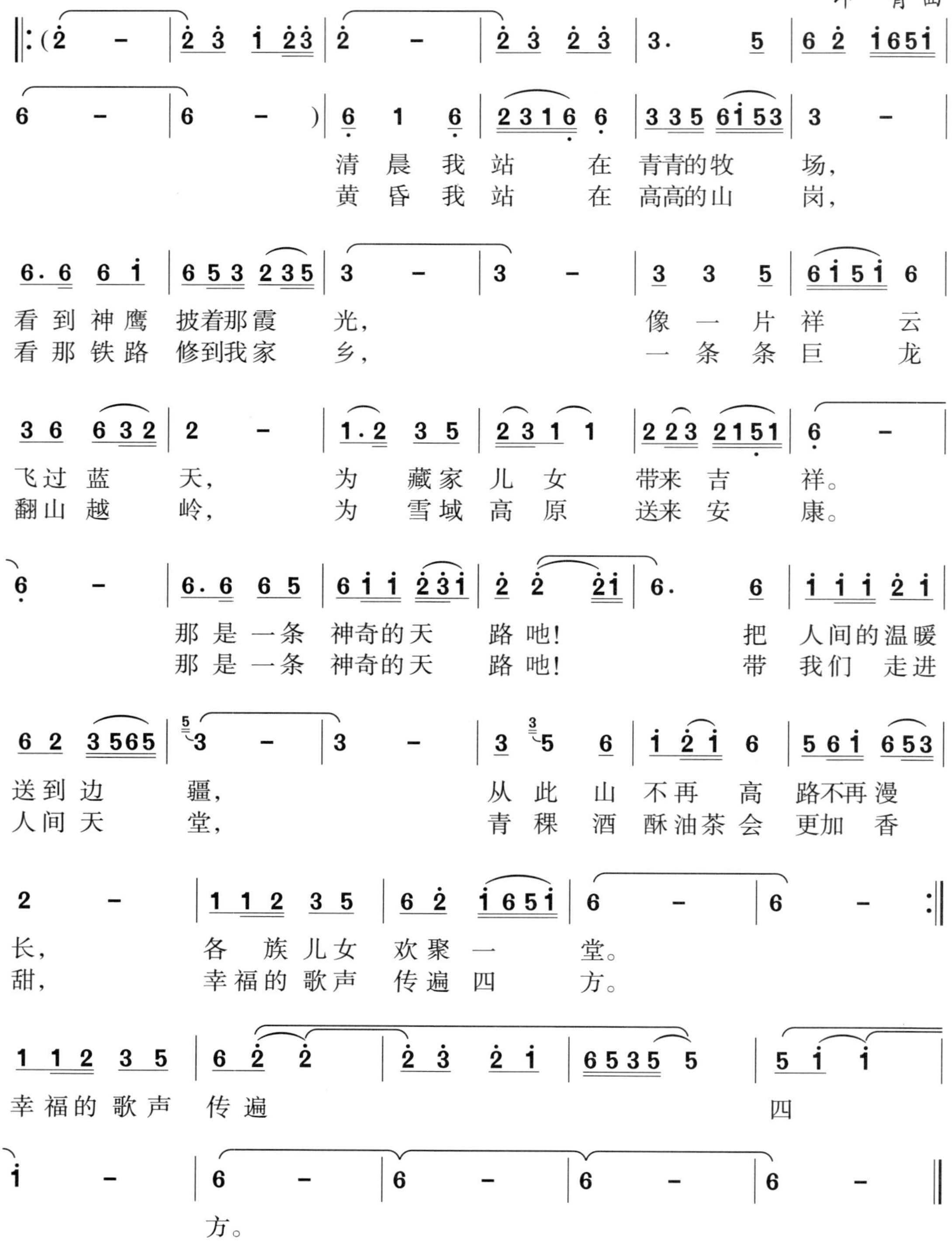
清 晨 我 站 在 青青的牧 场，
黄 昏 我 站 在 高高的山 岗，
看 到 神 鹰 披着那霞 光，
像 一 片 祥 云
看 那 铁 路 修到我家 乡，
一 条 条 巨 龙
飞过 蓝 天，
为 藏家 儿 女 带来 吉 祥。
翻山 越 岭，
为 雪域 高 原 送来 安 康。
那 是 一条 神奇的天 路 吔！ 把 人间的温暖
那 是 一条 神奇的天 路 吔！ 带 我们 走进
送到 边 疆，
从 此 山 不再 高 路不再 漫
人间 天 堂，
青 稞 酒 酥油茶 会 更加 香
长， 各 族 儿女 欢聚 一 堂。
甜， 幸福的 歌声 传遍 四 方。
幸 福的 歌 声 传 遍
四
方。

渔家姑娘在海边

1＝♭B $\frac{2}{4}$
稍慢 抒情地

黎汝清 词
王　酩 曲

1.大海边哎，沙滩上哎，
2.高山下哎，悬崖旁哎，

风吹榕树沙沙响，
风卷大海起波浪，

渔家姑娘在海边哎，织呀
渔家姑娘在海边哎，练呀

织渔网，织呀么织渔网。哎
练刀枪，练呀么练刀枪。哎

渔家姑娘在海边织呀么织渔网。
渔家姑娘在海边练呀么练刀枪。

渐慢

2.

哎！

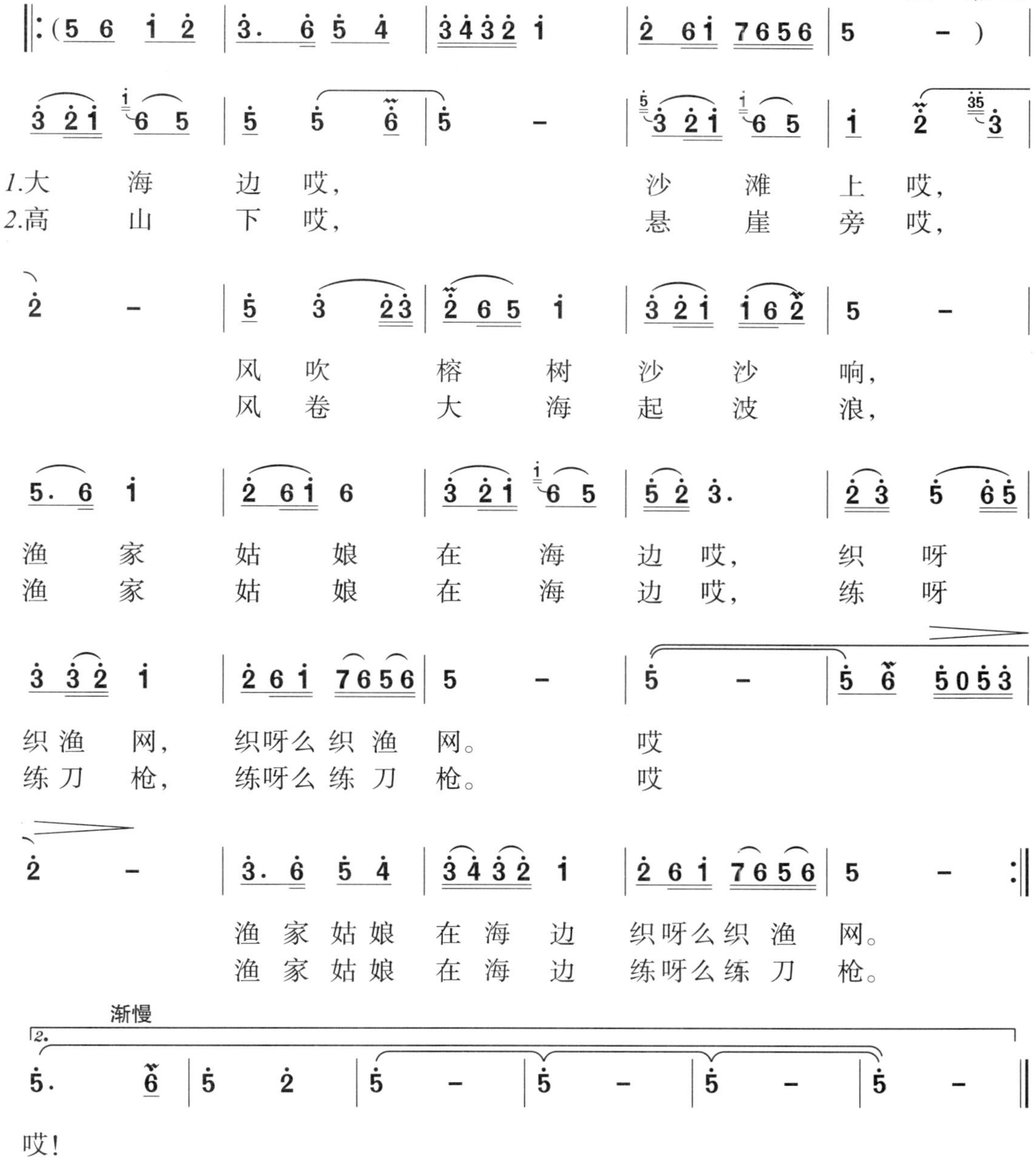

妈妈教我一支歌

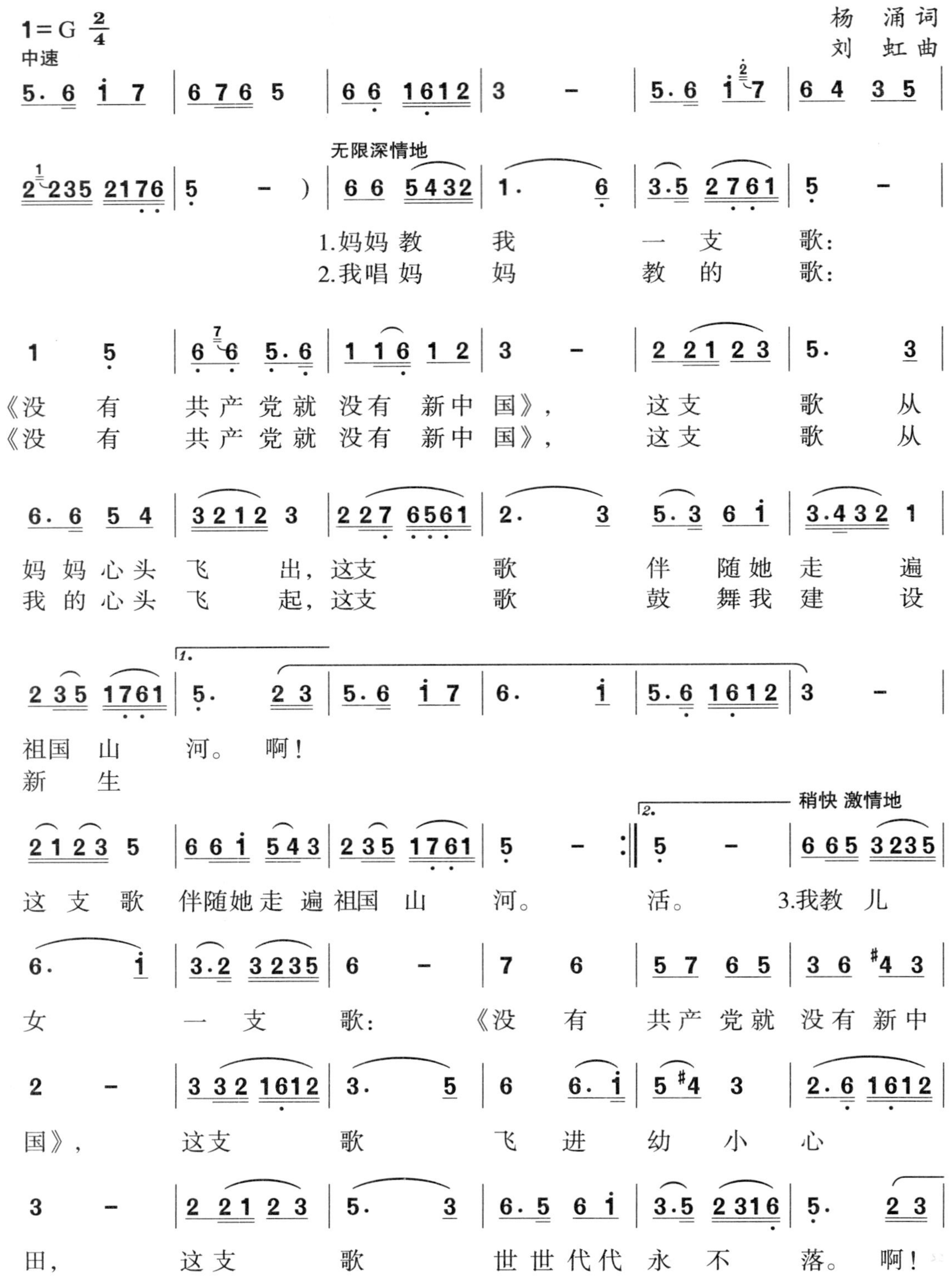
1=G 2/4
中速
杨 涌词
刘 虹曲
无限深情地
1.妈妈教我一支歌：
2.我唱妈妈教的歌：
《没有共产党就没有新中国》，这支歌从
《没有共产党就没有新中国》，这支歌从
妈妈心头飞出，这支歌伴随她走遍
我的心头飞起，这支歌鼓舞我建设
祖国山河。啊！
新生
稍快 激情地
这支歌伴随她走遍祖国山河。活。3.我教儿
女一支歌：《没有共产党就没有新中
国》，这支歌飞进幼小心
田，这支歌世世代代永不落。啊！

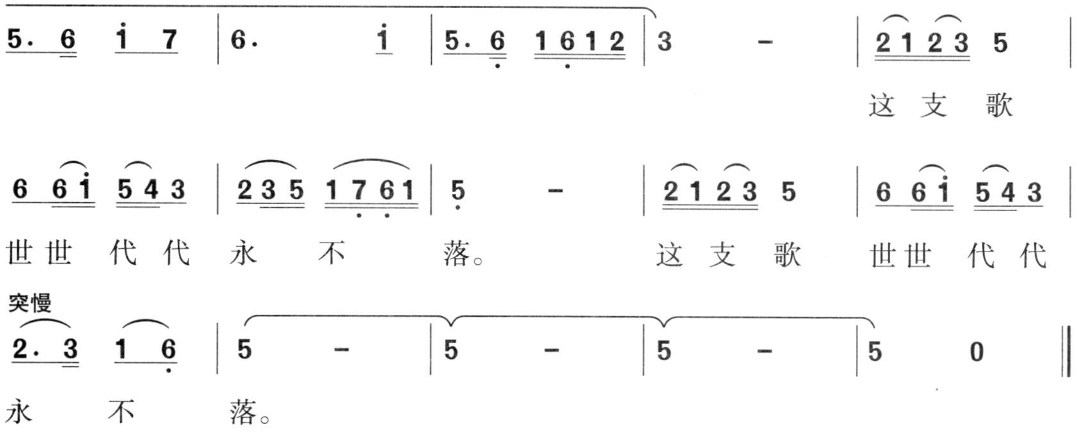
这支歌
世世代代永不落。这支歌世世代代
突慢
永不落。

我爱你，塞北的雪

1=A 4/4

王　德词
刘锡津曲

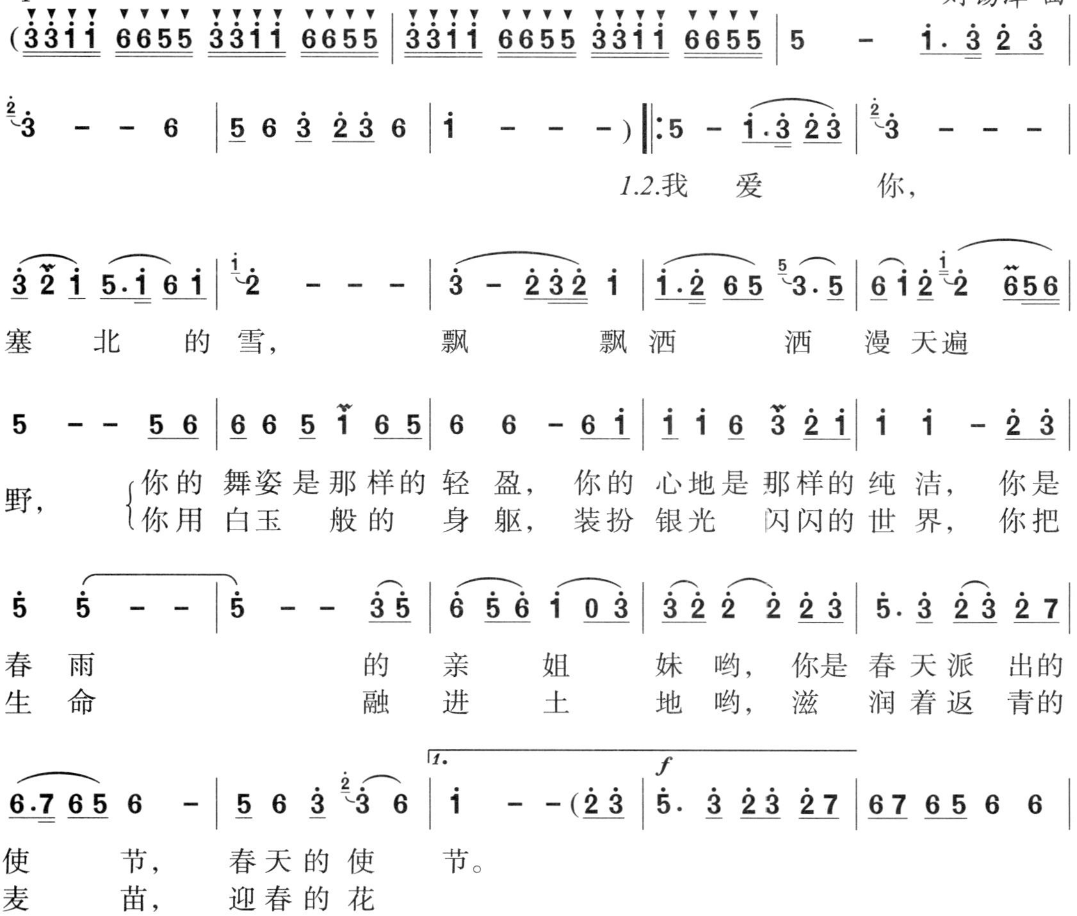
p
1.2.我爱你，
塞北的雪，飘飘洒洒漫天遍
野，你的舞姿是那样的轻盈，你的心地是那样的纯洁，你是
你用白玉般的身躯，装扮银光闪闪的世界，你把
春雨的亲姐妹哟，你是春天派出的
生命融进土地哟，滋润着返青的
1.
f
使节，春天的使节。
麦苗，迎春的花

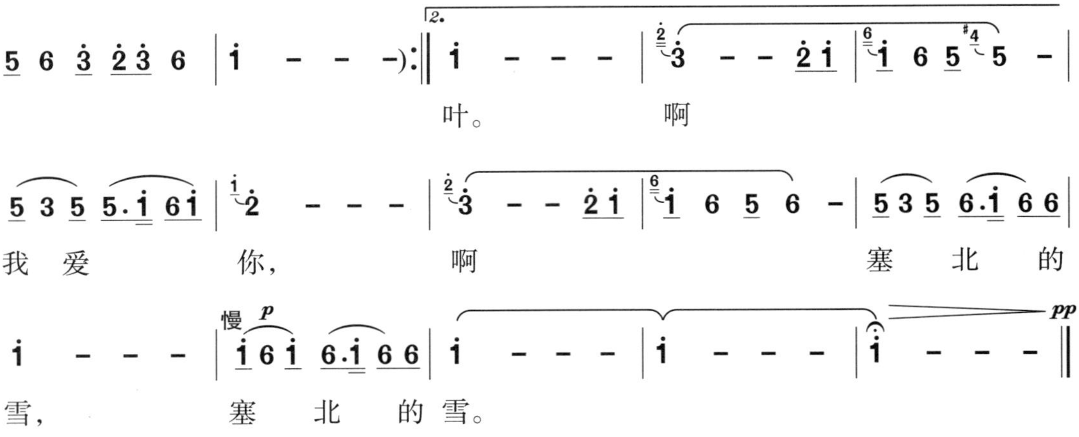
2.
叶。啊
我爱你，啊 塞北的
慢 p pp
雪，塞北的雪。

红豆词

1=♭E 4/4
慢中板 连绵地

［清］曹雪芹 词
刘雪庵 曲

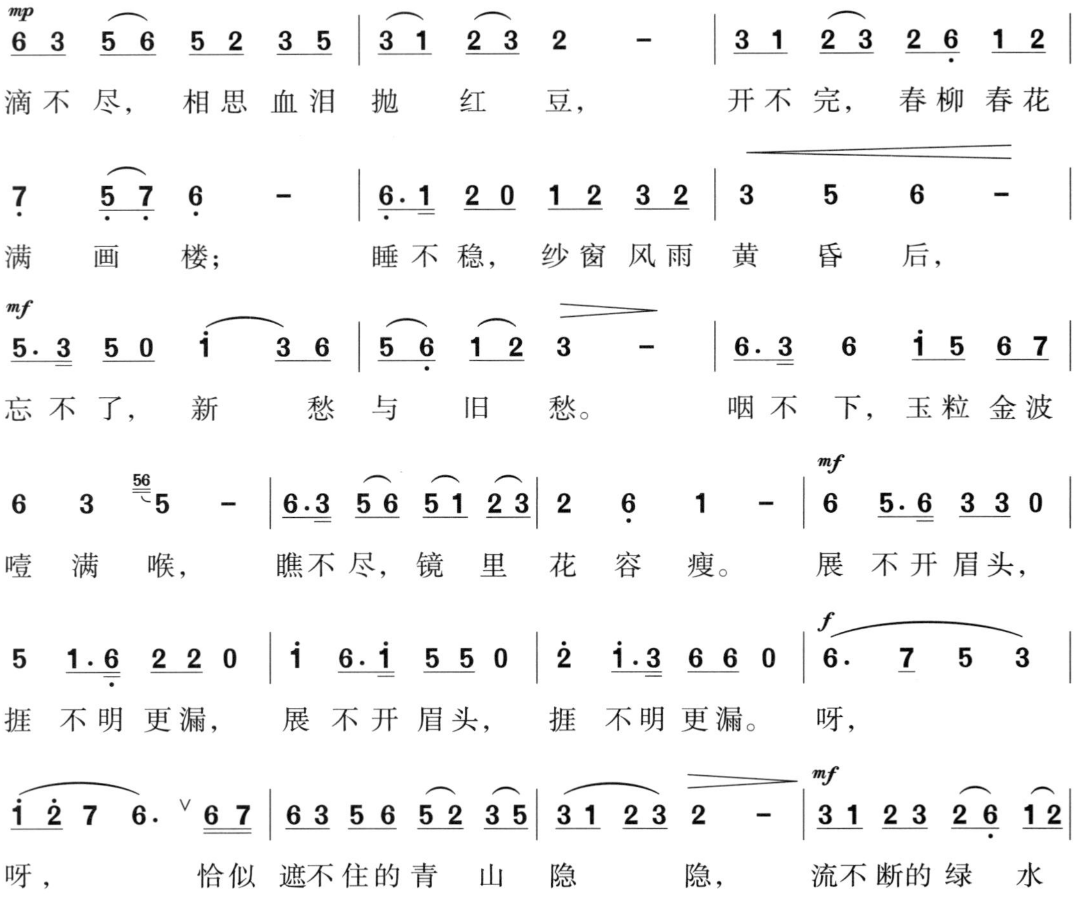
mp
滴不尽，相思血泪抛红豆，开不完，春柳春花
满画楼；睡不稳，纱窗风雨黄昏后，
mf
忘不了，新愁与旧愁。咽不下，玉粒金波
mf
噎满喉，瞧不尽，镜里花容瘦。展不开眉头，
f
捱不明更漏，展不开眉头，捱不明更漏。呀，
mf
呀，恰似遮不住的青山隐隐，流不断的绿水

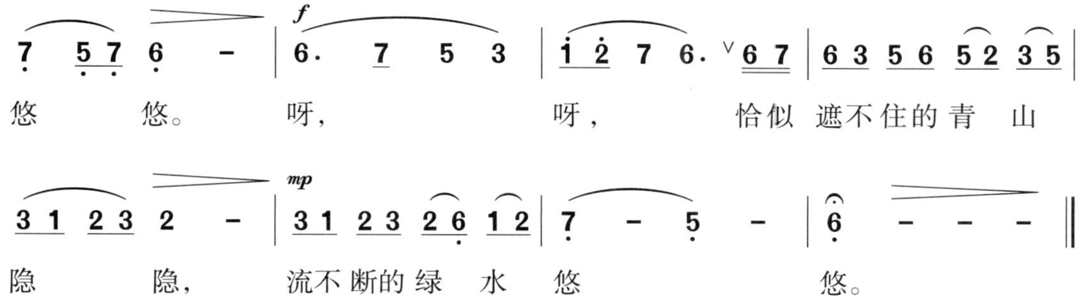
悠　悠。　呀，　呀，　恰似 遮不住的青　山
隐　隐，　流不断的绿　水　悠　悠。

祖国之爱

（故事片《元帅和士兵》插曲）

张　蔡　词
秦咏诚
李延忠　曲

1＝F $\frac{9}{8}$
稍慢 深情地

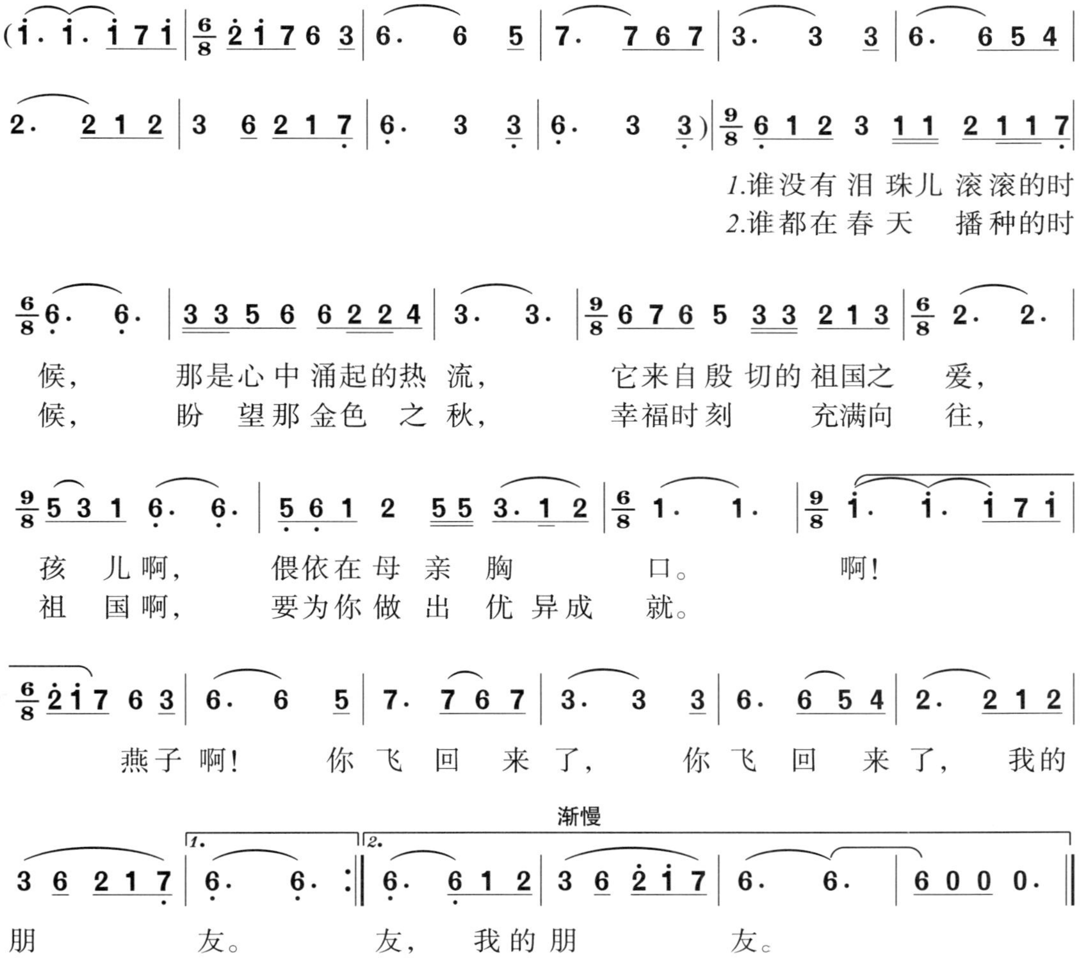
1.谁没有泪珠儿 滚滚的时
2.谁都在春天　播种的时
候，　那是心中涌起的热　流，　它来自殷切的祖国之　爱，
候，　盼　望那金色　之秋，　幸福时刻　充满向　往，
孩　儿啊，　偎依在母　亲　胸　口。　啊！
祖　国啊，　要为你做　出　优异成　就。
燕子 啊！　你　飞　回　来　了，　你　飞　回　来　了，　我的
渐慢
朋　友。　友，　我的朋　友。

党啊，亲爱的妈妈

1=G 4/4

中速 稍快 深情地

龚爱书　余致迪 词
马殿银　周　右 曲

(i i 2 i 65 4. 　3 | 55 6 5 43 2 　－ | 3.2 1 1 3.2 1 1 |

2. 5 3.2 1 2 1 　－) | 1 1 3 2.3 21 1. 53 | 3 3 3 2.3 21 1 　－ |

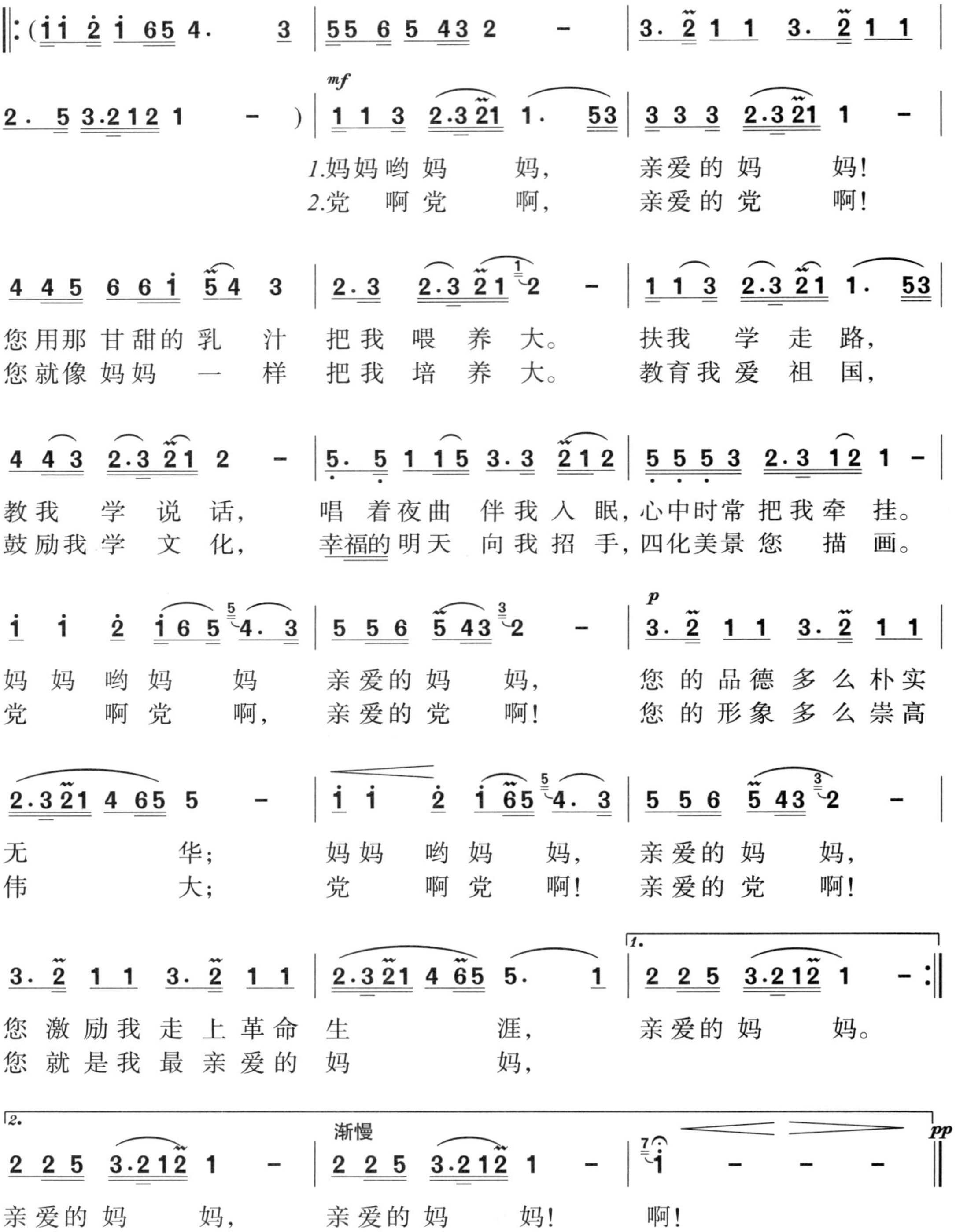

1.妈妈哟妈　妈，　亲爱的妈　妈！
2.党　啊党　啊，　亲爱的党　啊！

4 4 5 6 6 i 5 4 3 | 2. 3 2.3 21 2 　－ | 1 1 3 2.3 21 1. 53 |

您用那 甘甜的乳 汁 把我 喂养 大。 扶我 学走 路，
您就像 妈妈 一 样 把我 培养 大。 教育我 爱祖 国，

4 4 3 2.3 21 2 　－ | 5. 5 1 1 5 3.3 21 2 | 5 5 5 3 2.3 1 2 1 　－ |

教我 学说 话， 唱 着夜曲 伴我入 眠，心中时常 把我牵 挂。
鼓励我学 文 化， 幸福的明天 向我招 手，四化美景您 描画。

i i 2 i 65 4. 3 | 5 5 6 5 43 2 　－ | 3.2 1 1 3.2 1 1 |

妈 妈哟妈　妈 亲爱的妈　妈， 您 的品德多么朴实
党　啊党　啊， 亲爱的党　啊！ 您 的形象多么崇高

2.3 21 4 65 5 　－ | i i 2 i 65 4. 3 | 5 5 6 5 43 2 　－ |

无　 华； 妈妈 哟妈　妈， 亲爱的妈　妈，
伟　 大； 党　啊党　啊！ 亲爱的党　啊！

3.2 1 1 3.2 1 1 | 2.3 21 4 65 5. 　1 | 2 2 5 3.2 1 2 1 　－ :|

您 激励我 走上革命 生　 涯， 亲爱的妈　妈。
您 就是我 最亲爱的 妈　 妈，

渐慢

2 2 5 3.2 1 2 1 　－ | 2 2 5 3.2 1 2 1 　－ | 7 i 　－ 　－ 　－ ‖

亲爱的妈　妈， 亲爱的妈　妈！ 啊！

pp

黑龙江岸边洁白的玫瑰花

（歌剧《傲蕾·一兰》选曲）

1＝♭E $\frac{2}{4}$

稍慢 淳朴、憨厚

丁　毅　田　川词
王云之　刘易民曲

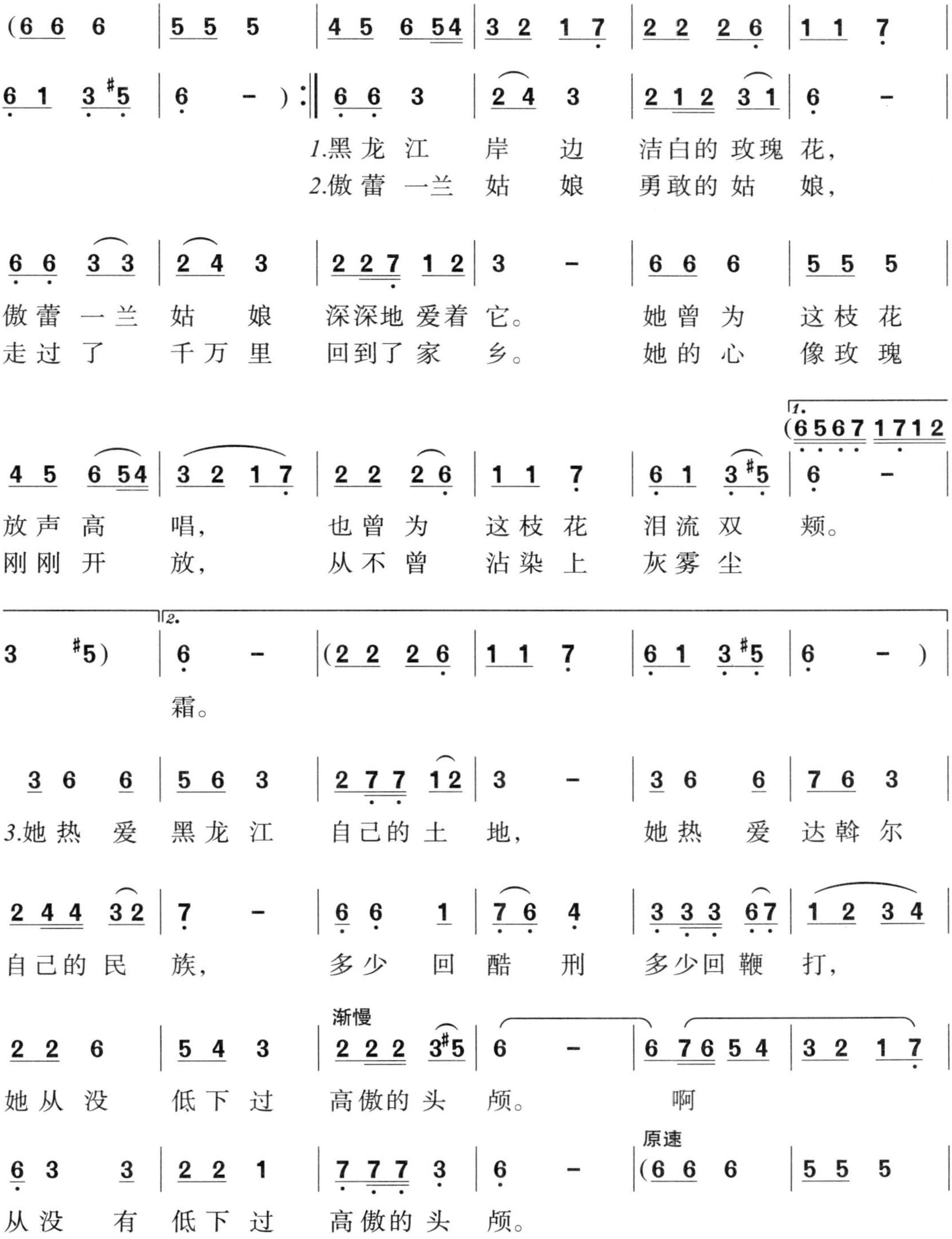
1.黑龙江岸边 洁白的玫瑰花，
2.傲蕾一兰姑娘 勇敢的姑娘，
傲蕾一兰 姑娘 深深地爱着它。 她曾为 这枝花
走过了 千万里 回到了家乡。 她的心 像玫瑰
1.
放声高 唱， 也曾为 这枝花 泪流双 颊。
刚刚开 放， 从不曾 沾染上 灰雾尘
2.
霜。
3.她热爱 黑龙江 自己的土 地， 她热爱 达斡尔
自己的民 族， 多少 回 酷 刑 多少回鞭 打，
渐慢
她从没 低下过 高傲的头 颅。 啊
原速
从没 有 低下过 高傲的头 颅。

洁白的玫瑰花虽然已凋残，英雄的姑娘
永记我心间，我要把这枝花带回家乡去，
好让这英雄的故事到处流传。

难忘今宵

1=C $\frac{4}{4}$

乔羽 词
王酩 曲

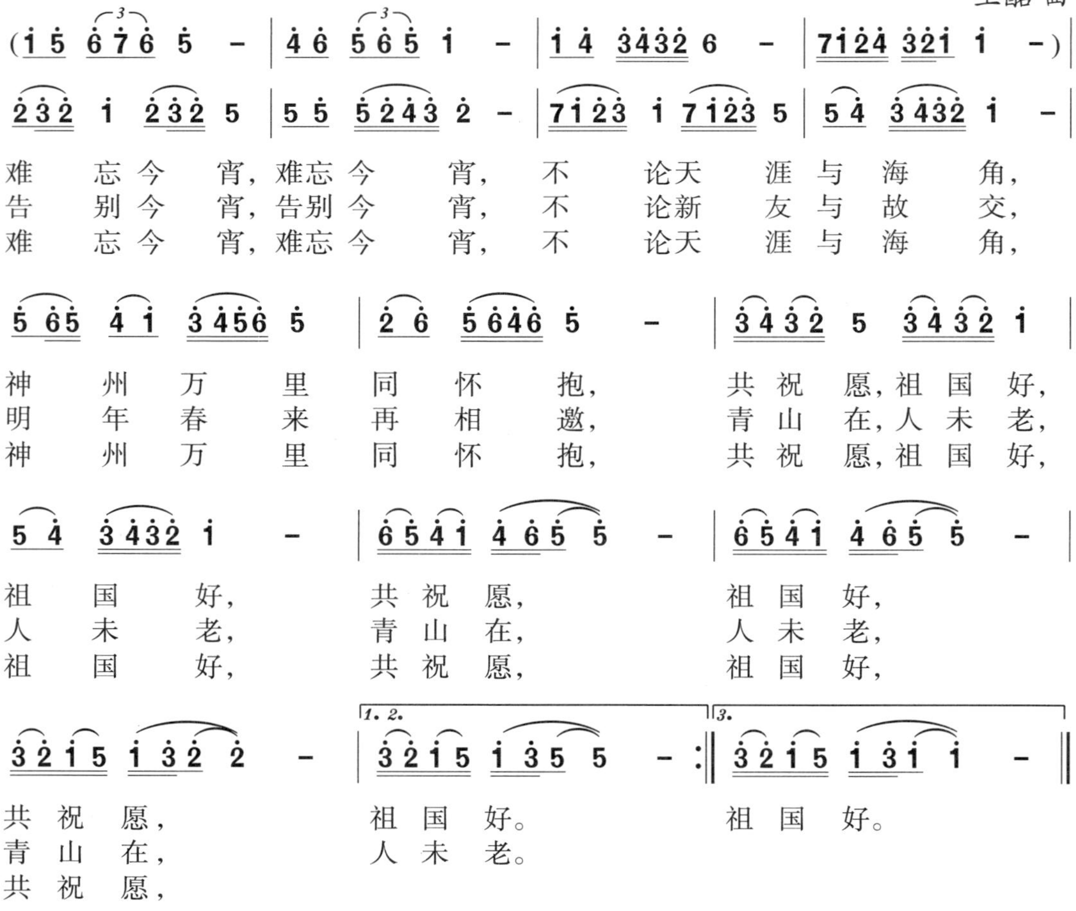
难忘今宵，难忘今宵，不论天涯与海角，
告别今宵，告别今宵，不论新友与故交，
难忘今宵，难忘今宵，不论天涯与海角，
神州万里同怀抱，共祝愿，祖国好，
明年春来再相邀，青山在，人未老，
神州万里同怀抱，共祝愿，祖国好，
祖国好，共祝愿，祖国好，
人未老，青山在，人未老，
祖国好，共祝愿，祖国好，
共祝愿，祖国好。祖国好。
青山在，人未老。
共祝愿，
1. 2.
3.

亲亲茉莉花

1=F 4/4

♩=108

阎　肃 词
孟庆云 曲

(5 5 5 5 5̃ 3 5 | 6 6 6 6 5 3 2 | 1 1 1 6 1 5 3 | 2 — — 6 1 |

2. 3 2 1 2 | 1 6 5 — — | 5 5 5 3 2 1 6 1 | 1 — — —)

‖: 5 5 5 6 1 1 2 | 3 3 5 2̃ 1 | 2 2 2 3 2 1 6 1 | 0 5 5 5 5 5 6 6 5 :‖

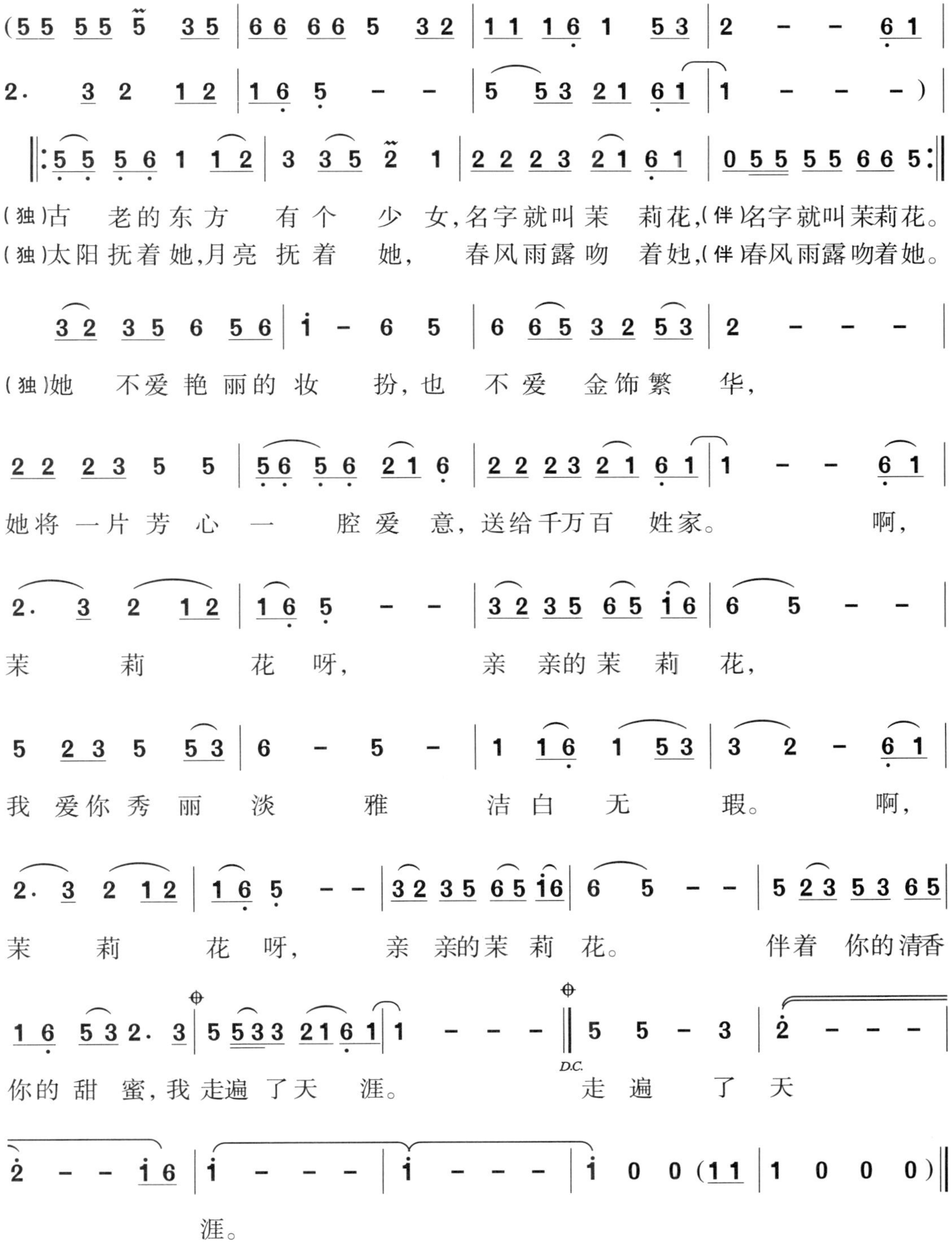

(独)古 老的东方 有个 少 女,名字就叫茉 莉花,(伴)名字就叫茉莉花。
(独)太阳抚着她,月亮 抚着 她, 春风雨露吻 着她,(伴)春风雨露吻着她。

3 2 3 5 6 5 6 | 1 — 6 5 | 6 6 5 3 2 5 3 | 2 — — —

(独)她 不爱艳丽的妆 扮,也 不爱 金饰繁 华,

2 2 2 3 5 5 | 5 6 5 6 2 1 6 | 2 2 2 3 2 1 6 1 | 1 — — 6 1

她将 一片芳 心 一 腔爱 意,送给千万百 姓家。 啊,

2. 3 2 1 2 | 1 6 5 — — | 3 2 3 5 6 5 1 6 | 6 5 — —

茉 莉 花 呀, 亲 亲的茉 莉 花,

5 2 3 5 5 3 | 6 — 5 — | 1 1 6 1 5 3 | 3 2 — 6 1

我 爱你秀 丽 淡 雅 洁白 无 瑕。 啊,

2. 3 2 1 2 | 1 6 5 — — | 3 2 3 5 6 5 1 6 | 6 5 — — | 5 2 3 5 3 6 5

茉 莉 花 呀, 亲 亲的茉 莉 花。 伴着 你的清香

1 6 5 3 2. 3 | 5 5 3 3 2 1 6 1 | 1 — — — — ‖ 5 5 — 3 | 2 — — —
D.C.

你的 甜 蜜,我 走遍 了天 涯。 走遍 了 天

2 — — 1 6 | 1 — — — | 1 — — — | 1 0 0 (1 1 | 1 0 0 0)‖

涯。

飞吧，鸽子

（纪录片《鸽子》主题曲）

1=F $\frac{2}{2}$
中速

洪　源词
王立平曲

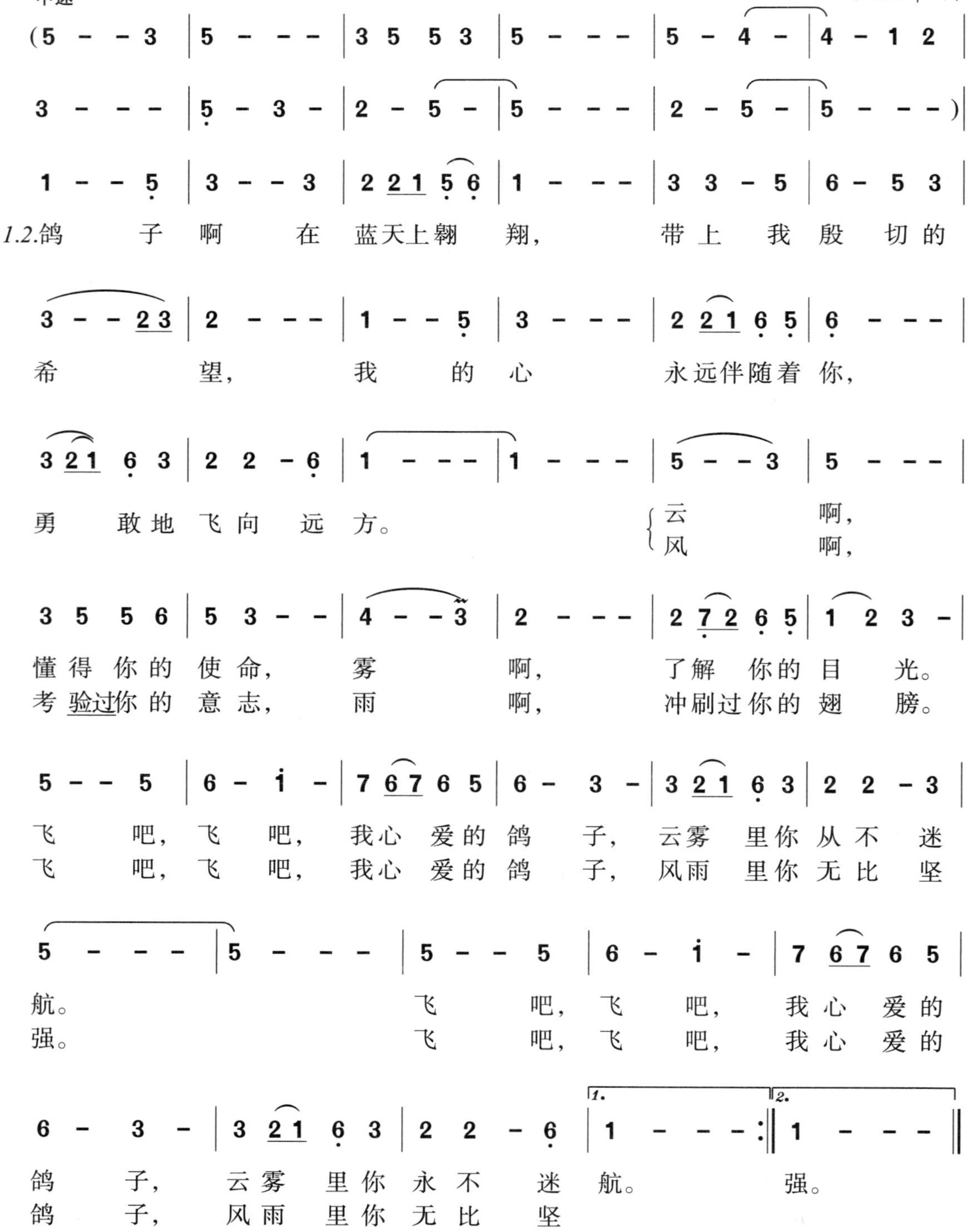
1.2.鸽　子　啊　在　蓝天上翱　翔，　带　上　我　殷　切　的
希　望，　我　的　心　永远伴随着　你，
勇　敢地　飞　向　远　方。
云　啊，
风　啊，
懂　得　你　的　使　命，　雾　啊，　了解　你的　目　光。
考　验过你　的　意　志，　雨　啊，　冲刷过你的　翅　膀。
飞　吧，飞　吧，我心　爱的　鸽　子，云雾　里你　从不　迷
飞　吧，飞　吧，我心　爱的　鸽　子，风雨　里你　无比　坚
航。　飞　吧，飞　吧，我心　爱的
强。　飞　吧，飞　吧，我心　爱的
鸽　子，　云雾　里你　永不　迷　航。　强。
鸽　子，　风雨　里你　无比　坚

黄　水　谣

（选自《黄河大合唱》）

光未然 词
冼星海 曲

1=E 2/4 4/4

中速

（5　3̲5̲｜1̇2̇ 6̲5̲｜3. 5̲3̲ 2̲3̲ 2̲1̲｜5̂ －）｜5　3̲5̲｜1̇2̇3̲ 6̲5̲｜

　　　　　　　　　　　　　　　　　　　　　黄　水　奔　流

3　5̲3̲｜2. 3｜1.3̲ 2̲1̲6̲1̲｜5̣ －｜5̣ －｜5̣ 5̲6̲｜1. 3｜

向　东　方，　　河流万里　长，　　水　又　急，

5̲6̲ 1̇6̲｜5 －｜2̲3̲ 1̲2̲｜6̲1̲ 5̲6̲｜1̲2̲ 3̲5̲｜2 －｜2.3̲ 5̲6̲5̲｜

浪　又　高，　奔　腾　叫　啸　如　虎　狼，　　开　河

3　－｜2̲.3̲ 2̲.1̲｜6̣ －｜6̣. 5｜6̲1̲ 5̲6̲｜3 5̲3̲｜6 －｜

渠，　　筑　堤　防，　河　东　千　里　成　平　壤，

5　3̲5̲｜6̲1̲ 5̲0̲｜1̲2̇3̲ 6̲1̲｜2̇ －｜2̇ －｜5. 6｜1̇ 3̲0̲｜

麦　苗儿　肥　呀，豆　花儿　香，　　男　女　老　少

5̲6̲ 3̲2̲｜1 －｜1 －｜4/4 1. 2̲ 3̲ 5̲3̲｜2 － 2. 3̲｜2̲3̲ 1̲6̲ 5̲｜

喜　洋　洋。　　　　　自从鬼子 来，百　姓遭了 殃，

5.6̲ 1̇ 1̇｜2̇. 1̇ 6̲1̲ 6̲1̲｜5 － － －｜2.3̲ 2̲1̲｜5.6̲ 6̲2̲｜1 － － －｜

奸淫烧杀一片凄　凉，　　扶老携幼，四处逃　亡，

5̲6̲5̲ 3̲5̲3̲｜2 2.3̲ 6̲5̲｜2̇ 6 3̇ －｜2/4 (2̇ 2̲3̇｜5̲6̲ 1̇6̲｜2̇3̲ 1̲2̇｜6 －)｜

丢掉了爹 娘,回不了家　乡！

原速

5　3̲5̲｜1̇2̇3̲ 6̲5̲｜3 5̲3̲｜2. 3｜1. 3｜2 1｜6̲1̲ 2̲3̲｜

黄　水　奔　流　日　夜　忙，　妻　离　子　散　天各一

渐慢

2　－｜5. 6｜2̲3̲ 1̲6̲｜5. 3̲｜2 6̣｜1 －｜1 －‖

方，　妻　离　子　散　天　各　一　方！

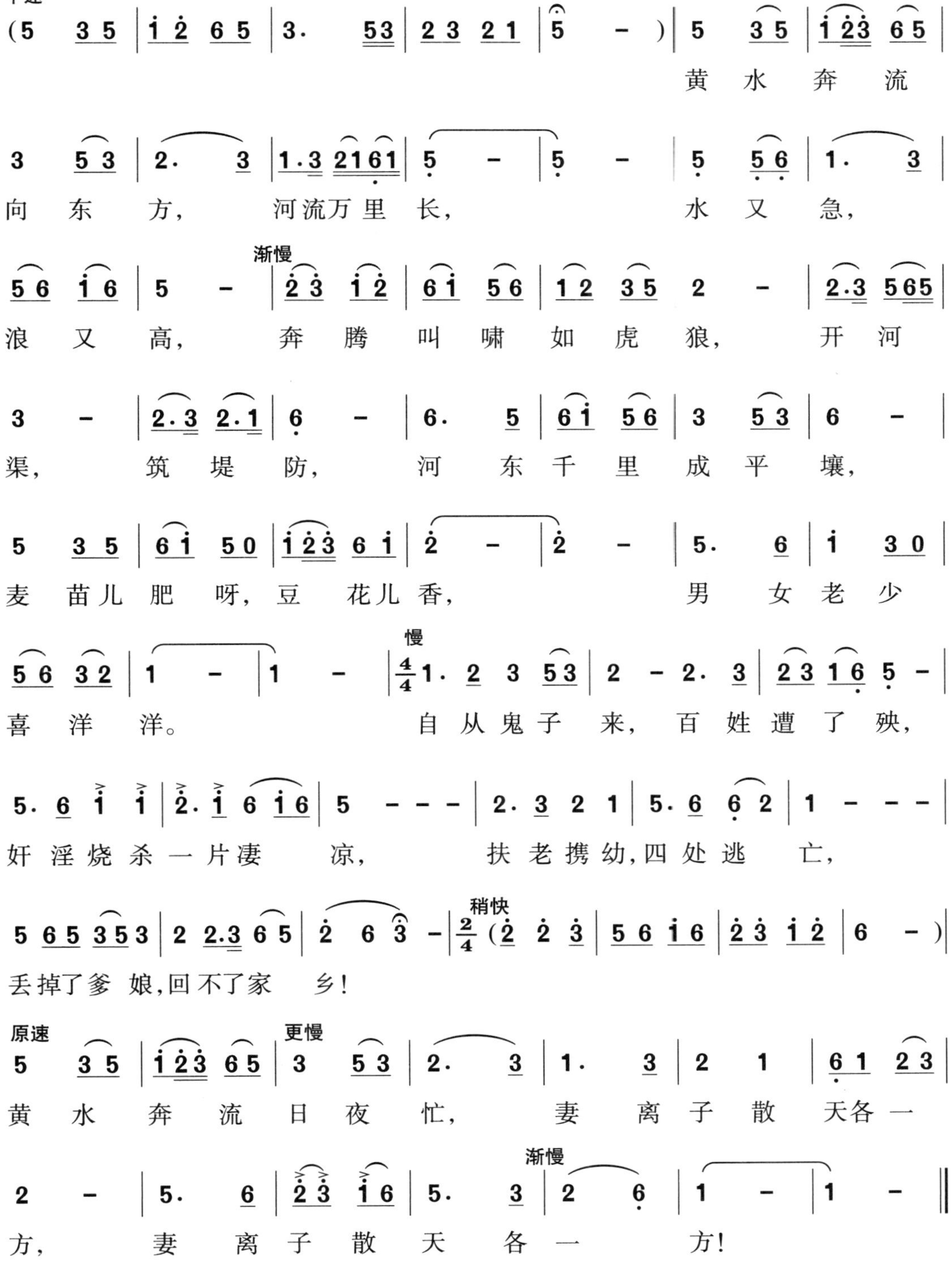

我家在中国

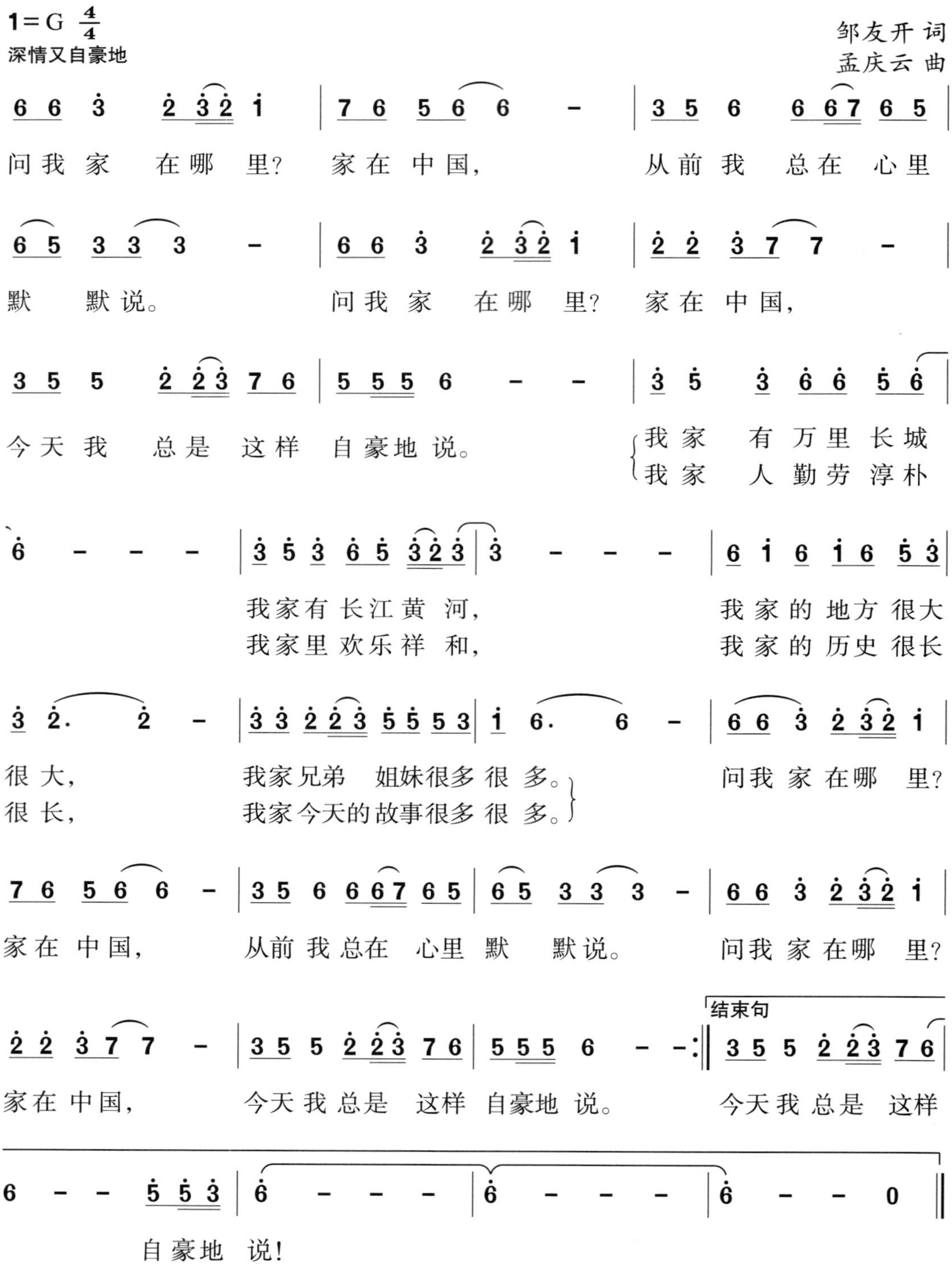
1＝G 4/4
深情又自豪地
邹友开 词
孟庆云 曲
问我家 在哪 里？ 家在 中国，
从前我 总在 心里 默 默说。
问我家 在哪 里？ 家在 中国，
今天我 总是 这样 自豪地 说。
我家 有万里长城 我家有长江黄 河， 我家的地方很大很 大，
我家 人勤劳淳朴 我家里欢乐祥 和， 我家的历史很长很 长，
我家兄弟 姐妹很多 很 多。
我家今天的故事很多 很 多。
问我家 在哪 里？ 家在 中国， 从前 我 总在 心里 默 默说。
问我家 在哪 里？ 家在 中国， 今天 我 总是 这样 自豪地 说。
结束句
今天 我 总是 这样 自豪地 说！

中国的月亮

石顺义 词
王锡仁 曲

1=D $\frac{4}{4}$
深情地 ♩=100

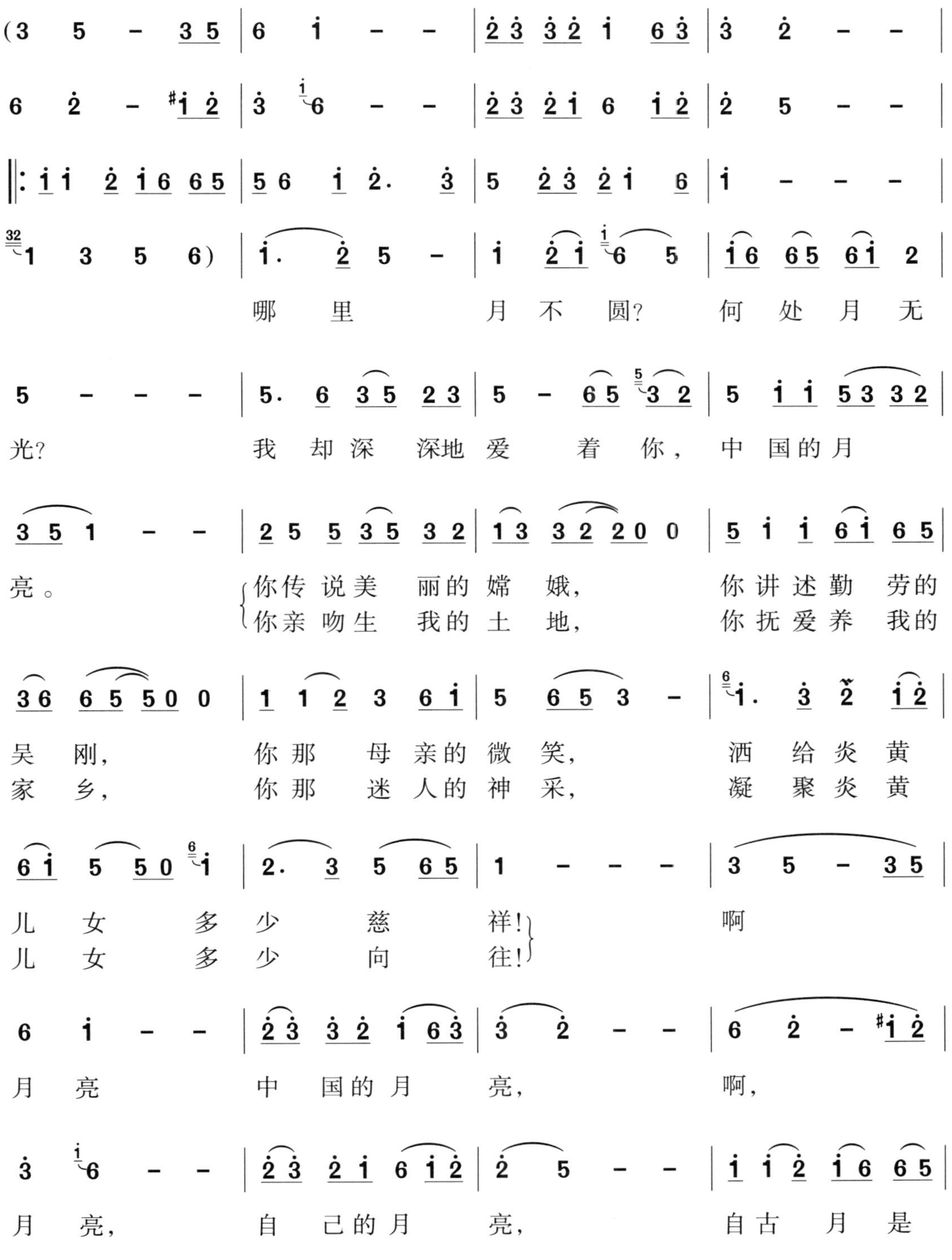
哪 里 月 不 圆？ 何 处 月 无 光？
我 却 深 深地 爱 着 你， 中 国 的 月 亮。
你传说美 丽的 嫦 娥， 你讲述勤 劳的 吴 刚，
你亲吻生 我的 土 地， 你抚爱养 我的 家 乡，
你那 母 亲的 微 笑， 洒 给 炎 黄 儿 女 多 少 慈 祥！
你那 迷 人的 神 采， 凝 聚 炎 黄 儿 女 多 少 向 往！
啊 月 亮 中 国的 月 亮， 啊， 月 亮， 自 己的 月 亮， 自 古 月 是

$\underline{5}$ $\underline{6}$ $\underline{\overset{\frown}{\dot{1}}}$ $\dot{2}$. $\underline{1}$ | $\underline{6}$ $\underline{5}$ $\underline{3}$ 2. $\underline{1}$ | $\underline{6}$ $\underline{5}$ $\underline{3}$ 2 $-$ | 5 $\underline{\overset{\frown}{2}\underline{3}}$ $\underline{2}$ $\underline{\overset{\frown}{1}}$ $\underline{6}$ |

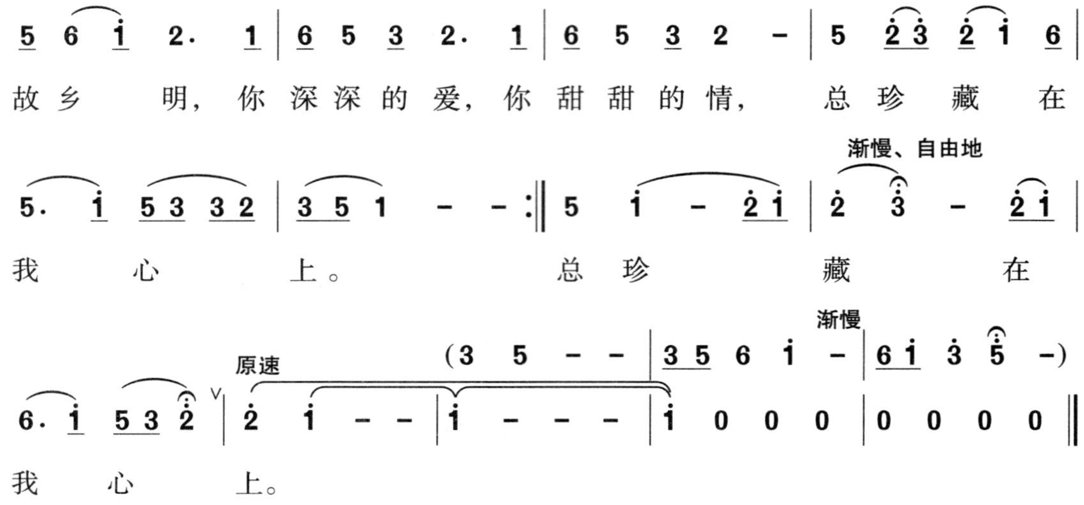

故 乡 　 明， 你 深 深 的 爱， 你 甜 甜 的 情， 总 珍 藏 在

渐慢、自由地

5. $\underline{\dot{1}}$ $\underline{5}$ $\underline{3}$ $\underline{3}$ $\underline{2}$ | $\underline{3}$ $\underline{5}$ 1 $-$ $-$:‖ 5 $\underline{\dot{1}}$ $-$ $\underline{\dot{2}}\underline{\dot{1}}$ | $\dot{2}$ $\dot{3}$ $-$ $\underline{\dot{2}}\underline{\dot{1}}$ |

我 　 心 　 上。 　 　 　 总 珍 　 藏 　 在

渐慢

原速　　　　　（3　5　－　－ | 3　5　6　i　－ | $\underline{6}$ $\dot{1}$ $\dot{3}$ $\overset{\frown}{5}$ $-$）

6. $\underline{\dot{1}}$ $\underline{5}$ $\underline{3}$ $\overset{\frown}{2}$ | $\dot{2}$ $\dot{1}$ $-$ $-$ $\dot{1}$ $-$ $-$ | $\dot{1}$ 0 0 0 | 0 0 0 0 ‖

我 　 心 　 上。

我爱梅园梅

1=D $\frac{4}{4}$

瞿　琮 词
郑秋枫 曲

中速怀念、深情地

（$\underline{5}$ $\underline{3}$ $\underline{5}$ $\underline{6}$ $\dot{1}$. $\underline{\dot{2}}$ | $\underline{\dot{3}}$ $\underline{\dot{5}}$ $\underline{\dot{2}}$ $\underline{\dot{1}}$ $\overset{7}{\dot{1}}$. $\underline{7}$ | $\underline{6}$. $\underline{\dot{1}}$ $\underline{5}$ $\underline{2}$ $\underline{3}$. $\underline{4}$ $\underline{3}$ $\underline{2}$ | 1 $-$ 2 3）|

5. $\underline{6}$ $\dot{1}$. $\underline{\dot{2}}$ | $\underline{6}$ $\underline{5}$ $\underline{3}$ $\underline{2}$ 1 $-$ | $\underline{6}$ $\underline{3}$ $\underline{\overset{\frown}{\dot{2}}\underline{3}}$ $\underline{\dot{1}}$ $\underline{6}$ | $\underline{5}$ $\underline{3}$ 5 $-$ $-$ |

不 　 唱 黄 　 山 的 松， 不 唱 西 湖 的 水，

$\dot{1}$. $\underline{\dot{3}}$ $\underline{\dot{2}}$ $\dot{1}$ | 7 $\underline{\overset{\frown}{6}\underline{\dot{1}}}$ 5. $\underline{3}$ | 2 $\underline{6}$ $\underline{5}$ $\underline{3}$ $\underline{2}$ $\underline{1}$ | 3 $-$ $-$ $-$ |

石 头 城 里 歌 一 曲， 我 唱 梅 园 的 梅。

$\dot{1}$. $\underline{\dot{2}}$ $\dot{3}$ $\dot{1}$ | 7 $\underline{\overset{\frown}{6}\underline{\dot{1}}}$ $\dot{2}$. $\underline{3}$ | 4 6 $\underline{\overset{\frown}{5}\underline{3}}$ $\underline{2}$ $\underline{1}$ | 1 $-$ $-$ $-$ |

石 头 城 里 歌 一 曲， 我 唱 梅 园 的 梅。

‖: 3. $\underline{5}$ $\underline{2}$. $\underline{3}$ $\underline{2}$ $\underline{1}$ | 3 $-$ $-$ 5 | 6 $\underline{3}$ $\underline{\overset{\frown}{\dot{2}}\underline{3}}$ $\underline{\dot{1}}$ $\underline{6}$ | $\underline{5}$ $\underline{3}$ 5 $-$ $-$ |

梅 园 的 梅， 梅 园 的 梅，

$\dot{1}$ $\dot{1}$ 7 $\underline{6}$ $\underline{\dot{1}}$ $\underline{\dot{2}}$ | 3. $\underline{5}$ 3 2 | 6 6 $\underline{5}$ $\underline{3}$ $\underline{2}$ $\underline{1}$ | 2 $-$ $-$ $-$ |

腊 月 里 开 　 花， 三 九 天 吐 　 蕊；
它 比 杜 鹃 　 红， 它 比 牡 丹 美；

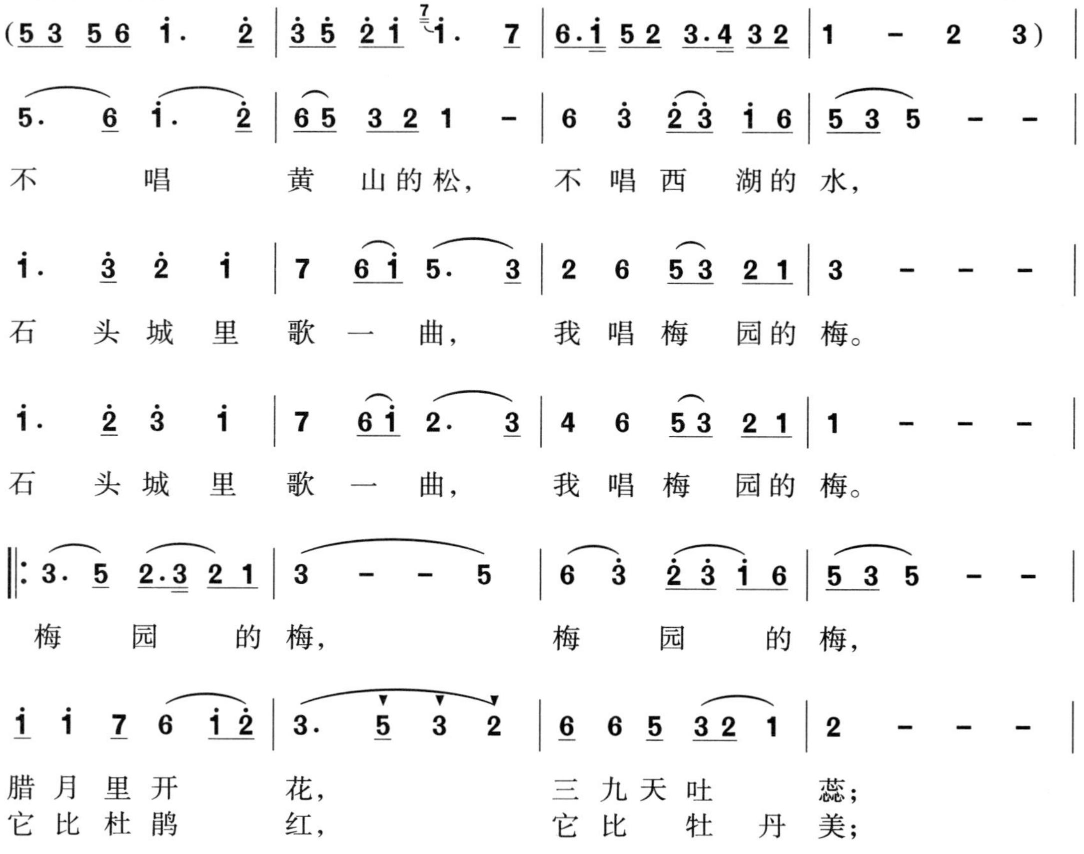

$\underline{5} \cdot \underline{3}$ $\underline{2 \cdot 3} \underline{2 1}$ | 3 — — 5 | $\dot{1} \cdot \underline{7}$ $\underline{6 \cdot 7} \underline{6 5}$ | 6 — — — |

梅　　　园　　的梅，　　　　　梅　　　园　　的梅，

梅　　　园　　的梅，　　　　　梅　　　园　　的梅，

$\underline{5}$ $\underline{5}$ $\underline{6}$ $\underline{\dot{1}}$ $\dot{1}$ | $\dot{1} \cdot$ $\underline{2}$ 3 — | 6 $\underline{\dot{3}}$ $\underline{2 3}$ $\dot{1}$ | $\dot{2}$ — — $\underline{\dot{1} \dot{2}}$ |

不　怕　霜雪打，　　　任凭　寒风吹。　　　　　啊

笑　在　百花前，　　　昂首　迎春归。　　　　　啊

$\underline{3} \cdot$ $\underline{5}$ $\underline{2 \cdot 3} \underline{2 1}$ | $\dot{1}$ — — 7 | $6 \cdot$ $\underline{7}$ $\underline{6 \cdot 7} \underline{6 3}$ | 5 — — — |

周　总　理　　　　当年　住梅　园，

周　总　理　　　　光辉　照梅　园，

$2 \cdot$ $\underline{3}$ 4 6 | $5 \cdot$ $\underline{3}$ 2 1 | $3 \cdot$ $\underline{5}$ $\underline{2 3} \underline{\dot{2} 1}$ | 1 — — (2 3 |

红梅向阳开，　　　品格　多高贵。

年年梅花开，　　　盼望　总理归。

$\underline{5 3} \underline{5 6} \underline{\dot{1} 6} \underline{\dot{1} 2}$ | $\underline{\dot{3} 5} \underline{\dot{2} 1} \underline{\dot{1} 6 5}$ | $\underline{2 \cdot 3} \underline{4 6} \underline{3 5} \underline{2 1}$ | 1 — — —) |

$5 \cdot$ $\underline{6}$ $\dot{1} \cdot$ $\underline{\dot{2}}$ | $\underline{6 5} \underline{3 2} 1$ — | 6 6 $\underline{\dot{3}} \underline{2 3}$ $\underline{\dot{1} 6}$ | 5 3 5 — — |

看不够　万山松，　望不尽　千江　水，

$\dot{1} \cdot$ $\underline{\dot{3}}$ $\dot{2}$ $\dot{1}$ | 7 $\underline{6 \dot{1}}$ $5 \cdot$ $\underline{3}$ | 2 6 $\underline{5 3}$ $\underline{2 1}$ | 3 — — — |

石头城里唱颂歌，　我爱梅　园的梅。

$\dot{1} \cdot$ $\underline{\dot{2}}$ $\dot{3}$ $\dot{1}$ | 7 $\underline{6 \dot{1}}$ 5 — | $\dot{3} \cdot$ $\dot{5}$ — — | $\dot{2} \cdot$ $\underline{\dot{3}}$ $\dot{2}$ $\dot{1}$ |

石头城里唱颂歌，　我爱　　梅　　园的

渐慢

$\dot{1}$ — — 7 | $\underline{6 \cdot 7} \underline{6 5} \underline{4 6} \underline{4 3}$ | $2 \cdot$ $\underline{3}$ 5 — | $3 \cdot$ $\underline{5}$ $\underline{2 \cdot 3} \underline{2 1}$ | $\dot{1}$ — — — ‖

梅，　　　　　我爱梅　园的梅！

曲蔓地

1=♭B 4/4

稍快 柔和地

维吾尔族民歌
西 彤 词

(3̇· 4̇ 5 - | 4̇· 3̇ 2 - | 0 2̇3̇ 4̇5̇ 0 4̇3̇2̇ |

1̲7̲ 1̲2̲ 1̲ 1̲) 5̲5̲ | 4̇ - - 5̲4̲ | 3̇ - - 6̲7̲ |

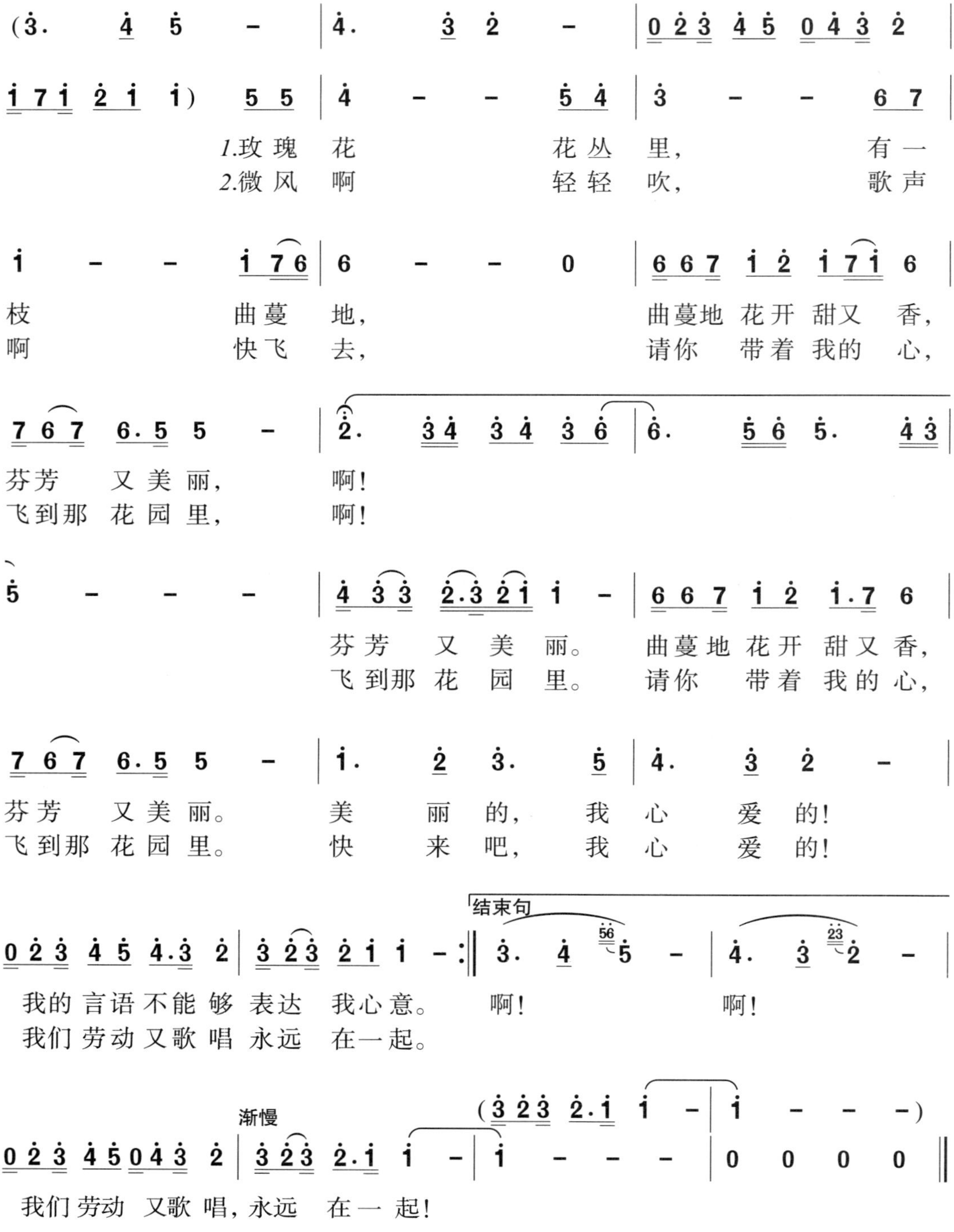

1.玫 瑰 花 花丛 里, 有一
2.微 风 啊 轻轻 吹, 歌声

1̇ - - 1̲7̲6̲ | 6 - - 0 | 6̲6̲7̲ 1̲2̲ 1̲7̲1̲6̲ |

枝 曲蔓 地, 曲蔓地 花开 甜又 香,
啊 快飞 去, 请你 带着 我的 心,

7̲6̲7̲ 6̲·5̲ 5 - | 2̇· 3̲4̲ 3̲4̲ 3̲6̲ | 6̇· 5̲6̲ 5· 4̲3̲ |

芬芳 又美 丽, 啊!
飞到那 花园 里, 啊!

5̇ - - - | 4̲3̲3̲ 2̲·3̲2̲1̲ 1̇ - | 6̲6̲7̲ 1̲2̲ 1̲·7̲6̲ |

芬芳 又美 丽。 曲蔓地 花开 甜又 香,
飞到那 花园 里。 请你 带着 我的 心,

7̲6̲7̲ 6̲·5̲ 5 - | 1̇· 2̇ 3̇· 5̇ | 4̇· 3̇ 2 - |

芬芳 又美 丽。 美 丽的, 我 心 爱 的!
飞到那 花园 里。 快 来 吧, 我 心 爱 的!

结束句

0 2̇3̲ 4̲5̲ 4̲·3̲ 2̲ | 3̲2̲3̲ 2̲1̲ 1̇ - :‖ 3̇· 4̇ ⁵⁶5̇ - | 4̇· 3̇ ²³2 - |

我的 言语 不能 够 表达 我心 意。 啊! 啊!
我们 劳动 又歌 唱 永远 在一 起。

渐慢   (3̇2̇3̇ 2̲·1̲ 1̇ - | 1̇ - - -)

0 2̇3̲ 4̲5̲0̲4̲3̲ 2̲ | 3̲2̲3̲ 2̲·1̲ 1̇ - | 1̇ - - - | 0 0 0 0 ‖

我们 劳动 又歌 唱, 永远 在一 起!

在银色的月光下

塔塔尔族民歌
王洛宾译词
黎英海改编

1=♭E $\frac{3}{4}$ $\frac{2}{4}$
慢速

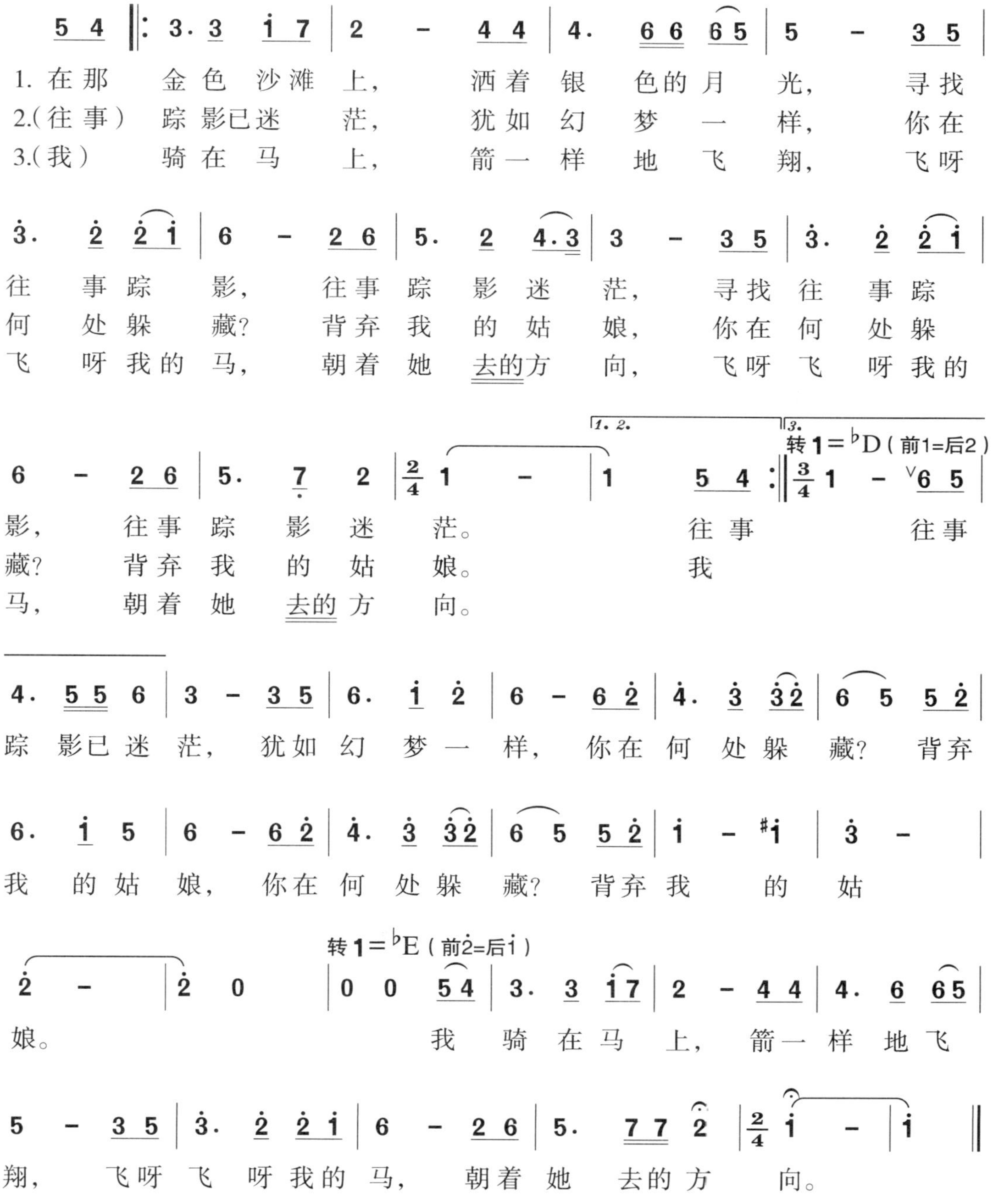

1. 在那金色沙滩上，洒着银色的月光，寻找往事踪影，往事踪影迷茫，寻找往事踪影，往事踪影迷茫。
2.(往事)踪影已迷茫，犹如幻梦一样，你在何处躲藏？背弃我的姑娘，你在何处躲藏？背弃我的姑娘。
3.(我)骑在马上，箭一样地飞翔，飞呀飞呀我的马，朝着她去的方向，飞呀飞呀我的马，朝着她去的方向。
往事　往事
我
转1=♭D（前1=后2）
踪影已迷茫，犹如幻梦一样，你在何处躲藏？背弃我的姑娘，你在何处躲藏？背弃我的姑娘。
转1=♭E（前2=后1）
我骑在马上，箭一样地飞翔，飞呀飞呀我的马，朝着她去的方向。

二、外国部分

尼　娜

[意] 柏戈莱西 曲
尚家骧 译配

1=♭A　4/4

小行板
p

```
6  1 | : 3  3  3  4 | 4  3  0  4 | 4  3  0  6 | 5.4 3  0  3 |
已经   三 天 了， 啊！尼 娜，   啊！尼 娜，   啊！尼 娜， 在
```

```
2  2  2  2 | 232#1 2354 32 | 21 176 3. #5 | 6  —  —  0 |
床 上 静 静 安       眠， 在 床 上   安   眠。
```

f

```
3. 21 3. 21 | 5. 5 5  0 5 | 5  — 56 54 | 4  3  0  0 5 |
听 外边锣鼓声震天响，  醒 来   吧！我的 尼 娜！ 醒
```

```
5  — 56 54 | 5̲4 3  0 3 | 2  2  2  2 | 232#1 23 54 32 |
来   吧！我的 尼 娜！ 再 不 要 沉 睡 不     起， 再
```

pp

```
21 176 3. #5 | 6  — 0  0 6 | 67 12 3#4 #56 | 6  — 6  0 6 |
不 要 沉 睡 吧！  醒 来 吧！我 的 尼  娜！ 醒
```

```
67 12 3#4 #56 | 6  —  7  4 | 43 321 32 217 | 6  — 0  6 1 : |
来 吧！我 的 尼  娜！ 再 不 要沉  睡  吧！   已经
```
1.

2.
f
自由地

```
6  — 0  6 | 1  — 2  — | 3. #23 2323 43 | 6  —  0 ||
吧！   再 不 要 沉        睡 吧！
```
35

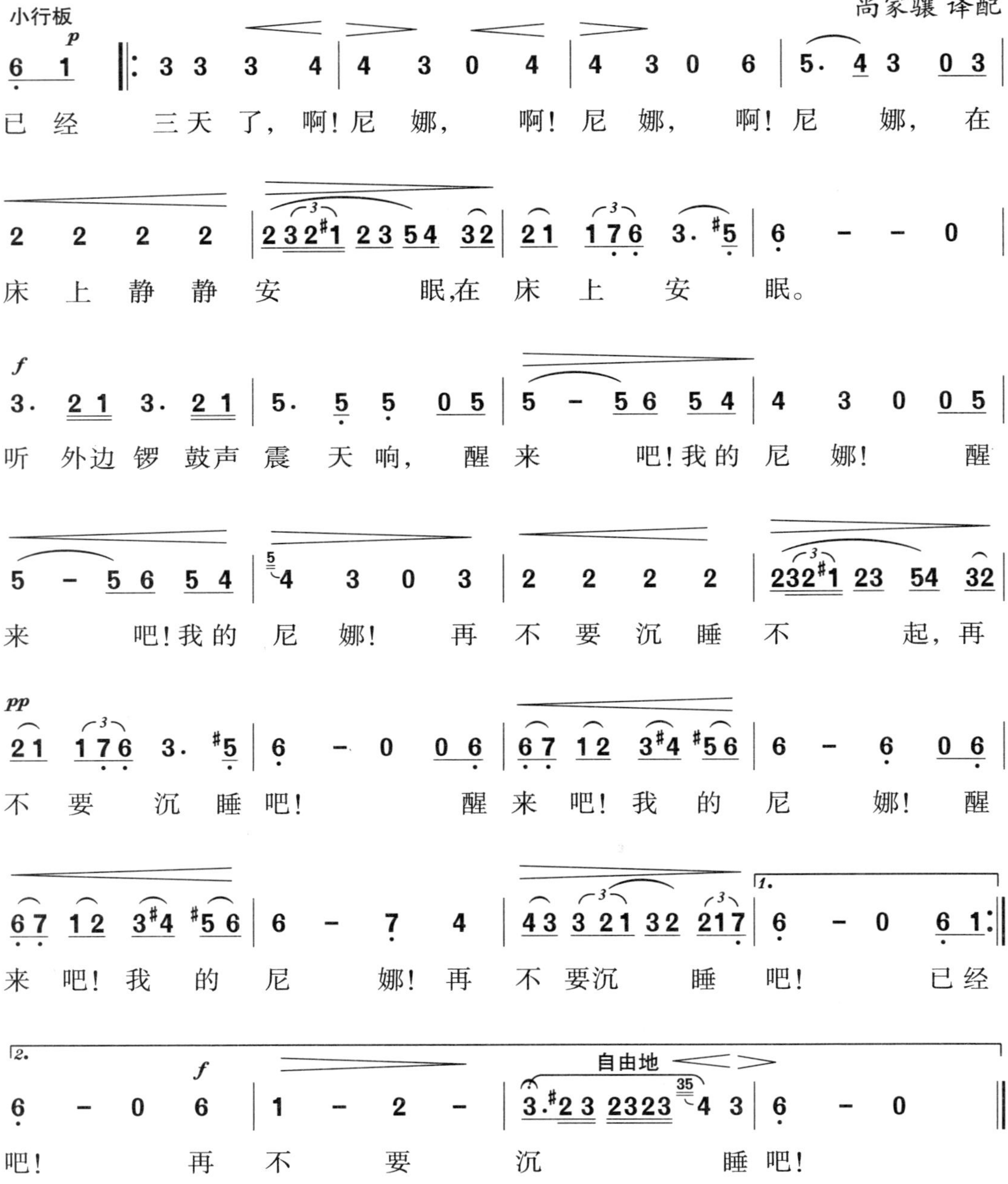

春天年年到人间

（朝鲜歌剧《卖花姑娘》选曲）

朝 鲜 歌 曲
于树铧 配歌

1=♭B 3/4
中速

5 6　5.　3 ｜ 1̇ 2̇　1̇　6 ｜ 5̇ 1̇　3̇ 4̇　3̇ 1̇ ｜ 2̇ － － ｜

1.春 天 年 年 到 人 间，到 人 间，
2.漫 山 遍 野 百 花 争 艳，百 花 争 艳，
3.可 爱 的 姑 娘 去 卖 花 呀，去 卖 花，

2̇ 3̇　4.　4̇ ｜ 3̇ 2̇　1̇　3̇ ｜ 2̇.　5 7 2̇ ｜ 1̇ － － ｜

漫 山 遍 野 百 花 争 艳，百 花 争 艳，
我 们 只 有 无 限 悲 痛，充 满 胸 间，
朵 朵 花 儿 含 着 悲 酸，含 着 悲 酸，

3̇ 4̇　5.　5̇ ｜ 5̇ 6̇　5̇　3̇ ｜ 4̇ 5̇　4̇　3̇ ｜ 2̇ － － ｜

我 们 失 去 祖 国，没 有 春 天，
怀 里 抱 着 束 束 鲜 花，束 束 鲜 花，
一 朵 鲜 花 千 滴 泪，千 滴 泪，

2̇ 3̇　4.　4̇ ｜ 3̇ 2̇　1̇　3̇ ｜ 2̇.　5 7 2̇ ｜ 1̇ － － ｜

鲜 花 何 时 开 在 心 田，开 在 心 田？
心 中 泪 水 浸 着 辛 酸，浸 着 辛 酸。
可 是 诉 说 深 仇 奇 冤，深 仇 奇 冤？

3̇ 4̇　5.　5̇ ｜ 5̇ 6̇　5̇　3̇ ｜ 4̇ 5̇　4̇　3̇ ｜ 2̇ － － ｜

姑 娘 为 何 去 卖 花，去 卖 花？

2̇ 3̇　4.　4̇ ｜ 3̇ 2̇　1̇　3̇ ｜ 2̇.　5 7 2̇ ｜ 1̇ － － ｜

辛 酸 的 故 事 啊 传 人 间。

3̇ 4̇　5.　5̇ ｜ 5̇ 6̇　5̇　3̇ ｜ 4̇ 5̇　4̇　3̇ ｜ 2̇ － － ｜

姑 娘 为 何 去 卖 花，去 卖 花？

2̇ 3̇　4.　4̇ ｜ 3̇ 2̇　1̇　3̇ ｜ 2̇.　5 7 2̇ ｜ 1̇ － － ‖

辛 酸 的 故 事 啊 传 人 间。

乘着歌声的翅膀

［德］海　　涅词
［德］门德尔松曲
徐瑞琪编合唱

1=♭A $\frac{6}{8}$
稍慢、幽静地

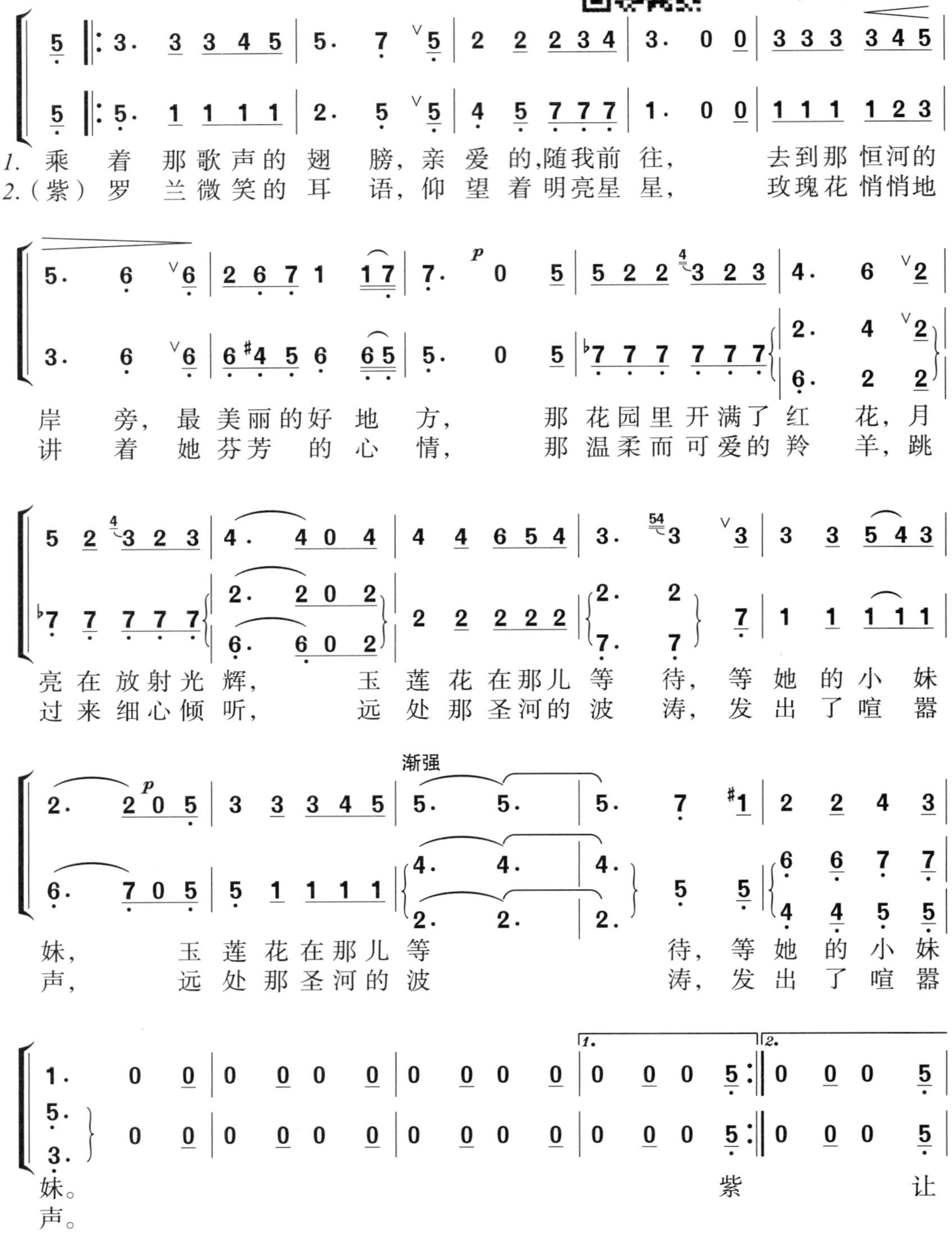
1. 乘着那歌声的翅膀，亲爱的，随我前往，去到那恒河的
2.（紫）罗兰微笑的耳语，仰望着明亮星星，玫瑰花悄悄地
岸旁，最美丽的好地方，那花园里开满了红花，月
讲着她芬芳的心情，那温柔而可爱的羚羊，跳
亮在放射光辉，玉莲花在那儿等待，等她的小妹
过来细心倾听，远处那圣河的波涛，发出了喧嚣
渐强
妹，玉莲花在那儿等待，等她的小妹
声，远处那圣河的波涛，发出了喧嚣
妹。紫 让
声。

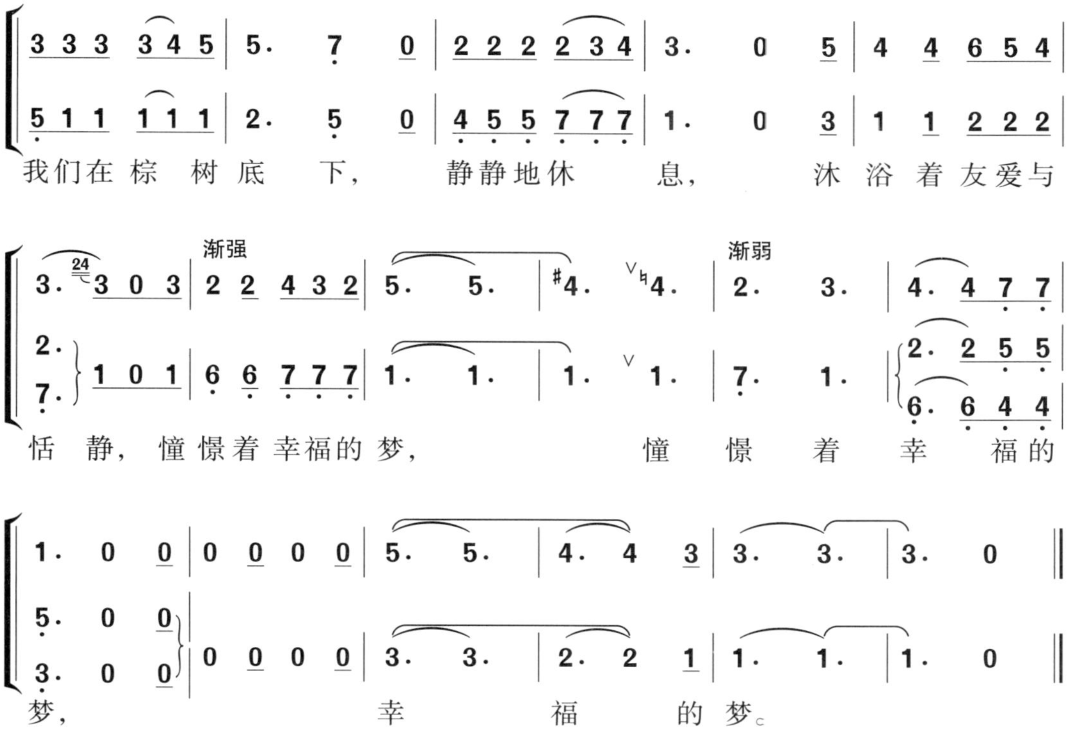

我们在棕树底下，静静地休息，沐浴着友爱与

恬静，憧憬着幸福的梦，憧憬着幸福的

梦，幸福的梦。

红莓花儿开

（女声三部合唱）

（苏联电影《幸福的生活》插曲）

1=G 2/4

活泼地 mf

［苏］伊萨科夫斯基 词
［苏］杜那耶夫斯基 曲

(1 76 3 2 | 7 65 2 1 | 6 54 1 7 | 4 37 7 1)

mp

I 0 3 #5 6 | 6 2 | 0 2 4 5 | 5 - | 0 1 3 4 | 6 4 | 3 - | 3 - |

啊， 啊， 啊！

II 0 0 | 0 #1 2 4 | 7 2 | 2 1 | 0 6 1 | 4 2 | 7 - | 1 - |

啊， 啊！

III 0 0 | 4 - | 5 67 | 7 1 | 0 4 6 | 2 6 | #5 - | 6 - |

啊， 啊！

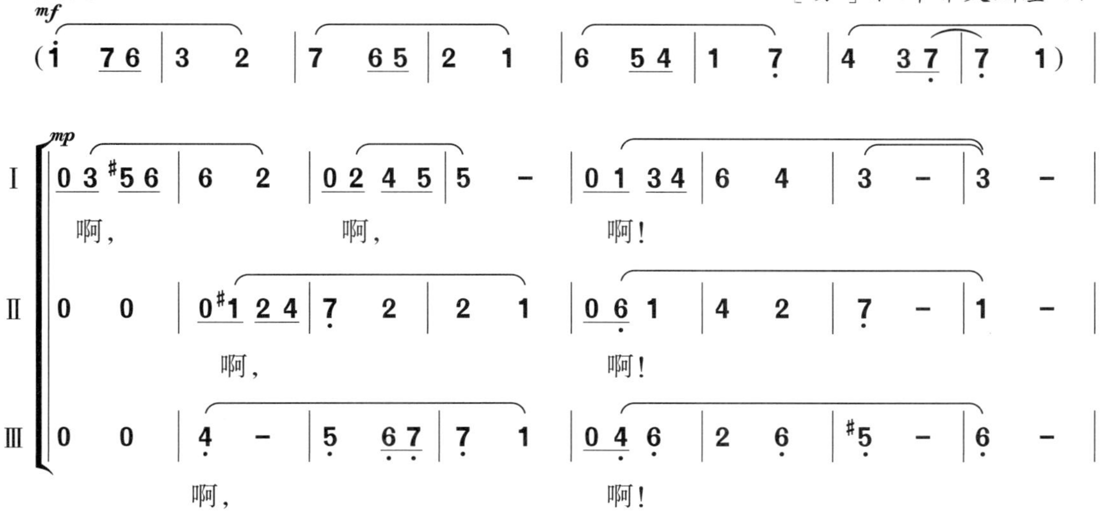

‖: 6 6 #5 3 | 6 2 | 1 1 7 6 7 | 6· 0 | 6 6 #5 3 | 6 2 | 1 1 7 6 7 | 1· 0 |

1.田野小河边，红莓花儿开，有一位少年，真让我心爱，
2.他对这桩事情一点不知道，少女为他思恋，天天在心焦，
3.少女的思恋天天在增长，我是一个姑娘怎么对他讲，

3 3 4 3 | 2 1 7 | 6 5 1 2 | 3 - | 3 3 #2 ♮2 | 1 1 7 6 | 3 3 3 3 | 6 0 0 |

可是我不能对他表白，满怀的心腹话儿没法讲出来！
河边红莓花儿已经凋谢了，少女的思恋一点没减少！
没有勇气诉说我尽在彷徨，让我的心上人自己去猜想！

Ⅰ | 6 6 #5 ♮5 | 4 4 3 2 | 3 3 3 3 | 6 0 (6 1 3 6 | 1 7 6 #5 7 | 3 5 4 3 5 | 1 2 3 1 2 | 3 3) :‖

Ⅱ | 6 2 3 | 2 2 1 7 | 1 1 2 2 | 1 0 0 |

满怀的心腹话儿没法讲出来！
少女的思恋一点没减少！
让我的心上人自己去猜想！

Ⅲ | 6 7 #1 | 2 2 3 4 | 3 6 #5 7 | 6 0 0 |

Ⅰ | 1 7 6 | 3 2 | 7 6 5 | 2 1 | *mf* 6 5 4 | 1 7 | 4 3 | 7 1 |

啊！ 啊！ 啊！ 啊！ 啊！

Ⅱ | 3 #5 6 | 6 - | 2 4 5 | 5 1 | *mf* 4 1 | 6 - | 2 - | 7 1 |

啊！ 啊！ 啊！ 啊！ 啊！

Ⅲ | 6 1 | #1 2 | 5 7 | 7 1 | *mf* 1 6 | 4 - | #5 - | #5 6 |

啊！ 啊！ 啊！ 啊！ 啊！

| 0 3 #5 6 | 6 2 | 0 2 4 5 | 5 - | 6 6 #5 ♮5 | 4 4 3 2 | 3 3 3 3 | 6 0 0 ‖

啊，啊，啊！

| 0 0 | 0 #1 2 4 | 7 2 | 2 1 | 6 6 2 3 | 2 2 1 7 | 1 1 2 2 | 1 0 0 ‖

啊，啊！让我的心上人自己去猜想！

| 0 0 | 4 - | 5 6 7 | 7 1 | 6 6 7 #1 | 2 2 3 4 | 3 6 #5 7 | 6 0 0 ‖

啊，啊！

桑塔·露琪亚

1=C $\frac{3}{8}$

意大利民歌
邓映易 译配

1. 看晚星多明亮，闪耀着金光，海面上微风吹，
在银河下面，暮色苍茫，甜蜜的歌声，
2. 看小船多美丽，飘浮在海面，随微波起伏，
万籁皆寂静，大地入梦乡，幽静的深夜里，
碧波在荡漾。在这黑夜之前，请来我小船上，
飘荡在远方。在这黎明之前，快离开这岸边，
随清风荡漾。
明月照四方。
桑塔·露琪亚！桑塔·露琪亚！桑塔·露琪亚！
桑塔·露琪亚！

少女的愿望

1=♭B $\frac{3}{4}$
快板（不过分地）

［波兰］肖　邦曲
尚家骧 译配

我愿做个影子，静静地追随你，我愿用
我愿成个歌手，热烈地歌颂你，用我的
梦幻围绕在你身边！你无忧无虑
歌曲和那美丽诗篇！我愿欢乐地

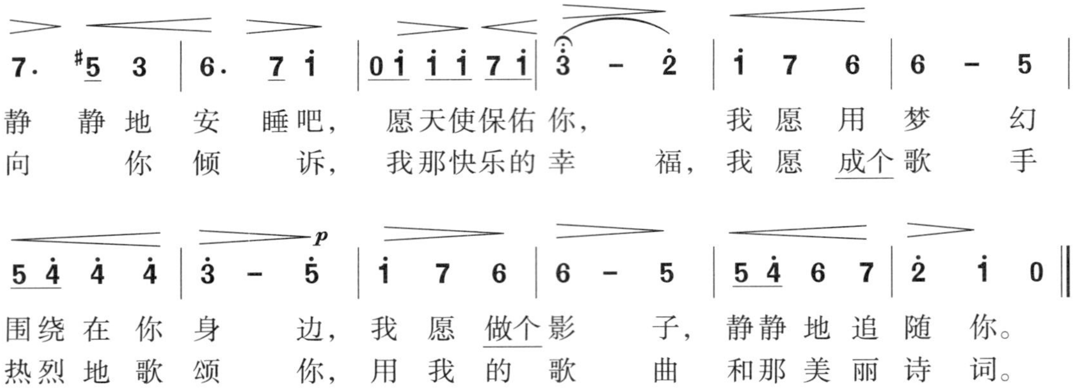
p
静静地安睡吧，愿天使保佑你，我愿用梦幻
向你倾诉，我那快乐的幸福，我愿成个歌手
5 4 4 4 | 3 - 5 | i 7 6 | 6 - 5 | 5 4 6 7 | 2 i 0 ‖
围绕在你身边，我愿做个影子，静静地追随你。
热烈地歌颂你，用我的歌曲和那美丽诗词。

不要责备我吧，妈妈

俄罗斯民歌
陈 锌 译词
于文涛 配歌

1＝F $\frac{3}{4}$

不要责备我吧！妈妈！我是那样爱他，没有
我的心呀！憔悴暗淡，我全身都在燃烧，我对
我不要华丽的衣裳，不要宝石和金钱，他那
他我一人生活，叫我多么寂寞；忽然
一切都感到淡漠，因为他而受折磨；不论
卷曲的头发和目光，早已燃烧着我的心；可怜
平地起了风波，我的心已破碎了，我不
白天，不论黑夜，不论醒来或梦中，泪水
我吧！亲爱的妈妈，不要再来责备我，我的
知道怎么才好，我只能痛苦悲伤。
把我的眼睛蒙住，只想飞到他身边。
命中早已注定，我要永远爱着他。

梭 罗 河

［印尼］格　　桑词曲
陈　　琪译词
何少平　林　雄配歌

1=C　4/4

0 5 5 6.3 | 5 - - - | 0 1 2 3 2.1 | 3 - - - | 0 5 3 5.3 |
美丽的梭罗河，　　　我为你歌　唱！　　　你的光荣

2.7 5. 6 7 3 5 4.5 | 3 - - - | 0 5 5 6.3 | 5 - - - |
历　史，我永远记在心上。　　　旱季来临，

0 1 2 3 2.1 | 3 - - - | 0 5 3 5.3 | 2.7 5. 6 | 7 3 5 4.5 |
你轻轻流淌，　　　雨季时波涛滚滚，流向　远

1 - - - | 0 1 1 1 1 1 2 6 | 1 - 6 - | 0 1 7 1 2 1 7 6 | 6 - 5 - |
方。　　你的源泉是来自梭　罗，万重山送你一路前　往，

0 2 2 2 2 2 3 1 | 2 - 6 - | 0 6 7 1 3.1 | 2 - - - | 0 5 5 6.3 | 5 - - - |
滚滚的波涛流向远　方，　一直流入海洋。　　　河上船儿啊，

0 1 2 3 2.1 | 3 - - - | 0 5 3 5.3 | 2.7 5. 6 | 7 3 5 4.3 | 1 - - - ‖
你历史多　长，　　船儿扬帆远　航在美丽的河面上。

妈 妈

意大利民歌
朱逢博配歌

1=♭A　4/4

(3 - 1 3 | 2 1 7 7 6 7 1 | 2 3 4 - 5 4 | 3 - - -)|
　　　　　　　　　　　　　　　　　　　　　　　　　　　　　　

3 3 3 3 2 1 | 2 7. 7 - | 2 2 2 3 1 7 | 6 - - - |
我的歌声告诉了你，　　那是我最好的日子。

7 7 7 7 1 2 | 1 7 6 - - | 7 1 2 1 7 2 | 3 - - - |
妈妈,我是这样的幸福，　不论相距多远！

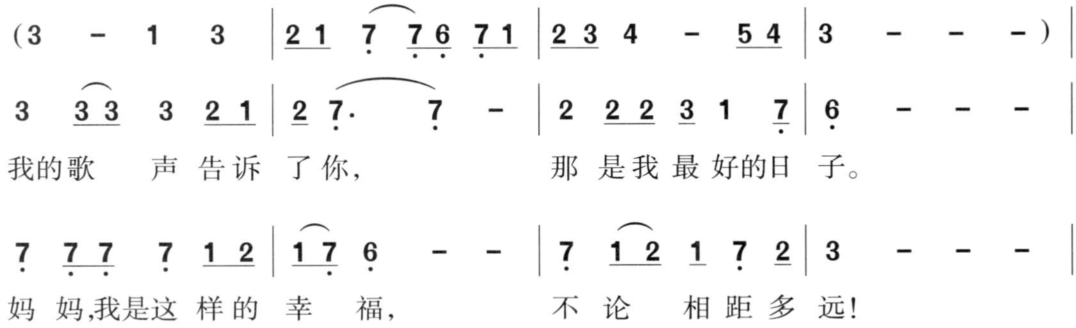

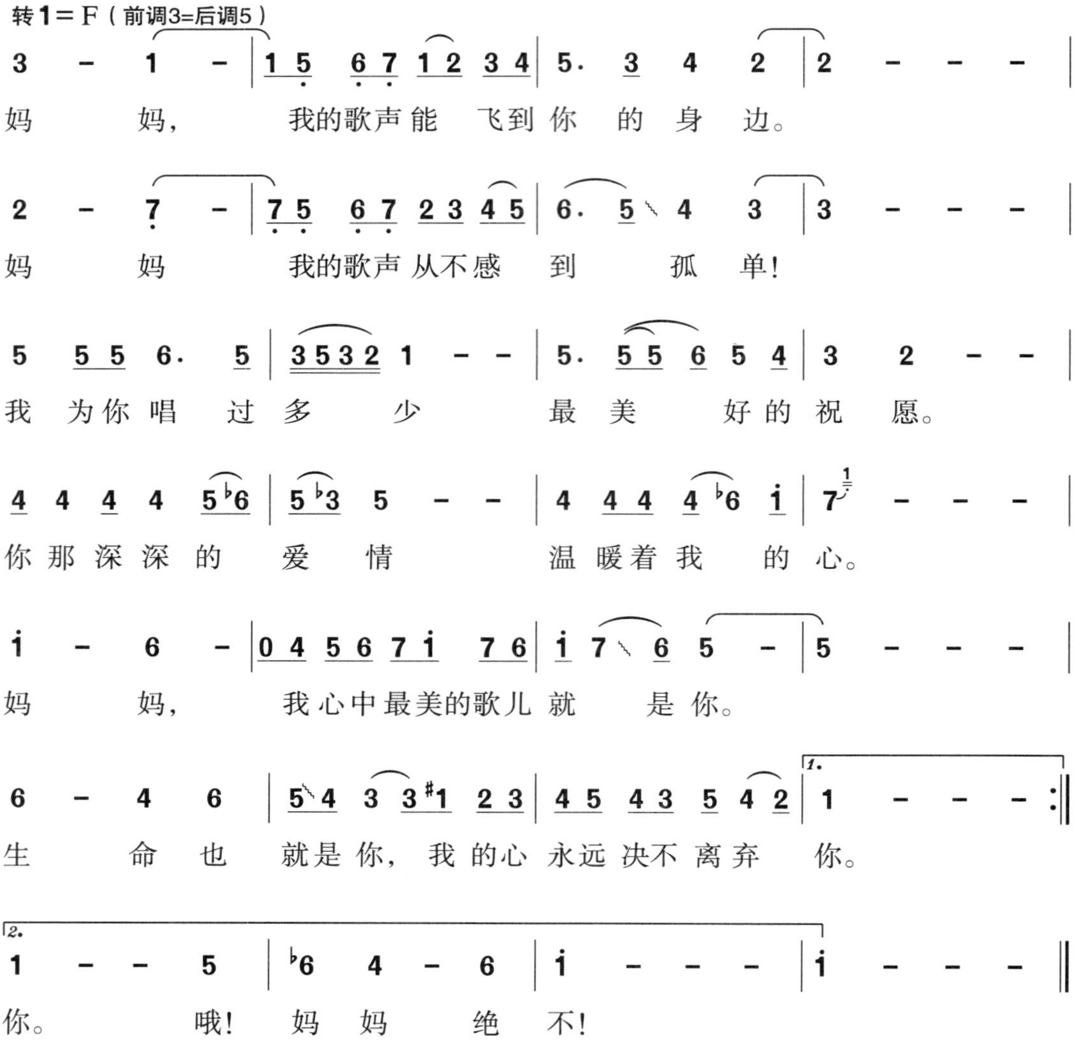

转 1 = F（前调3=后调5）

3 — 1 — | 1 5 6 7 1 2 3 4 | 5. 3 4 2 | 2 — — — |
妈　　妈，　　我的歌声能 飞到 你 的 身 边。

2 — 7 — | 7 5 6 7 2 3 4 5 | 6. 5 4 3 | 3 — — — |
妈　　妈　　我的歌声从不感 到 孤 单！

5 5 5 6. 5 | 3 5 3 2 1 — — | 5. 5 5 6 5 4 | 3 2 — — |
我 为你唱 过 多 少 最美 好的祝 愿。

4 4 4 4 5 ♭6 | 5 3 5 — — | 4 4 4 4 ♭6 1 | 7 — — — |
你那深深的 爱 情 温暖着我 的 心。

1 — 6 — | 0 4 5 6 7 1 7 6 | 1 7 6 5 — 5 | 5 — — — |
妈　　妈，　　我心中最美的歌儿就 是 你。

6 — 4 6 | 5 4 3 3 #1 2 3 | 4 5 4 3 5 4 2 | 1 — — — :|
生　命也 就是你，我 的心 永远决不离弃 你。

【2.】
1 — — 5 | ♭6 4 — 6 | 1 — — — | 1 — — — ‖
你。　　哦！妈 妈 绝 不！

美丽的西班牙女郎

西班牙民歌
佚　名 译配

1 = ♭A 3/4
小快板

3 3 3 | 3 4 5 | 4 5 4 3 — 3 | 3 — — | 2 2 2 |
美丽的 西班牙女 郎，　　人们都

2 3 2 1 7 | 6 — — — | 6 — — | 3 3 3 3 4 5 | 4 5 4 3 — |
热 爱着她，　　　到处的人们都 称赞，

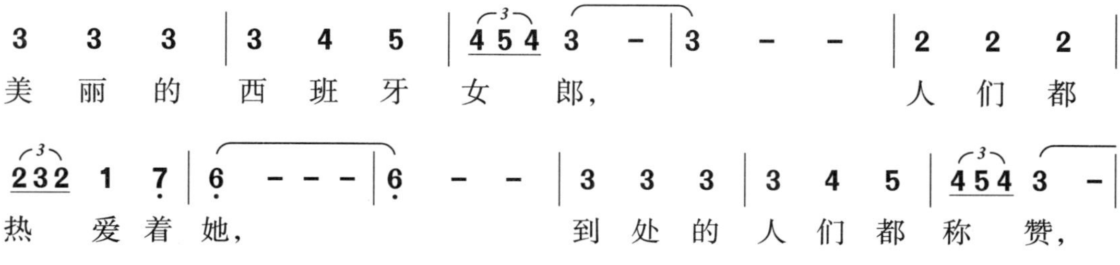

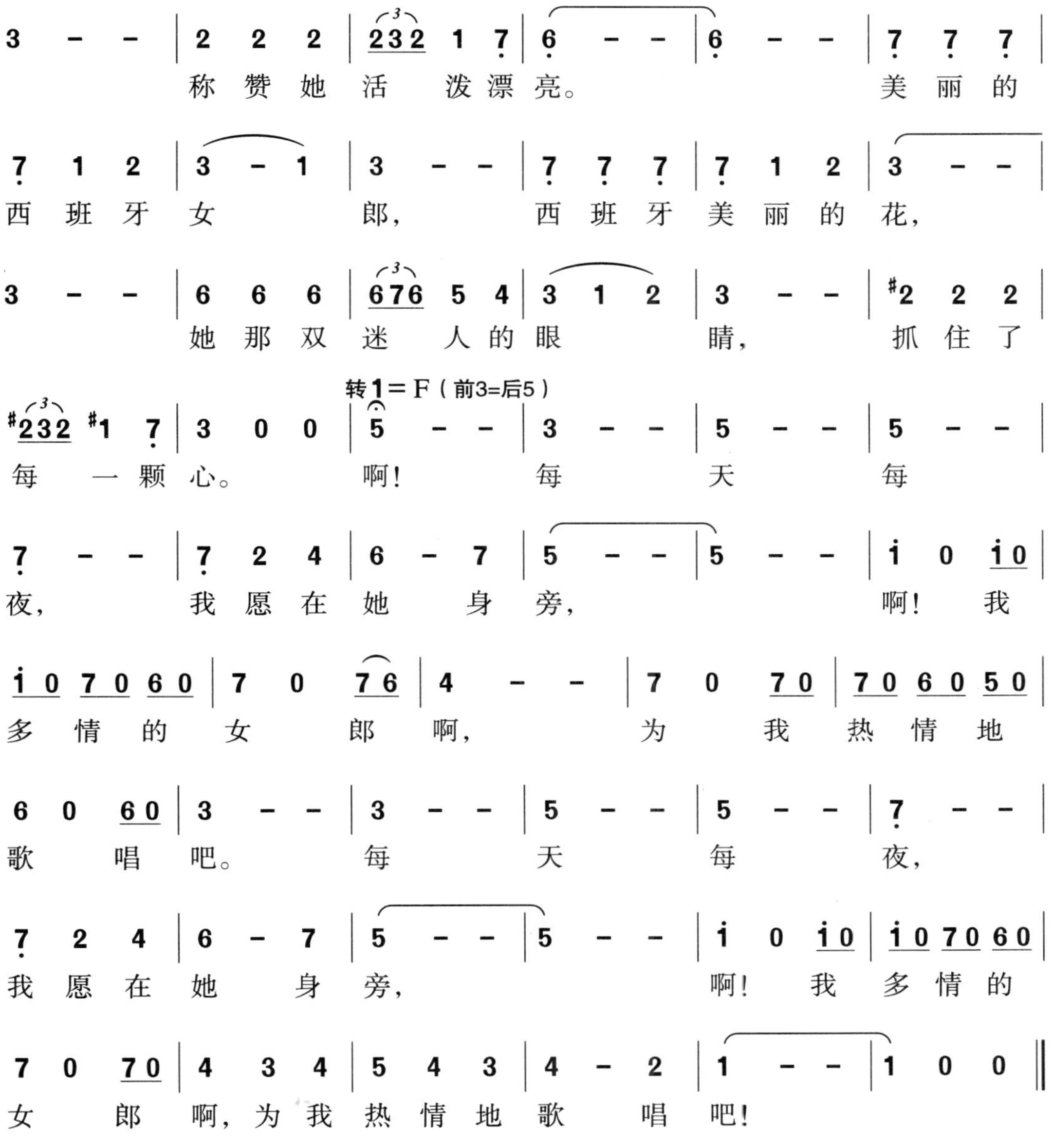

3 - - | 2 2 2 | 2̂3̂2̂ 1 7 | 6· - - | 6 - - | 7 7 7 |
称　赞她活　泼漂亮。　　　　　美丽的

7 1 2 | 3 - 1 | 3 - - | 7 7 7 | 7 1 2 | 3 - - |
西班牙女　郎，　　西班牙美丽的花，

3 - - | 6 6 6 | 6̂7̂6̂ 5 4 | 3 1 2 | 3 - - | #2 2 2 |
她那双迷　人的眼　睛，　　抓住了

#2̂3̂2̂ #1 7 | 3 0 0 | 转 1＝F（前3＝后5）
5̂ - - | 3 - - | 5 - - | 5 - - |
每　一颗心。　　啊！　　每　天　每

7· - - | 7 2 4 | 6 - 7 | 5 - - | 5 - - | 1̇ 0 1̇0 |
夜，　　我愿在她身　旁，　　　啊！我

1̇0 7 0 6 0 | 7 0 7̂6̂ | 4 - - | 7 0 7 0 | 7 0 6 0 5 0 |
多情的女　郎　啊，　为　我热情地

6 0 6 0 | 3 - - | 3 - - | 5 - - | 5 - - | 7· - - |
歌　唱吧。　每　天　每　夜，

7 2 4 | 6 - 7 | 5 - - | 5 - - | 1̇ 0 1̇0 | 1̇0 7 0 6 0 |
我愿在她身　旁，　　　啊！我多情的

7 0 7 0 | 4 3 4 | 5 4 3 | 4 - 2 | 1̇ - - | 1̇ 0 0 ‖
女　郎啊，为我热情地歌　唱吧！

舒伯特小夜曲

[奥] 舒伯特 作曲
王远强 编配

1＝F 3/4

‖: 3̂4̂3̂ 6·3 | 2̂3̂2̂ 6 2 | 3·2 2̂1̂7̂ | 1 - - (3·2 2̂1̂7̂ | 1̇ - -) |
我 的歌声穿 过深夜，向 你轻轻飞 去，
你 可听见夜 莺歌唱? 她 在向你恳 请，

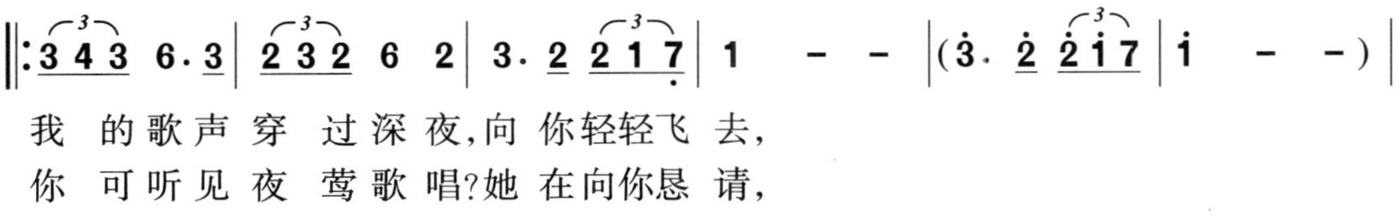

在这幽静的小树林里爱人我等待你，
她要用那甜蜜歌声诉说我的爱情，
皎洁月光照耀大地，树梢在耳语，树梢在耳语。
她能懂得我的期望，爱的苦衷，爱的苦衷。
1=D
没有人来打扰我们，亲爱的别顾虑，亲爱的别顾虑。
用那银铃般的声音，感动温柔的心，感动温柔的心。
歌声也会使你感动，来吧亲爱的，
愿你倾听我的歌声，带来幸福爱情，带来幸福爱情，
幸福爱情。

你们可知道

（歌剧《费加罗的婚礼》中的凯鲁比诺咏叹调）

1=♭B $\frac{2}{4}$

行板 稍快些

［奥］沃尔夫冈·莫扎特 曲

蒋英、尚家骧、邓映易 译配

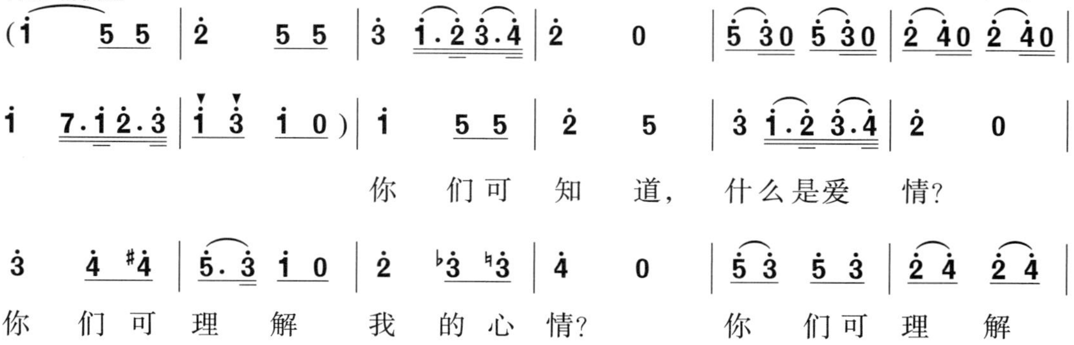
你们可知道，什么是爱情？
你们可理解我的心情？
你们可理解

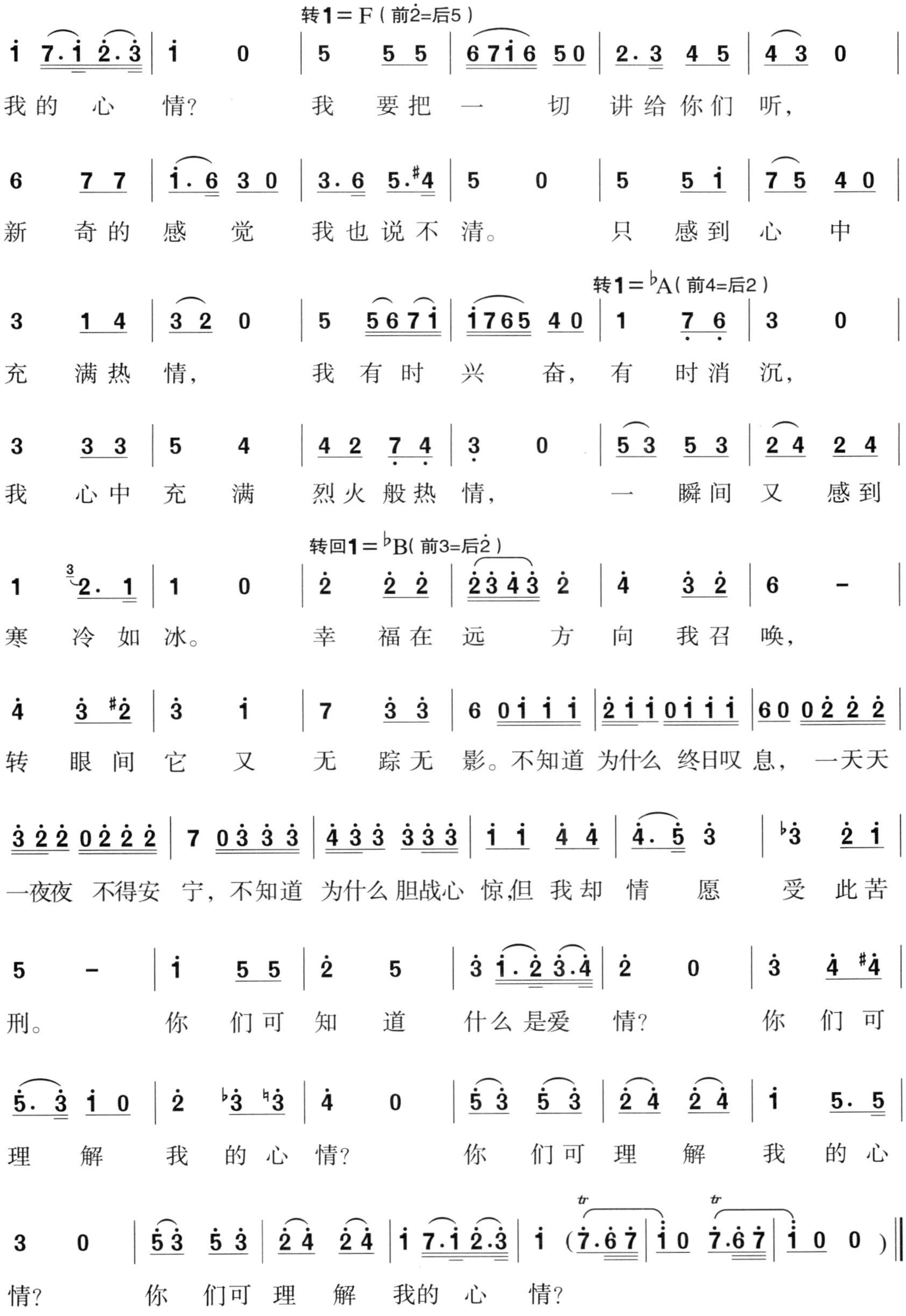
转1＝F（前2̇=后5）
我的 心 情？ 我 要把 一 切 讲给 你们 听，
新 奇的 感 觉 我也说不 清。 只 感到 心 中
转1＝♭A（前4=后2）
充 满热 情， 我 有 时 兴 奋， 有 时消 沉，
我 心中 充 满 烈火 般热 情， 一 瞬间 又 感到
转回1＝♭B（前3=后2̇）
寒 冷 如 冰。 幸 福在 远 方 向 我召 唤，
转 眼 间 它 又 无 踪无 影。不知道 为什么 终日叹 息， 一天天
一夜夜 不得安 宁，不知道 为什么胆战心 惊,但 我却 情 愿 受 此苦
刑。 你 们可 知 道 什么是爱 情？ 你 们 可
理 解 我 的 心 情？ 你 们可 理 解 我 的 心
情？ 你 们可 理 解 我的 心 情？

鸽　子

西班牙民歌

［西］伊拉迪尔 曲

1=D $\frac{2}{4}$

0 5 | 5 - | 5 3 4 5 6 | 7 1 6 7.5 | 4 - | 4 0 2 |

当 我 离开 可爱的故 乡哈瓦那， 你

2 - | 2 3 1 2 7 | 1 7 6 5.4 | 3 - | 3 0 5 | 5 - |

想 不到 我是 多 么 悲 伤！ 天 上

5 3 4 5 6 | 7 1 6 7.5 | 4 - | 4 0 2 | 2 - | 2 3 1 2 7 |

飘着 明亮 金色的 彩 霞， 亲 爱 的 姑娘

1 7 6 5.4 | 3 - | 1 1 1 1 7 | 2 2 1 7 6 | 6 5. | 5 - |

靠在我 身 旁。 亲爱的！我想 随你一 同去 远 航，

7 7 7 7 6 | 6 5 5 5 6 6 | 5 4 3. | 3 - | 1 1 1 1 7 | 2 2 1 7 6 |

像一只 鸽子 在海上 自由地 飞 翔， 跟你的 帆船 在海上 乘风

6 5. | 5 - | 7 7 7 7 6 | 6 5 5 5 6 6 | 5 4 3. | 3 5 5 5 5 6 #4 |

破 浪。 你爱着 我呀！像一只 小鸽子 一 样， 亲爱的 小鸽子

5 - | 0 5 5 5 5 6 | 7 2 | 2 3 1 2 7 1 | 6 7 1 3 3 2 | 2 3 4 6 5 |

呀！ 请你 来到我 身 旁， 我们飞过 蓝色的海 洋，走向遥 远地

3 - | 0 5 5 5 5 6 #4 | 5 - | 0 5 5 5 5 6 | 7 2 |

方。 亲爱的 小鸽子 呀！ 请你 来到我 身 旁。

2 4.3 2 3 1 | 2 7 1 3 3 2 | 2 3 4 6 5 | 1 - | 1. 0 ‖

我们 飞 过 蓝色的 海 洋，走向遥 远 地 方。

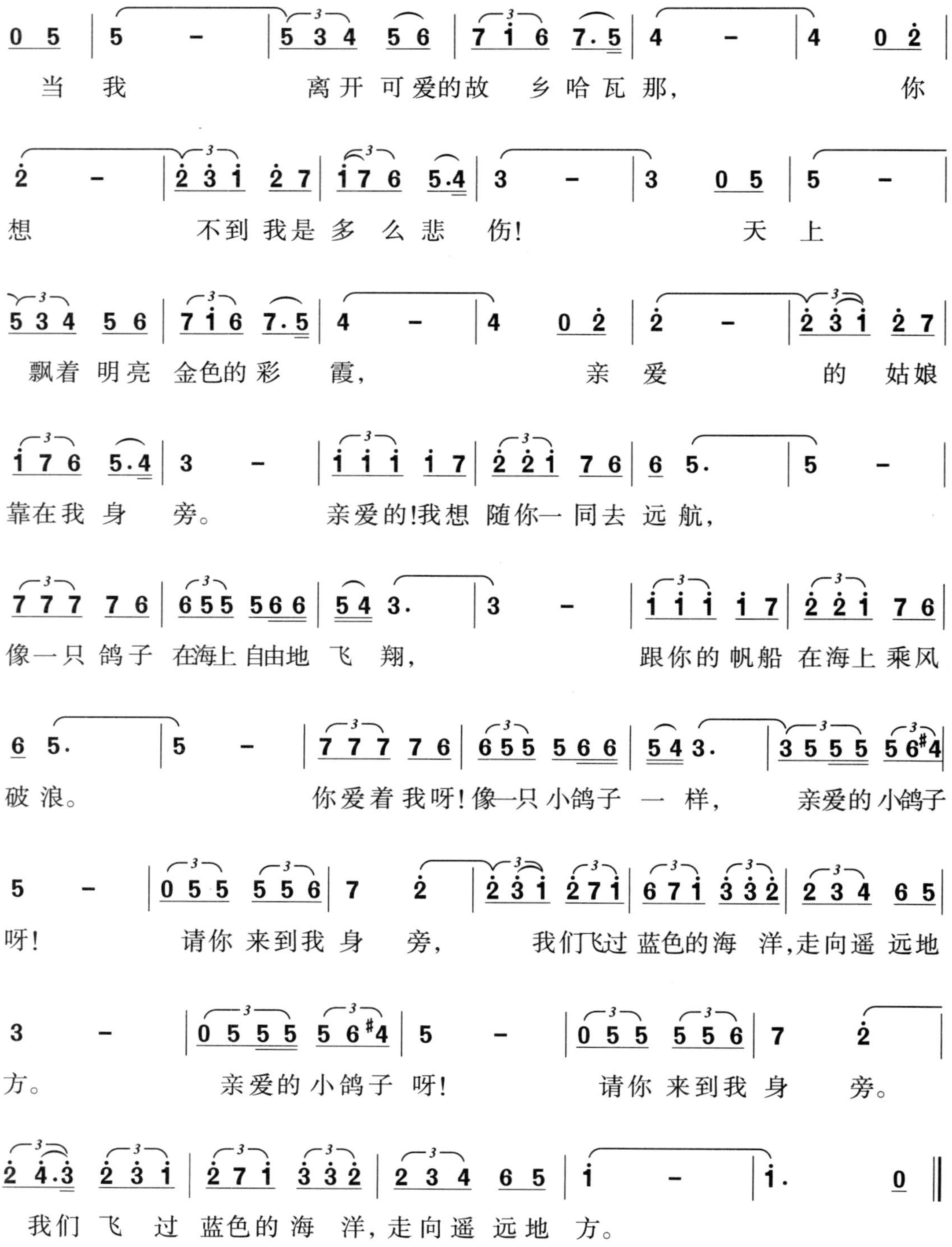

北方的星

［俄］罗斯托普齐娜 词
格 林 卡 曲
水 　 夫 译词
焕 　 之 配歌

1＝D $\frac{3}{4}$

行板 庄严地

```
3 5 | i - i6 | 5 - 3 5 | 6 - 5 4 3 2 | 3 0 3 3#4 | 5 - 2 6 | 7 - 5 3 |
一座 高    高的 楼，  里面 房子 紧 相  连，  在其 中 有一 间  光
```

```
2 2 i7 2 i6 | 5 0 3 5 | i - i6 | 5 - 3 5 | 6 - 5 4 3 2 | 3 - 3 #4 |
线   最 明亮，   里面 住着 未婚 妻，  她比 谁 都可 爱，  好 像
```

```
5 - 2 6 | 7 - 5 3 | 2 2 i7 2 i6 | 5 - 3 5 | 6 5 4 | 3.3 4 3 2 |
北  方的 星，  比群 星  更 光辉。  她在 痛 苦 里 怀念远方人，
```

```
2 0 6 6 | i 7 7 6 i | 2 5 5 i 3 | 4 3 2 | i 7 6 5 2 2 | 5 0 0 |
她那 一颗 颗的 泪 珠滴 落在 她 订 婚的 戒指 上，
```

```
3 3 6 7 | i 6 5 i 2 3 2 | i. 0 0 | 0 0 3 5 | i - i6 |
滴落 在 她 订 婚的 戒指  上。       未婚 夫   出门
```

```
5 - 3 5 | 6 - 5 4 3 2 | 3 - 3 #4 | 5 - 2 6 | 7 - 5 3 |
去，  到那 遥 远的 地 方，  要等 不  少时 光，  他才
```

```
2 2 i7 2 i6 | 5 0 3 5 | i - i6 | 5 - 3 5 | 6 - 6 5 4 3 |
能   回 家乡。   等到 春 天来 临，  他就 要 回来
```

```
4 0 6 7 | i - i6 | 5 - 5 i | 2 - 2 i7 | i - ‖
了！ 快乐 将随 着 太 阳 升 起！
```

第三节　高级曲目

一、中国部分

一抹夕阳

（歌剧《伤逝》选曲）

王泉、韩伟 词
施 光 南 曲

1=♭A　2/4
慢、中速
mp

（3 - | 5 - | 5·765 1 - | 6· 1 | 4· 2 5 - |

5 - | 3 - | 5·765 5·765 | 1 - | 6· 1 | 4· #1 |

2 - | 2 -) | 5 6 65 | 3 - | 3 5 5 1 2 | 3 - | 2 3 3 1 |

一 抹 夕 阳　映照窗 棂，　串串藤花

2 6 1 | 1 5 65 | 3 - | 5 2 2 1 | 2· 3 | 5 1 1 3·2 | 2 - |

送 来 芳 馨。　望着窗 前　熟悉的身 影，

6 2 2 2 3 | 0 2 6 1 | 7 5· | 5 0 | 5 3 3 3 5 6 - | 5 6 6 5 3 |

我的 心啊　思绪纷 纷。　破网的鱼 儿　游向 大

5 - | 3 6 6 6 3 5·3 3 2 1 | 2 - | 2 0 5 6 65 3 1 7 | 6 3 0 2 3 |

海，　出笼的 鸟儿飞向 云 空；　冲开 封建家庭的 牢笼，去

3 1 7 6 7 | 5 6 0 | 0 1 7 6 6 6 2 | #4· 3 2 5 - | 5 0 |

寻求自由的 爱情，　去寻求自由的 爱 情。

0　6 5 6 | 1 - | 7 3 7 7 6 | 5 - | 6 6 5 3 3 1 1 7 | 6 6 6 |
　　f　³　　　　³　　　　　³　　　³

啊，　　心中的 歌，　歌中的 情，　唱不尽姑娘 的

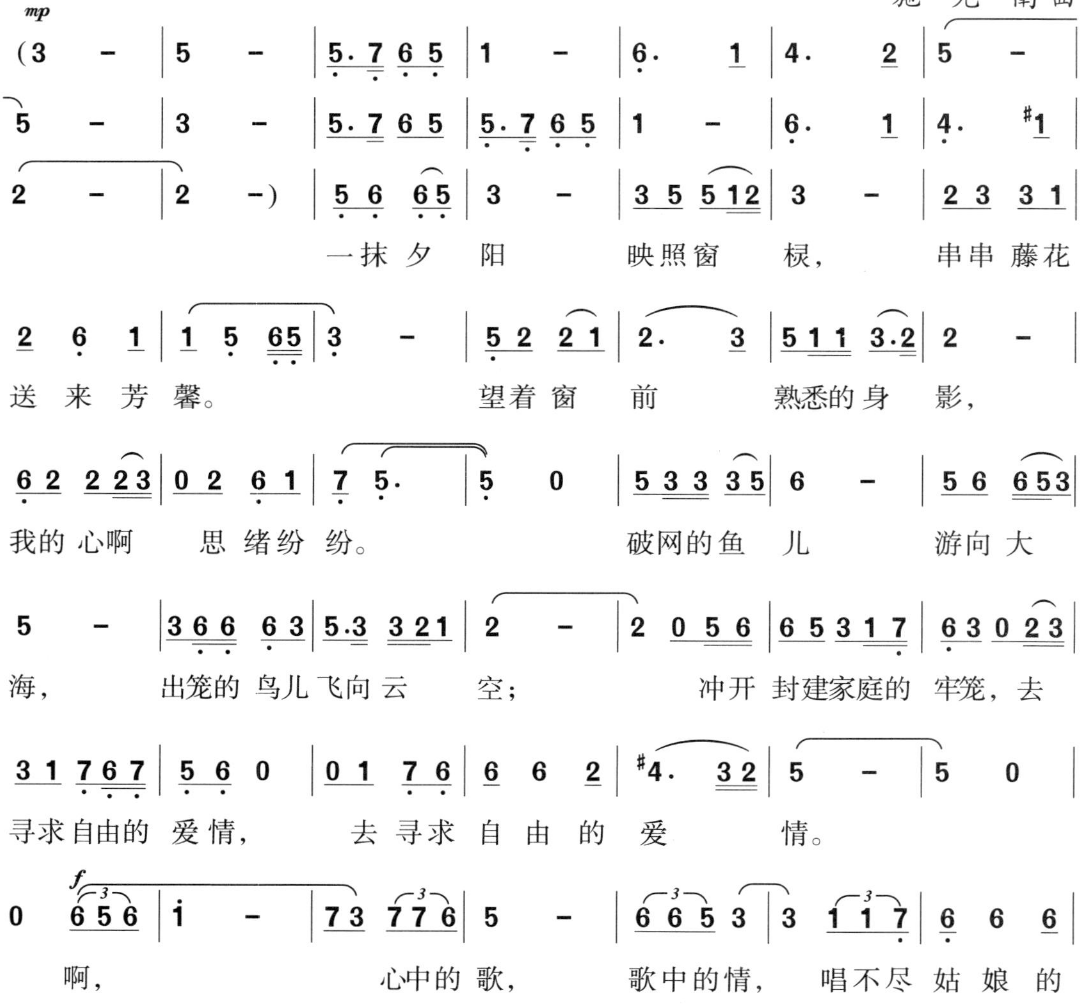

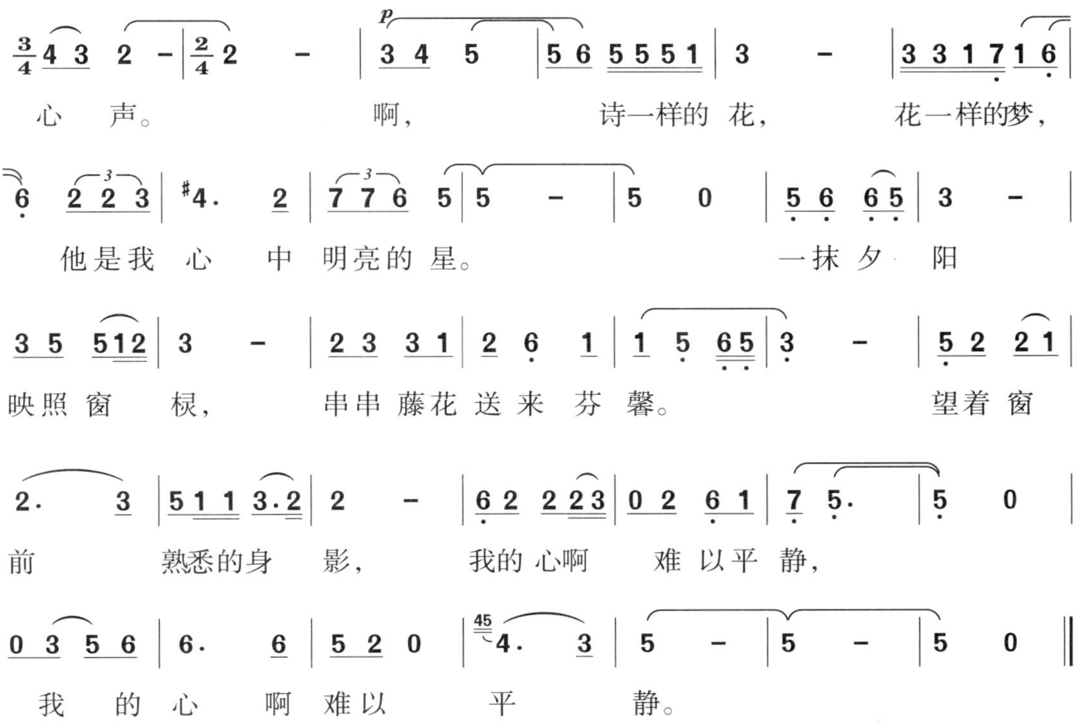

$\frac{3}{4}$ 4 3 2 - | $\frac{2}{4}$ 2 - | 3 4 5 | 5 6 5 5 5 5 1 | 3 - | 3 3 1 7 1 6 |
心 声。　啊，　　诗一样的 花，　花一样的 梦，

6 2 2 3 | #4. 2 | 7 7 6 5 5 - | 5 0 | 5 6 6 5 | 3 - |
他是我 心 中 明亮的 星。　　一抹夕 阳

3 5 5 1 2 | 3 - | 2 3 3 1 2 6 | 1 1 5 6 5 | 3 - | 5 2 2 1 |
映照窗 棂，　串串藤花 送来 芬 馨。　　望着窗

2. 3 | 5 1 1 3.2 | 2 - | 6 2 2 2 3 | 0 2 6 1 | 7 5. | 5 0 |
前　熟悉的身 影，　我的心啊 难 以平 静，

0 3 5 6 | 6. 6 | 5 2 0 | 4. 3 | 5 - | 5 - | 5 0 ‖
我 的 心 啊难以　平　　　静。

中国大舞台

1=F $\frac{4}{4}$

稍慢 ♩=56

韩　伟 词
刘　青 曲

(1. 2 2 7 7 6 5 6 - | 1 1 2 7 6 6 3 5 - | 5. 6 1 2 7 6.7 6 5 3 6 1 | 1 7 6 3 2 3 3 6 1 -) |

5 5 3 5 6 1 7 6 5 | 3 1 7. 2 6 3 5 - | 5 5 6 1 2 7 6.7 6 5 3.6 1 |

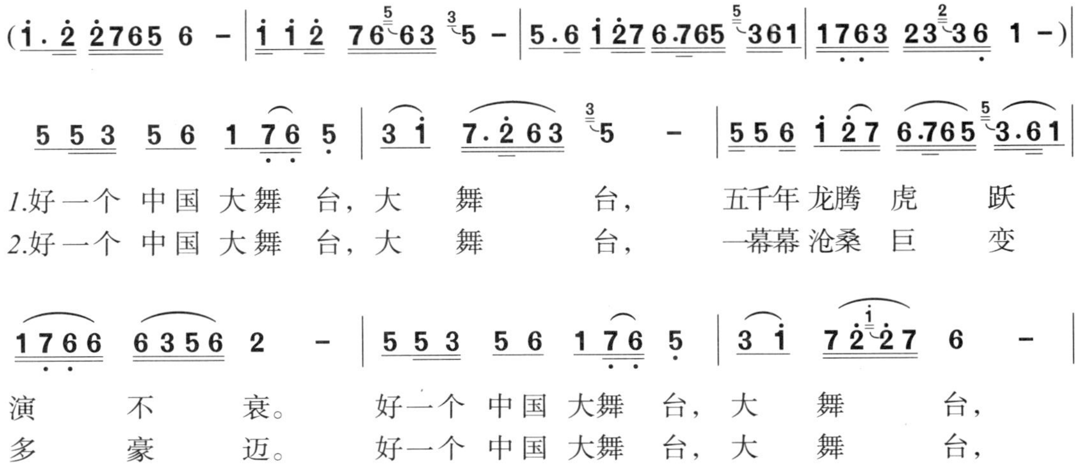

1.好一个 中国 大舞 台，大 舞 台，　五千年 龙腾 虎 跃
2.好一个 中国 大舞 台，大 舞 台，　一幕幕 沧桑 巨 变

1 7 6 6 6 3 5 6 2 - | 5 5 3 5 6 1 7 6 5 | 3 1 7 2 2 7 6 - |

演 不 衰。　好一个 中国 大舞 台，大 舞 台，
多 豪 迈。　好一个 中国 大舞 台，大 舞 台，

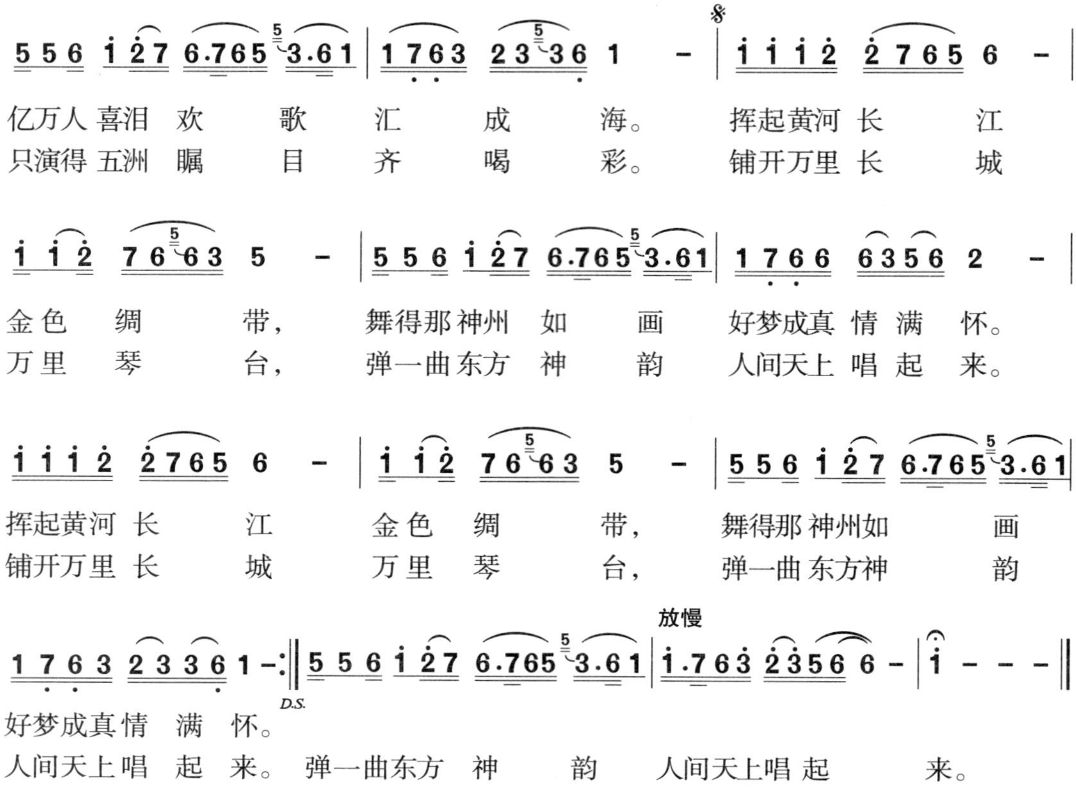
亿万人 喜泪 欢 歌 汇 成 海。挥起黄河 长 江
只演得 五洲 瞩 目 齐 喝 彩。铺开万里 长 城
金色 绸 带，舞得那神州 如 画 好梦成真 情 满 怀。
万里 琴 台，弹一曲东方 神 韵 人间天上 唱 起 来。
挥起黄河 长 江 金色 绸 带，舞得那 神州如 画
铺开万里 长 城 万里 琴 台，弹一曲 东方神 韵
放慢
D.S.
好梦成真情 满 怀。
人间天上唱 起 来。弹一曲东方 神 韵 人间天上唱 起 来。

祝福祖国

1=♭E $\frac{4}{4}$ $\frac{2}{4}$

深情、赞美 ♩=58

清 风 词
孟庆云 曲

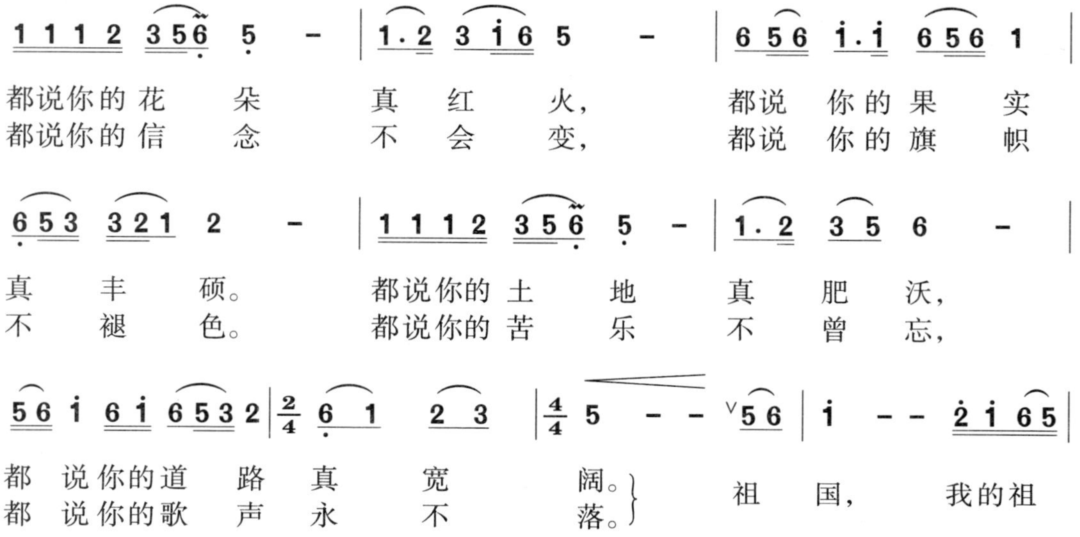
都说你的 花 朵 真 红 火，都说 你的 果 实
都说你的 信 念 不 会 变，都说 你的 旗 帜
真 丰 硕。都说你的 土 地 真 肥 沃，
不 褪 色。都说你的 苦 乐 不 曾 忘，
都 说 你的道 路 真 宽 阔。
都 说 你的歌 声 永 不 落。
祖 国，我的祖

6 - - 5̂6̂ | 1̇ - - 2̇1̂6̇5 | 5 - - - | 3·5 6̂5̂6 1̂6̇·

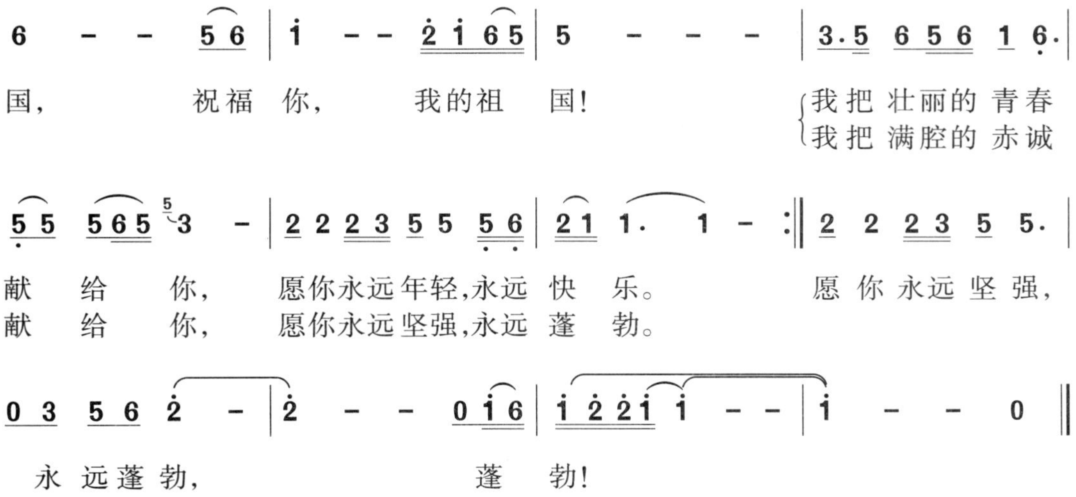

国，　　　祝福 你，　　　我的祖 国！　　　{我把 壮丽的 青春
　　　　　　　　　　　　　　　　　　　{我把 满腔的 赤诚

5̂5̂ 5̂6̂5 5̂3 - | 2̇2̇2̇3 5̂5̂ 5̂6̂ | 2̇1̂ 1̇· 1̇ - :‖ 2̇ 2̇2̇3 5̂5̂·

献给 你，　　愿你永远年轻,永远 快 乐。　　　　愿你 永远坚强,
献给 你，　　愿你永远坚强,永远 蓬 勃。

0 3̂ 5̂6̂ 2̇ - | 2̇ - - 0̂1̂6̇ | 1̇2̇2̇1̇ 1̇ - - | 1̇ - - 0 ‖

永 远蓬 勃，　　　　　蓬　勃！

赶圩归来啊哩哩

1 = G 4/4

自由地

古　笛 词
黄有异 曲

(6̇ 6̇1̇2 3565 6̂ - 66 2̂6̂ 5̂6̂ 5̂4̂2 2 2̂6̂2 122 5̣ 6̂ -)

4/4 *mp*
6 - 6 - | 6̂ - - - | 6·1̇ 1̇ 4 | 4̂6̂ - - - ‖

啊　哩　哩　　　　　　　啊　哩　哩

2̂6̂2 2̂6̂4 5 | 5 - - - 6̂ | 3̂3̂3 7̇ 6̂ 2̂2 5̇ | 6̂ - - - ‖

赶圩 归来 啊 哩　哩，　　　赶圩 归来 啊　哩　哩

f 中速 稍快 活泼
‖: 3565 6̂ 3565 6̂ | 26 56 542 212 | 323 535 60 3217 | 6̂3̂ 6̂ 6̂ 6̂3̂ 6̂ 6̂)

‖: 2̂1̂61 6̂6̂ 3̂3̂ 3·5 | 2̂1̂61 6̂6̂1 3̂3̂ 3 | 6̂1̂3 3̂2̂1 6̂3̂1̂2 2·3

1.日 落　西山(啊哩 哩)　散 了　圩啰(啊哩 哩),欢 欢 喜 喜(啊哩 哩)
2.蜜 一　样的(啊哩 哩)　好 生　活啰(啊哩 哩),花 一 样 的(啊哩 哩)
3.银 项　链啰(啊哩 哩)　金 戒　指啰(啊哩 哩),打 扮 姑 娘(啊哩 哩)
4.鸟 儿　声声(啊哩 哩)　伴 歌　唱啰(啊哩 哩),晚 霞 朵 朵(啊哩 哩)

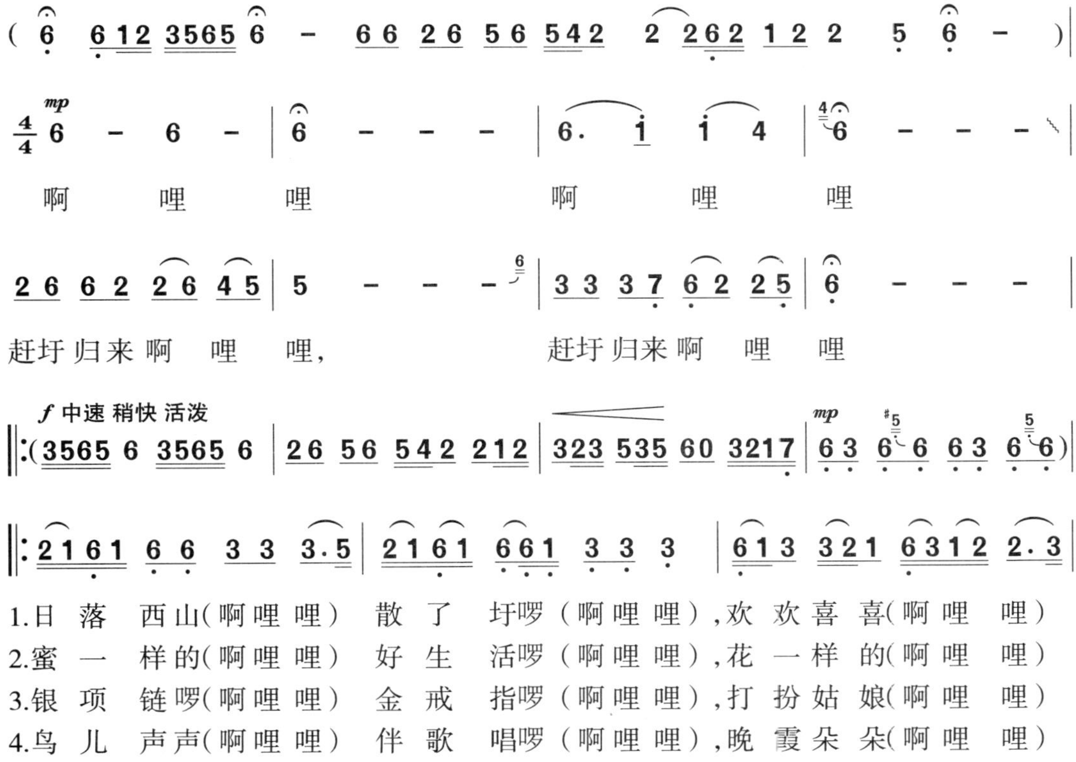

$6\overset{\approx}{\underset{·}{2}}$ 1 2 2 $\underset{·}{\overset{·}{5}}$ | $\overset{\frown}{3565}$ 6 $\overset{\frown}{3565}$ 6 | 2 $\overset{\frown}{65}$ 6 $\overset{\frown}{542}$ 2 | $\overset{\frown}{3565}$ 6 $\overset{\frown}{3565}$ 6 |

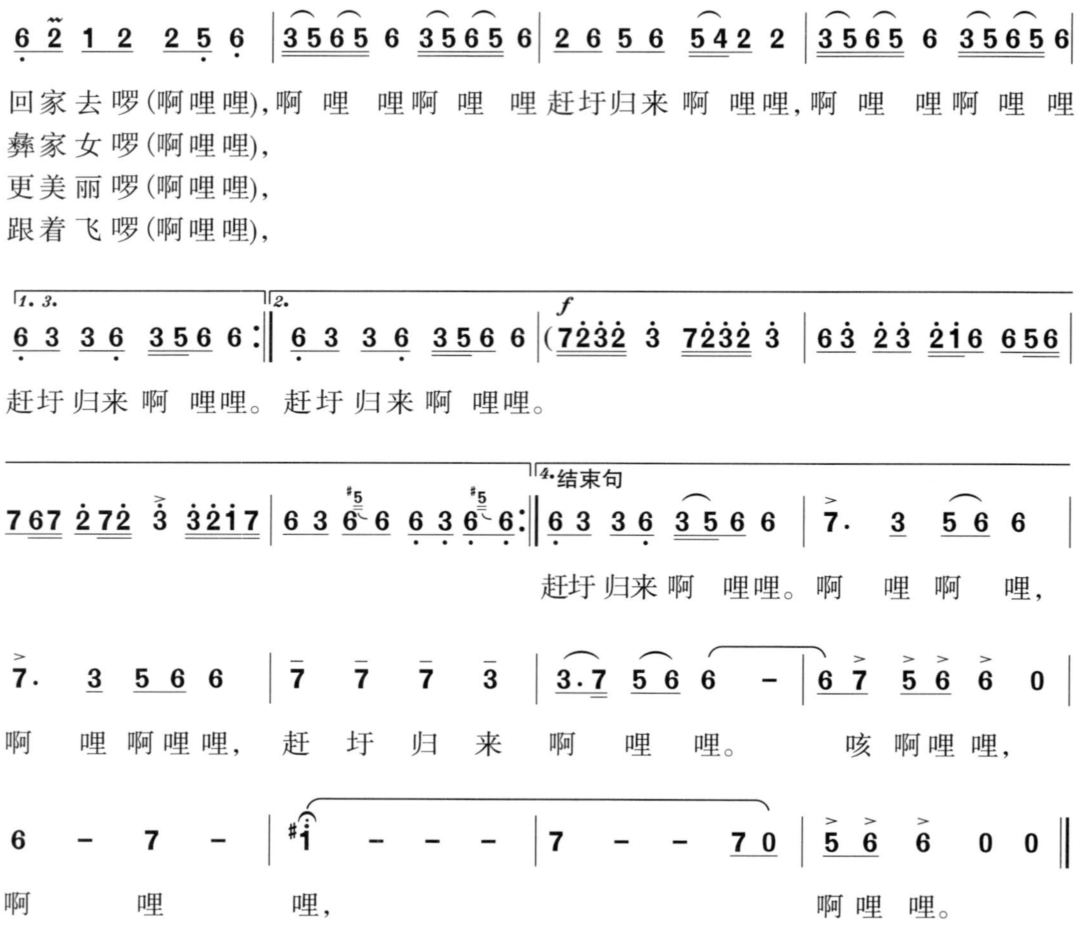

回家去啰(啊哩哩)，啊 哩 哩啊哩 哩赶圩归来啊 哩哩，啊 哩 哩啊哩 哩

彝家女啰(啊哩哩)，

更美丽啰(啊哩哩)，

跟着飞啰(啊哩哩)，

[1. 3.] 6 3 3 6 3 5 6 6 :‖ **[2.]** 6 3 3 6 3 5 6 6 | **f** ($\overset{\frown}{723}2$ $\overset{·}{3}$ $\overset{\frown}{723}2$ $\overset{·}{3}$ | $\overset{·}{6}\overset{·}{3}$ $\overset{·}{2}\overset{·}{3}$ $\overset{·}{2}\overset{·}{1}6$ $\overset{\frown}{656}$ |

赶圩 归来 啊 哩哩。 赶圩 归 来 啊 哩哩。

$\overset{\frown}{767}$ $\overset{·}{2}7\overset{·}{2}$ $\overset{\approx}{3}$ $\overset{\frown}{321}7$ | 6 3 6$\overset{\#5}{}$ 6 6 3 6$\overset{\#5}{}$ 6 :‖ **[4.结束句]** 6 3 3 6 3 5 6 6 | $\overset{>}{7}$· 3 5 6 6 |

赶圩 归来 啊 哩哩。 啊 哩 啊 哩，

$\overset{>}{7}$· 3 5 6 6 | 7 7 7 3 | $\overline{3.7}$ 5 6 6 - | $\overset{>}{6}\overset{>}{7}$ $\overset{>}{5}$ 6 6 0 |

啊 哩 啊哩哩， 赶 圩 归 来 啊 哩 哩。 咳啊哩哩，

6 - 7 - | $\overset{\#}{1}$ - - - | 7 - - 7 0 | $\overset{>}{5}$ 6 $\overset{>}{6}$ 0 0 ‖

啊 哩 哩， 啊哩 哩。

我属于中国

1=F $\frac{4}{4}$

$\diamond$=65自豪地

田地、阎肃 词

王 佑 贵 曲

(X - - - | X $\overset{·}{3}$ $\overset{·}{2}$ $\overset{·}{1}5$ 3 4 | 5 - - - | 5 $\overset{·}{3}$ $\overset{·}{2}$ $\overset{·}{1}$ 3 4 5 |

6 - - - | 6 $\overset{·}{1}$ 7$\overset{·}{1}$$\overset{·}{2}$ $\overset{·}{1}$ 5 | 6· 5 4 2 3 |

2 $\overset{\vee}{2}$ 2 $\overset{·}{1}$ $\overset{·}{1}6$ 5 5 2 | 5 - - -) | 5 $\overset{\approx}{\overset{·}{1}7}$ $\overset{·}{1}$ 4· 3 $\overset{\frown}{2\overset{·}{5}}$ |

你 说 我 是 你

你 说 你 理 解

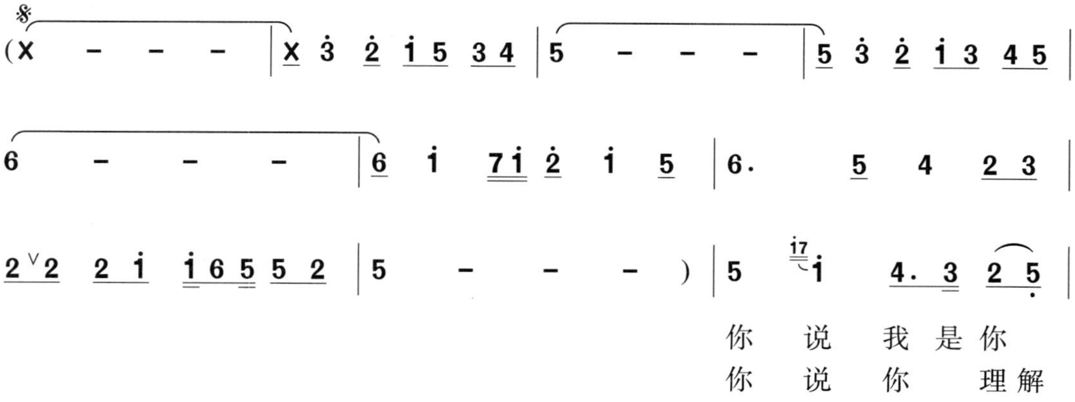

```
5  5  3  2̂3̂5̇.  1  -  | 4̲.̲3̲ 2̲5̲ 1̲2̲  1̲2̲ | 4̲.̲6̲ 6̲2̲  5̲#4̲5. |
```

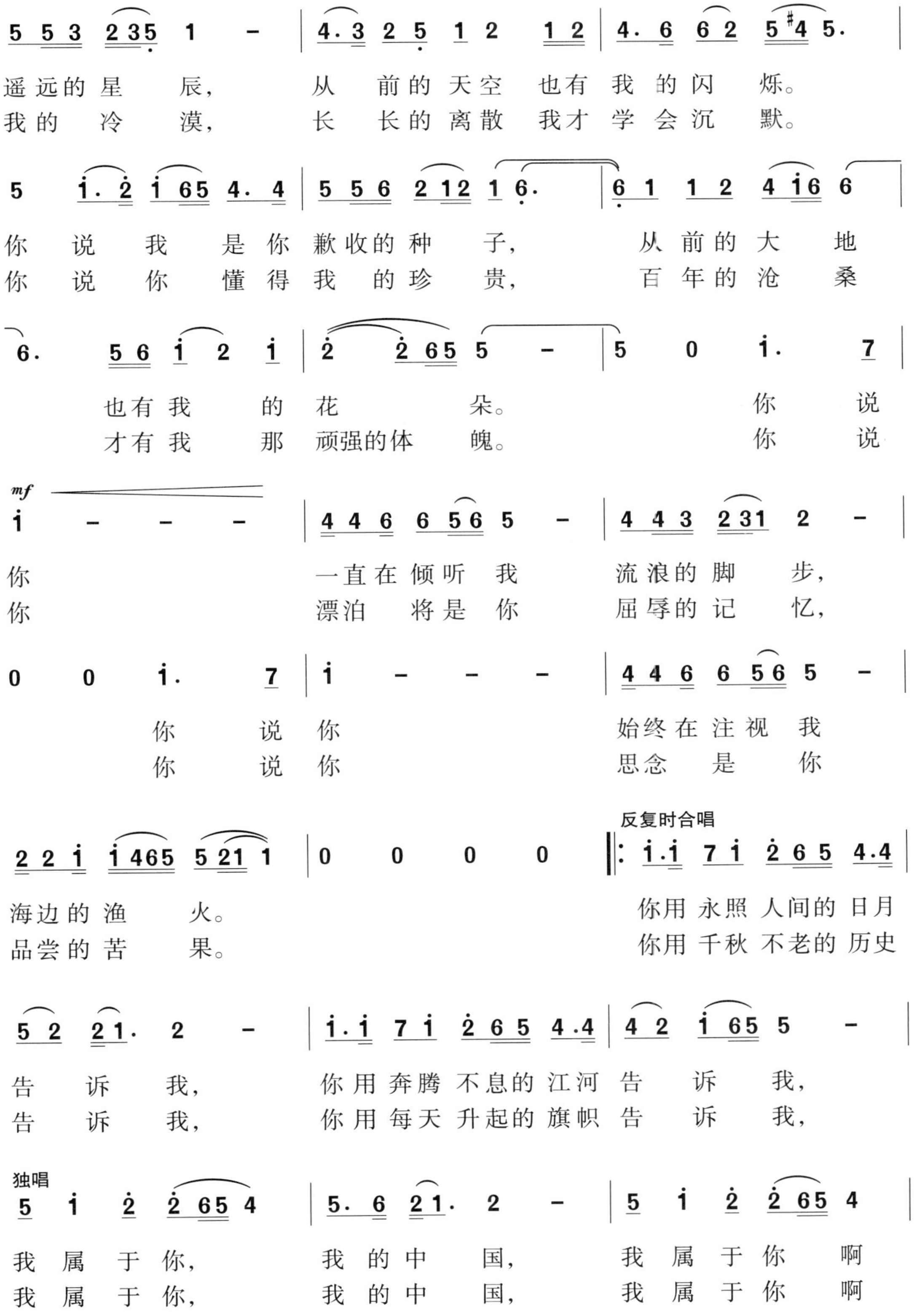

遥 远 的 星 辰， 从 前 的 天 空 也 有 我 的 闪 烁。
我 的 冷 漠， 长 长 的 离 散 我 才 学 会 沉 默。

```
5  1̲.̲2̲ 1̲6̲5̲ 4̲.̲4̲ | 5  5̲6̲  2̲1̲2̲ 1̲6̲. | 6̲1̲  1̲2̲  4̲1̲6̲ 6 |
```

你 说 我 是 你 歉 收 的 种 子， 从 前 的 大 地
你 说 你 懂 得 我 的 珍 贵， 百 年 的 沧 桑

```
6.  5̲6̲ 1̲2̲ 1̇ | 2̇  2̇6̲5̲ 5  - | 5  0  1̇.  7 |
```

也 有 我 的 花 朵。 你 说
才 有 我 那 顽 强 的 体 魄。 你 说

mf
```
1̇  -  -  - | 4̲4̲6̲ 6̲5̲6̲ 5  - | 4̲4̲3̲ 2̲3̲1̲ 2  - |
```

你 一 直 在 倾 听 我 流 浪 的 脚 步，
你 漂 泊 将 是 你 屈 辱 的 记 忆，

```
0  0  1̇.  7 | 1̇  -  -  - | 4̲4̲6̲ 6̲5̲6̲ 5  - |
```

你 说 你 始 终 在 注 视 我
你 说 你 思 念 是 你

反复时合唱
```
2̲2̲ 1̇ 1̲4̲6̲5̲ 5̲2̲1̲ 1 | 0  0  0  0 |: 1̇.1̇ 7̲1̇ 2̇6̲5̲ 4̲.̲4̲ |
```

海 边 的 渔 火。 你 用 永 照 人 间 的 日 月
品 尝 的 苦 果。 你 用 千 秋 不 老 的 历 史

```
5̲2̲ 2̲1̲.̲ 2  - | 1̇.1̇ 7̲1̇ 2̇6̲5̲ 4̲.̲4̲ | 4̲2̲ 1̇6̲5̲ 5  - |
```

告 诉 我， 你 用 奔 腾 不 息 的 江 河 告 诉 我，
告 诉 我， 你 用 每 天 升 起 的 旗 帜 告 诉 我，

独唱
```
5  1̇  2̇  2̇6̲5̲ 4 | 5.  6̲ 2̲1̲.̲ 2  - | 5  1̇  2̇  2̇6̲5̲ 4 |
```

我 属 于 你， 我 的 中 国， 我 属 于 你 啊
我 属 于 你， 我 的 中 国， 我 属 于 你 啊

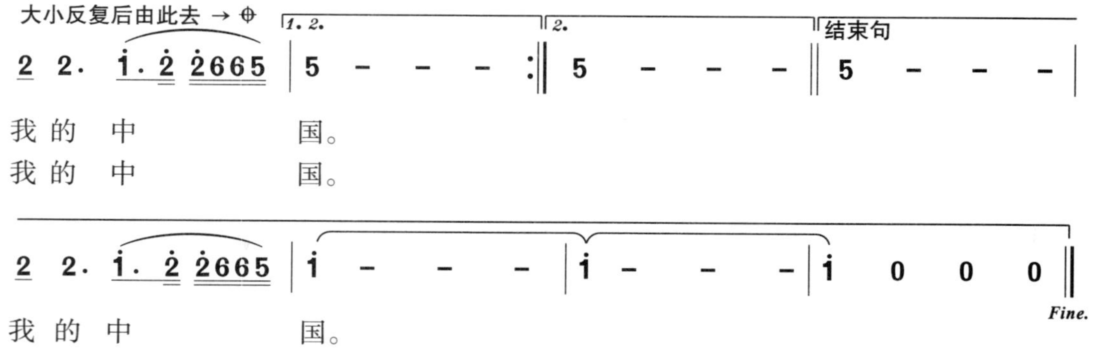

大小反复后由此去 →

1. 2.　　　　2.　　　　结束句

2 2. 1. 2 2665 ｜ 5 － － － ：｜ 5 － － － ‖ 5 － － －

我 的 中 国。

我 的 中 国。

2 2. 1. 2 2665 ｜ i － － － ｜ i － － － ｜ i 0 0 0 ‖

我 的 中 国。

Fine.

芦　花

1=♭A　6/8

♩=122

贺东久 词
印 青 曲

mf

(1 2. 3 2 0 ｜ 1 2 6 5 0 5 ｜ 5 5 3 1 6 ｜ 2.　2. ｜ 3 3 3 5 3 ｜

芦 花 白，芦 花 美，花 絮 满 天 飞，　千 丝 万 缕

2 2 3 2 1 0 2 ｜ 1 6 6 1 6 ｜ 5.　5. ｜ 1 2. 3 2. ｜ 1 2 6 5. ｜

意 绵 绵，路 上 彩 云 追。　追 过 山，追 过 水，

5 5 3 1 6 ｜ 2.　2. ｜ 3 3 3 5 3 ｜ 2 2 3 2 1. ｜ 2 2 3 2 0 1 2 ｜

花 飞 为 了 谁？　大 雁 成 行 人 双 对，相 思 花 为

1.　1. ｜ *f*
5 5 6 5. ｜ 6 5 6 5. ｜ 6 6 5 6 1 ｜ 1 6 3 2. ｜

媒。　情 和 爱，花 为 媒，千 里 万 里 梦 相 随，

3 3 5 3 ｜ 2 2 7 6. ｜ 2 2 2 3 6 7 6 ｜ 5.　5. ｜ *f*
5 5 6 5. ｜

莫 忘 故 乡 秋 光 好，早 待 红 花 报 春 回，　情 和 爱，

ff　　　　　　　　　　　　*mf*
1. 7 6 5. ｜ i i 6 2 i 6 ｜ 5 5 3 2. ｜ 3 3 5 3 2 2 3 7 6. ｜ 2 2 2 5 2 1 2 ｜

花 为 媒，千 里 万 里 梦 相 随，莫 忘 故 乡 秋 光 好，早 待 红 花 报 春

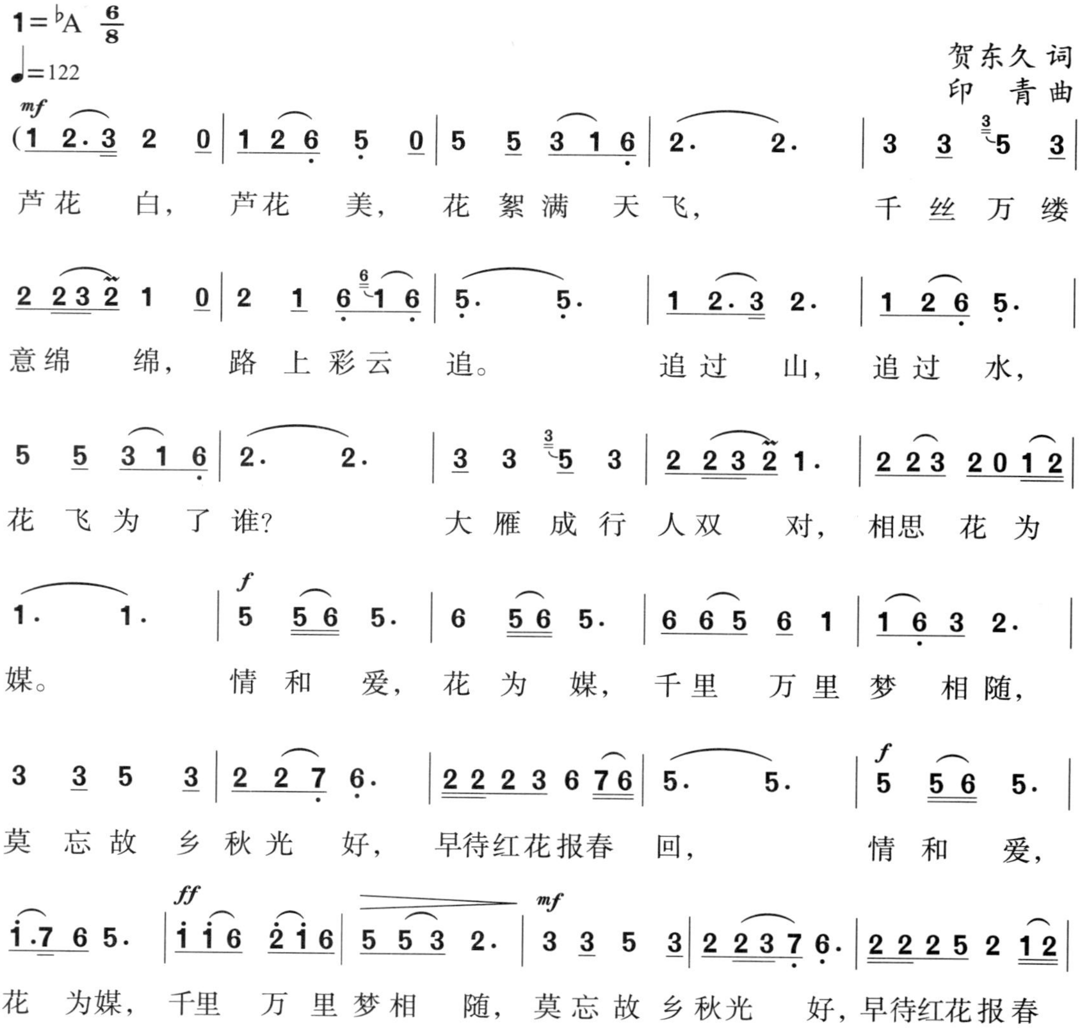

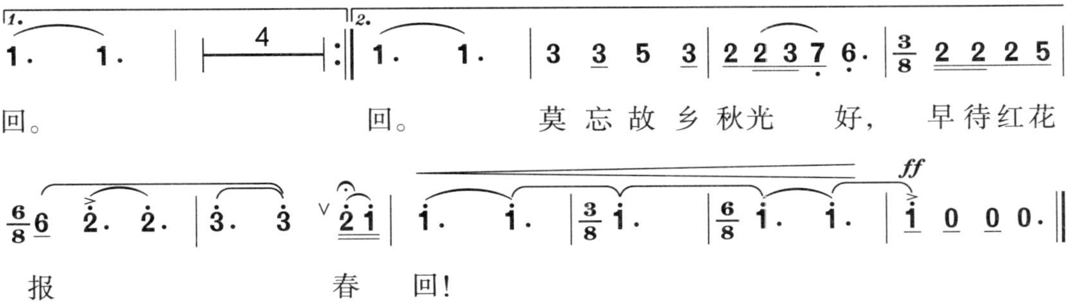
回。
回。
莫忘故乡秋光　好，早待红花
报　春　回！

祖国啊，我永远热爱你

1＝F $\frac{4}{4}$

中速稍快、深情地

刘合庄 词
李　正 曲

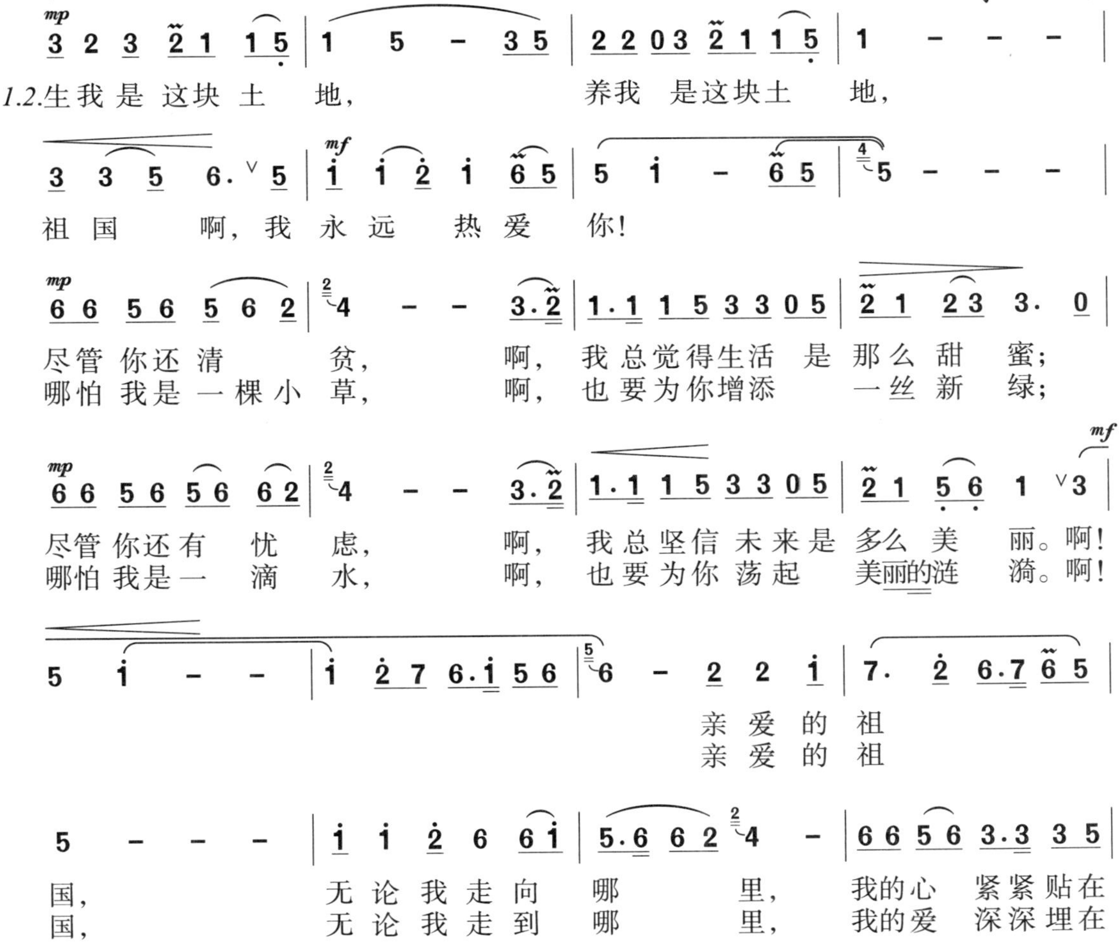
1.2.生我是这块土　地，养我　是这块土　地，
祖国　啊，我永远　热爱　你！
尽管你还清　贫，啊，我总觉得生活　是那么甜　蜜；
哪怕我是一棵小　草，啊，也要为你增添　一丝新　绿；
尽管你还有　忧　虑，啊，我总坚信未来是多么美　丽。啊！
哪怕我是一　滴　水，啊，也要为你荡起　美丽的涟　漪。啊！
亲爱的祖
亲爱的祖
国，无论我走向　哪　里，我的心　紧紧贴在
国，无论我走到　哪　里，我的爱　深深埋在

6·6 11 ½2 - | 0 55 1 23 | 50 i 6·i 65 | 2 6 - i 5 |

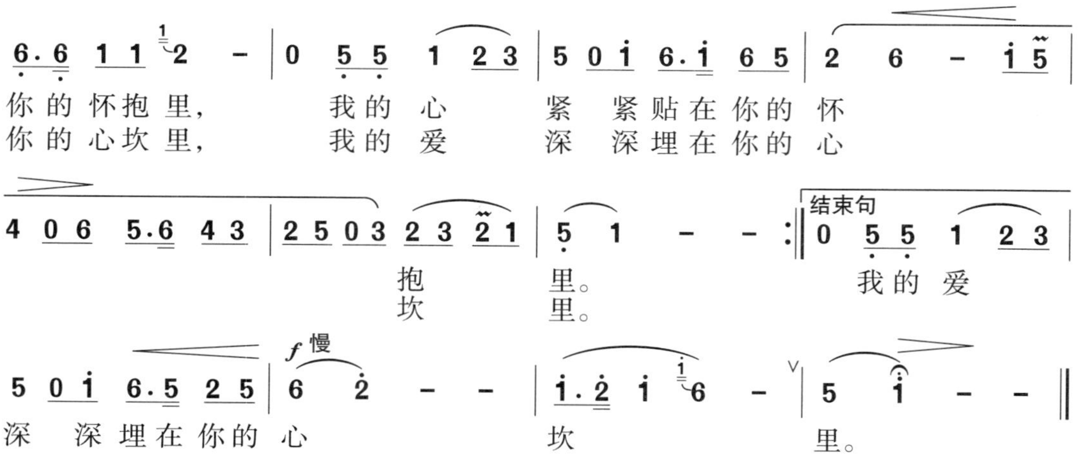

你的怀抱里，　　我的心　　紧紧贴在你的怀
你的心坎里，　　我的爱　　深深埋在你的心

4 0 6 5·6 43 | 25 0 3 23 21 | 5 1 - - : | 0 55 1 23 |

　　　抱　　里。　　　　　　　　我的爱
　　　坎　　里。

结束句

f 慢

50 i 6·5 25 | 6 2 - - | i·2 i 6 - | 5 i - - ‖

深　深埋在你的心　　　　坎　　　　里。

清晰的记忆

1=♭B 2/4 3/4

田　农　词
践　耳　曲

中速 热情

(i· 7 | 6765 6 - i· 7 | 6767 3 - | 0 1 43 | 2· 3 |

57 675 | 1 -) | 0 5 63 | 521 - | 02 31 | 726 5 - |

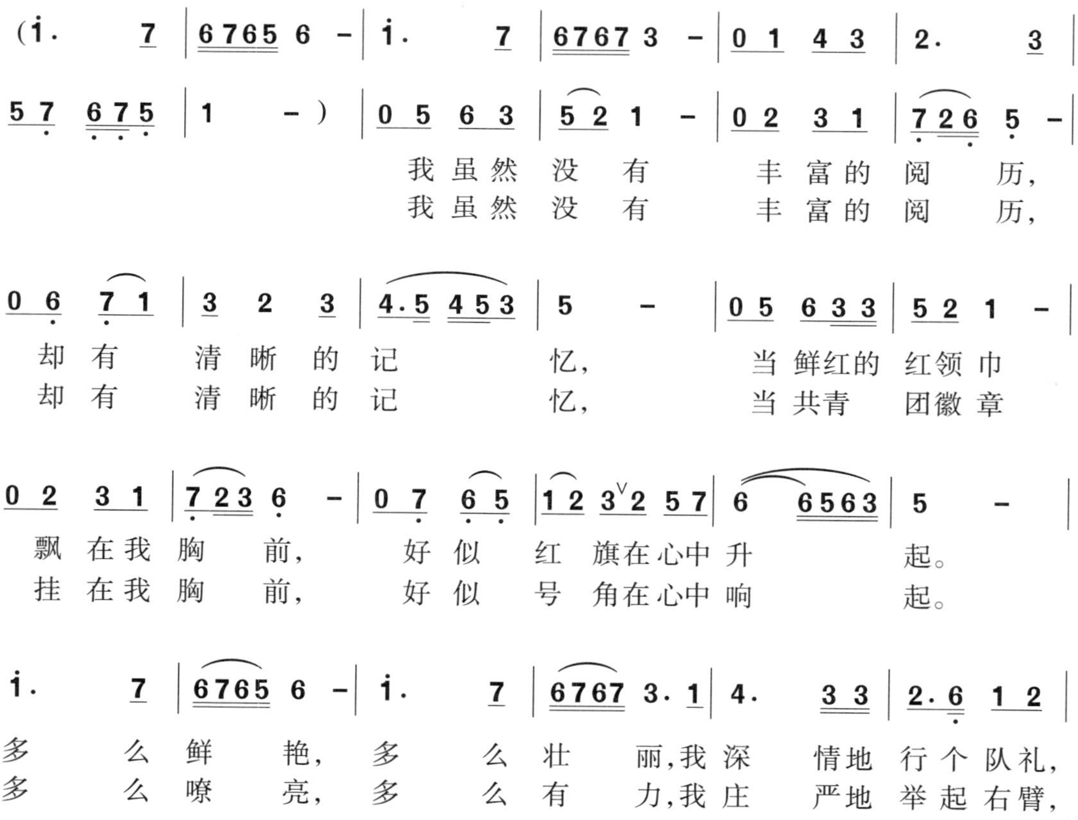

　　　　　　　我虽然没有　　丰富的阅历，
　　　　　　　我虽然没有　　丰富的阅历，

0 6 71 | 3 2 3 | 4·5 453 | 5 - | 05 633 | 521 - |

却有　清晰的记　　忆，　　当鲜红的红领巾
却有　清晰的记　　忆，　　当共青　团徽章

0 2 31 | 7236 - | 07 65 | 123 2 57 | 6 6563 | 5 - |

飘在我胸　前，　　好似　红旗在心中升　　起。
挂在我胸　前，　　好似　号角在心中响　　起。

i· 7 | 6765 6 - i· 7 | 6767 3·1 | 4· 33 | 2·6 12 |

多　么鲜艳，多　么壮　丽,我深　情地行个队礼，
多　么嘹亮，多　么有　力,我庄　严地举起右臂，

0 5 7 3 | 3·6 6 ᵛ2 5 6 | 6·3 3 ᵛ1 1 6 6 | 2 - 2 7 | 7 - 7 0 |

激动的 泪花呀,激动的 泪花呀,泪 花呀 泪 花 呀……

青春的 火花呀,青春的 火花呀,火 花呀 火 花 呀……

6 1 0 | 5 4 0 3 | 2· 3 | 5 7 6 7 5 | 1 - :‖ 0 5 3 5 6 7 |

点点 滴滴, 对 党 充满 感 激。 啊,

闪闪 熠熠, 是 党 点 燃 起。

1· 1 | 7 3 5 7 | 6 7 6 5 6 - | 1· 1 | 7 3 5 7 | 6 7 6 7 3 - |

红 旗 为我 插上 翅 膀, 号 角 唤我 更 奋 起。

5 5 7 3 5 | 5·2 2 | 2 2 5 6 | 6·3 3 | 3 5 6 1 |

我的理 想之 歌 啊, 理 想之 歌 啊, 来 自

2 2 1 | 6 5 6 | 1 - | 1 - | 1 0 ‖

伟 大 的“七 月 一”

大森林的早晨

1=A $\frac{4}{4}$ $\frac{2}{4}$

优美、清新地

张士燮 词

徐沛东 曲

(3·5 ‖: 5 - 5 6 5 3 1 | 3 - - 3·5 | 5 - 5 1 6 5 3 | 2 - - 6 1 |

1 - - 2 1 6 | 1 - - 6 1 | 1 - 1 3 2 1 6 | 5 6 1 6 1 1 - |

6 1 6 1 1 -) 3·5 | 5 - 5 6 5 3 1 | 3 - 3 2 1 6 | 6 - 6 2 1 6 |

*1.2.*大森 林 的 早 晨 多 么 美, 多 么

5 - 0 1 2 1 | 6 5 0 3 5 1 | 3 2·2 (5 6 1 2) | 3 3 7 6 5 6 - |

美, {淡 淡 的 晨 雾, 静 静 的 流 水, 山 重 重,

古 树 参 天, 竹 林 青 翠, 山 青 青,}

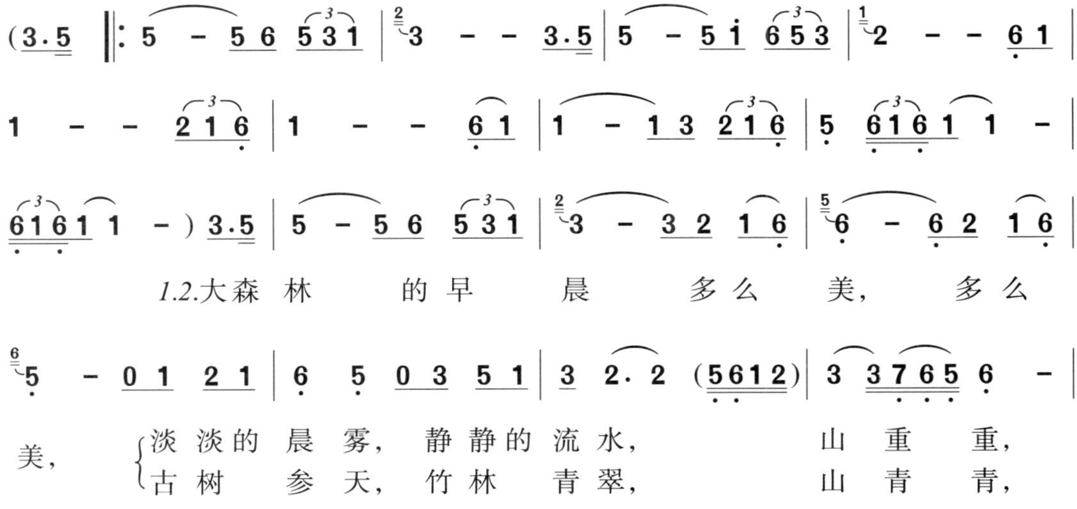

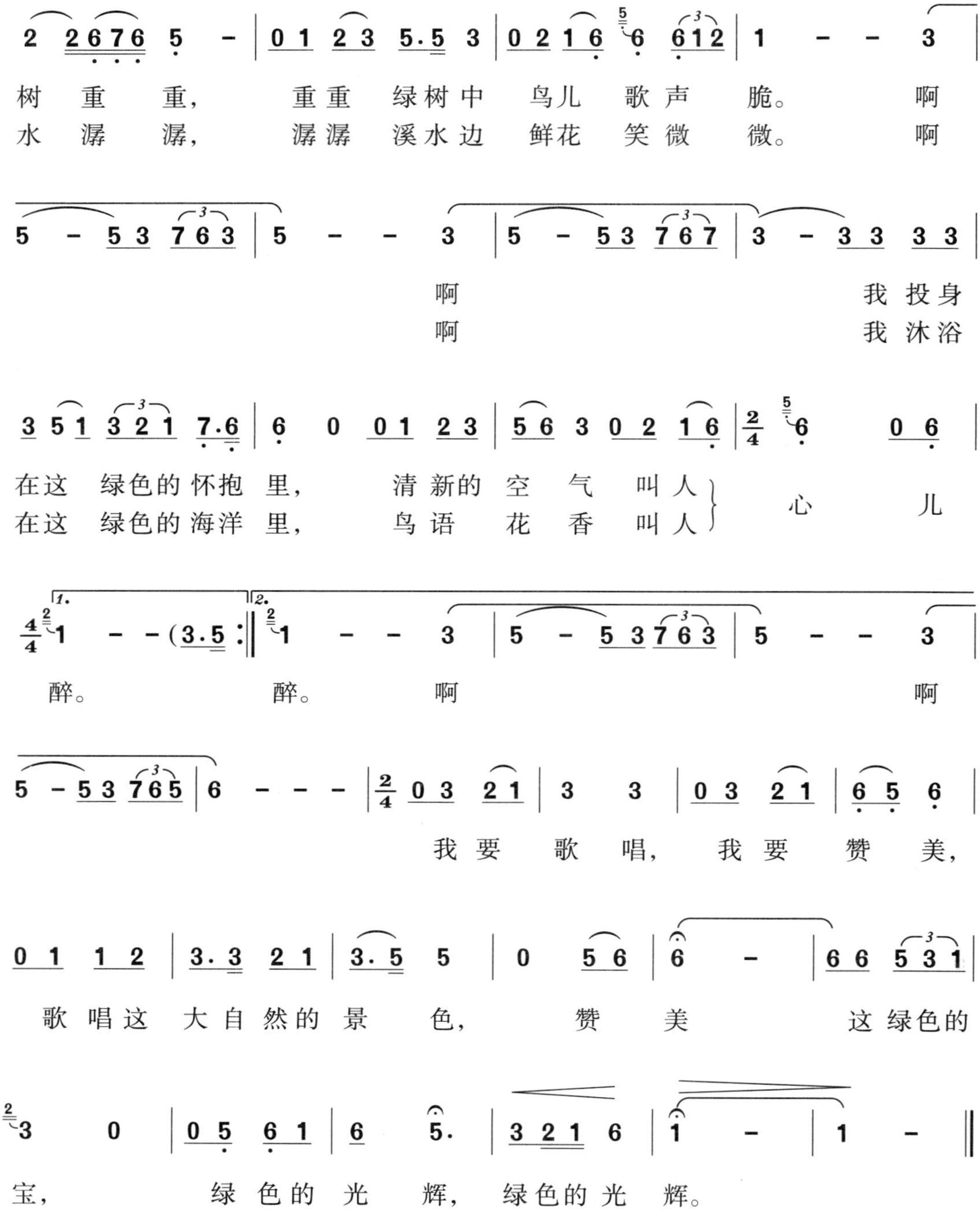

| 2 2̇ 6 7 6 5̣ - | 0 1 2 3 5.5̲ 3 | 0 2 1 6̣ 6̣ 6̣1̇2̇ | 1 - - 3 |

树 重 重， 重重 绿树中 鸟儿 歌声 脆。 啊
水 潺 潺， 潺潺 溪水边 鲜花 笑微 微。 啊

| 5 - 5̲3̲ 7̲6̲3 | 5 - - 3 | 5 - 5̲3̲ 7̲6̲7 | 3 - 3 3 3 |

啊 我投身
啊 我沐浴

| 3 5̲1̲ 3̲2̲1̲ 7̣.6̣ | 6̣ 0 0 1 2 3 | 5 6 3 0 2 1 6̣ | 2/4 6̣ 0 6̣ |

在这 绿色的怀抱 里， 清新的 空 气 叫人
在这 绿色的海洋 里， 鸟语 花 香 叫人
心 儿

| 4/4 1 - - (3.5̲ : ‖ 1 - - 3 | 5 - 5̲3̲ 7̲6̲3 | 5 - - 3 |

醉。 醉。 啊 啊

| 5 - 5̲3̲ 7̲6̲5 | 6 - - - | 2/4 0 3 2̲1̲ 3 3 | 0 3 2̲1̲ 6̣ 5̲6̲ |

我要 歌 唱， 我要 赞 美，

| 0 1 1 2 | 3.3̲ 2̲1̲ | 3.5̲ 5 | 0 5̲6̲ | 6 - | 6 6̲ 5̲3̲1 |

歌唱这 大自然的 景 色， 赞 美 这绿色的

| 3 0 | 0 5̲ 6̲1̲ | 6 5. | 3̲2̲1̲6 | 1 - | 1 - ‖ |

宝， 绿 色的 光 辉， 绿色的 光 辉。

老师我想你

1=G　4/4

清　风　词
孟庆云　曲

中速 深情地

(0 5 6 7 | i. i 7 6 3 | 5. 4 3 2 - | 6 6 5 4 3 2 7 6 5 | 1 - - -)

‖: 5 5 5 3 2 1. | 2 2 1 6 5 - | 6 1 1 6 6 6 5 6 5 3 | 2 2 1 6 5 2 - |

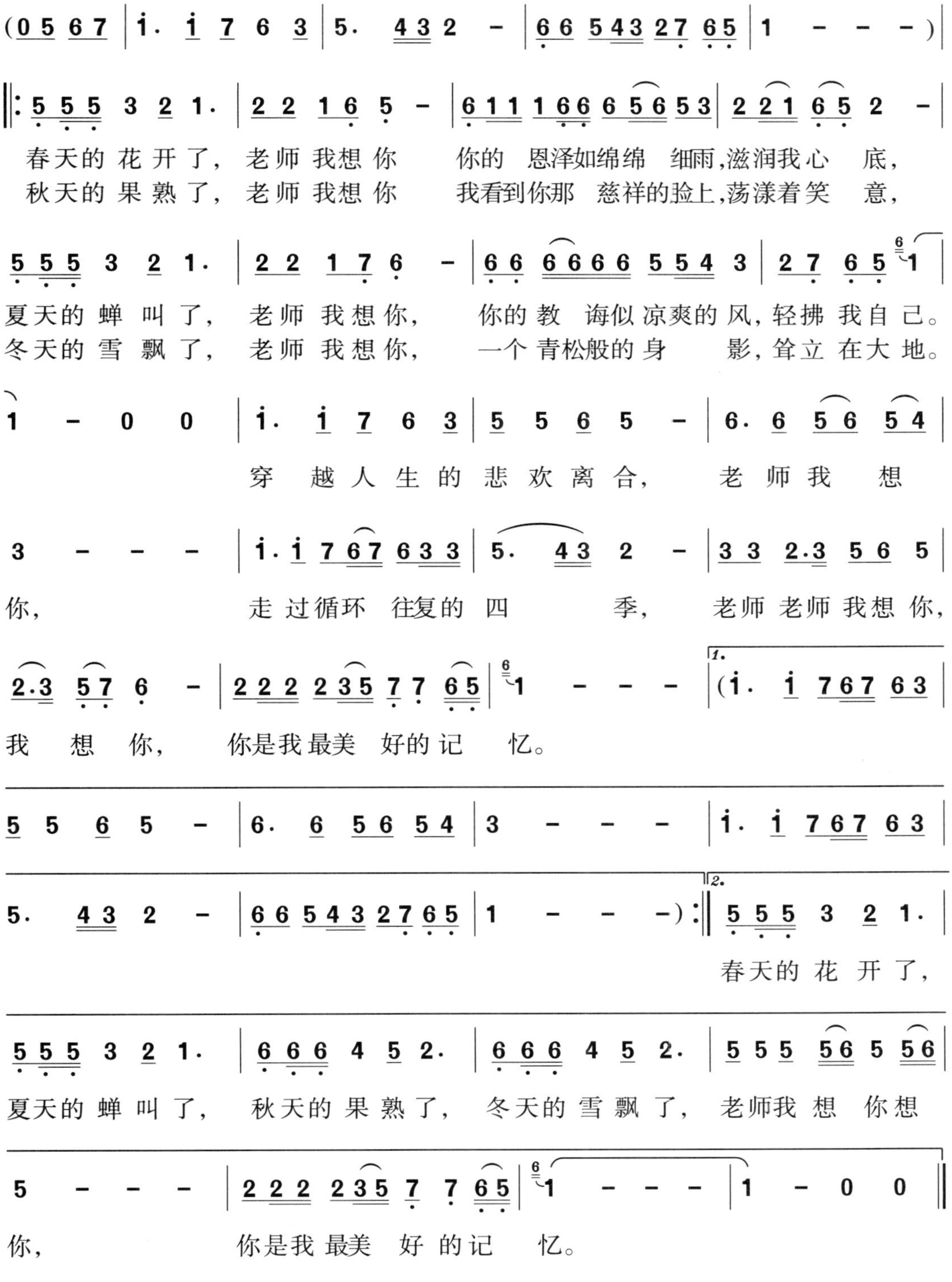

春天的 花开了， 老师 我想你　 你的 恩泽如绵绵 细雨,滋润我心 底,
秋天的 果熟了， 老师 我想你　 我看到你那 慈祥的脸上,荡漾着笑 意,

5 5 5 3 2 1. | 2 2 1 7 6 - | 6 6 6 6 6 6 5 5 4 3 | 2 7 6 5 6/1 |

夏天的 蝉 叫了， 老师 我想你，　 你的 教 诲似凉爽的风,轻拂 我自 己。
冬天的 雪 飘了， 老师 我想你，　 一个 青松般的身　 影,耸立 在大 地。

1 - 0 0 | i. i 7 6 3 | 5 5 6 5 - | 6. 6 5 6 5 4 |

穿　 越人生的 悲欢离 合，　 老师 我　想

3 - - - | i. i 7 6 7 6 3 3 | 5. 4 3 2 - | 3 3 2.3 5 6 5 |

你，　　　 走 过循环 往复的 四　 季，　 老师 老师我想你，

2.3 5 7 6 - | 2 2 2 2 3 5 7 7 6 5 | 6/1 - - - | 1.(i. i 7 6 7 6 3 |

我 想 你，　 你是我最美 好的记　 忆。

5 5 6 5 - | 6. 6 5 6 5 4 | 3 - - - | i. i 7 6 7 6 3 |

5. 4 3 2 - | 6 6 5 4 3 2 7 6 5 | 1 - - -) 2.‖ 5 5 5 3 2 1. |

春天的 花 开了，

5 5 5 3 2 1. | 6 6 6 4 5 2. | 6 6 6 4 5 2. | 5 5 5 5 6 5 5 6 |

夏天的 蝉 叫了， 秋天的 果熟了， 冬天的 雪飘了， 老师 我想 你想

5 - - - | 2 2 2 2 3 5 7 7 6 5 | 6/1 - - - | 1 - 0 0 ‖

你，　　　 你是 我最美 好的记　 忆。

古老的歌

王持久 词
朱嘉琪 曲

1＝D $\frac{4}{4}$

啊 啊 啊 啊

啊 啊！ 这是首 古老的 歌，

巴山的 日出 月 落， 这是首 古老的 歌， 川江的 帆影 渔

火。

这是 我 熟 悉 的 歌， 祖祖

辈 辈 唱 过。 这是 我 要 找的 歌， 依然在

乡 土 上流 传 着。 这是我 想 唱 的 歌， 默默在 心 海 里

流 着。 这是我 想 唱 的 歌， 如今我 已 经 重 写 过， 我已经

重 写 过，重写 过。 过。 啊， 啊！ 古老的 歌， 啊！

古老的 歌， 迟早要开花 结 果。

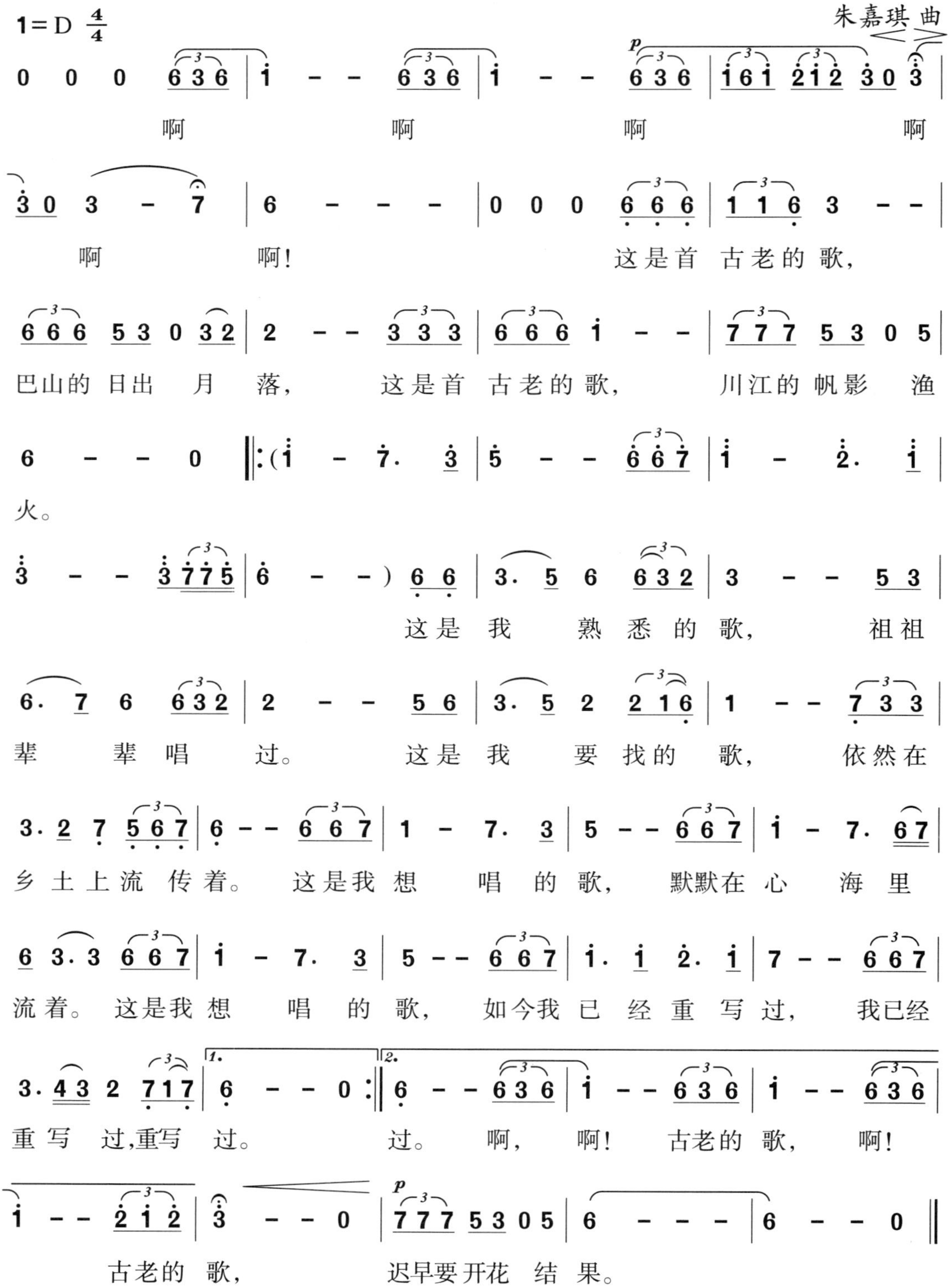

多情的土地

1=♭E $\frac{2}{4}$
慢、深情地

任志萍 词
施光南 曲

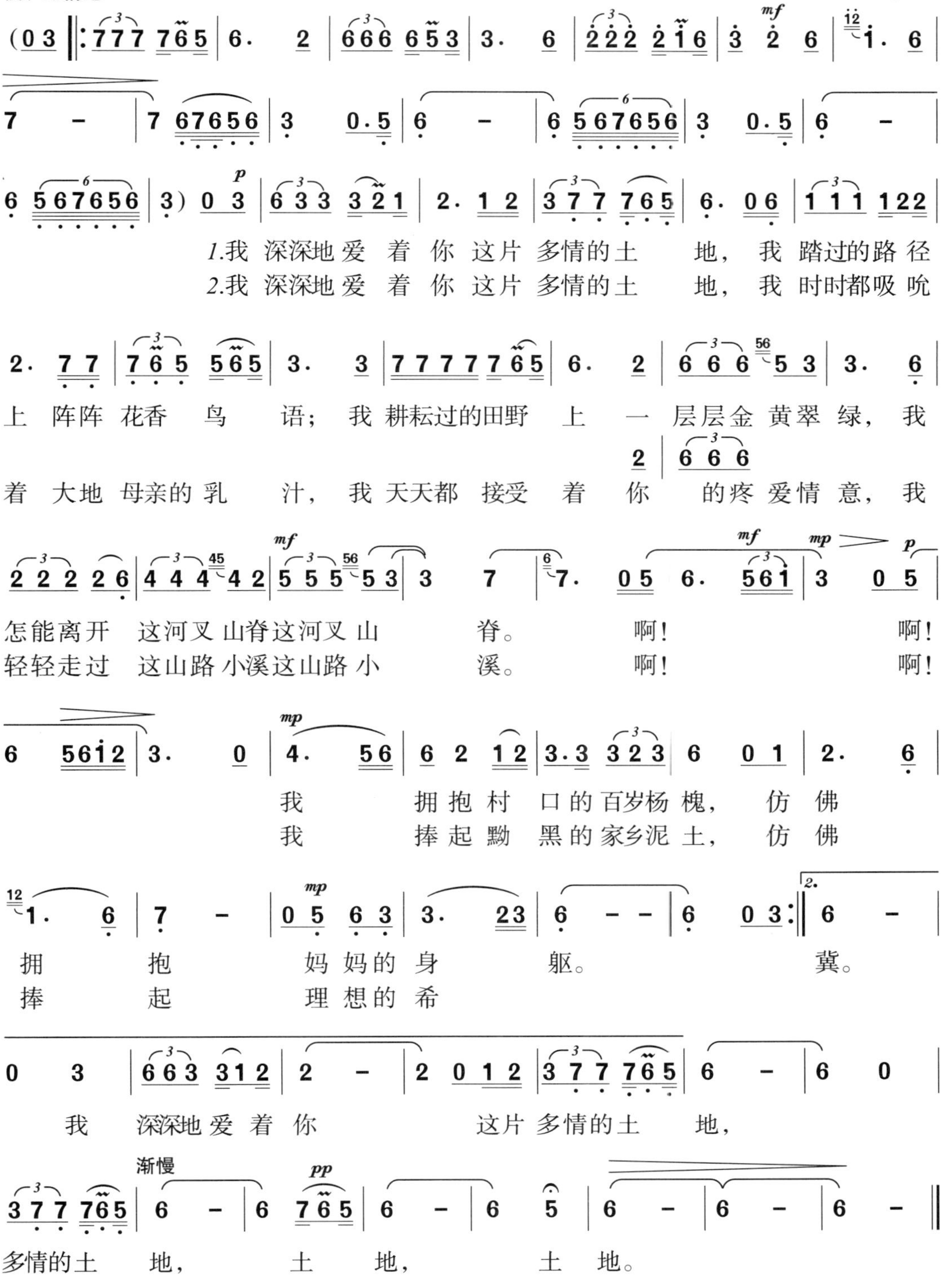
1.我 深深地爱 着 你 这片 多情的土 地， 我 踏过的路 径
2.我 深深地爱 着 你 这片 多情的土 地， 我 时时都吸 吮
上 阵阵 花香 鸟 语； 我 耕耘过的田野 上 一 层层金 黄翠 绿， 我
着 大地 母亲的 乳 汁， 我 天天都 接受 着 你 的疼 爱情 意， 我
怎能离开 这河叉 山脊这河叉 山 脊。 啊！ 啊！
轻轻走过 这山路 小溪这山路 小 溪。 啊！ 啊！
我 拥 抱 村 口 的 百岁杨 槐， 仿 佛
我 捧 起 黝 黑 的 家乡泥 土， 仿 佛
拥 抱 妈 妈的 身 躯。 冀。
捧 起 理 想的 希
我 深深地 爱 着 你 这片 多情的土 地，
渐慢
多情的土 地， 土 地， 土 地。

娄山关

忆秦娥

1=A $\frac{4}{4}$
慢板

毛泽东 词
陆祖龙 曲

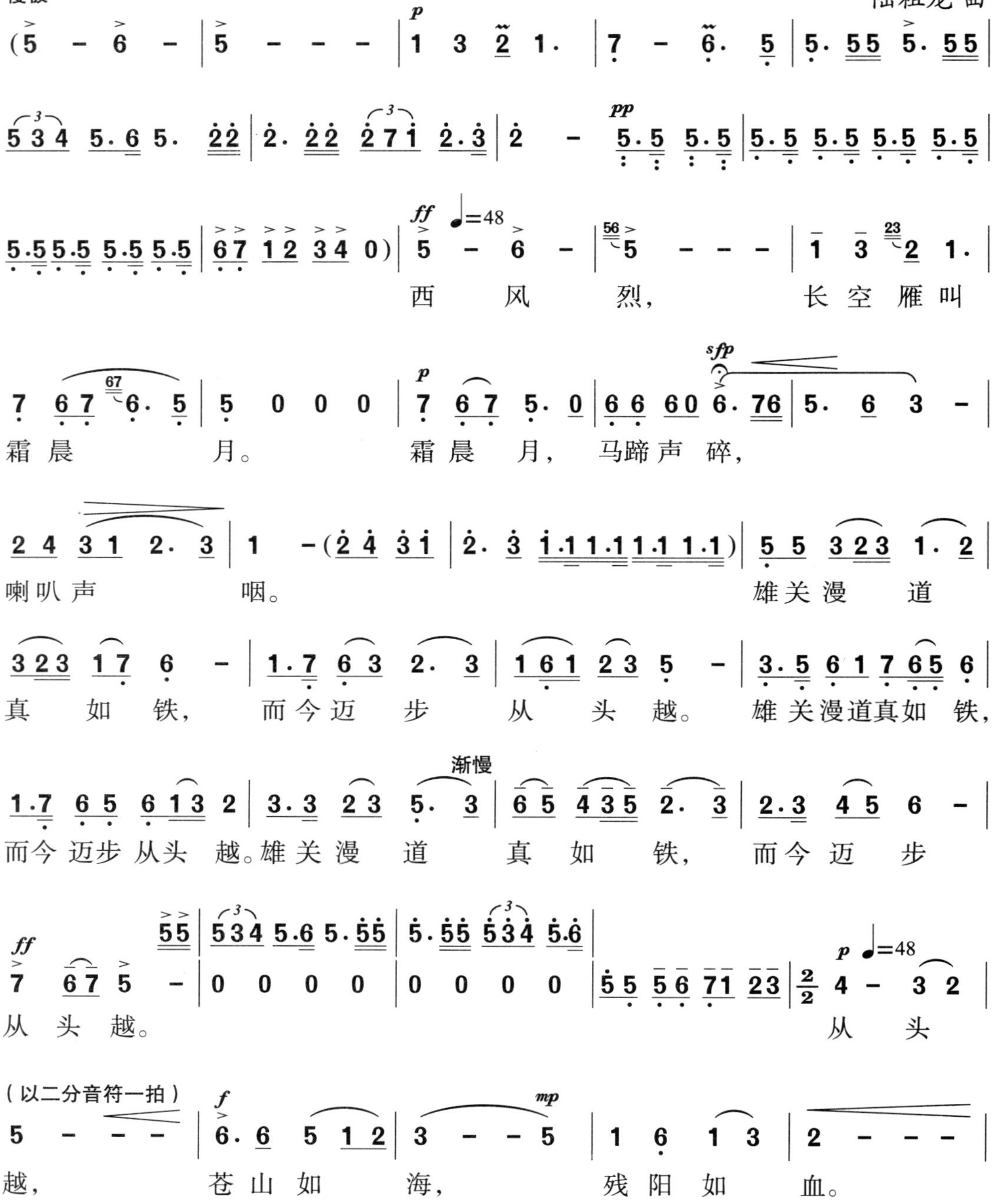
p
pp
ff ♩=48
西 风 烈， 长 空 雁 叫
sfp
霜 晨 月。 霜 晨 月， 马蹄声 碎，
喇叭声 咽。 雄关漫 道
真 如 铁， 而今迈 步 从 头 越。 雄关漫道真如 铁，
渐慢
而今 迈步 从头 越。雄 关 漫 道 真 如 铁， 而今 迈 步
ff
从 头 越。 从 头
p ♩=48
（以二分音符一拍）
f
mp
越， 苍 山 如 海， 残 阳 如 血。

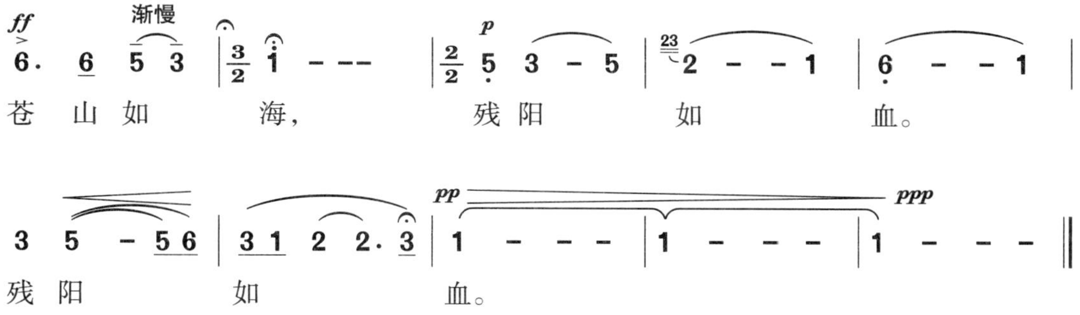
渐慢
苍 山 如 海，残 阳 如 血。
残 阳 如 血。

望 月

1＝♯F $\frac{6}{8}$
♩＝154

国 风 词
印 青 曲

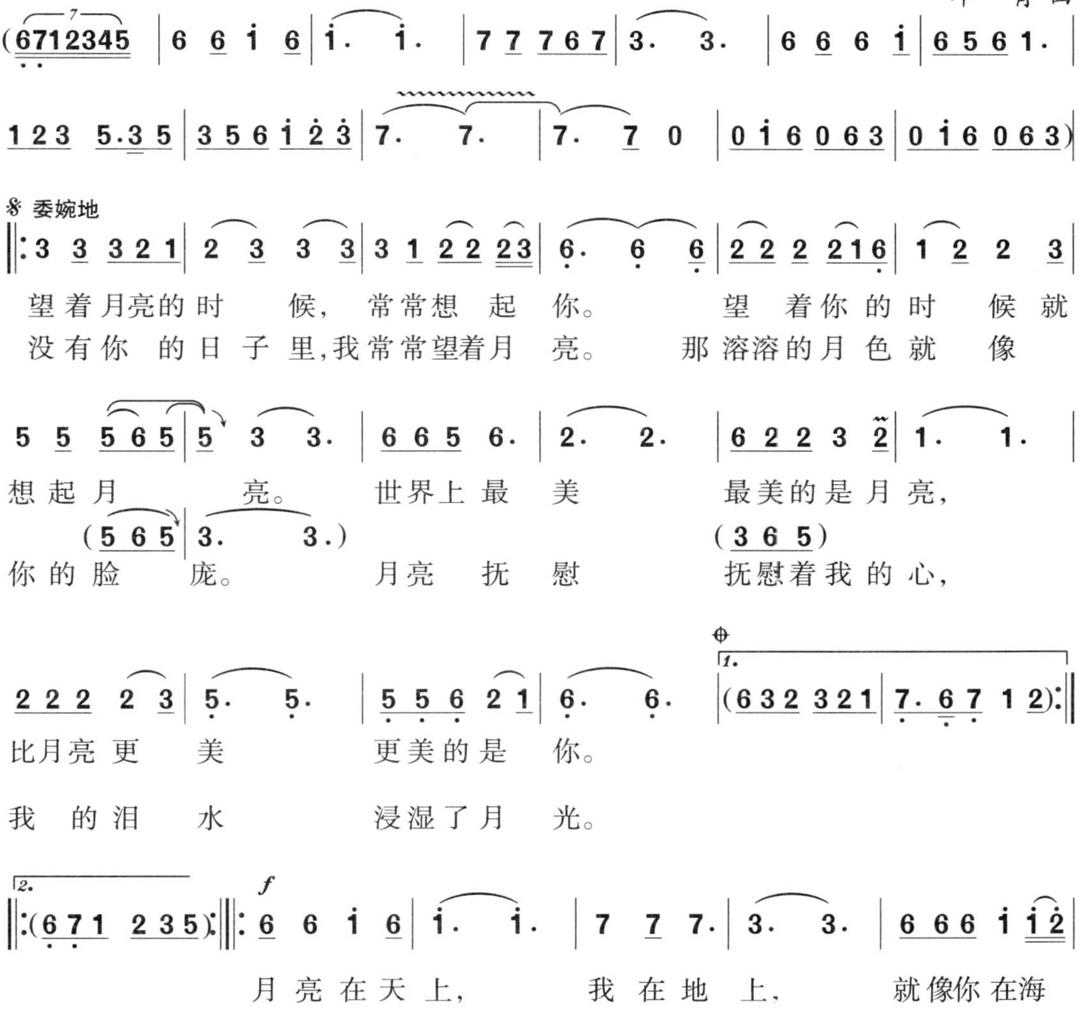
委婉地
望着月亮的时 候，常常想 起 你。 望 着你 的 时 候 就
没有你 的日 子 里,我常常望着月 亮。 那溶溶的月 色 就 像
想起月 亮。 世界上 最 美 最美的是 月 亮，
你 的 脸 庞。 月亮 抚 慰 抚慰着我 的 心，
比月亮 更 美 更美的是 你。
我 的泪 水 浸湿了月 光。
月 亮 在 天 上， 我 在 地 上， 就像你 在海

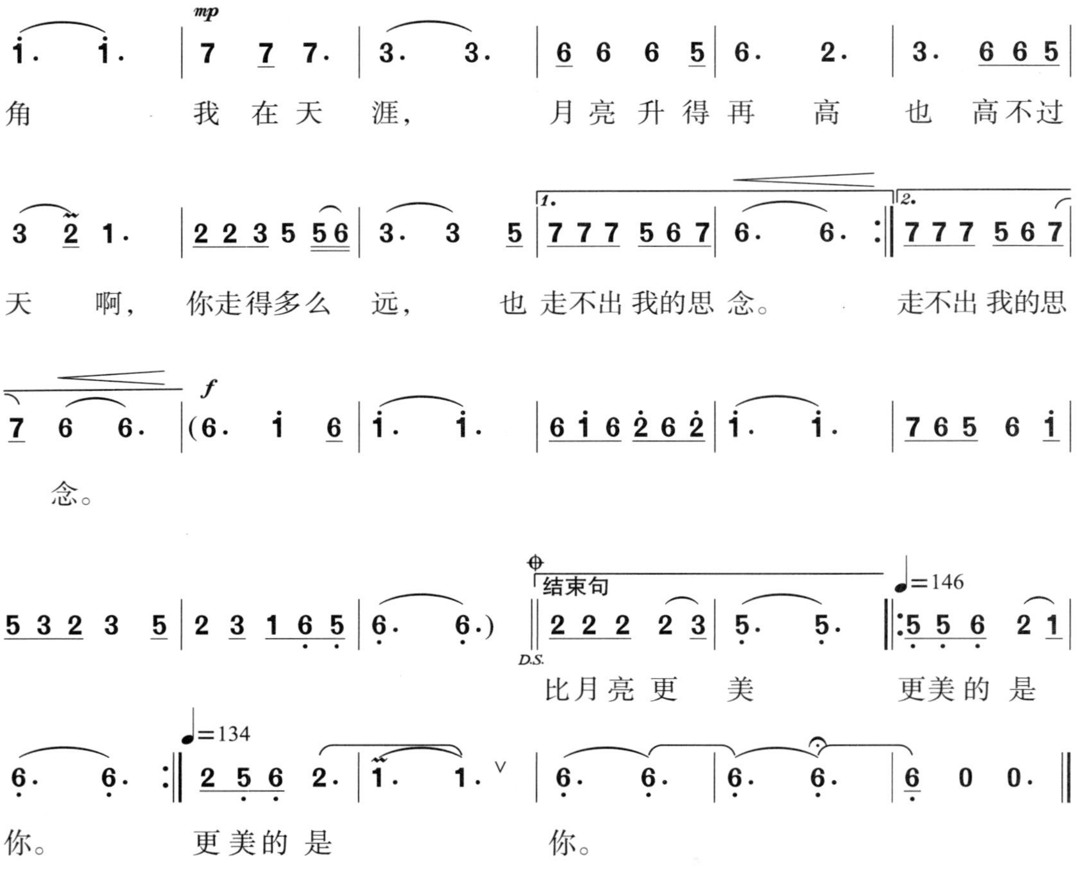

$\widehat{1}$. $\widehat{1}$. | 7 7 7. | 3. 3. | 6 6 6 5 6. 2. | 3. 6 6 5 |

角　　我 在 天 涯，　　月 亮 升 得 再 高　也　高 不 过

3 $\widetilde{2}$ 1. | 2 2 3 5 5 6 | 3. 3 | 5 7 7 7 5 6 7 | 6. 6. : | 7 7 7 5 6 7 |

天 啊，　你 走 得 多 么　远，　也 走 不 出 我 的 思 念。　　走 不 出 我 的 思

7 6 6. | (6. 1 6 | 1. 1. | 6 1 6 2 6 2 | 1. 1. | 7 6 5 6 1 |

念。

5 3 2 3 5 | 2 3 1 6 5 | 6. 6.) | 结束句 ⊕ 2 2 2 2 3 | 5. 5. | 5 5 6 2 1 |

D.S.　　　　　　　　　　　　　比 月 亮 更　美　　更 美 的 是

♩=146

6. 6.: | 2 5 6 2. 1. 1. ∨ | 6. 6. | 6. 6. | 6 0 0. ||

♩=134

你。　　　更 美 的 是　　　你。

大地飞歌

郑　南 词
徐沛东 曲

1=C　$\frac{4}{4}$

6 $\widehat{6\,1}$ 3 $\widehat{2\,1}$ | 3 $\widehat{2\,1}$ 6 － | 6 $\widehat{6\,1}$ $\dot{2}$ $\dot{1}$ 6 | $\dot{1}$ 6 5 2 － |

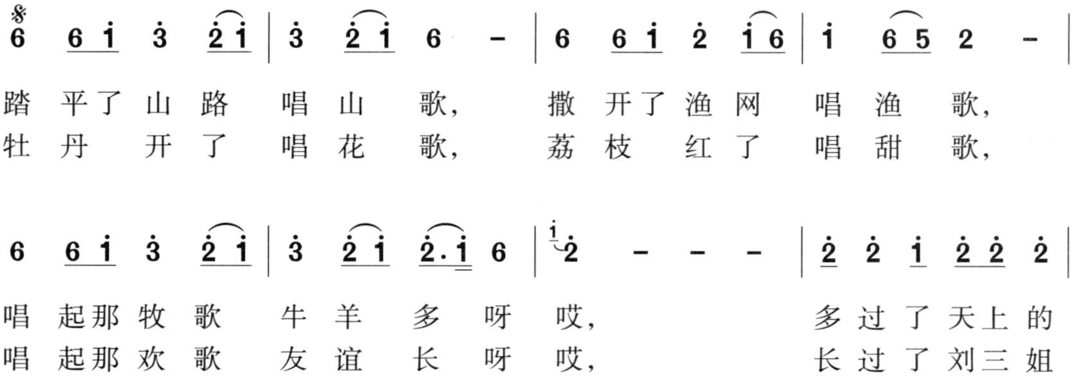

踏 平 了 山 路 唱 山 歌，　撒 开 了 渔 网 唱 渔 歌，
牡 丹 开 了 唱 花 歌，　荔 枝 红 了 唱 甜 歌，

6 $\widehat{6\,1}$ 3 $\dot{2\,1}$ | 3 $\widehat{2\,1}$ $\widehat{2.1}$ 6 | $\dot{1}$ $\dot{2}$ － － － | $\dot{2}$ $\dot{2}$ $\dot{1}$ $\dot{2}$ $\dot{2}$ $\dot{2}$ |

唱 起 那 牧 歌 牛 羊 多 呀 哎，　　多 过 了 天 上 的
唱 起 那 欢 歌 友 谊 长 呀 哎，　　长 过 了 刘 三 姐

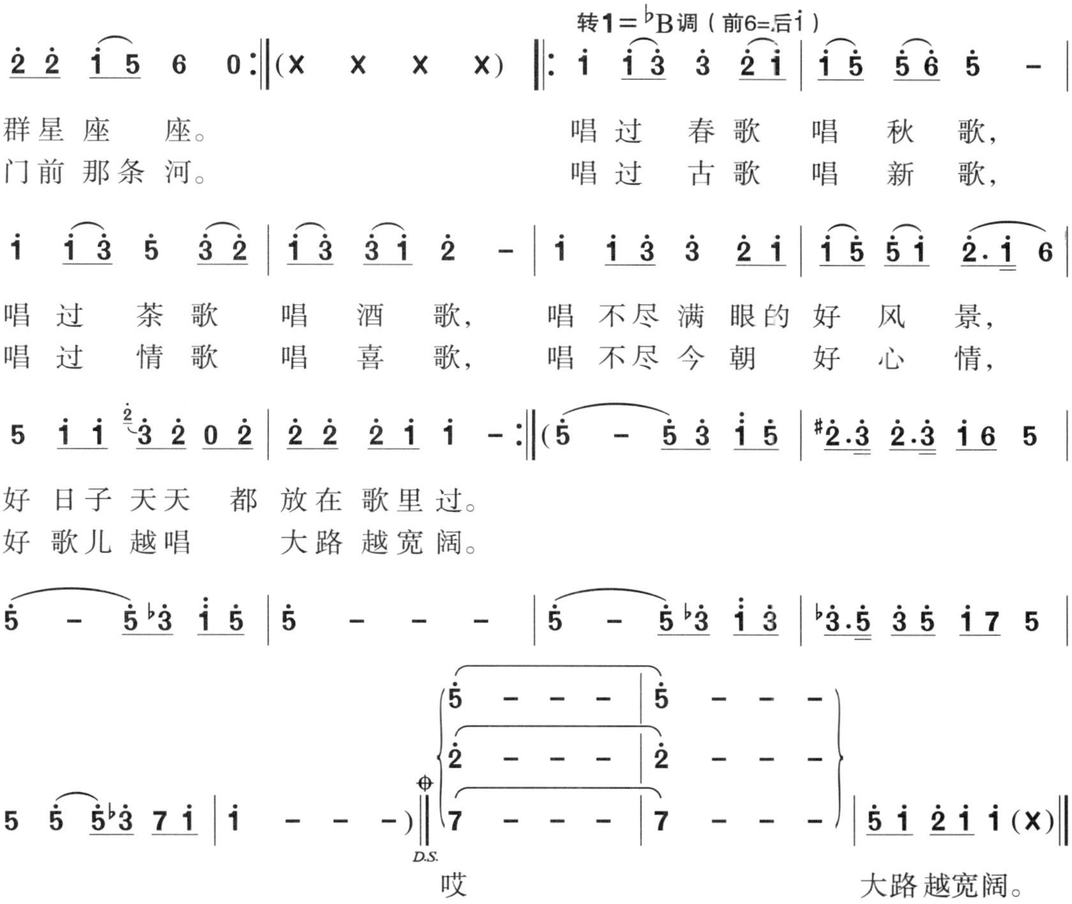
转1=♭B调（前6=后i）
群星座　座。　唱过　春歌　唱　秋　歌，
门前那条　河。　唱过　古歌　唱　新　歌，
唱过　茶歌　唱　酒　歌，　唱不尽满眼的好　风　景，
唱过　情歌　唱　喜　歌，　唱不尽今朝　好　心　情，
好　日子天天　都　放在　歌里过。
好　歌儿　越唱　大路　越宽阔。
D.S.
哎
大路越宽阔。

乡音乡情

1=♭E（或D）$\frac{4}{4}$ $\frac{2}{4}$

深情、舒展、如歌地

晓　光 词
徐沛东 曲

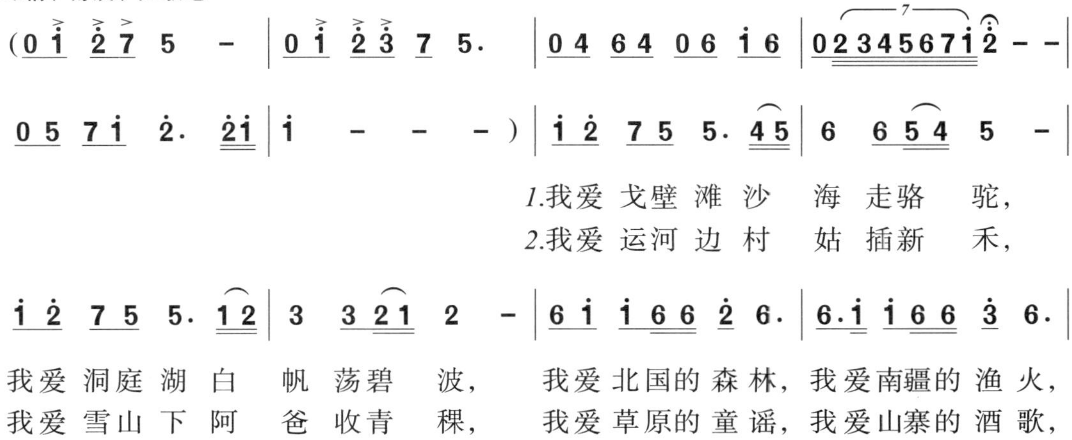
1.我爱　戈壁　滩　沙　海　走骆　驼，
2.我爱　运河　边　村　姑　插新　禾，
我爱　洞庭　湖　白　帆　荡碧　波，　我爱　北国的　森　林，我爱南疆的　渔　火，
我爱　雪山　下　阿　爸　收青　稞，　我爱　草原的　童　谣，我爱山寨的　酒　歌，

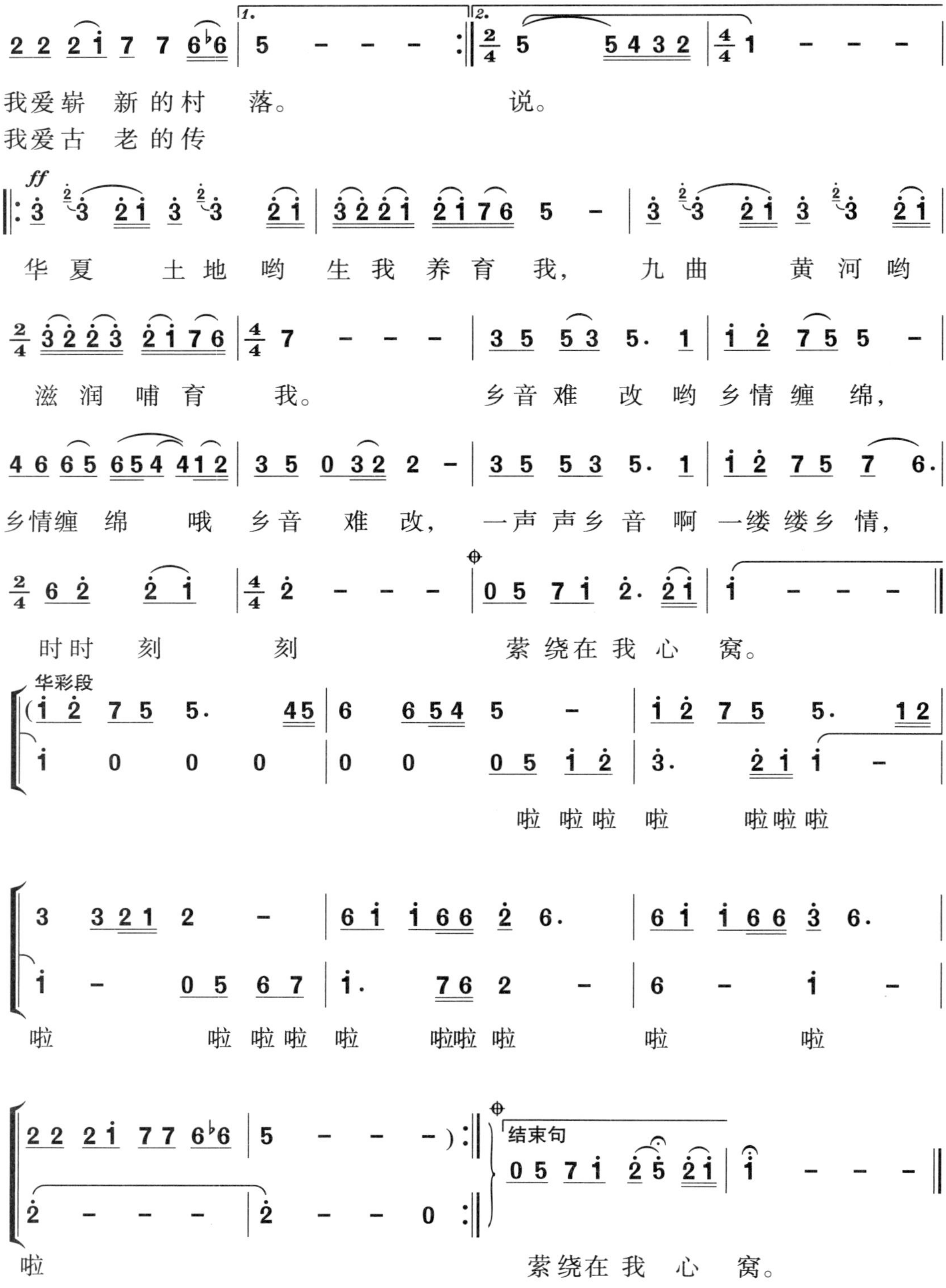
我爱崭 新的村 落。 说。
我爱古 老的传
华夏 土地哟 生我养育 我， 九曲 黄河哟
滋润哺育 我。 乡音难 改 哟乡情缠 绵，
乡情缠 绵 哦 乡音 难 改， 一声声乡音 啊 一缕缕乡 情，
时时 刻 刻 萦绕在我 心 窝。
华彩段
啦 啦啦 啦 啦啦啦
啦 啦 啦啦 啦 啦啦 啦 啦 啦
啦
结束句
萦绕在我 心 窝。

五星红旗

1=E $\frac{4}{4}$

♩=54

天　明 词
刘　青 曲

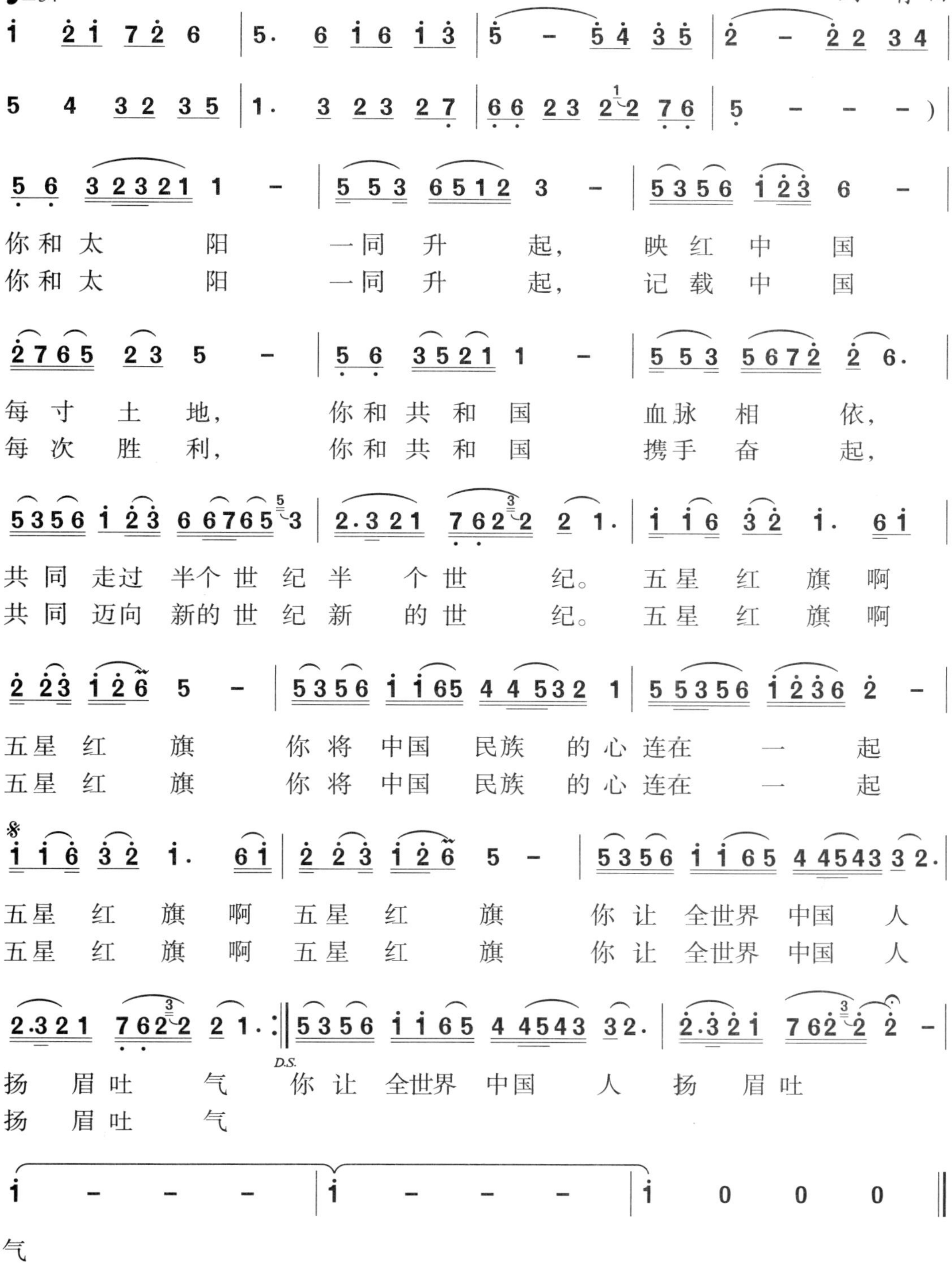

你和太阳一同升起，映红中国
你和太阳一同升起，记载中国
每寸土地，你和共和国血脉相依，
每次胜利，你和共和国携手奋起，
共同走过半个世纪半个世纪。五星红旗啊
共同迈向新的世纪新的世纪。五星红旗啊
五星红旗你将中国民族的心连在一起
五星红旗你将中国民族的心连在一起
五星红旗啊五星红旗你让全世界中国人
五星红旗啊五星红旗你让全世界中国人
扬眉吐气你让全世界中国人扬眉吐
扬眉吐气
D.S.
气

断桥遗梦

女声独唱

韩静霆 词
赵季平 曲

1=♭B 4/4

戏剧性地

(5 5 #4 3 3 - 3 2 1 | 3 - - - | 6 6 #4 3 3 - 3 2 1 | 3 - - - |

6 6 6 1 1 1 3 3 3 4 4 4 | 6 6 6 1 1 1 3 3 3 6 6 6) | 0 6 6 6 3 3 5 6 | 3 - - - |

忽啦 啦啦 西湖的 桥,
不不 不不 我不相 信,

1 2 0 3 3. 7 6 | 5 - - - | 3 6 1 2 6 1 1. 6 1 | 5 6 #4 3 - |

从中 折断,   雨中定情的 纸伞 丢向谁 边。
真爱 变老,   上天入地 只求 峰回路 转。

5 5 0 3 7 7. | 1 1 6 5. 2 3 | 2 - - 0 6 | 3 3 3 2 1 1 0 6 1 |

爱你, 想你, 找你, 喊 你,   在 钱塘江雾里, 我的
怨你, 恨你, 怪你, 骂 你,   只因相 思太苦, 我的

6 0 5 6 7 5 0 3 | 2 2 2 2 1 3 | 6 - - - | (2 1 2 3 1 6 1. | 6 0 0 0 |

梦, 断桥遗梦, 在 苍茫茫的 天水 间。
梦, 断桥遗梦, 真心 相爱胜过 百 年。

渐慢   稍流动地   mf

7 6 7. 7 5 6 | 6 1 2 3 1 2 3 6 6 1 3 6 1 2 3 6) | 1 3 2 3 3 - | 6 1 3 2 2 - |

桥断 水不断,   水断 缘不断,

2 3 2 1 6 1 - | 7 7 0 7 6 5 3 - | 1 3 2 3 3 - | 6 1 3 2 2 - |

缘断 情不 断,   情断 梦不 断。   桥断 水不断,   水断 缘不断,

呼号地

2 3 2 1 6 1 - | 7 7 0 7 6 5 6 - | 5 5 #4 3 3 - 3 2 1 | 3 3 #4 3 - |

缘断 情不 断,   情断 梦不 断。   地老天荒,   我的 爱心 不 变!

5 5 #4 3 3 - 3 2 1 | 3 3 2 1 2 - | 1 2 3 1 0. 3 3 | 3 2 3 1 6. |

地老天荒,   我的 爱心 不 变。 地老 天荒, 我的 爱   心 不

1.   2.

6 - - - : | 6 - - - | 6 - - - | 6 - - - | 6 0 0 0 ‖

变!   变!

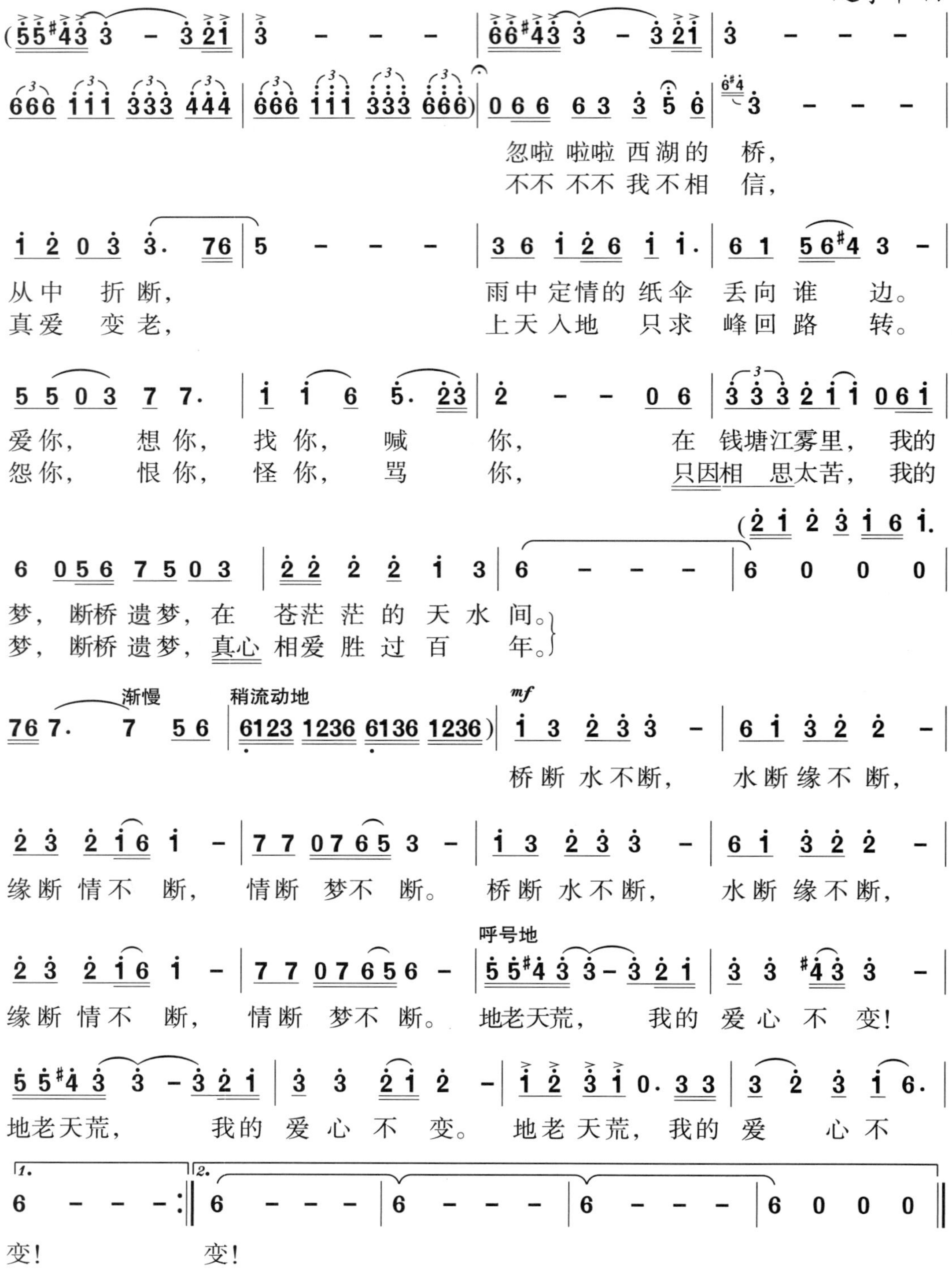

美丽的心情

1＝♯F $\frac{3}{4}$

欢快、热情、真挚 ♩＝152

张名河 词
孟庆云 曲

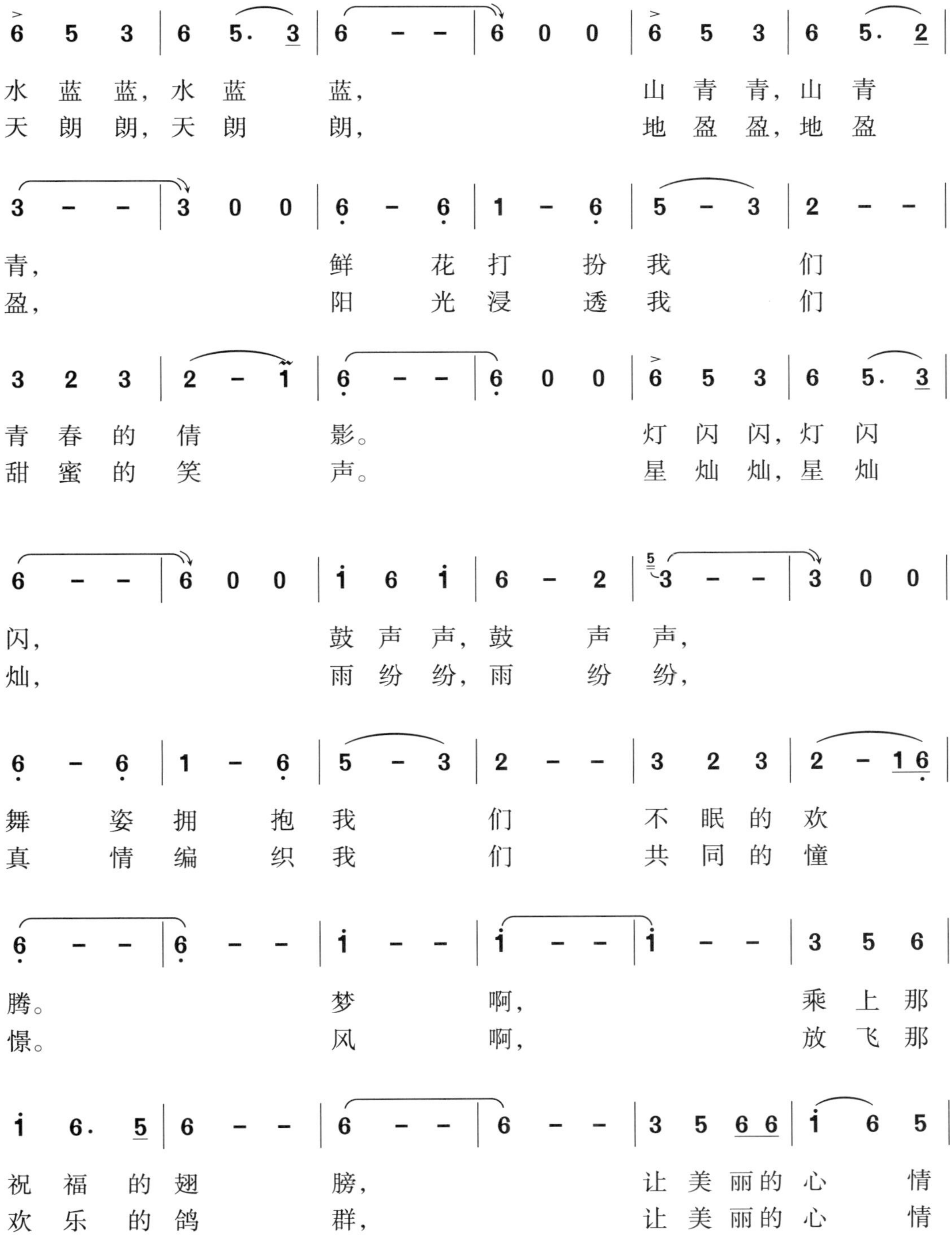
水蓝蓝，水蓝蓝，山青青，山青
天朗朗，天朗朗，地盈盈，地盈

3 — — | 3 0 0 | 6 — 6 | 1 — 6 | 5 — 3 | 2 — — |
青，鲜花打扮我们
盈，阳光浸透我们
青春的倩影。灯闪闪，灯闪
甜蜜的笑声。星灿灿，星灿
闪，鼓声声，鼓声声，
灿，雨纷纷，雨纷纷，

6 — 6 | 1 — 6 | 5 — 3 | 2 — — | 3 2 3 | 2 — 1 6 |
舞姿拥抱我们不眠的欢
真情编织我们共同的憧
腾。梦啊，乘上那
憬。风啊，放飞那
祝福的翅膀，让美丽的心情
欢乐的鸽群，让美丽的心情

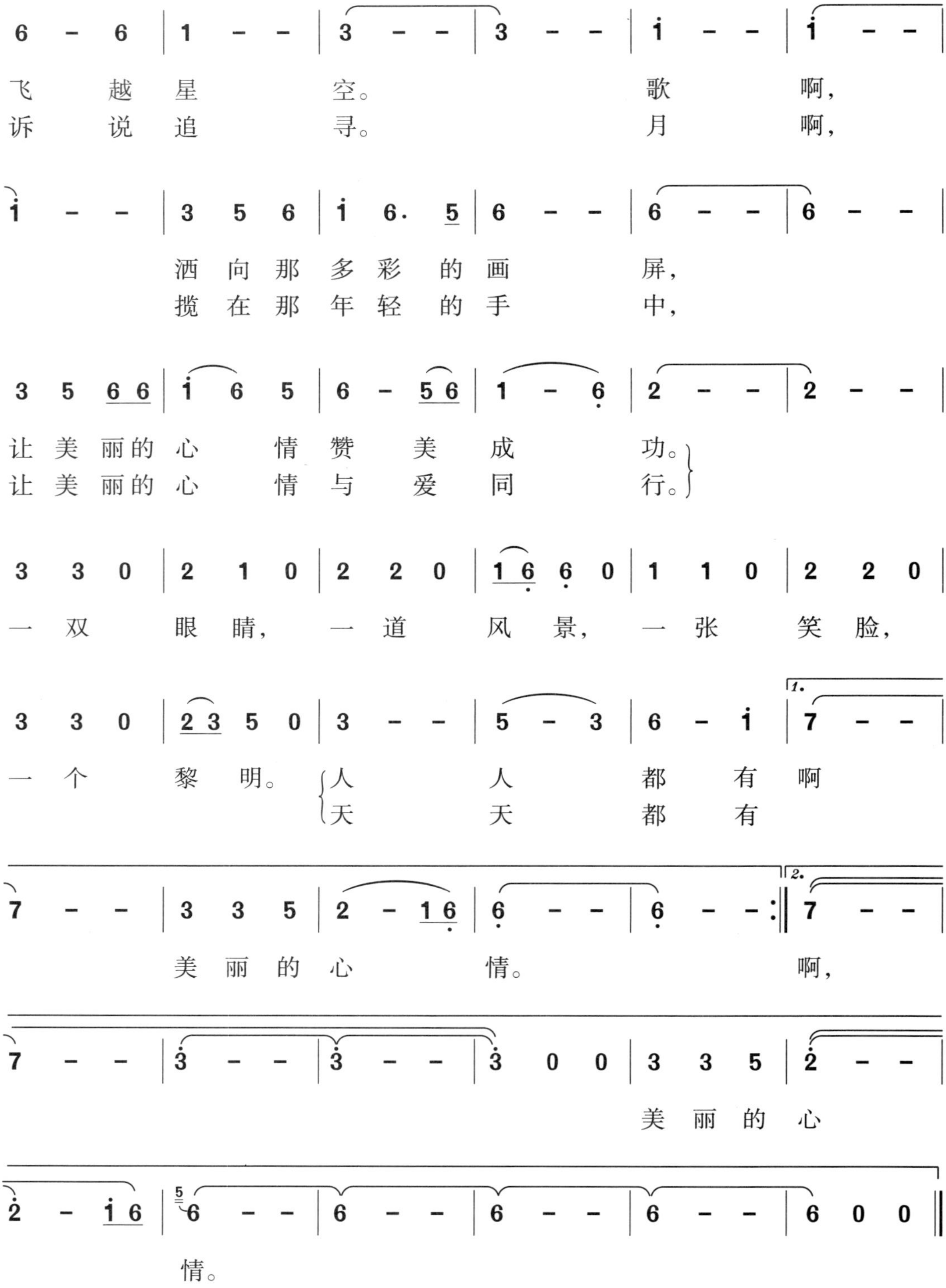

6 - 6 | 1 - - | 3 - - | 3 - - | i - - | i - - |

飞　　越　星　　　空。　　　　　　　歌　　啊，

诉　　说　追　　　寻。　　　　　　　月　　啊，

i - - | 3 5 6 | i 6. 5 | 6 - - | 6 - - | 6 - - |

　　洒　向　那　多彩　的　画　　　屏，

　　揽　在　那　年轻　的　手　　　中，

3 5 66 | i 6 5 | 6 - 56 | 1 - 6 | 2 - - | 2 - - |

让　美　丽的　心　　情　赞　美　成　　功。

让　美　丽的　心　　情　与　爱　同　　行。

3 3 0 | 2 1 0 | 2 2 0 | 16 60 | 1 1 0 | 2 2 0 |

一　双　　眼睛，　一　道　　风景，　一　张　　笑脸，

3 3 0 | 23 5 0 | 3 - - | 5 - 3 | 6 - i | 7 - - |

一　个　　黎明。　人　　人　都　有　啊

天　　天　都　有

7 - - | 3 3 5 | 2 - 16 | 6 - - | 6 - - : | 7 - - |

　　美　丽的　心　　情。　　　　　啊，

7 - - | 3 - - | 3 - - | 3 0 0 | 3 3 5 | 2 - - |

　　　　　　　　　　　　　　美　丽的　心

2 - 16 | 56 - - | 6 - - | 6 - - | 6 - - | 6 0 0 ‖

情。

北京颂歌

1=F 4/4 2/4

洪　源 词
田光、傅晶 曲

中速 庄严地

(0 653 | 2312 605 6 - | 65 5.6 5435 206 | 2 - 2612 |

3.5 616 2.6712 ‖: 3 - 3 2 3 1 7 | 6236 5. 1 36 | 5 2 3 3.2

渐慢

慢速

1 - -) 1 3 | 5. 3 6 565 | 1 - 1 3 56 | 1.2 1 65 305 216.1

1.灿　烂 的 朝　霞，　　升 起 在 金　色 的 北
2.火　红 的 太　阳，　　照 耀 在 中　南 海

5 - - 1 6 | 6. 1 53656 | 2 - 21 61 | 3 5 1 7. 6

京，　庄 严 的 乐　　曲，　报 道 着 祖　国 的
上，　伟 大 的 首　　都，　屹 立 在 世　界 的

渐慢　　　　　　　激情地　f

5 2 3 3.2 | 1 - - 5 | 1 - 1 2 1 7 | 6.3 5 6 7 6 -

黎　　　明。　　　啊！　北 京 啊，北　　京！
东　　　方。　　　啊！　北 京 啊，北　　京！

6 1 2 3 5. 1 6 5 | 3 3 5 2 3 1 5 3 5 6 | 2. 1 7 6 3 5 6

祖 国 的 心　脏，　团 结 的 象　征，人 民 的 骄　傲，胜 利 的 保
巍 巍 昆　仑，　向 你 起　舞，滔 滔 黄　河，向 你 歌

7 - 7 6 5. 3 | 2312 6 05 5.6 | 5435 2 06 112

证。　各 族 人　民 把 你 赞　颂，你 是 我 们
唱。　捷 报 来　自 边 疆 海　防，喜 讯

1.

3 2 1. 65 | 3. 123 5 7 2 1 | 5 - - (3 5 6 7 1 2 :‖

2.

3. 1 2 3 5 3 5 6 1

心 中 一　颗 明 亮 的 星。　村 镇 城
传 遍

慢速 ff

2 - - 5 | 3 - 3 2 1 7 | 6. 1 5 3 - | 2/4 0 1 2 3 | 5　　3

进行速度

乡。　啊！　北 京 啊 北 京！　我 们 的 红　心

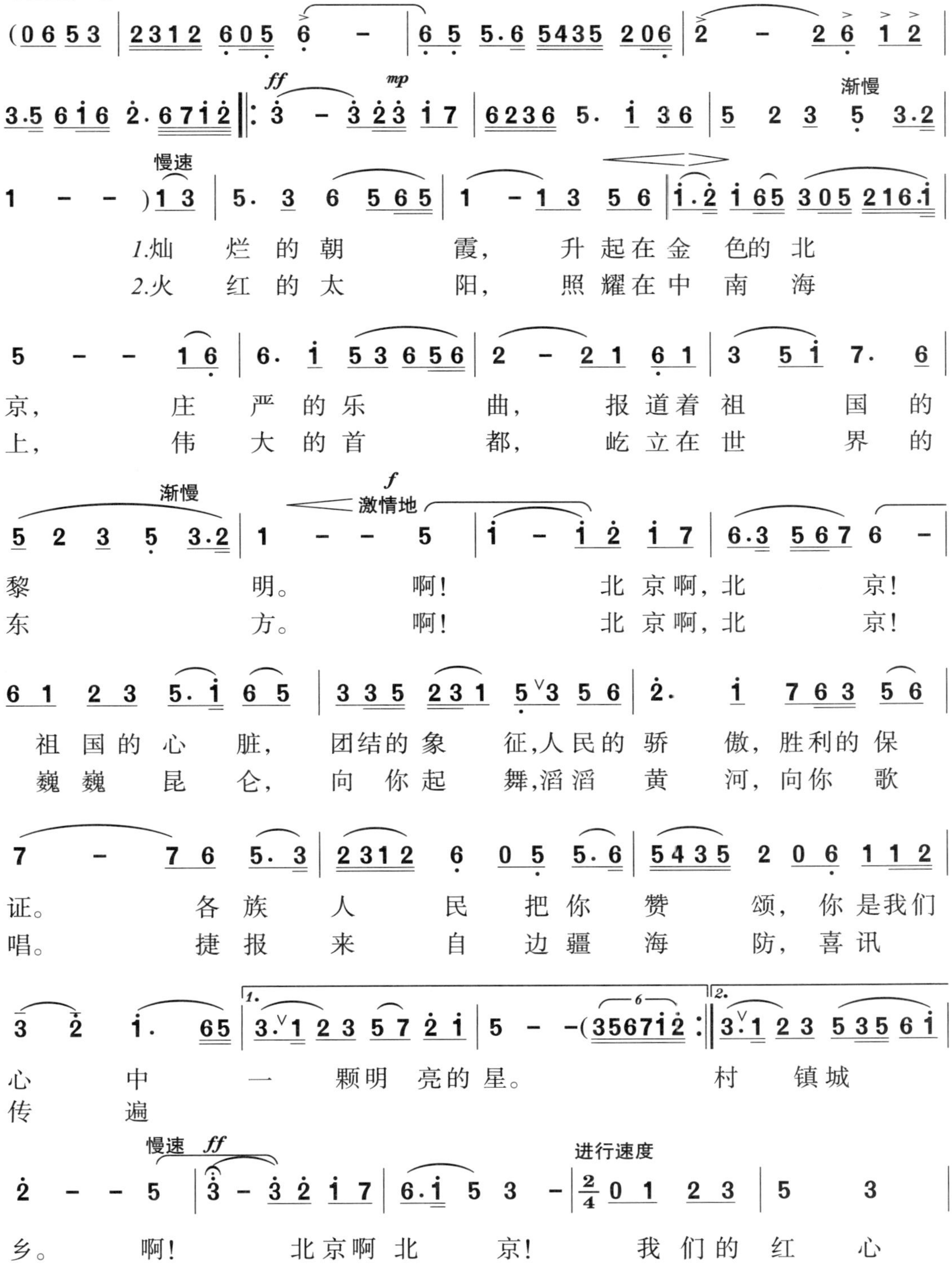

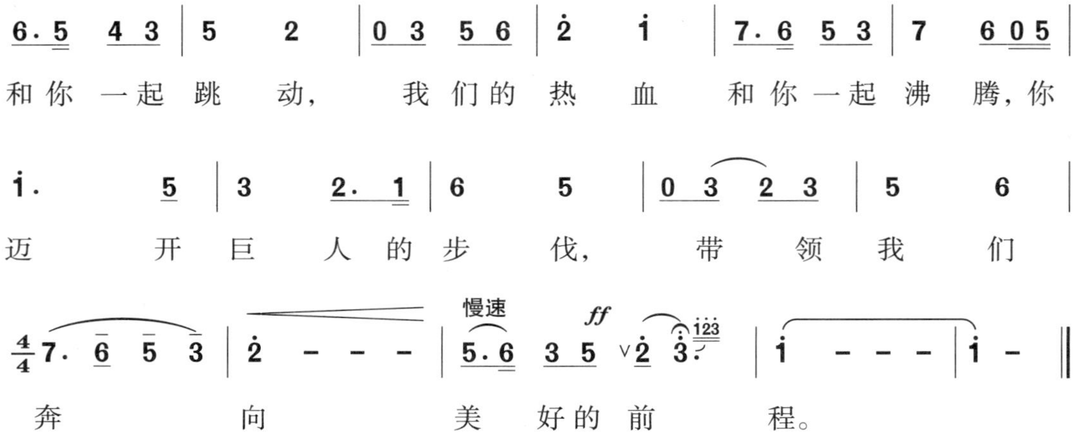

6.5 43 | 5 2 | 0 3 5 6 | 2̇ 1̇ | 7.6 5 3 | 7 6 0 5 |
和你一起跳 动，　我们的热 血　和你一起沸 腾，你

1̇. 5 | 3 2.1 6 5 | 0 3 2 3 | 5 6 |
迈开巨人的步 伐，　带领我们

4/4 7.6 5 3 | 2 - - - | 5.6 3 5 2 3̇. | 1̇ - - 1̇ - ‖
　奔　　　向　　美好的前　程。
慢速　ff　123

沁园春·雪

1=F 2/4 4/4 1/4 4/8

毛泽东词
生茂、唐诃曲

稍慢

(3 | 6.2̇ | 1̇ 7 6 5 | 6 - | 6 2 3 5 | 6 5 #4 | 3. 2 | 1 6 1 3 |

2 - | 2 3 5 6 | 1̇ 7 6 5 | 3. 5 | 2 0 3 1 7 6 | 6 - | 6) 3
舒缓、宽广地
　　　　　北

6. 5 6 | 1̇ 1̇. | 2̇. 1̇ 7 | 6 5 | 3 3 1 | 2 0 3 1 7 6 | 6 - |
国　风 光，　千 里 冰 封，　万　里 雪　飘，

mp
3 5 6 | 2 0 3 1 7 6 | 6 - | 6 - | 6 2 2 1 2 | 3. 5 | 7 7 6 5 |
万 里 雪　飘。　　　望长城内 外，　惟余莽
稍快

6 - | 1̇.2̇ 1̇ 7 | 6 7 6 5 | 3 #4 3 2 1 | 2. 3 | 1.3 2 3 1 | 6 - |
莽，　大 河 上 下　顿失滔　滔。　山舞银 蛇，

2.3 5 6 5 | 3 - | 2 1 2 | 3 5 | 6 3 5 6 | 1̇ - 1̇ 2̇ |
原驰腊　象，　欲 与 天 公 试 比 高。

mp
1̇ 7 6 5 | 6. 6 | 5 #4 3 2 | 3. 5 | 1.2 3 5 | 5 6 7 6 5 | 2 0 3 1 7 6 |
须 晴 日，　看 红 装 素 裹，　分 外　　妖

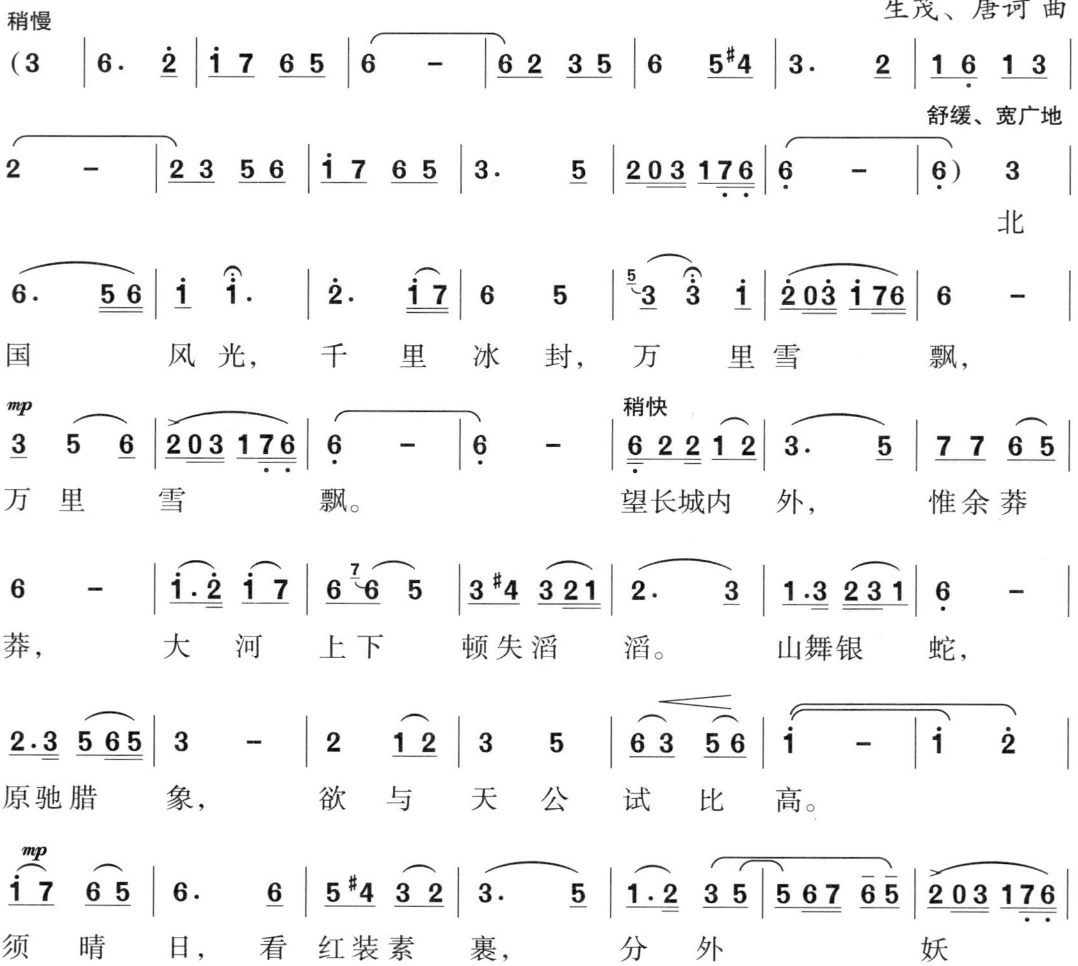

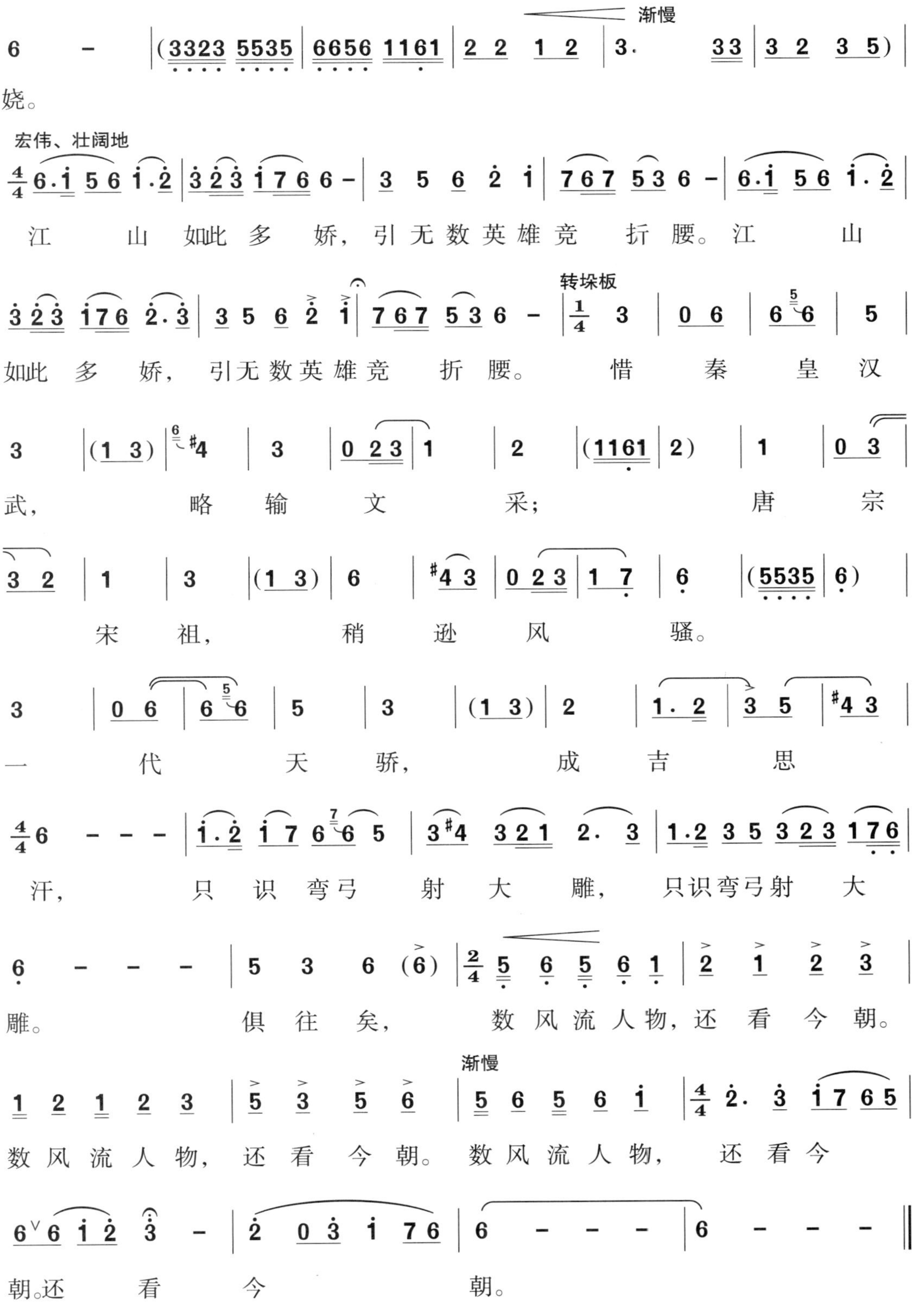

渐慢
娆。
宏伟、壮阔地
江山如此多娇，引无数英雄竞折腰。江山
如此多娇，引无数英雄竞折腰。
转垛板
惜秦皇汉
武，略输文采；唐宗
宋祖，稍逊风骚。
一代天骄，成吉思
汗，只识弯弓射大雕，只识弯弓射大
雕。俱往矣，数风流人物，还看今朝。
渐慢
数风流人物，还看今朝。数风流人物，还看今
朝。还看今朝。

我爱你，中国

1＝F $\frac{4}{4}$

瞿　琮词
郑秋枫曲

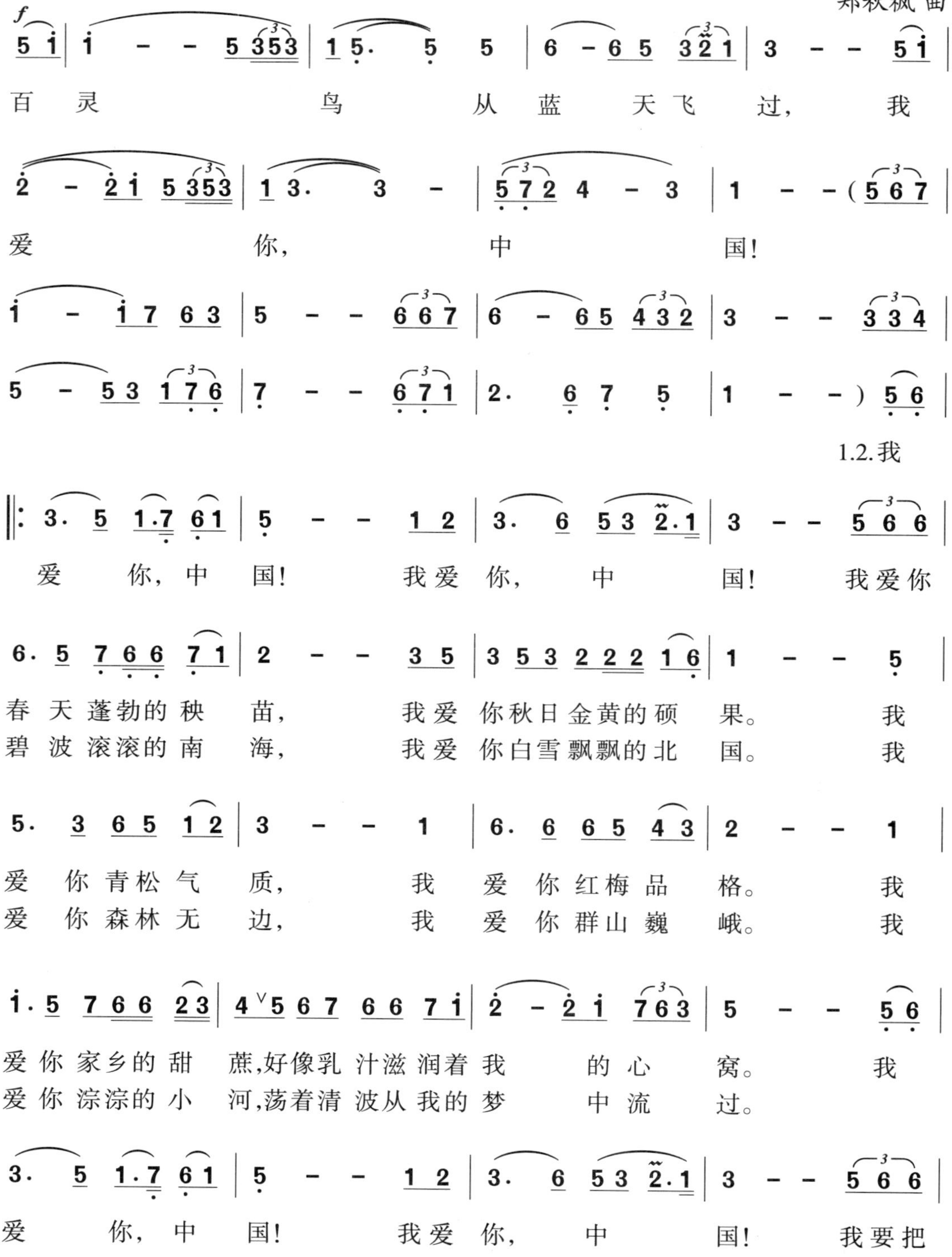
f
百 灵 鸟 从 蓝 天飞 过，我
爱 你， 中 国！
1.2.我
爱 你，中 国！ 我爱 你， 中 国！ 我爱你
春 天 蓬勃的 秧 苗， 我爱 你秋日金黄的硕 果。 我
碧 波 滚滚的 南 海， 我爱 你白雪飘飘的北 国。 我
爱 你 青松 气 质， 我 爱 你 红梅 品 格。 我
爱 你 森林 无 边， 我 爱 你 群山 巍 峨。 我
爱 你 家乡的 甜 蔗，好像乳 汁滋 润着 我 的 心 窝。 我
爱 你 淙淙的 小 河，荡着清 波从 我的 梦 中 流 过。
爱 你， 中 国！ 我爱 你， 中 国！ 我要把

6 – 6. 1 | 4 3 2 1 6 5 6 1 | 3. 5 2. 2 3 |

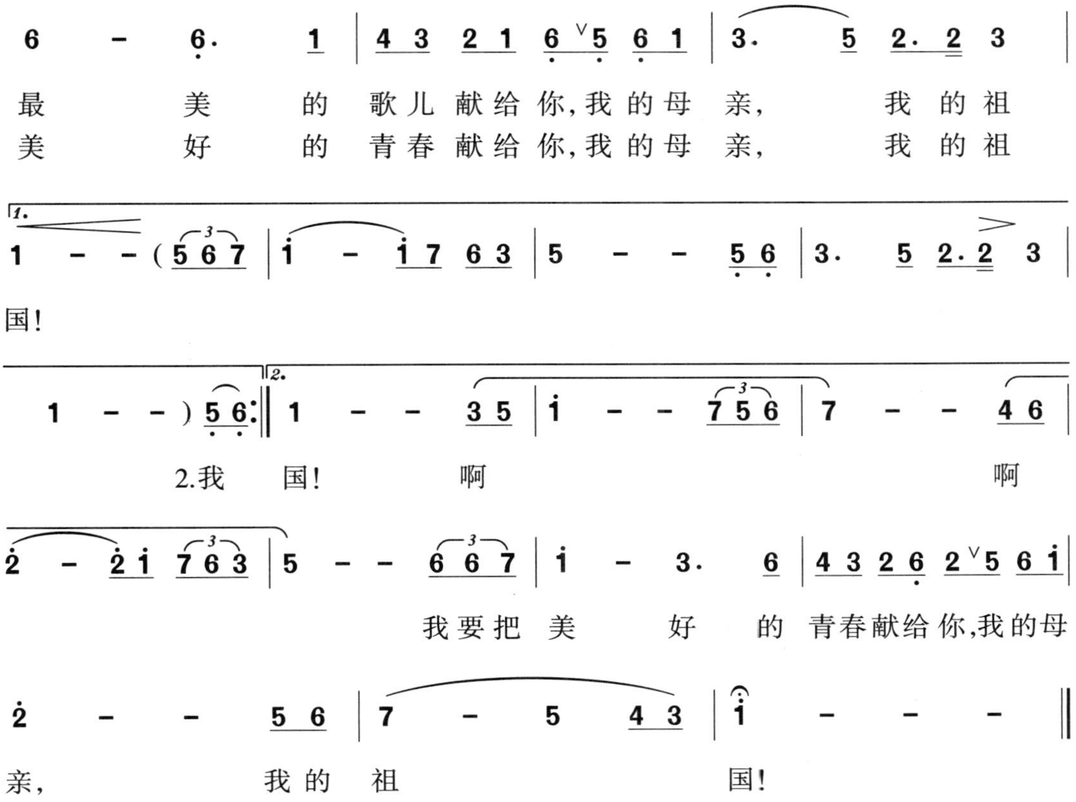

最美的歌儿献给你,我的母亲,我的祖
美好的青春献给你,我的母亲,我的祖

1. 1 – – (5 6 7 | 1 – 1 7 6 3 | 5 – – 5 6 | 3. 5 2. 2 3 |

国!

1 – –) 5 6 :‖ 2. 1 – – 3 5 | 1 – – 7 5 6 | 7 – – 4 6 |

2.我 国! 啊 啊

2 – 2 1 7 6 3 | 5 – – 6 6 7 | 1 – 3. 6 | 4 3 2 6 2 5 6 1 |

我要把美好的青春献给你,我的母

2 – – 5 6 | 7 – 5 4 3 | 1 – – – ‖

亲,我的祖国!

帕米尔,我的家乡多么美

(声乐套曲《祖国四季》之三——《秋》)

1=♭E 4/4 7/8
自由地

瞿琮 词
郑秋枫 曲

(3 – – – | 3 – – – | 3 – – – | 3 – – – |

4 – – ♯5 4 3 2 ♯1 ♭7 | 6 – – – | 4 – – ♯5 4 3 2 ♯1 ♭7 | 6 – – – |

3 7 3 7 3 7 3 7 3 – – | 3 7 3 7 3 7 3 – – | 3 7 3 7 3 7 3 7 3 – – | 3 3 3 3 3 –) |

1 – 6 – | 6 6 ♯5 6 7. 2 1 6 | 7 – – – | 3. 3 3 3. 3 |

云雀唱着歌在天上飞,帕米尔啊,

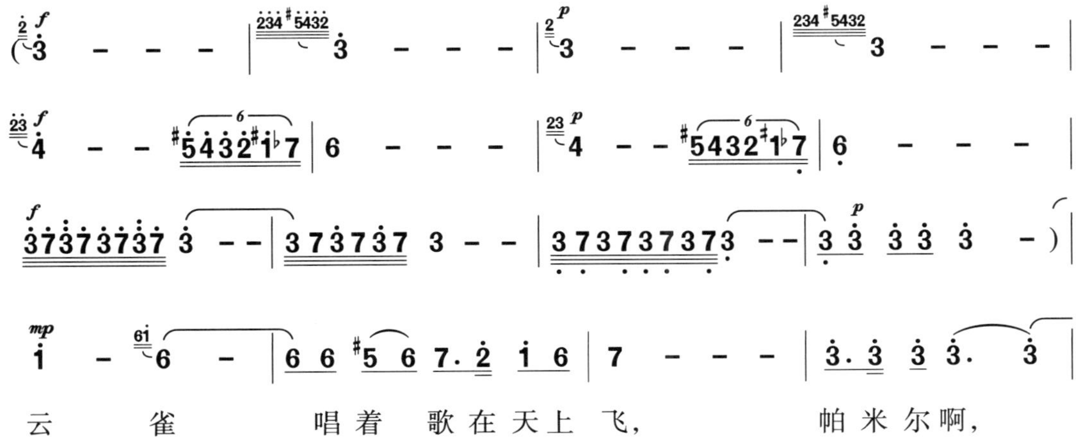

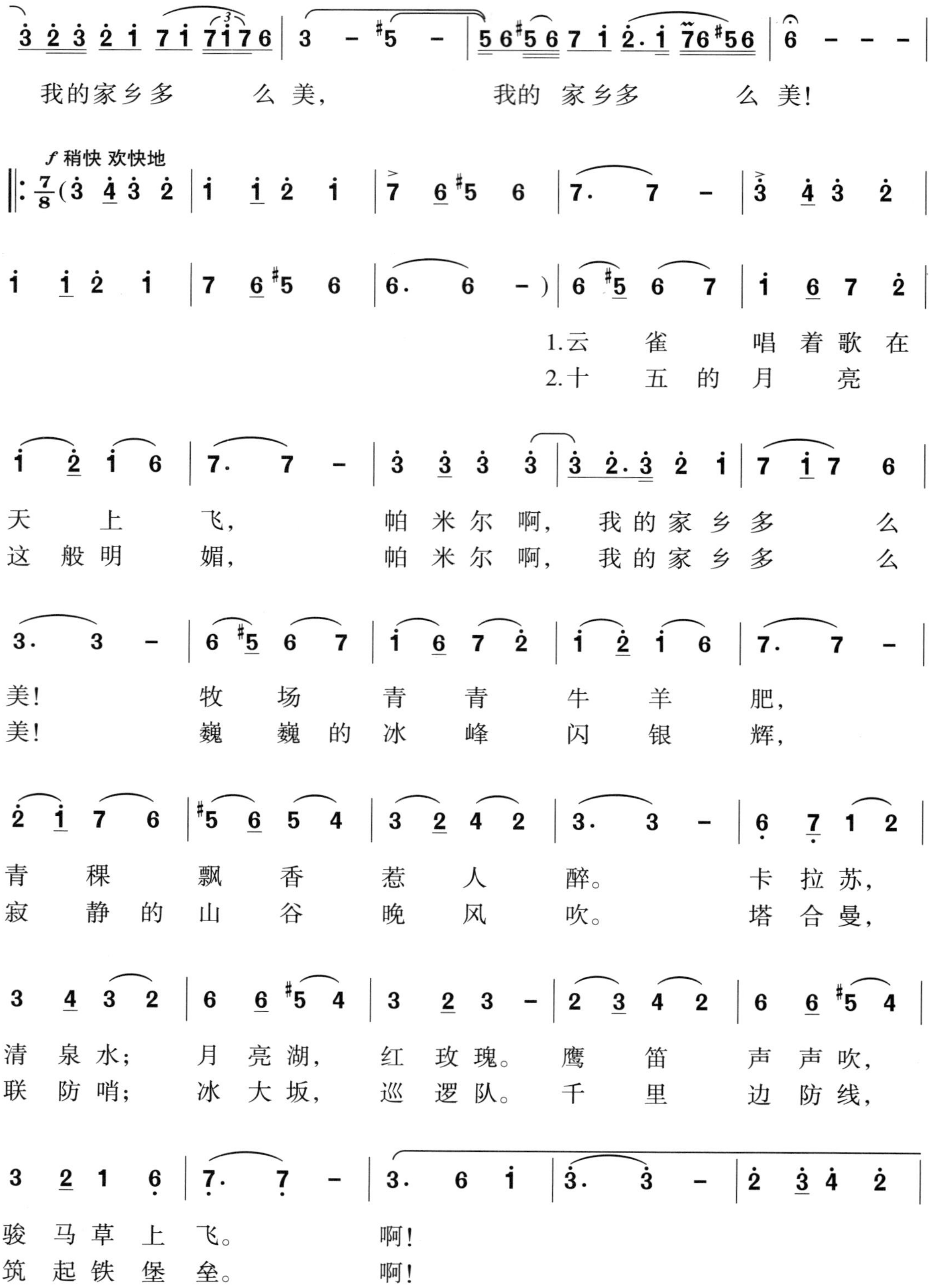

$\overset{\frown}{3\,2\,3\,2}\,\underline{1\,7}\,\overset{\frown}{1\,7}\,\overset{3}{|\underline{7\,1}\,\underline{7\,6}}\,|\,3\,-\,\overset{\#}{5}\,-\,|\,\underline{5\,6}\overset{\#}{5\,6}\,\underline{7\,1}\,2.\underline{1}\,\overset{\sim}{7\,6}\overset{\#}{5\,6}\,|\,\overset{\frown}{6}\,-\,-\,-\,|$

我的家乡多　　么美，　　　我的　家乡多　　么美!

$\boldsymbol{f}$ 稍快 欢快地

$\|\colon\,\dfrac{7}{8}(\,\underline{3}\,\underline{4}\,\underline{3}\,\underline{2}\,|\,\underline{1}\,\underline{1}\,\underline{2}\,\underline{1}\,|\,\overset{>}{7}\,\underline{6}\overset{\#}{5}\,6\,|\,7.\,7\,-\,|\,\overset{>}{3}\,\underline{4}\,3\,\underline{2}\,|$

$\underline{1}\,\underline{1}\,\underline{2}\,\underline{1}\,|\,\underline{7}\,\underline{6}\overset{\#}{5}\,6\,|\,6.\,6\,-\,)\,|\,6\overset{\#}{5}\underline{6}\,7\,|\,\underline{1}\,\underline{6}\,7\,\underline{2}\,|$

　　　　　　　　　　　　　　　1.云　雀　　唱　着歌　在
　　　　　　　　　　　　　　　2.十　五　的　月　亮

$\underline{1}\,\overset{\frown}{\underline{2}}\,\underline{1}\,6\,|\,7.\,7\,-\,|\,3\,\underline{3}\,3\,3\,|\,\underline{3}\,2.\underline{3}\,\underline{2}\,\underline{1}\,|\,\underline{7}\,\overset{\frown}{\underline{1}}\,\underline{7}\,6\,|$

天　上　　飞，　　　帕米尔啊，　我的家乡多　　　么
这　般　明　媚，　　帕米尔啊，　我的家乡多　　　么

$3.\,3\,-\,|\,6\overset{\#}{5}\underline{6}\,7\,|\,\underline{1}\,\underline{6}\,7\,\underline{2}\,|\,\underline{1}\,\overset{\frown}{\underline{2}}\,\underline{1}\,6\,|\,7.\,7\,-\,|$

美!　　　　牧场　青　青　牛羊　肥，
美!　　　　巍巍的　冰　峰　闪　银辉，

$\overset{\frown}{\underline{2}}\,\underline{1}\,7\,6\,|\,\overset{\#}{5}\underline{6}\,\underline{5}\,4\,|\,3\,\underline{2}\,4\,\underline{2}\,|\,3.\,3\,-\,|\,\underline{6}\,\underline{7}\,1\,2\,|$

青稞　飘　香　惹　人　醉。　　　卡拉苏，
寂静的　山　谷　晚　风　吹。　　塔合曼，

$3\,\underline{4}\,3\,\underline{2}\,|\,6\,\underline{6}\overset{\#}{5}\,4\,|\,3\,\underline{2}\,3\,-\,|\,2\,\underline{3}\,4\,\underline{2}\,|\,6\,\underline{6}\overset{\#}{5}\,4\,|$

清　泉　水；　月　亮湖，　红　玫瑰。　鹰　笛　声　声吹
联　防　哨；　冰　大坂，　巡　逻队。　千　里　边防线，

$3\,\underline{2}\,1\,6\,|\,7.\,7\,-\,|\,3.\,6\,\underline{1}\,|\,3.\,3\,-\,|\,\overset{\frown}{\underline{2}}\,\underline{3}\,4\,\underline{2}\,|$

骏　马　草　上　飞。　　　啊!
筑　起　铁　堡　垒。　　　啊!

弹　起　热瓦甫　唱　起　歌，
帕米尔　秋　色　无　限　美，
丰　收的日　子　多　甜　美。
要　用　战斗　来　保
1.
2. 渐慢
回原速
卫！

黄　河　怨

1＝A $\frac{3}{4}$ $\frac{6}{4}$ $\frac{3}{8}$
慢速

光未然 词
冼星海 曲

风　啊，　你不要叫　喊！
云　啊，　你不要躲　闪！　黄　河　啊，
你不要呜　咽！　今　晚，　我在你面　前
哭诉我的仇　和　冤！　命　啊，

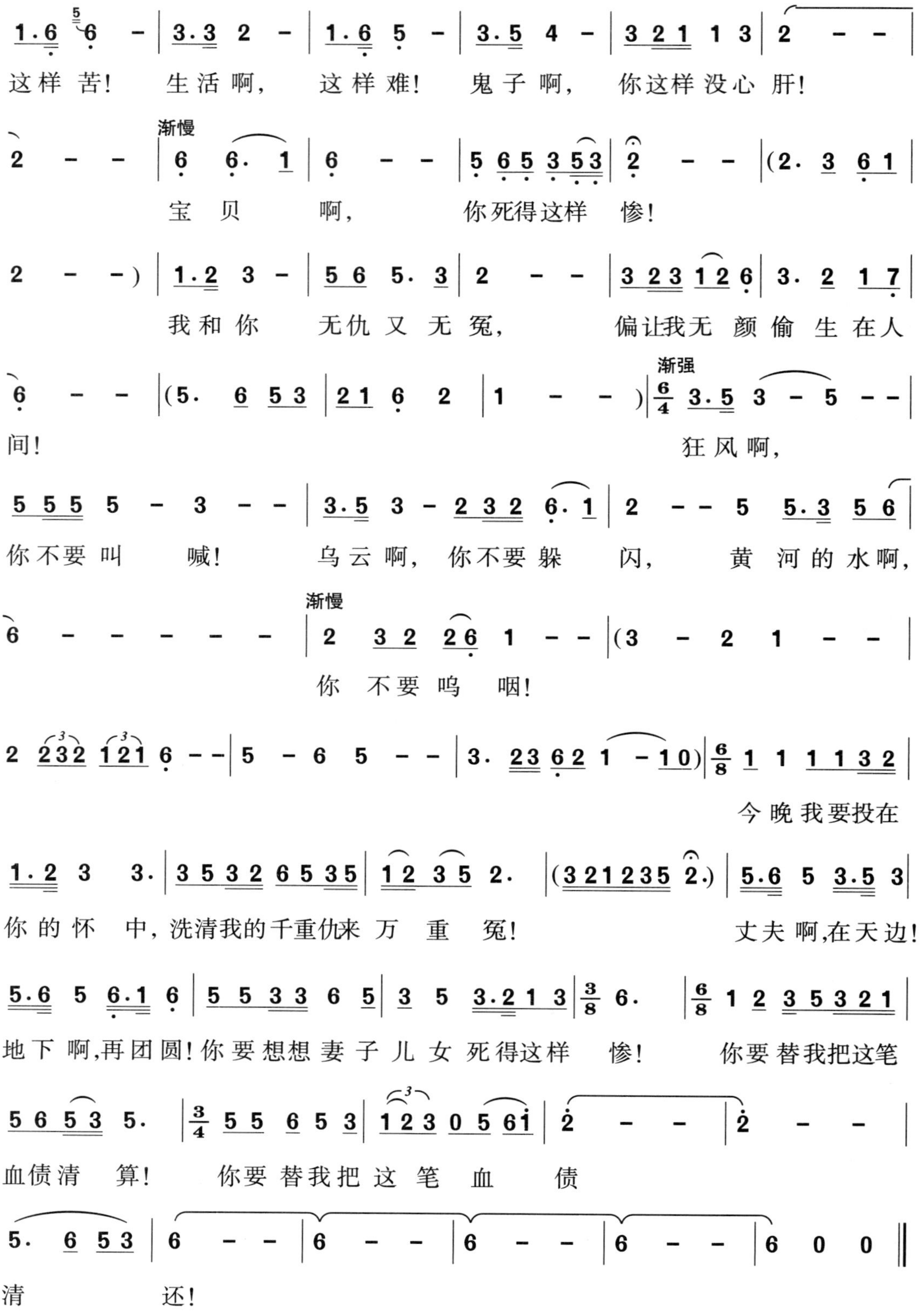

$\underline{1.\dot{6}}\ \overset{5}{\dot{6}}\ -\ |\ \underline{3.\dot{3}}\ 2\ -\ |\ \underline{1.\dot{6}}\ \underline{5}\ -\ |\ \underline{3.5}\ 4\ -\ |\ \underline{32}\underline{1}\ \underline{13}\ |\ 2\ -\ -\ |$

这样 苦！ 生活 啊， 这样 难！ 鬼 子 啊， 你这样 没心 肝！
渐慢
宝 贝 啊， 你死得这样 惨！

$2\ -\ -)\ |\ \underline{1.\dot{2}}\ 3\ -\ |\ \underline{5}\underline{6}\ \underline{5.3}\ |\ 2\ -\ -\ |\ \underline{32}\underline{3}\underline{1}\underline{2}\underline{6}\ |\ \underline{3.}\underline{2}\ \underline{1}\ \underline{7}\ |$

我和 你 无仇 又 无 冤， 偏让我无 颜 偷 生 在人
间！ 渐强 狂 风 啊，
你不要 叫 喊！ 乌 云 啊， 你不要 躲 闪， 黄 河 的 水啊，
渐慢
你 不要 呜 咽！
今 晚 我要投在

$\underline{1.\dot{2}}\ 3\ 3.\ |\ \underline{35}\underline{3}\underline{2}\ \underline{6}\underline{5}\underline{3}\underline{5}\ |\ \underline{12}\underline{3}\ 5\ 2.\ |\ (\underline{32}\underline{1}\underline{23}\underline{5}\ \widehat{2.})\ |\ \underline{5.6}\ 5\ \underline{3.5}\ 3\ |$

你 的 怀 中，洗清我的千重仇来 万 重 冤！ 丈夫 啊，在天边！

$\underline{5.6}\ 5\ \underline{6.1}\ \dot{6}\ |\ \underline{5}\ \underline{5}\ \underline{53}\ \underline{3}\ \underline{65}\ |\ 3\ 5\ \underline{3.2}\underline{1}\ 3\ |\frac{3}{8}\ 6.\ |\frac{6}{8}\ 1\ 2\ 3\ \underline{5}\underline{3}\underline{2}\underline{1}\ |$

地下 啊，再团 圆！你 要 想想 妻 子 儿 女 死得这样 惨！ 你要 替我把这笔

$\underline{5}\underline{6}\ \underline{53}\ 5.\ |\frac{3}{4}\ \underline{5}\underline{5}\ \underline{65}\underline{3}\ |\ \underline{12}\underline{3}\ \underline{0}\ \underline{5}\underline{6}\underline{1}\ |\ \dot{2}\ -\ -\ |\ \dot{2}\ -\ -\ |$

血债清 算！ 你要 替我把 这 笔 血 债

$\underline{5.}\ \underline{6}\ \underline{53}\ |\ 6\ -\ -\ |\ 6\ -\ -\ |\ 6\ -\ -\ |\ 6\ -\ -\ |\ 6\ 0\ 0\ ‖$

清 还！

我像雪花天上来

1=D 4/4 2/4

晓　光 词
徐沛东 曲

中速稍慢 深情、抒情地

(i· 56 7 3· | 6· 23 #4 2· | 2/4 2 b6 | 4/4 5 - 57 2·1 | 1 - - -)|

‖: 5 i 7 i 5 3 | 5 i 7 i 5 - | 5 i 7 i 5 3 | 4 5 6 6 2 3 4 5 - |

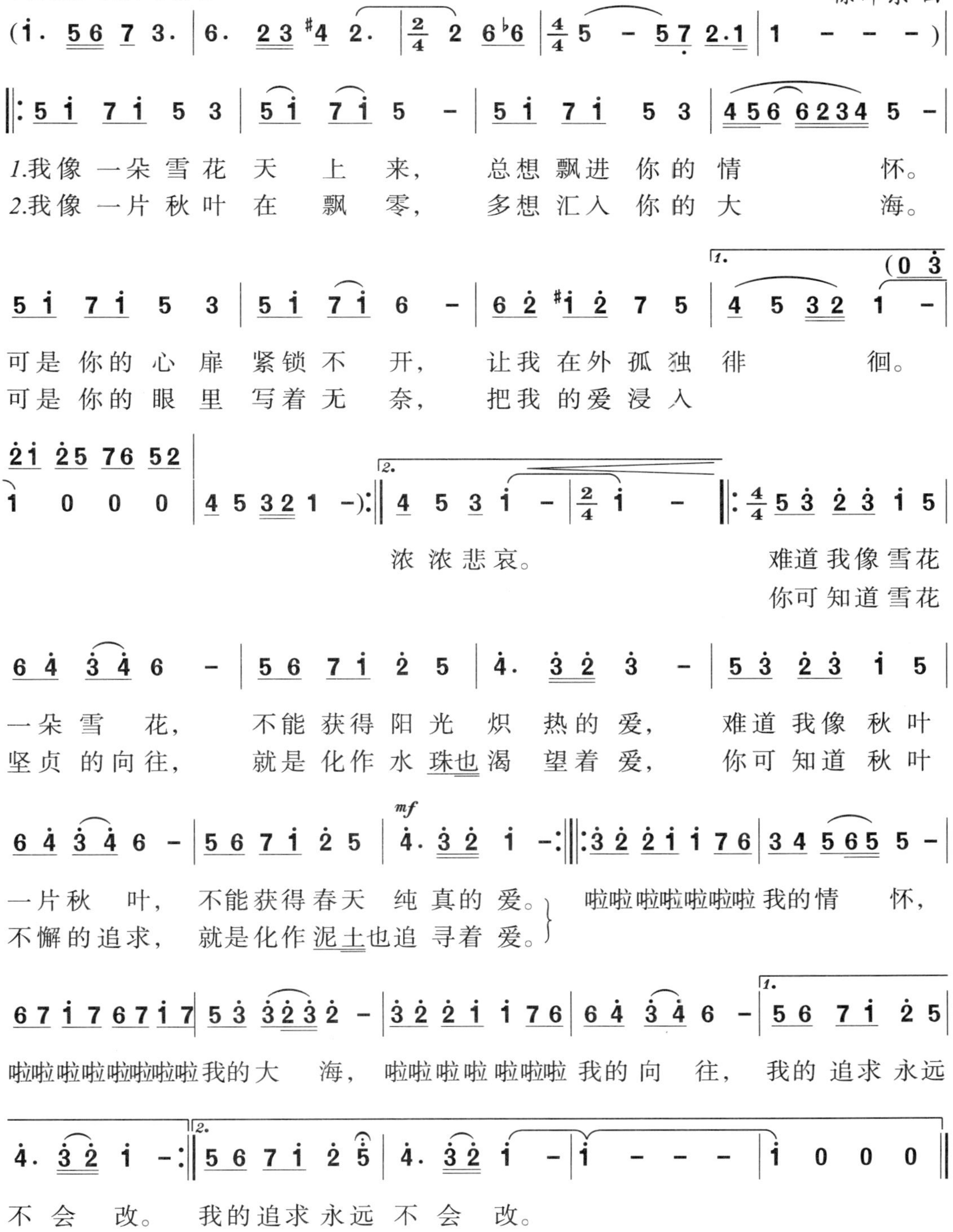

1.我 像 一 朵 雪 花 天 上 来， 总 想 飘 进 你 的 情 怀。
2.我 像 一 片 秋 叶 在 飘 零， 多 想 汇 入 你 的 大 海。

5 i 7 i 5 3 | 5 i 7 i 6 - | 6 2 i #i 2 7 5 | 4 5 3 2 1 - |

可 是 你 的 心 扉 紧 锁 不 开， 让 我 在 外 孤 独 徘 徊。
可 是 你 的 眼 里 写 着 无 奈， 把 我 的 爱 浸 入

2·i 25 76 52 | i 0 0 0 | 4 5 3 2 1 -):‖ 4 5 3 i - | 2/4 i - :‖ 4/4 5 3 2 3 1 5

浓 浓 悲 哀。 难 道 我 像 雪 花
你 可 知 道 雪 花

6 4 3 4 6 - | 5 6 7 i 2 5 | 4· 3 2 3 - | 5 3 2 3 1 5 |

一 朵 雪 花， 不 能 获 得 阳 光 炽 热 的 爱， 难 道 我 像 秋 叶
坚 贞 的 向 往， 就 是 化 作 水 珠 也 渴 望 着 爱， 你 可 知 道 秋 叶

6 4 3 4 6 - | 5 6 7 i 2 5 | 4· 3 2 1 - :‖ 3 2 2 i i 7 6 | 3 4 5 6 5 5 -

一 片 秋 叶， 不 能 获 得 春 天 纯 真 的 爱。 啦 啦 啦 啦 啦 啦 啦 我 的 情 怀，
不 懈 的 追 求， 就 是 化 作 泥 土 也 追 寻 着 爱。

6 7 i 7 6 7 i 7 | 5 3 3 2 3 2 - | 3 2 2 i i 7 6 | 6 4 3 4 6 - | 5 6 7 i 2 5

啦 啦 啦 啦 啦 啦 啦 我 的 大 海， 啦 啦 啦 啦 啦 啦 啦 我 的 向 往， 我 的 追 求 永 远

4· 3 2 1 - :‖ 5 6 7 i 2 5 | 4· 3 2 1 - | i - - - | i 0 0 0 ‖

不 会 改。 我 的 追 求 永 远 不 会 改。

二、外国部分

听，听，云雀

[英]莎士比亚 诗
[奥]舒伯特 曲
沙 金 译配
董 源 配歌

1=C 6/8
小快板

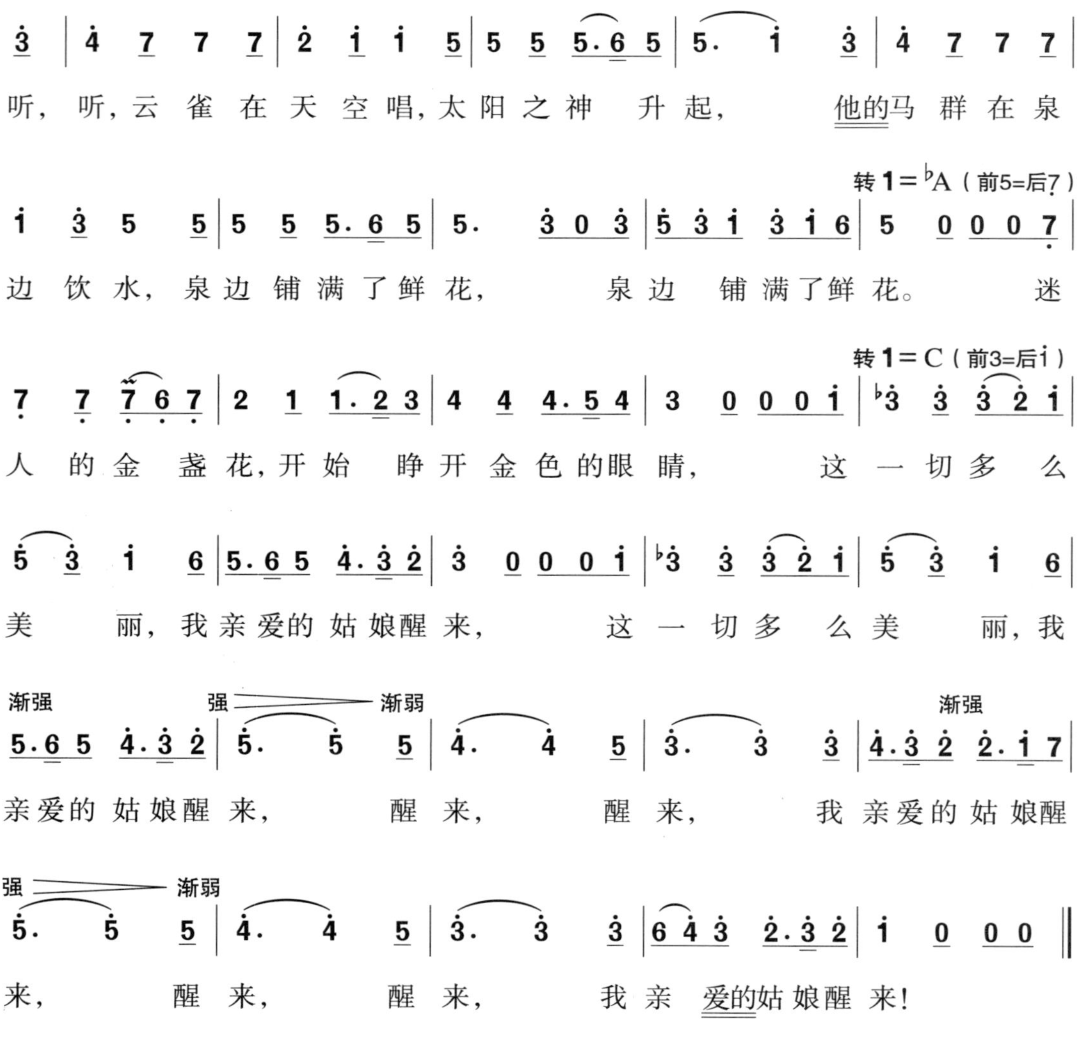

听，听，云雀在天空唱，太阳之神升起，他的马群在泉边饮水，泉边铺满了鲜花，泉边铺满了鲜花。迷
转1=♭A（前5=后7̣）
人的金盏花，开始睁开金色的眼睛，这一切多么
转1=C（前3=后i̇）
美丽，我亲爱的姑娘醒来，这一切多么美丽，我
渐强 强 渐弱 渐强
亲爱的姑娘醒来，醒来，醒来，我亲爱的姑娘醒
强 渐弱
来，醒来，醒来，我亲爱的姑娘醒来！

三　套　车

俄罗斯民歌
张　宁　译配

1 = F　4/4

```
3 ‖: 6·6 66 #56 | 7· #5 3·  3 | i 6 1 1 2 #2 | 3 - - 0 3 |
```

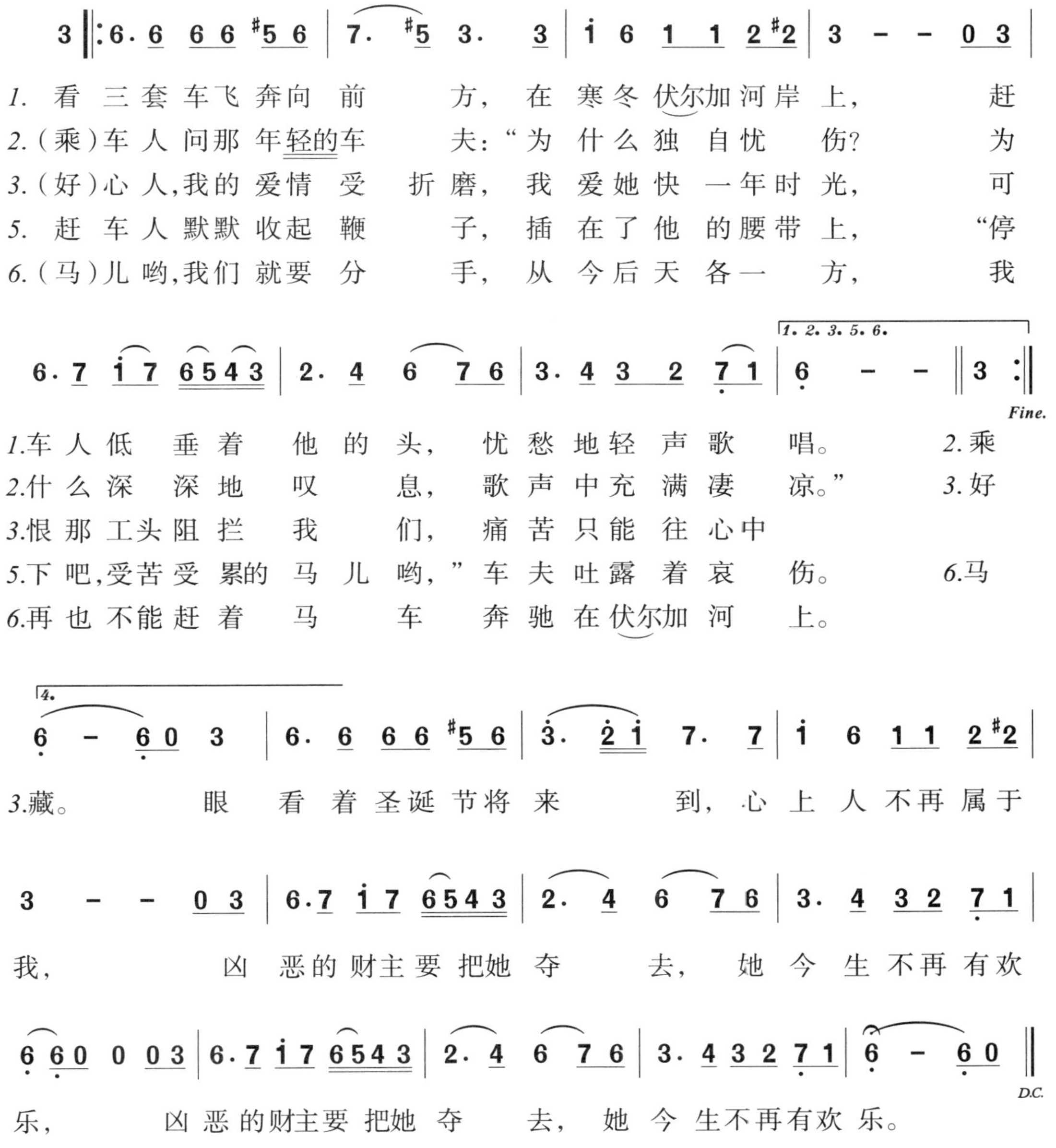

1. 看 三套车飞奔向 前　　方，在 寒冬伏尔加河岸 上，　　赶
2. （乘）车人 问那 年轻的车　夫："为 什么独 自忧　伤?　　为
3. （好）心人,我的 爱情受　折磨，我 爱她快 一年时光，　　可
5. 赶 车人默默 收起鞭　子，插 在了他 的腰带上，　　"停
6. （马）儿哟,我们 就要分　手，从 今后天 各一　方，　　我

```
6·7 i7 6543 | 2· 4  6 76 | 3·4 3 2 71 | 6 - - ‖: 3 :‖
                                          1. 2. 3. 5. 6.      Fine.
```

1.车人低 垂着 他的头，忧 愁地轻声歌　唱。　　2.乘
2.什么深 深地 叹息，歌 声中充满凄 凉。"　　3.好
3.恨那 工头阻拦 我　们，痛 苦只能 往心中
5.下 吧,受苦受 累的马 儿哟,"车 夫吐露着哀　伤。　　6.马
6.再也 不能赶着 马　车 奔驰在伏尔加河 上。

```
6 - 60 3 | 6·6 66 #56 | 3· 21 7· 7 | i 6 1 1 2 #2 |
4.
```

3.藏。　　眼 看 着圣诞节将 来　到，心 上人 不再属于

```
3 - - 0 3 | 6·7 i7 6543 | 2· 4  6 76 | 3·4 3 2 71 |
```

我，　　凶 恶的财主要 把她 夺　去，她 今 生不再有欢

```
6 60 0 0 3 | 6·7 i7 6543 | 2· 4 6 76 | 3·4 3 2 71 | 6 - 60 ‖
                                                              D.C.
```

乐，　　凶 恶的财主要 把她 夺　去，她 今 生不再有欢 乐。

慕 春

乌 兰 词
[奥]舒 伯 特 曲
周枫、丁彦博 译词

1=♭A 2/4

相当徐缓地

(3 3.3 3.2 | 2171 5 | 3 3.3 5.4 | 4.3 3212 | 1) 0.3 | 3543 32 |

那 温 柔的 春风

5171 2.2 | 3543 32 | 5171 2.2 | 2 2 2 3.3 | 4 6 4321 |

已 苏 醒,它 轻 轻地 吹, 日夜 不 停,它 忙碌地 到 处 创 造,它

1.1 757 | 1 0.5 | 21.2 3.3 | 543 2 0 | 0.3 | 5 4 3 2 |

到处 创 造。 空 气清 新,大 地 欢 腾, 大 地 欢 腾!

♭3 3.3 ³2 2 | 6.♯4 5 | 3 4.2 5 3 | 3⁵4 3425 3 | 0112 243 |

可怜的 心哪, 别 害怕! 天 地间 万物 正 在 变化,天地间 万 物

6.5 43 ⁴³2 234.7 | 1 0 | 0 0 | 0 0 | 0 0 |

正 在 变 化。

(3 3.3 3.2 | 2171 5 | 3 3.3 3.2 | 4.3 3212 |

1)

0 0.3 | 3543 325 | 5171 2.2 | 3543 325 | 5171 2.2 |

世 界将 一天比 一天美 丽,明 天 的 美景更无 比,那

2.2 3.3 | 4 6 4321 | 1.1 757 | 1 0.5 | 21.2 3.3 |

花儿 永远 开 不 尽, 永远 开 不 尽。 开 在 遥 远的

543 2 | 0.2 3.3 | 543 2 | ♭3 3.3 ³2.2 | 6.♯4 5 |

深 谷 里, 遥 远的 深 谷 里。 啊!我的 心哪, 别 烦 恼!

3 4.2 5 3 | 3⁵4 3425 3 | 0112 243 | 6.54 3⁴³2 234.7 | 1 0 |

天地间 万 物 正 在变化,天地间 万 物正在 变 化。

(3 3.3 3.2

2171 5 | 3 3.3 5.4 | 4.3 3212 | 1 1 | 1 —)

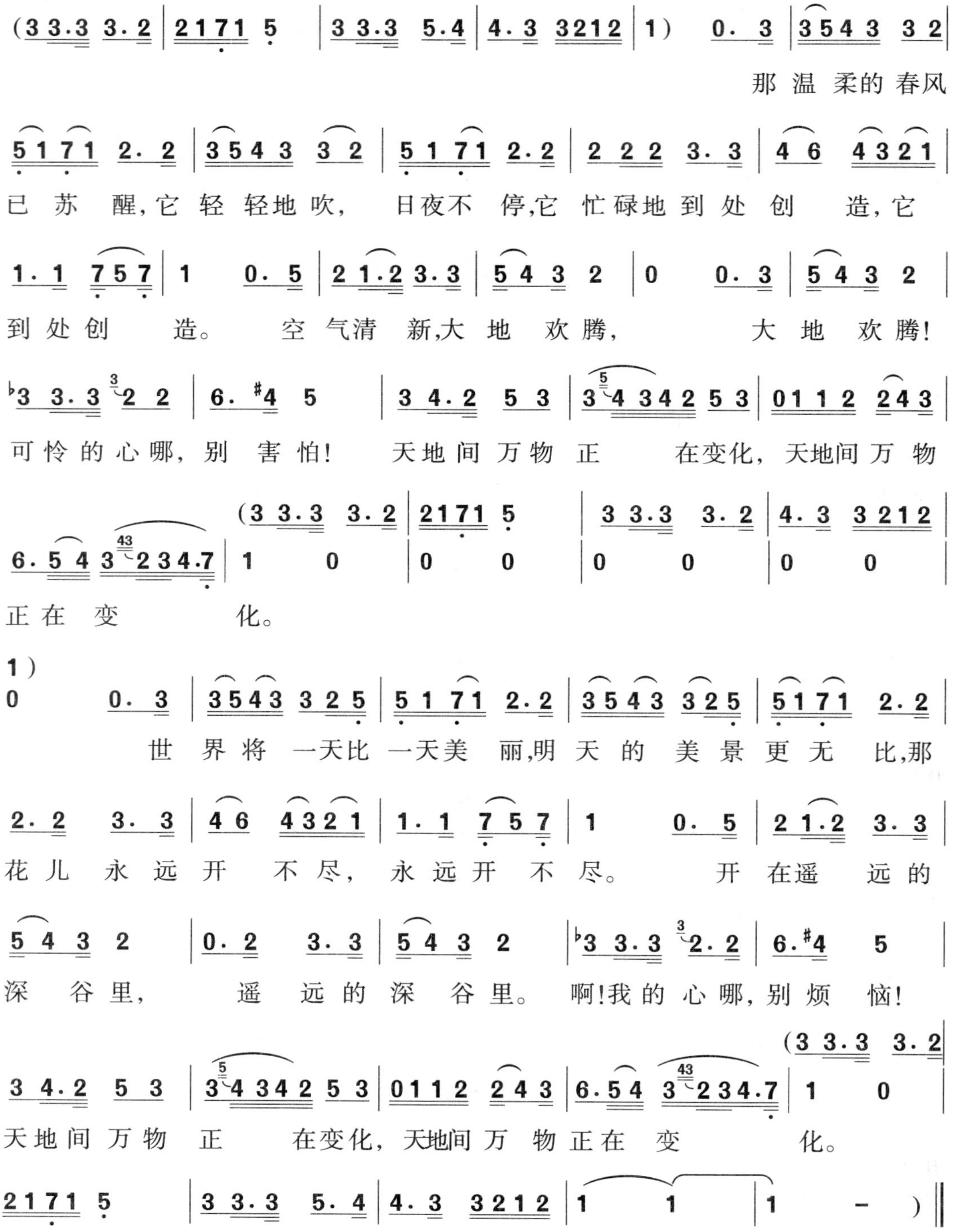

母亲教我的歌

[捷]阿·海杜克 词
[捷]阿·德沃夏克 曲
尚家骧 译配

1＝D $\frac{2}{4}$
中速

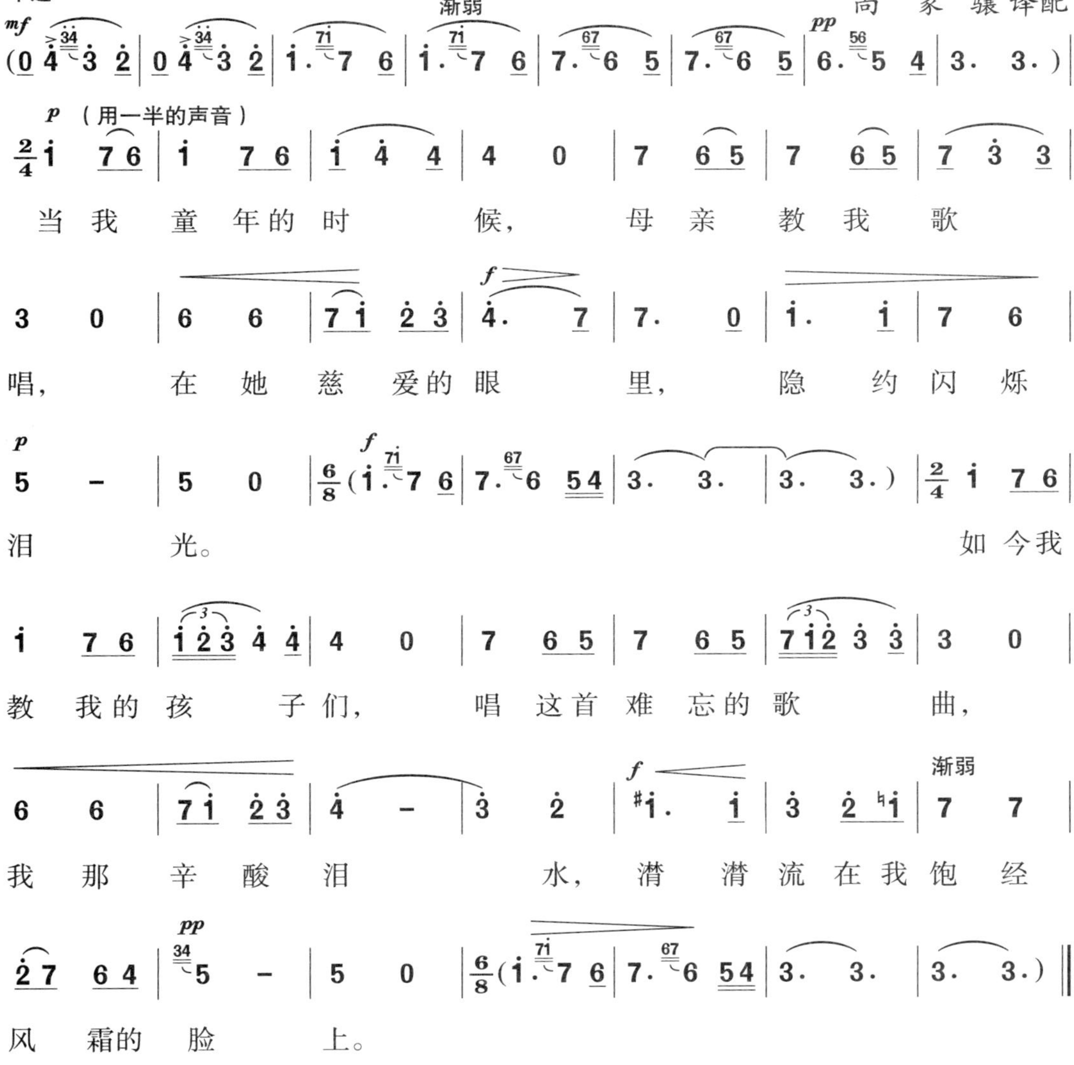
渐弱
（用一半的声音）
当 我 童 年 的 时 候， 母 亲 教 我 歌
唱， 在 她 慈 爱 的 眼 里， 隐 约 闪 烁
泪 光。 如 今 我
教 我 的 孩 子 们， 唱 这 首 难 忘 的 歌 曲，
渐弱
我 那 辛 酸 泪 水， 潸 潸 流 在 我 饱 经
风 霜的 脸 上。

西　波　涅

[古]摩尔斯 词
[古]尼库拉 曲
郑中成、刘淑芳 译配

1＝$^\flat$E $\frac{2}{4}$
中速

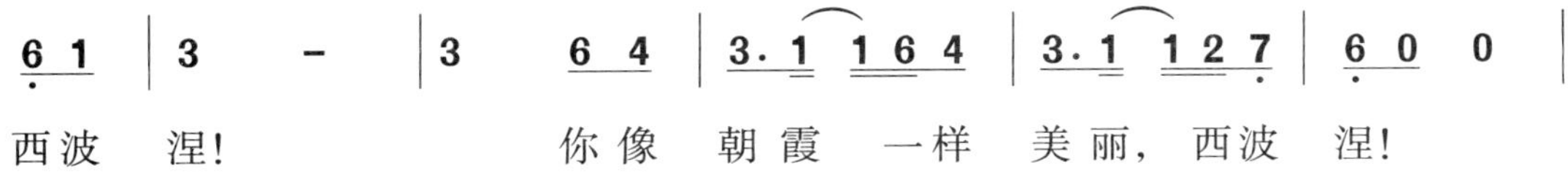
西波 涅！ 你 像 朝 霞 一样 美 丽，西波 涅！

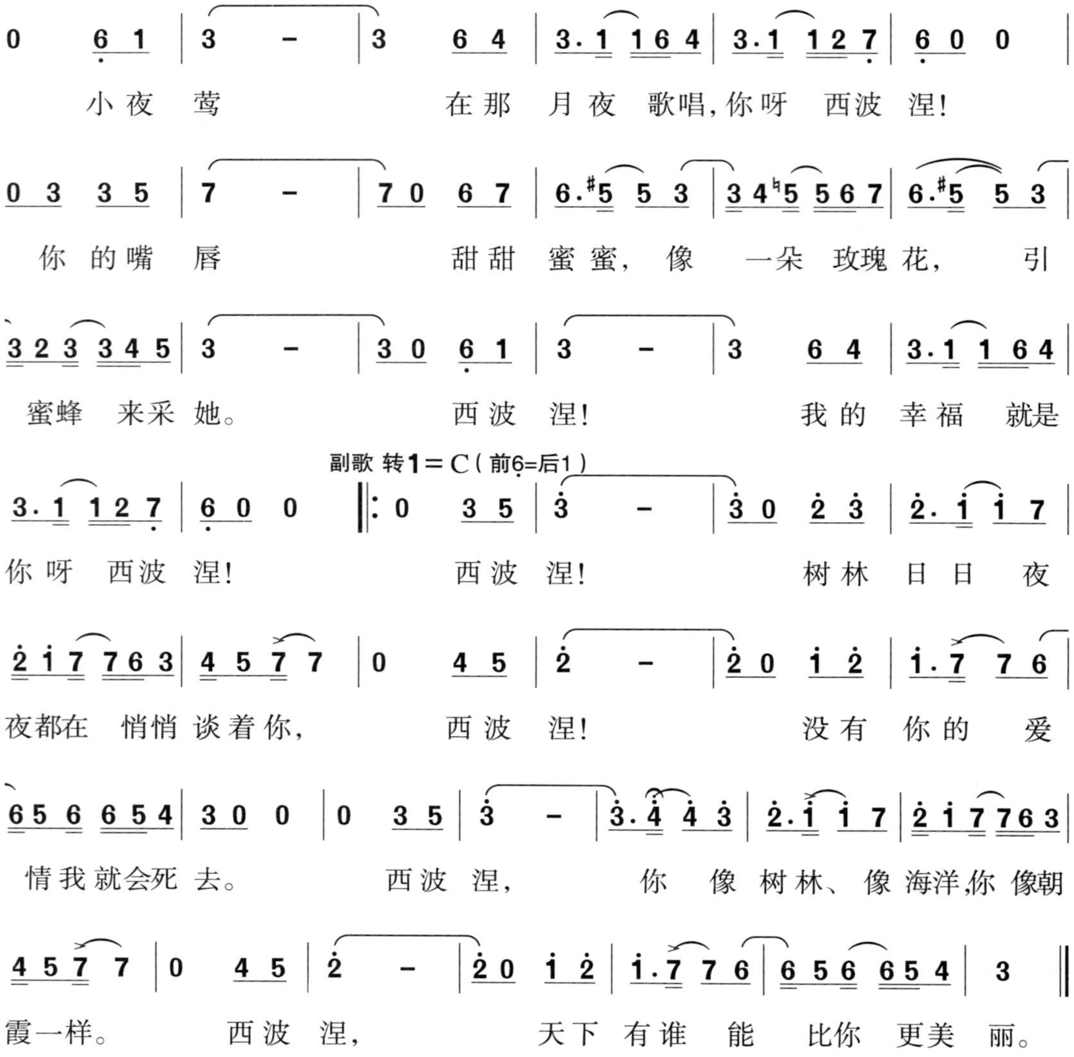

小夜莺 在那月夜歌唱,你呀西波涅!
你的嘴唇 甜甜蜜蜜,像一朵玫瑰花,引
蜜蜂来采她。西波涅!我的幸福就是
副歌 转1＝C(前6=后1)
你呀西波涅!西波涅!树林日日夜
夜都在悄悄谈着你,西波涅!没有你的爱
情我就会死去。西波涅,你像树林、像海洋,你像朝
霞一样。西波涅,天下有谁能比你更美丽。

鳟　鱼

［德］克·舒巴尔特 词
［奥］弗·舒伯特 曲
金　帆 译配

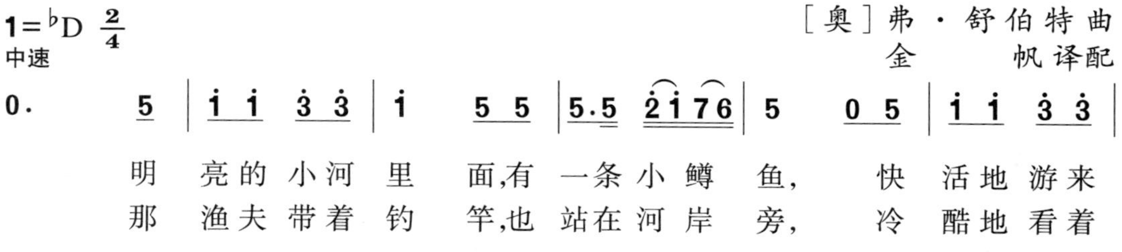

1=♭D 2/4
中速
明亮的小河里面,有一条小鳟鱼,快活地游来
那渔夫带着钓竿,也站在河岸旁,冷酷地看着

游 去,像 箭儿 一 样, 我 站在小河 岸 上静 静地朝它
河 水,想 把鱼儿钓 上, 我 暗中这样 期 望只要河水清又
望, 在 清清的河水 里 面,它 游得多欢 畅, 在 清 清的河水
亮, 他 别想 用那 钓 钩,把 小鱼钓 上, 他 别想 用那
里 面,它 游得多欢 畅。 但 渔夫不愿
钓 钩,把 小鱼钓 上。
久 等 浪费时 光, 立刻就 把那河水 搅 浑,我 还 来不及
想, 他 就已提起 钓竿, 把 小 鳟鱼 钓出水 面。我 满怀激动的
心 情,看 鳟鱼受欺 骗, 我 满 怀激 动的 心 情看 鳟鱼受欺 骗。

索尔维格之歌

（诗剧《培尔·金特》插曲）

[挪威]亨·易卜生 词
[挪威]埃·格里格 曲
邓映易 译配

1=C 4/4
行板

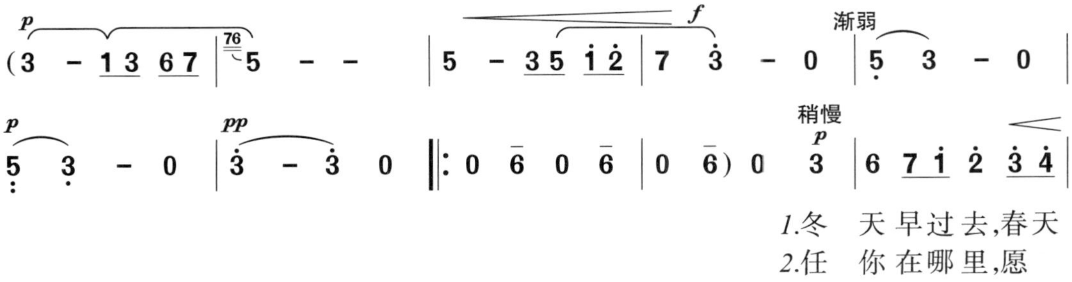
渐弱
稍慢
1.冬 天早过去,春天
2.任 你在哪里,愿

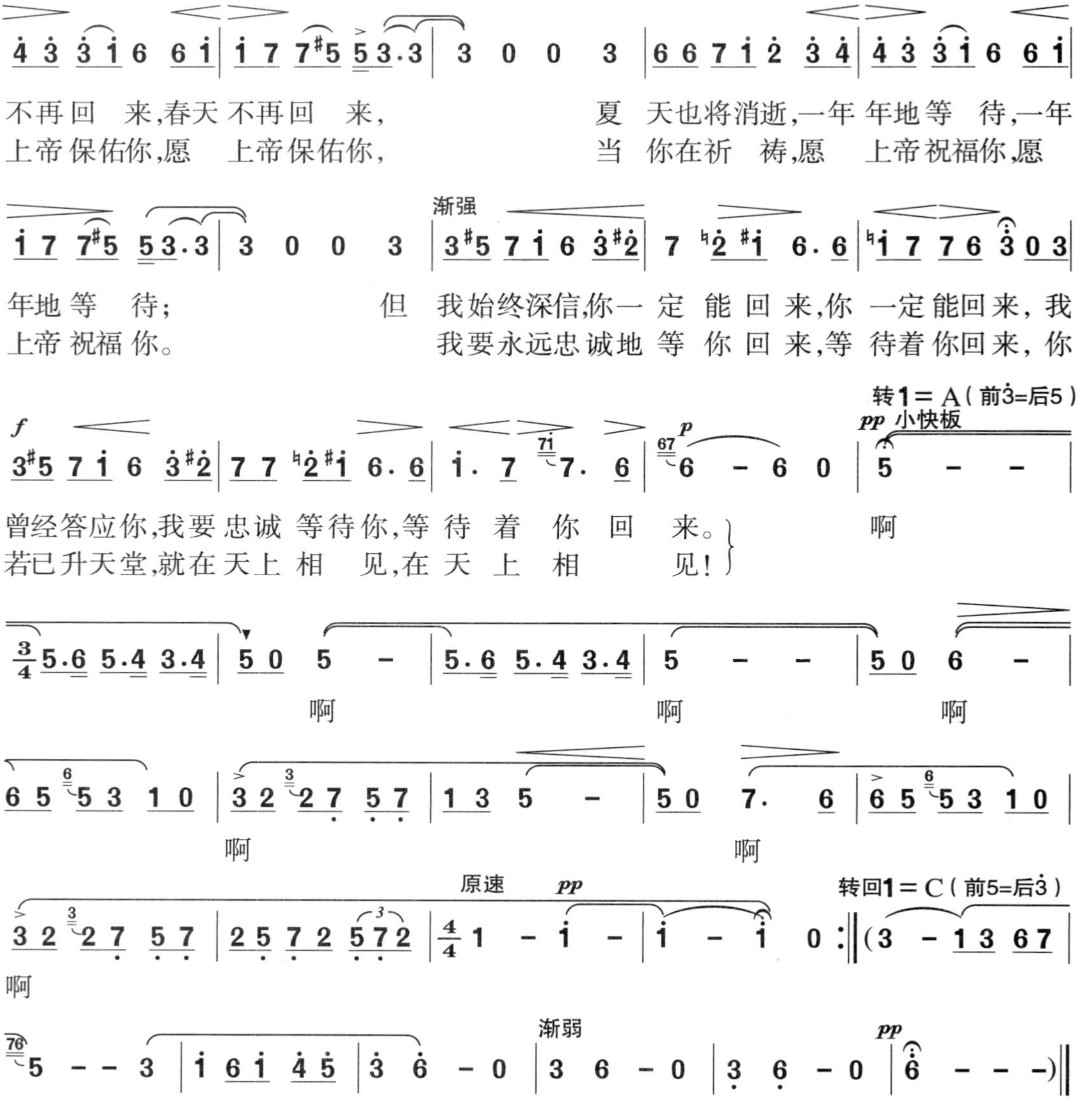
不再回　来,春天不再回　来,
上帝保佑你,愿　上帝保佑你,
夏　天也将消逝,一年　年地等　待,一年
当　你在祈　祷,愿　上帝祝福你,愿
年地　等　待;
上帝　祝福　你。
渐强
但　我始终深信,你一　定　能　回　来,你　一定　能回来,我
我要永远忠诚地　等　你　回　来,等　待着你回来,你
转1＝A(前3̇=后5)
小快板
曾经答应你,我要　忠诚　等待你,等　待　着　你　回　来。
若已升天堂,就在天上　相　见,在　天　上　相　见!
啊
啊
啊
啊
啊
啊
原速
转回1＝C(前5=后3̇)
啊
渐弱

我亲爱的爸爸

（歌剧《贾尼·斯基基》咏叹调）

［意］普　契　尼曲

蒋英、尚家骧、邓映易译配

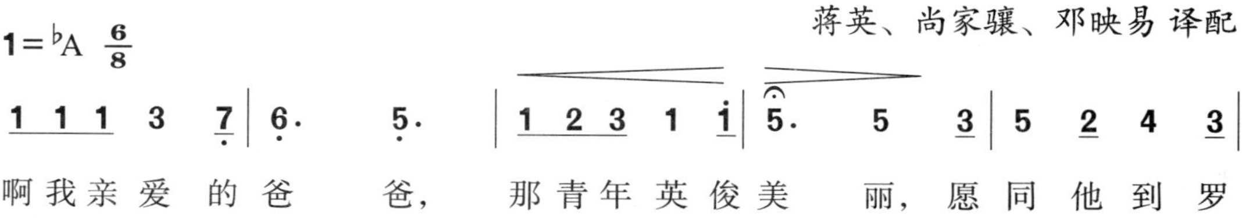
1＝♭A 6/8
啊我亲爱　的爸　爸,　那青年英俊美　丽,愿同他到罗

1.	1.	123 1 7	2. 2 5	1. 3 1 7	6. 5.

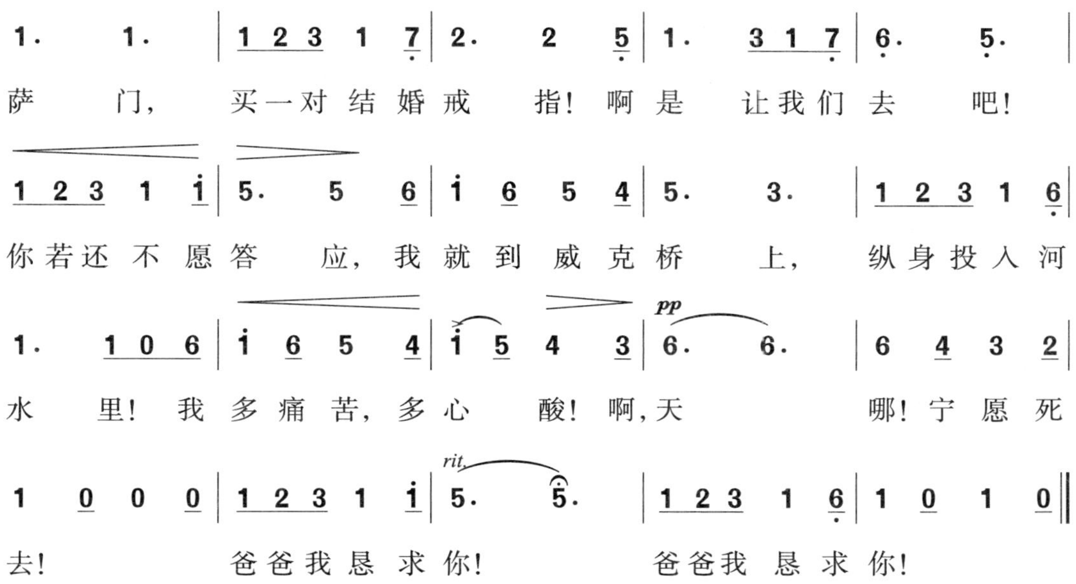

萨　门，　买一对结婚戒　指！啊是　让我们去　吧！

123 1 i	5. 5 6	i 6 5 4	5. 3.	123 1 6

你若还不愿答　应，我就到威克桥　上，　纵身投入河

1. 1 0 6	i 6 5 4	i 5 4 3	6. 6.	6 4 3 2

水　里！我多痛苦，多心　酸！啊，天　　哪！宁愿死

1 0 0 0	123 1 i	5. 5.	123 1 6	1 0 1 0

去！　　爸爸我恳求你！　　爸爸我恳求你！

吉普赛女郎之歌

1 = ♭B 3/4

中板

[俄]波萨斯基词
[俄]柴可夫斯基曲
周　枫译配

35 6 i 76	3. 2 26	3. 3 26	3 - 30	35 6 i 76

野火在迷雾中闪　耀，火星　熄　灭在空　中　……当夜深人静的
离别时请你把我　的围　巾　打一个　结！　这些日子我们

渐慢　　　　稍活泼

3. 3 26	3. 3 26	3 30 0	3. 3 3 3 3 3	2. 2 2 3

时　候，我们分　别在桥　头。　夜晚就要过去了黎明来
好　比那围巾结在一　起。　谁能预先告诉我呀！未来的

f

i. 7 6 i	5 - -	3 3 3 3 3 3	2. 2 2 3	i. 7 67

临，我的爱人　哟！　我将随着一群吉　普赛女郎　走向远
命运是什　么。　明天哪个雄鹰来把我胸前　的结打

　　　　　　　mf　　　　行板　　　　f

1. 3 - 30 :	2. 3 30 7 i	2. i 76	#5 5 4. 3	3. 6 #5 6

方。　开。　明天总　有一个　姑娘爱上你这亲爱的

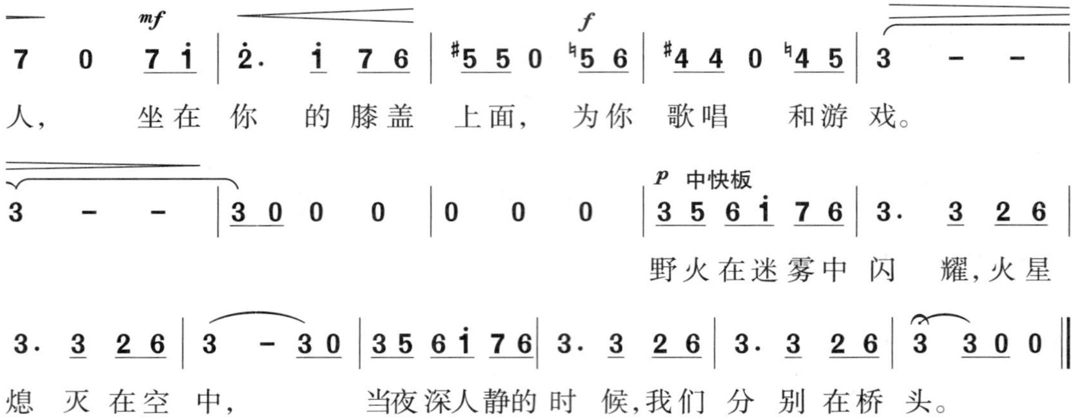

mf
f
人，坐在你的膝盖上面，为你歌唱和游戏。
p 中快板
野火在迷雾中闪耀，火星
熄灭在空中，当夜深人静的时候，我们分别在桥头。

假如我的歌声能飞翔

[法]雨　　　果词
[法]雷纳尔多·汉曲
张　　　权译配

1＝E $\frac{4}{4}$

中速、流畅地

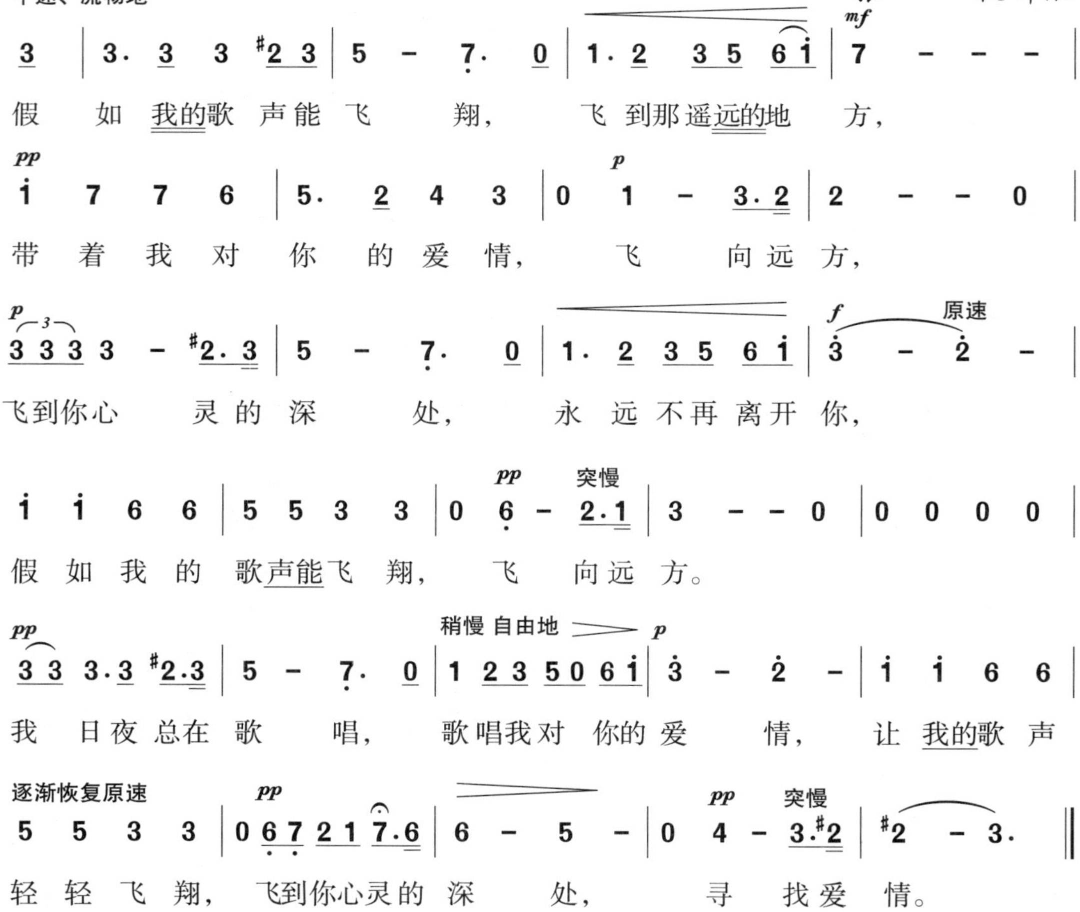

mf
假如我的歌声能飞翔，飞到那遥远的地方，
pp
p
带着我对你的爱情，飞向远方，
p
f 原速
飞到你心灵的深处，永远不再离开你，
pp 突慢
假如我的歌声能飞翔，飞向远方。
pp
稍慢 自由地
p
我日夜总在歌唱，歌唱我对你的爱情，让我的歌声
逐渐恢复原速
pp
pp 突慢
轻轻飞翔，飞到你心灵的深处，寻找爱情。

悲叹小夜曲

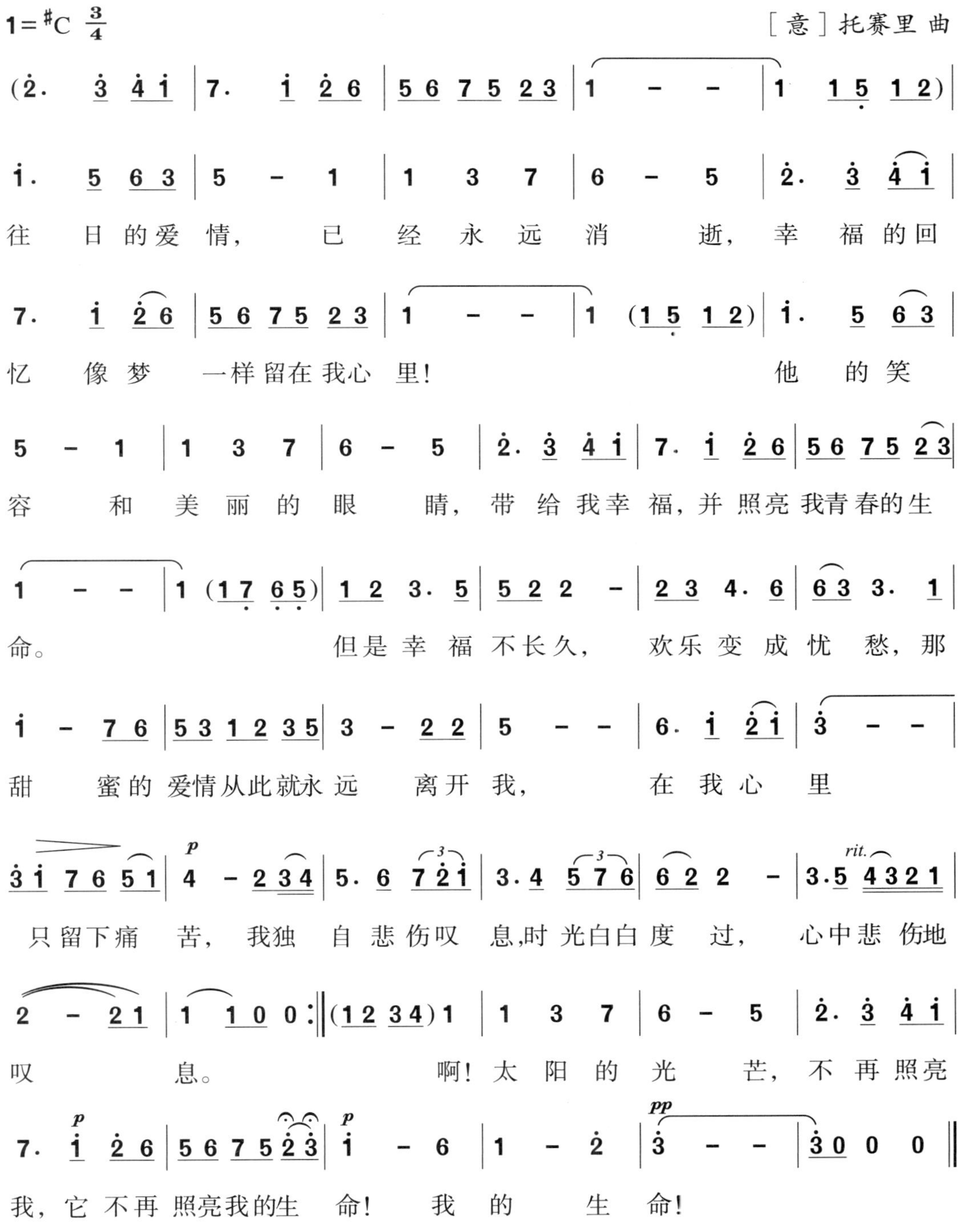

1=#C 3/4　　　　　　　　　　　　　　　　[意]托赛里 曲

(2. 3 4 i | 7. i 2 6 | 5 6 7 5 2 3 | 1 - - | 1 1 5 1 2)

i. 5 6 3 | 5 - 1 | 1 3 7 | 6 - 5 | 2. 3 4 i
往　日的爱情，　　　已　经永远消　　逝，幸福的回

7. i 2 6 | 5 6 7 5 2 3 | 1 - - | 1 (1 5 1 2) | i. 5 6 3
忆　像梦　一样留在我心　里!　　　　　　　他　的笑

5 - 1 | 1 3 7 | 6 - 5 | 2. 3 4 i | 7. i 2 6 5 6 7 5 2 3
容　和 美 丽的 眼　睛，带 给我幸 福，并 照亮我青春的生

1 - - | 1 (1 7 6 5) | 1 2 3. 5 | 5 2 2 - | 2 3 4. 6 | 6 3 3. 1
命。　　　　　　但是幸 福不长久，　欢乐变 成忧 愁，那

i - 7 6 | 5 3 1 2 3 5 | 3 - 2 2 | 5 - - | 6. i 2 i | 3 - - -
甜　蜜的 爱情从此就永远　离开我，　　在 我 心　里

3 i 7 6 5 1 | 4 - 2 3 4 | 5. 6 7 2 i | 3. 4 5 7 6 | 6 2 2 - | 3. 5 4 3 2 1
只留下痛　苦，我独　自 悲伤叹 息,时光白白度 过，　心中悲 伤地

2 - 2 1 | 1 1 0 0 :‖ (1 2 3 4) 1 | 1 3 7 | 6 - 5 | 2. 3 4 i
叹　　息。　　　　　啊! 太 阳 的 光　芒，不 再 照亮

7. i 2 6 | 5 6 7 5 2 3 | i - 6 | 1 - 2 | 3 - - | 3 0 0 0 ‖
我，它 不 再 照亮我的生　命! 我 的　生　命!

重归苏莲托

1=G $\frac{3}{4}$
稍慢

[意]G·库尔蒂斯 词
[意]E·库尔蒂斯 曲

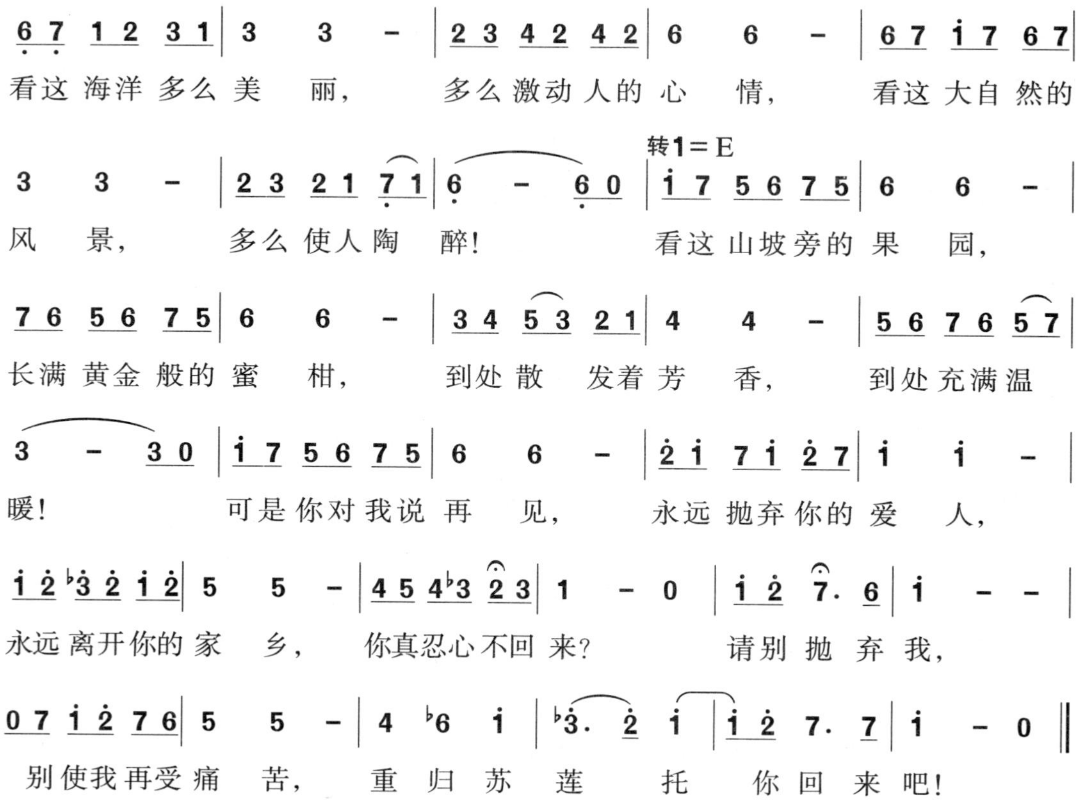
看这海洋多么美丽，多么激动人的心情，看这大自然的
风景，多么使人陶醉！看这山坡旁的果园，
长满黄金般的蜜柑，到处散发着芳香，到处充满温
暖！可是你对我说再见，永远抛弃你的爱人，
永远离开你的家乡，你真忍心不回来？请别抛弃我，
别使我再受痛苦，重归苏莲托你回来吧！
转1=E

美妙的时刻将来临

（歌剧《费加罗的婚礼》选曲）
（苏珊娜的咏叹调）

1=C $\frac{4}{4}$
Allegro vivace assai

[奥]莫扎特 曲
蒋英、尚家骧、邓映易 译配

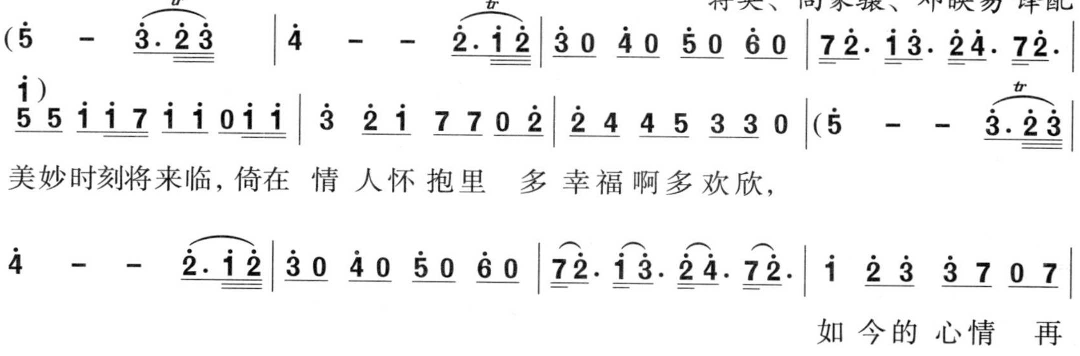
美妙时刻将来临，倚在情人怀抱里多幸福啊多欢欣，
如今的心情再

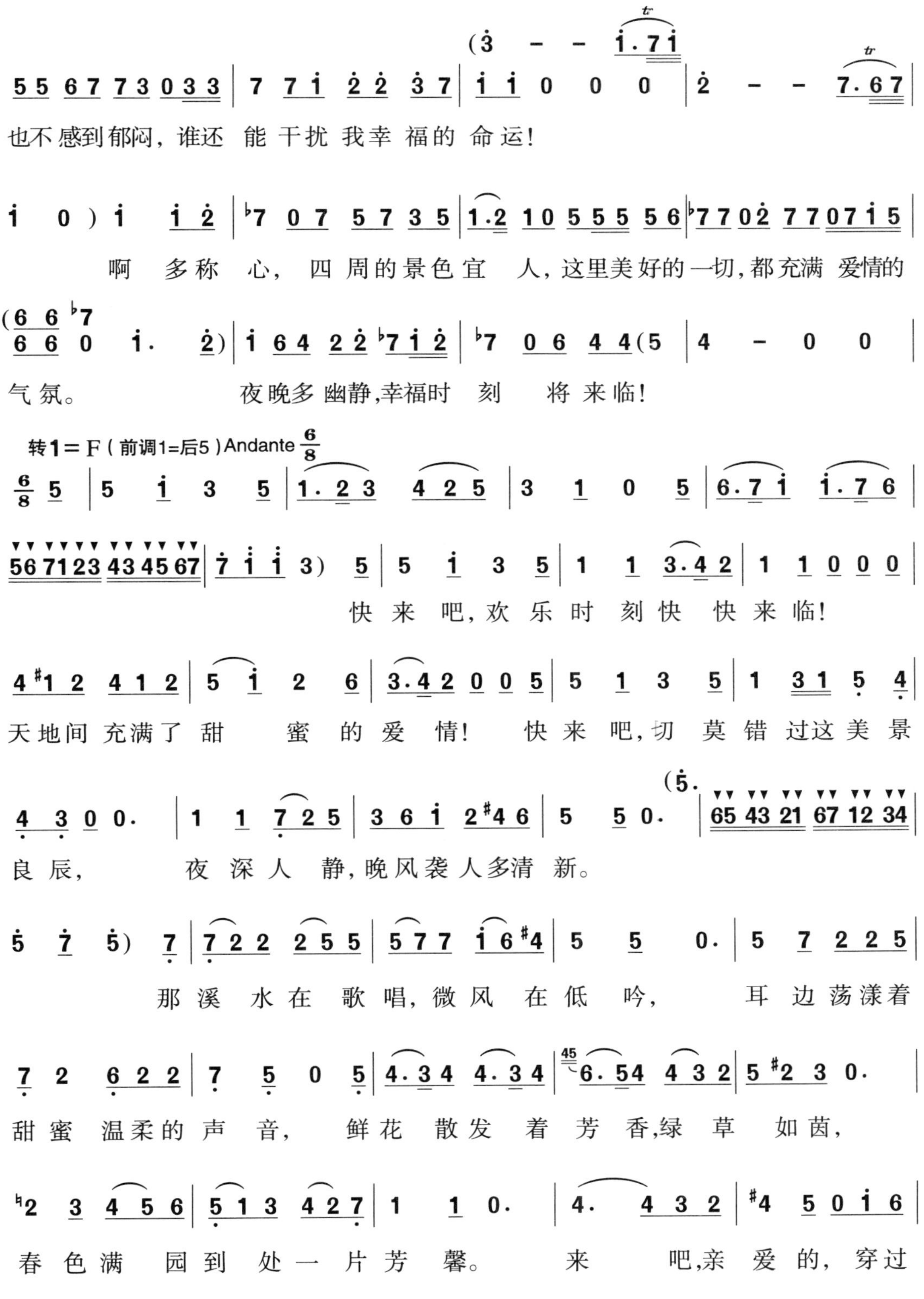
也不感到郁闷，谁还 能 干扰 我幸 福的 命 运！
啊 多称 心，四 周的景色宜 人，这里美好的一切，都充满 爱情的
气 氛。 夜晚多 幽静，幸福时 刻 将 来临！
转1＝F（前调1=后5）Andante
快 来 吧，欢 乐 时 刻 快 快 来 临！
天地间 充满了 甜 蜜 的 爱 情！ 快 来 吧，切 莫 错 过这 美 景
良 辰， 夜 深 人 静，晚 风 袭 人 多清 新。
那 溪 水 在 歌 唱，微 风 在 低 吟， 耳 边 荡 漾着
甜 蜜 温柔的 声 音， 鲜 花 散 发 着 芳 香，绿 草 如 茵，
春 色 满 园 到 处 一 片 芳 馨。 来 吧，亲 爱 的，穿过

$\frac{5}{4}$ 4 4 $\overparen{4\ 3\ 2}$ | 1. $\overset{\cdot}{5}$ 0 $\overparen{5.\ 5}$ 5 | $\overparen{5.\ \underline{1}\ 5}$ $\underline{1\ 2\ 3}$ | $\underline{4.\overset{\frown}{\underline{5}\ 6}}$ $\underline{2\ 3}$ $\underline{4\ 5}$ $\underline{6\ 7}$ ‖

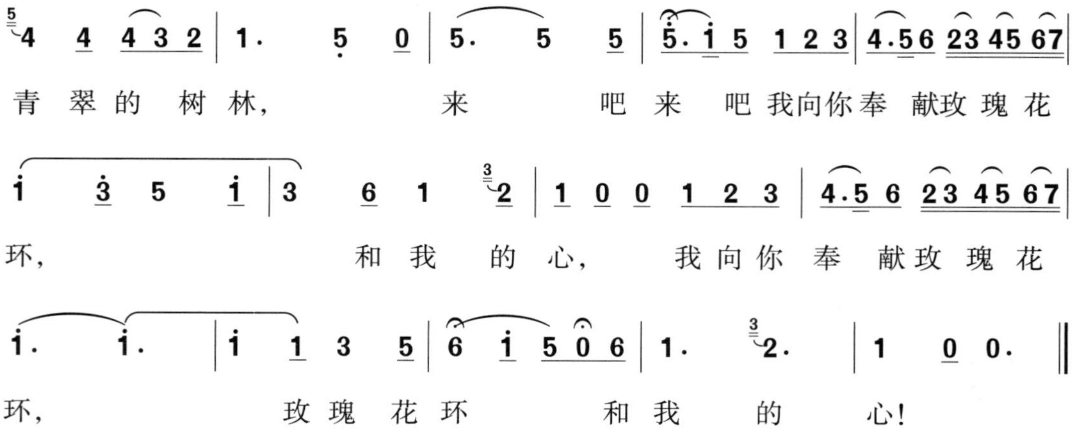

青翠的 树林， 来 吧来 吧我向你奉 献玫 瑰 花

$\overparen{\overset{\cdot}{1}\ \ \overset{\cdot}{3}\ 5\ \ \overset{\cdot}{1}}$ | 3 $\overset{\cdot}{6}$ $\overset{\cdot}{1}$ | $\overset{3}{2}$ | 1 0 0 $\underline{1\ 2\ 3}$ | $\underline{4.\overset{\frown}{\underline{5}\ 6}}$ $\underline{2\ 3}$ $\underline{4\ 5}$ $\underline{6\ 7}$ ‖

环， 和我 的 心， 我向你奉 献玫 瑰 花

$\overparen{\overset{\cdot}{1}.}$ $\overparen{\overset{\cdot}{1}.}$ | $\overset{\cdot}{1}$ $\underline{1\ 3}$ $\overparen{5\ \overset{\frown}{6}\ \overset{\cdot}{1}}$ $\underline{5\ 0\ 6}$ | 1. $\overset{3}{2}.$ | 1 0 0. ‖

环， 玫瑰 花环 和 我 的 心！

月 亮 颂

（水仙女的咏叹调）

1=♭G $\frac{3}{8}$

宽广的慢板   ［捷］德沃扎克 曲
f

3 $\overset{>}{3}$ 2 | 3 5 2 | $\underline{3\ 1}$ $\overset{\cdot}{6}$ $\overset{\cdot}{1}$ | 1 0 0 | 2 2 $\overset{>}{3}$ | 2 2 3 | $\overset{>}{4}$ 2 2 0 |

黑夜的 天空上 银色月光， 你的 光 芒 照耀 远方。

0 0 0 | 3 3 2 | $\overset{>}{4}$ 3 | $\overparen{6\ 4}$ 5 | 0 0 0 | $\overparen{6\ 5}$ 4 | $\overparen{4\ 7}$ $\overset{\cdot}{7}$ 1 |

你尽 情地漫 游 全世界， 注视 着人 们 的

$\overset{>}{4}$ 3. 0 | 0 0 0 | 5 4 3 | 6 5 | $\underline{\overset{\cdot}{1}\ 6}$ 7 | 0 0 0 | 7 6 4 |
pp

窗户。 你尽 情地漫 游 全世界， 注视 着

$\overset{6}{\overparen{5\ 4}}$ $\overparen{3\ 5}$ | 2 1. 0 | 0 0 0 | $\overset{\cdot}{1}$ $\overset{\cdot}{1}$ $\overset{\cdot}{1}$ | 7 5 7 | $\overset{45}{\overparen{6}}$ $\overparen{5\ 4}$ 3 | 0 |
富于表情的

人 们的 窗户。 啊！月 亮， 留下 吧， 留 一会 吧，

pp   mf
$\overset{\cdot}{3}.$ $\overparen{2\ 3}$ | 5 $\overparen{4\ 3}$ $\overparen{\overset{12}{2}}$ | $\overset{12}{3}.$ | $\underline{2\ 7}$ 1. 0 | $\overset{\cdot}{1}$ $\overset{\cdot}{2}$ $\overset{\cdot}{1}$ | $\overset{3}{\overparen{7\ 6\ 5}}$ 7 | $\overset{45}{\overparen{6}}$ $\underline{5\ 6}$ $\underline{5\ 4}$ |

告诉我，我爱人 在 哪里？ 啊！月 亮， 留 下 吧， 留 一 会儿

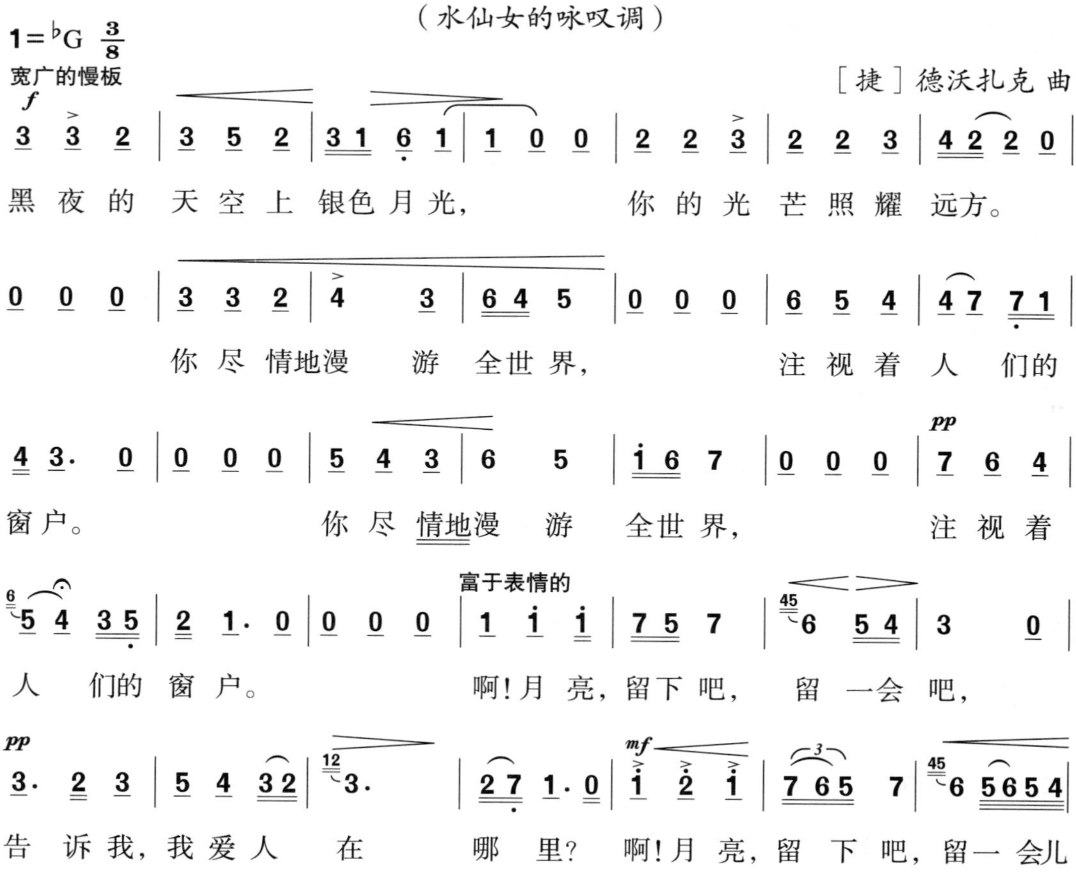

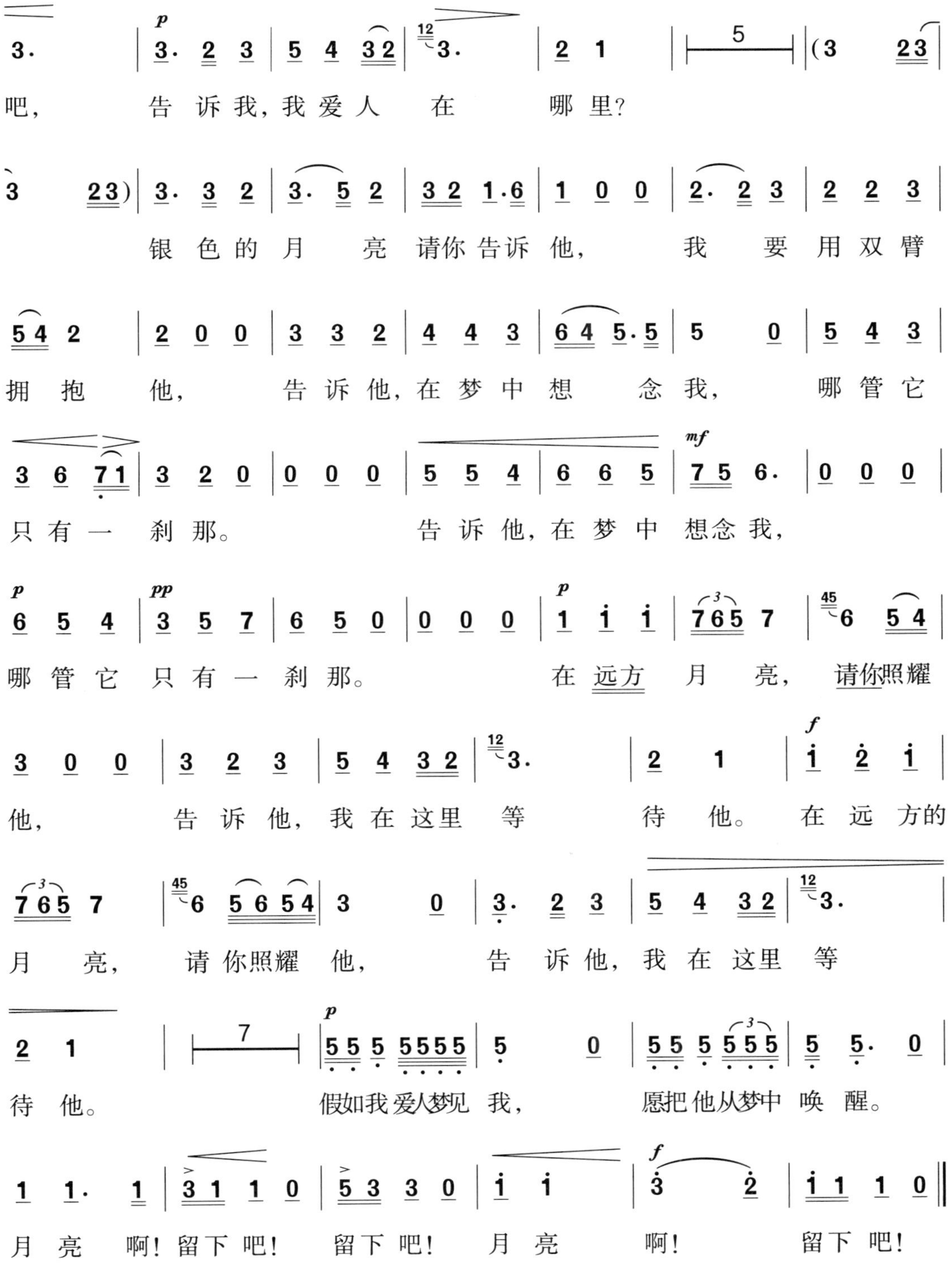
吧，告诉我，我爱人 在 哪里？
银色的月 亮 请你告诉他，我 要用双臂
拥抱 他，告诉他，在梦中想 念我，哪管它
只有一 刹那。告诉他，在梦中 想念我，
哪管它只有一 刹那。在远方 月 亮，请你照耀
他，告诉他，我在这里 等 待 他。在远方的
月 亮，请你照耀 他，告诉他，我在这里 等
待 他。假如我爱人梦见 我，愿把他从梦中 唤 醒。
月 亮 啊！留下 吧！留下 吧！月 亮 啊！留下 吧！

单元二

民族歌曲与草原歌曲

学习目标

知识目标：1. 理解草原歌曲与蒙古族歌曲内涵及曲作者的创意。

2. 明晰歌曲主题思想、音乐特点和演唱风格。

3. 了解不同地域、不同时代、不同类型蒙古族歌曲的音乐特点。

4. 掌握蒙古族歌曲的演唱风格。

能力目标：1. 能自如地运用歌唱方法较完整地演唱歌曲。

2. 能够独立分析处理歌曲。

3. 能够把握歌曲的演唱风格，较完整地表达歌曲思想感情。

第一节　经典草原歌曲

美丽的草原我的家

（原版）

火　　华词
阿拉腾奥勒曲
胡　松　华唱

1=F $\frac{2}{4}$

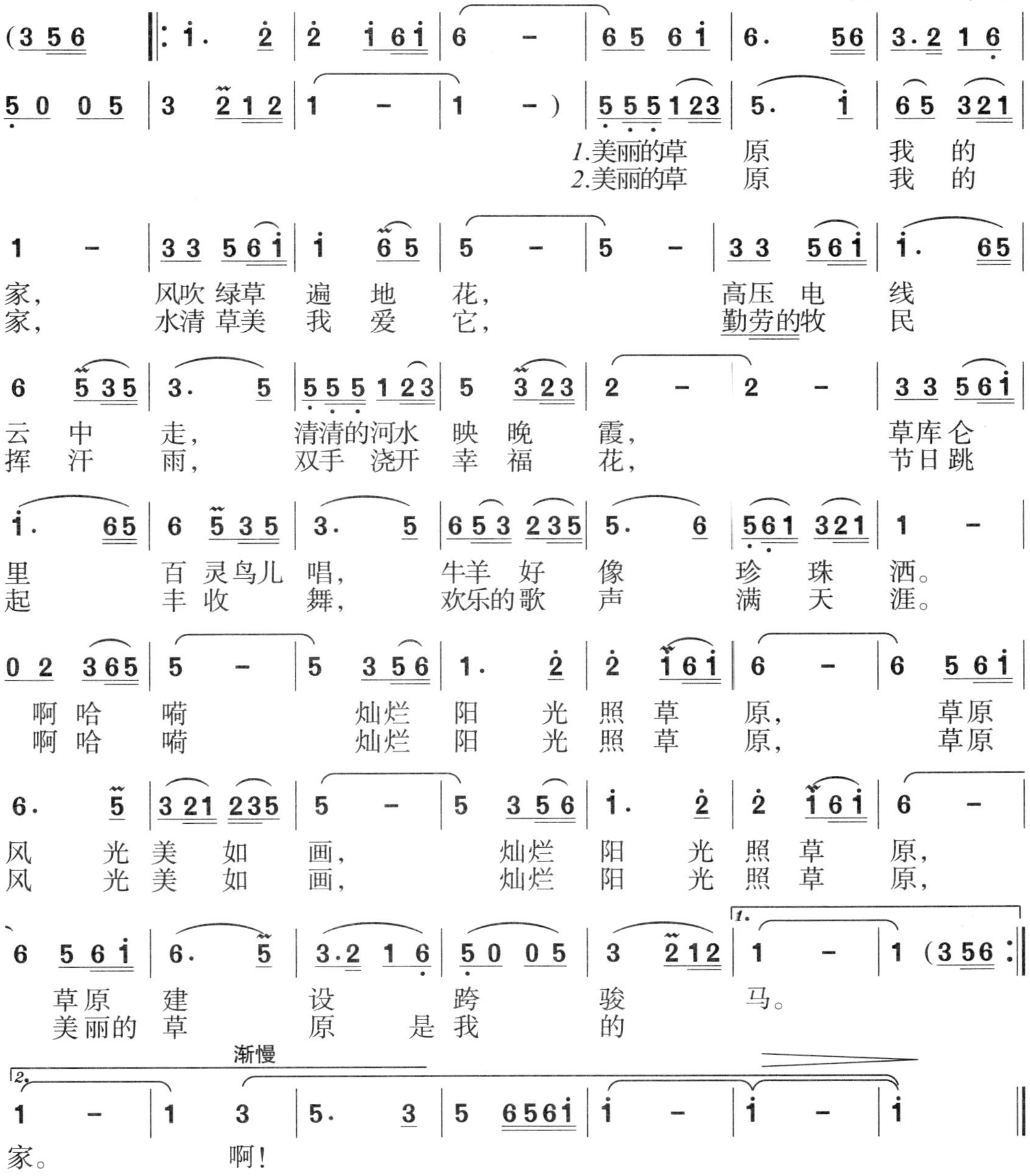
1.美丽的草原我的家，风吹绿草遍地花，高压电线云中走，清清的河水映晚霞，草库仑里百灵鸟儿唱，牛羊好像珍珠洒。
2.美丽的草原我的家，水清草美我爱它，勤劳的牧民挥汗雨，双手浇开幸福花，节日跳起丰收舞，欢乐的歌声满天涯。
啊哈嗬　灿烂阳光照草原，草原风光美如画，灿烂阳光照草原，草原建设跨骏马。
啊哈嗬　灿烂阳光照草原，草原风光美如画，灿烂阳光照草原，美丽的草原是我的家。
渐慢
啊！

草原夜色美

白　浩词
王和声曲

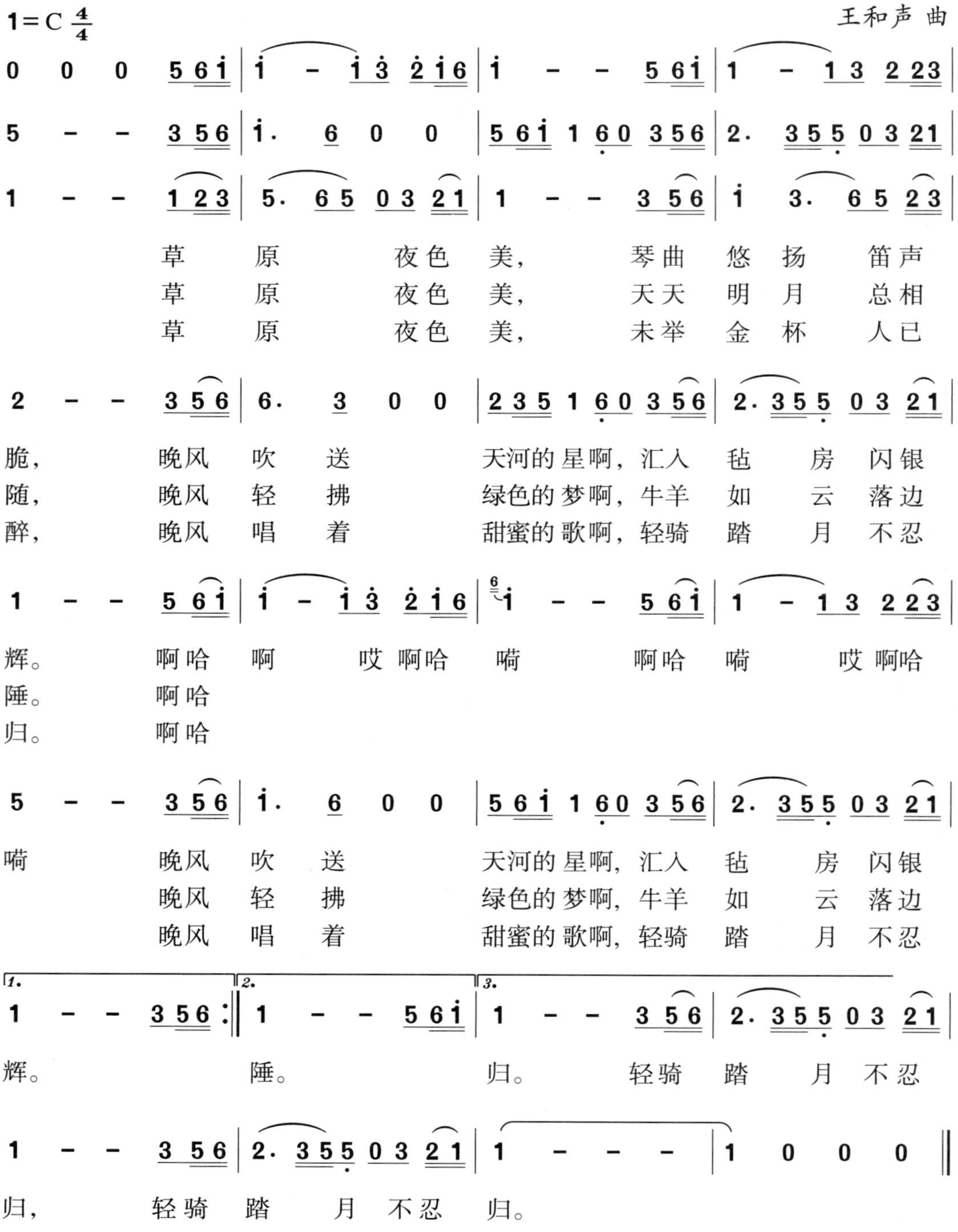
1=C 4/4
草　原　夜色　美，　琴曲　悠　扬　笛声
草　原　夜色　美，　天天　明　月　总相
草　原　夜色　美，　未举　金　杯　人已
脆，　晚风　吹　送　天河的星啊，汇入　毡　房　闪银
随，　晚风　轻　拂　绿色的梦啊，牛羊　如　云　落边
醉，　晚风　唱　着　甜蜜的歌啊，轻骑　踏　月　不忍
辉。　啊哈　啊　哎　啊哈　嗬　啊哈　嗬　哎　啊哈
陲。　啊哈
归。　啊哈
嗬　晚风　吹　送　天河的星啊，汇入　毡　房　闪银
晚风　轻　拂　绿色的梦啊，牛羊　如　云　落边
晚风　唱　着　甜蜜的歌啊，轻骑　踏　月　不忍
辉。　陲。　归。　轻骑　踏　月　不忍
归，　轻骑　踏　月　不忍　归。

天　边

1＝F $\frac{2}{4}$
♩=58

吉尔格楞 词
乌兰托嘎 曲

天边有一对双星，
天边有一棵大树，

那是我梦中的眼睛；山中有一片晨
那是我心中的绿荫；远方有一座高

雾，那是你昨夜的柔情。我要登上
山，那是你博大的胸襟。我要树下
我愿与你

登上山顶，去寻觅雾中的身影；我要跨
树下采集，去编织美丽的憧憬；我要山
策马同行，奔驰在草原的深处；我愿与

上跨上骏马，去追逐遥远的星星，
下山下放牧，去追寻你的足迹，
你展翅飞翔，遨游在蓝天的穹谷，

星星。足迹。

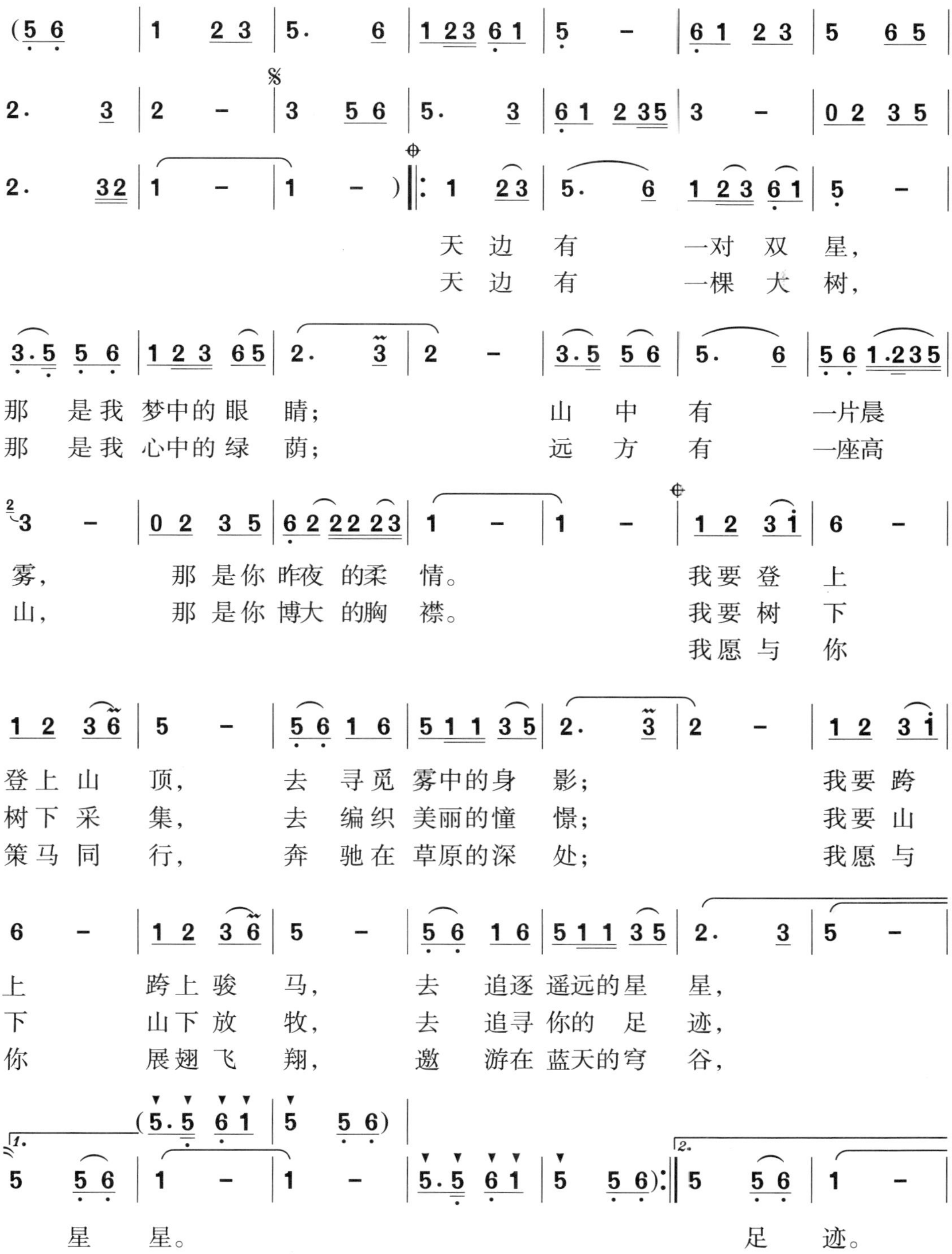

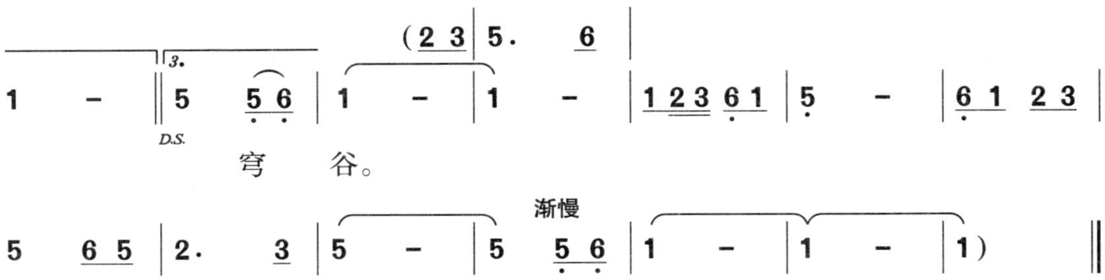
D.S.
穹 谷。
渐慢

鸿 雁

（额尔古纳乐队演唱）

1=C $\frac{4}{4}$

内蒙民歌

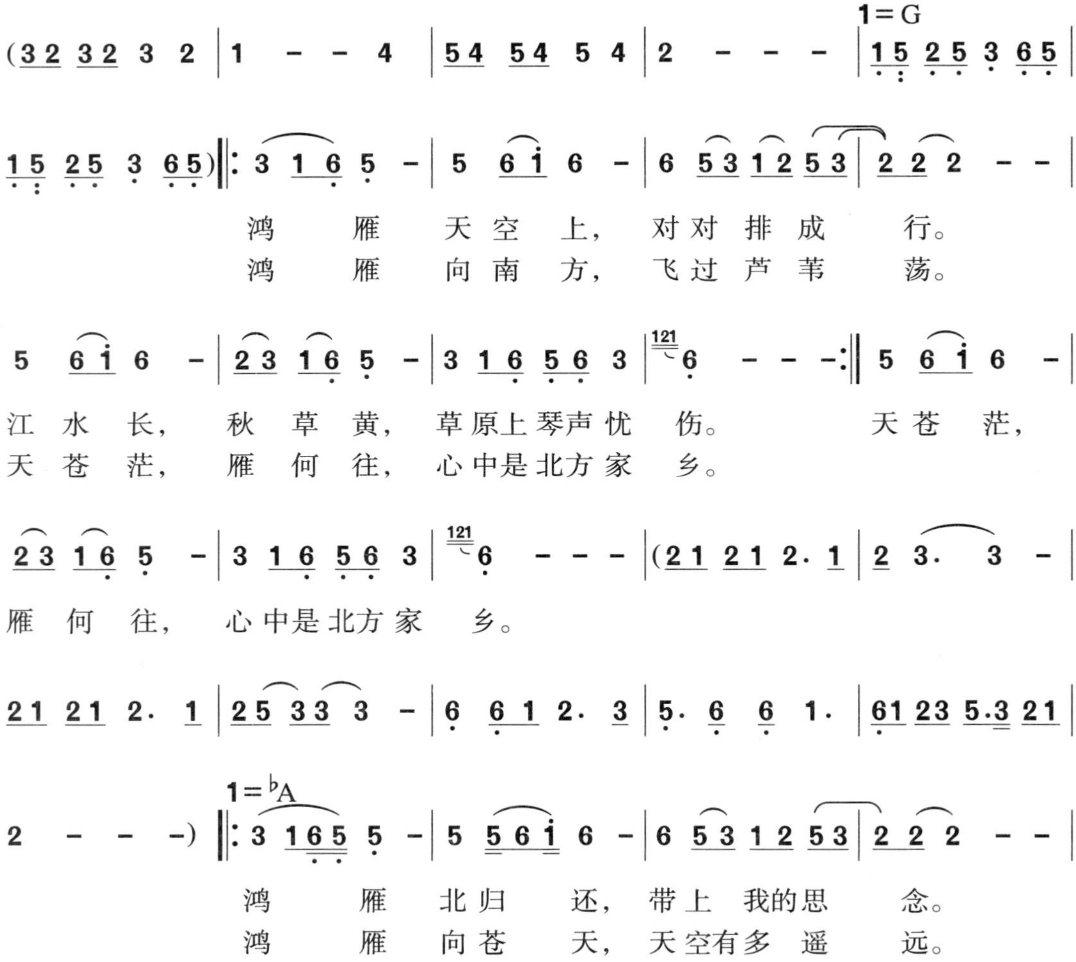
1=G
鸿 雁 天空 上，对对 排 成 行。
鸿 雁 向南 方，飞过 芦 苇 荡。
江 水 长，秋 草 黄，草原上琴声忧 伤。天苍 茫，
天 苍 茫，雁 何 往，心中是北方家 乡。
雁 何 往，心中是北方家 乡。
1=♭A
鸿 雁 北归 还，带上 我的思 念。
鸿 雁 向苍 天，天空有多 遥 远。

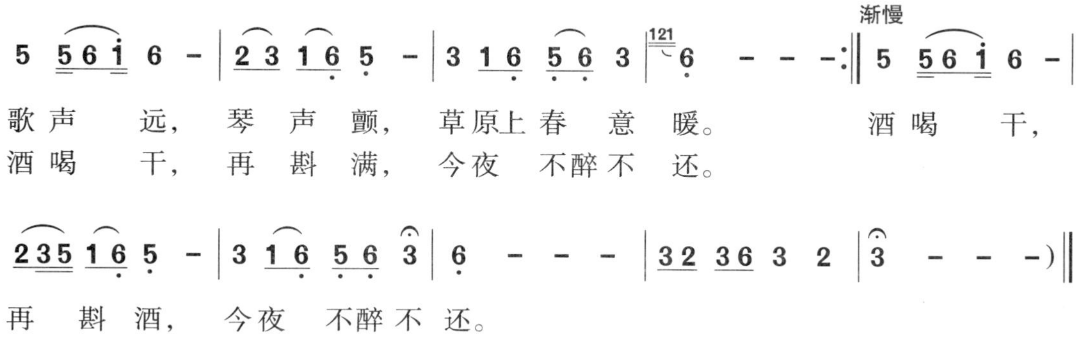

渐慢

5 5̲6̲1̲ 6 - ｜ 23 1̲ 6̲ 5 - ｜ 3 1̲ 6̲ 5̲ 6̲ 3 ⌒6 - - -：｜ 5 5̲6̲1̲ 6 -｜

歌声　远，　琴声　颤，　草原上春　意　暖。　　　酒喝　干，

酒喝　干，　再斟　满，　今夜　不醉不　还。

2̲3̲5̲ 1̲ 6̲ 5̲ - ｜ 3 1̲ 6̲ 5̲ 6̲ 3̲ 6̲ - - - ｜ 3̲2̲ 3̲6̲ 3 2 ⌒3 - - -）‖

再　斟　酒，　今夜　不醉不　还。

我和草原有个约定

杨　艳　苔 词
斯琴朝克图 曲

1 = G 3/4

（5̲6 - - ｜ 5̲6 - - 5̲6̲ 7̲6̲ 5̲6̲ ｜ 5̲6 5 3 ｜ 5̲6̲ 7̲6̲ 5̲6̲ ｜ 5̲6 5 3 ｜ 5̲3 - -

3 - - ｜ 5̲6 - - ｜ 5̲6 - - ｜ 5̲6̲ 7̲6̲ 5̲6̲ ｜ 5̲6 5 3 ｜ 5̲6̲ 7̲6̲ 5̲6̲ ｜ 5̲6 5 3

5̲3 - - ｜ 3 - - ｜ 2̲3. 1̲ 2 ｜ 2 3 1 ｜ 3̲5 - - ｜ 5 - - ｜ 5 - -

5 - -）‖：6̲. 6̲ 1 ｜ 2 3 3̲6̲ ｜ 5̲3̲ 3 2̲3̲ ｜ 6̲ - - ｜ 1 2 2̲3̲ ｜ 6 - 5̲

总　想看看　你的笑　脸，　　　总　想听听

看到你笑　脸如此纯　真，　　　听到你声　音

我曾在远　方把你眺　望，　　　我曾在梦　乡

1 1 2̲3̲ ｜ 3 - - ｜ 3̲5 5 ｜ 5̲3 3 ｜ 6 6 3̲6̲ ｜ 5 - - ｜ 5̲ 6 3

你的声音，　总　想住　住你的毡　房，　总　想

如此动人，　住在你毡　房如此温　暖，　尝到你

把你亲近，　我曾默　默为你祈　祷，　我曾

1 - 2̲3̲ ｜ 2̲1̲ 1 5̲6̲ ｜ 6 - - ｜ 3 6 6 ｜ 6̲3 3 ｜ 3 3̲1̲ 2̲1̲ ｜ 6 - -｜

举　举你的酒　樽，　我　和草　原有个约　定，

奶　酒如此甘　醇，　我　和草　原有个约　定，

深　深为你牵　魂，　我　和草　原有个约　定，

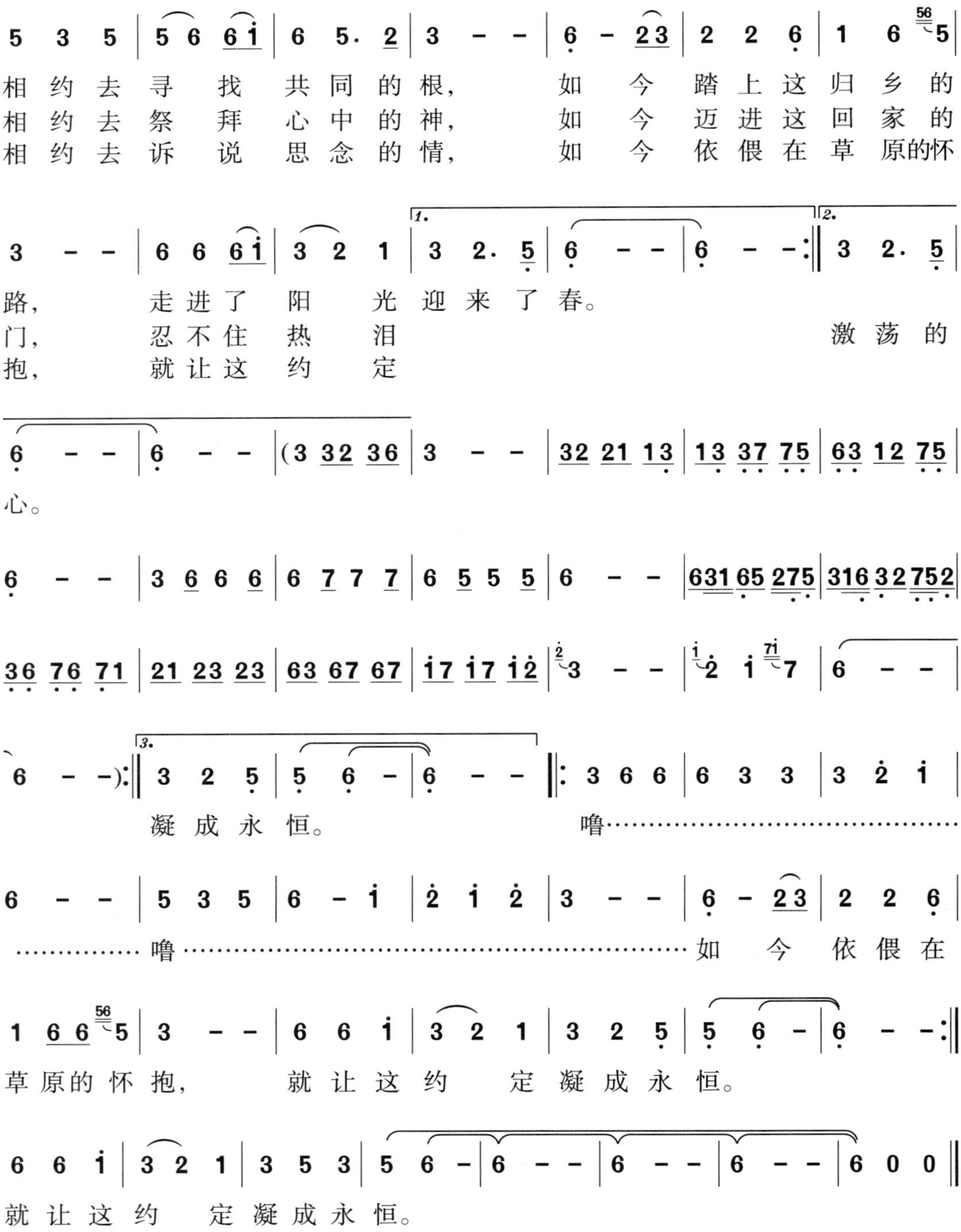

5 3 5 | 5 6 6̂1̇ | 6 5·2 | 3 − − | 6̣ − 2̂3 | 2 2 6̣ | 1 6 5̃6̃5̃ |
相 约 去 寻 找 共 同 的 根， 如 今 踏 上 这 归 乡 的
相 约 去 祭 拜 心 中 的 神， 如 今 迈 进 这 回 家 的
相 约 去 诉 说 思 念 的 情， 如 今 依 偎 在 草 原 的 怀

3 − − | 6 6 6̂1̇ | 3 2 1 | ⌜1. 3 2·5̣ | 6̣ − − | 6̣ − −:‖ ⌜2. 3 2·5̣ |
路， 走 进 了 阳 光 迎 来 了 春。
门， 忍 不 住 热 泪 激 荡 的
抱， 就 让 这 约 定

6̣ − − | 6̣ − − | (3 3̂2 3̂6 | 3 − − | 3̂2 2̂1 1̂3 | 1̂3 3̂7 7̂5 | 6̂3 1̂2 7̂5 |
心。

6̣ − − | 3 6̂ 6̂ | 6̂ 7̂ 7̂ | 6̂ 5̂ 5̂ | 6 − − | 6̂3̂1̂ 6̂5̂ 2̂7̂5̂ | 3̂1̂6̂ 3̂2̂ 7̂5̂2̂ |

3̂6̂ 7̂6̂ 7̂1̂ | 2̂1̂ 2̂3̂ 2̂3̂ | 6̂3̂ 6̂7̂ 6̂7̂ | 1̂7̂ 1̂7̂ 1̇̂2̇̂ | 2̇̂3 − − | 1̇̂2̇ 1̇ 7̃1̃ | 6 − − |

6 − −):‖ ⌜3. 3 2 5̣ | 5̣ 6̣ − 6̣ − − ‖: 3 6 6 | 6 3 3 | 3 2̇ 1̇ |
凝 成 永 恒。 噜..............

6 − − | 5 3 5 | 6 − 1̇ | 2̇ 1̇ 2̇ | 3 − − | 6̣ − 2̂3 | 2 2 6̣ |
..........噜..............................如 今 依 偎 在

1 6 6 5̃6̃5̃ | 3 − − | 6 6 1̇ | 3̂ 2̇ 1̇ | 3 2 5̣ | 5̣ 6̣ − 6̣ − −:‖
草 原 的 怀 抱， 就 让 这 约 定 凝 成 永 恒。

6 6 1̇ | 3̂ 2̇ 1̇ | 3 5 3 | 5 6 − 6 − − 6 − − 6 − − | 6 0 0 ‖
就 让 这 约 定 凝 成 永 恒。

陪你一起看草原

1=♭B $\frac{2}{4}$

段庆明 词曲

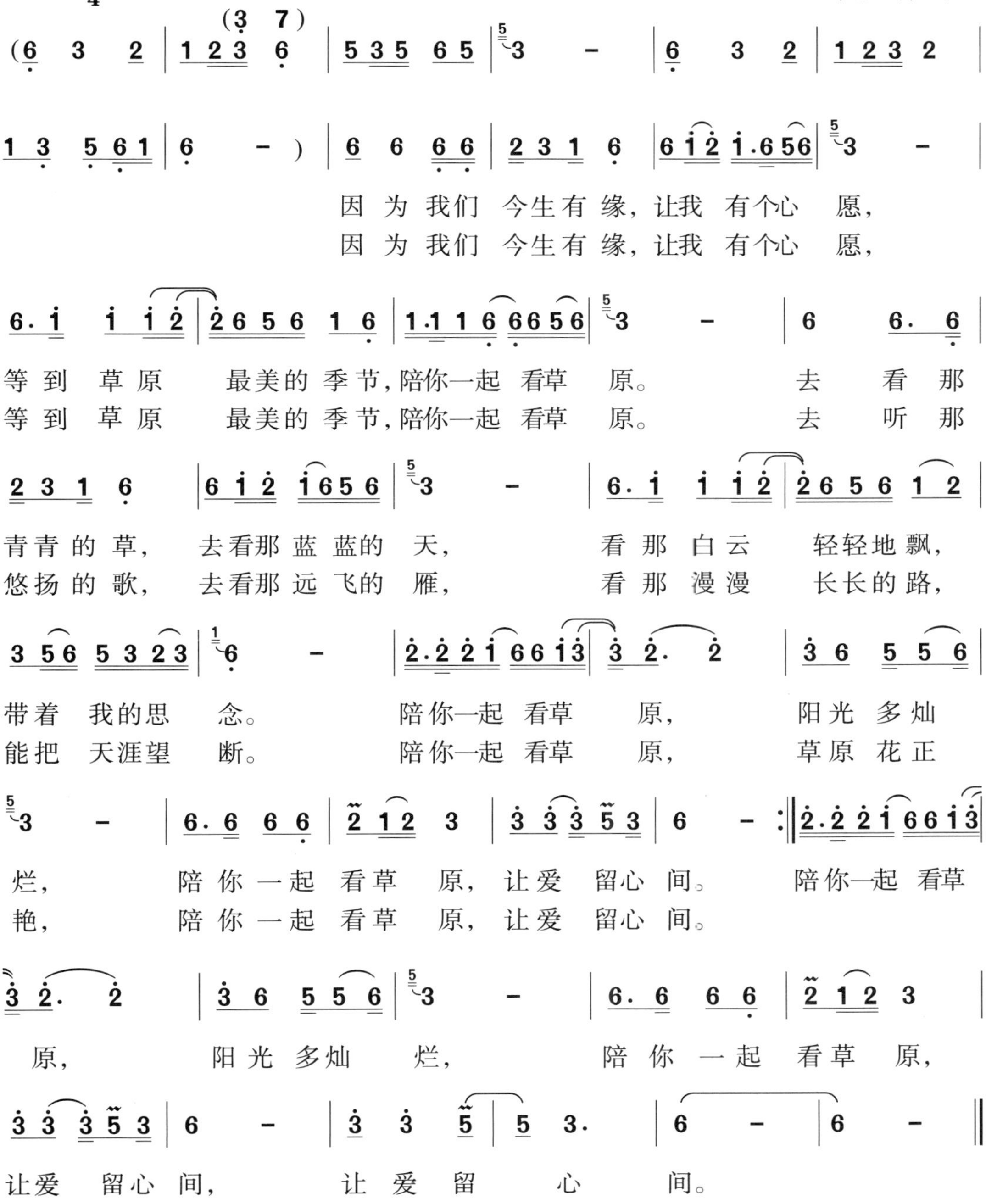

因为我们今生有缘，让我有个心愿，
因为我们今生有缘，让我有个心愿，
等到草原最美的季节，陪你一起看草原。去看那
等到草原最美的季节，陪你一起看草原。去听那
青青的草，去看那蓝蓝的天，看那白云轻轻地飘，
悠扬的歌，去看那远飞的雁，看那漫漫长长的路，
带着我的思念。陪你一起看草原，阳光多灿
能把天涯望断。陪你一起看草原，草原花正
烂，陪你一起看草原，让爱留心间。陪你一起看草
艳，陪你一起看草原，让爱留心间。
原，阳光多灿烂，陪你一起看草原，
让爱留心间，让爱留心间。

父亲的草原母亲的河

1=♯C $\frac{6}{8}$
稍慢、深情地

席慕蓉 词
乌兰托嘎 曲

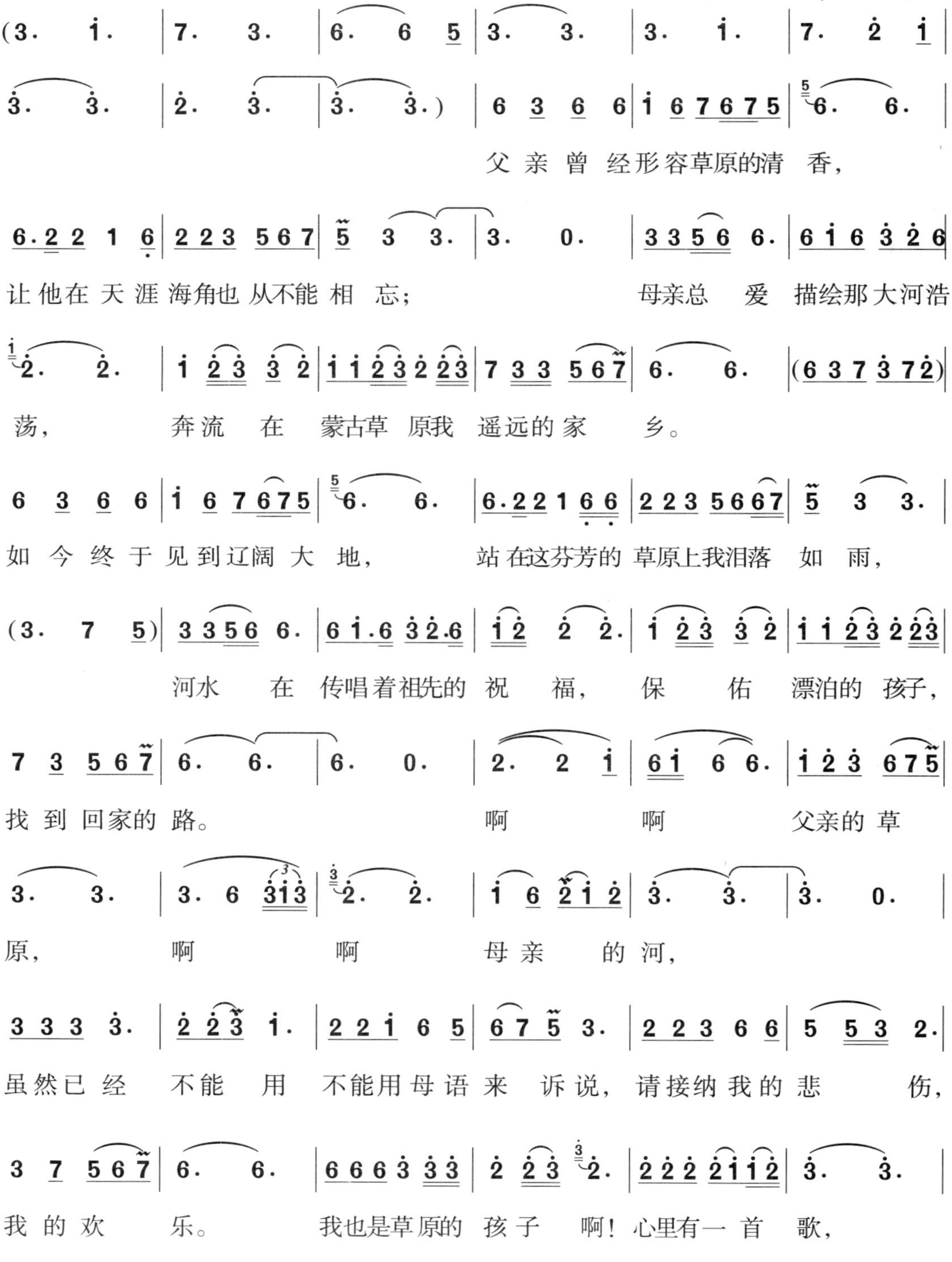
父亲曾经形容草原的清香，
让他在天涯海角也从不能相忘；母亲总爱描绘那大河浩
荡，奔流在蒙古草原我遥远的家乡。
如今终于见到辽阔大地，站在这芬芳的草原上我泪落如雨，
河水在传唱着祖先的祝福，保佑漂泊的孩子，
找到回家的路。啊 啊 父亲的草
原，啊 啊 母亲的河，
虽然已经不能用不能用母语来诉说，请接纳我的悲伤，
我的欢乐。我也是草原的孩子啊！心里有一首歌，

歌中有我 父亲的草原 母 亲 的 河。
我也是草原的 孩 子 啊！心里有一 首 歌，
歌中有我 父亲的草原 母 亲 的 河。 我也是草 原的
孩 子 啊！心里有一首 歌， 歌中有我 父亲的草原 母 亲 的
河， 母 亲 的 河， 母 亲 的 河。

草原上升起不落的太阳

美丽其格 词曲
吉　聿 制谱

1=A 2/4
开阔 明朗地
蓝 蓝的 天 上 白 云 飘， 白云下面 马 儿 跑，
要 是 有 人 来 问 我， 这是什么 地 方？
这 里的 人 们 爱 和 平， 也 热爱 家 乡，
毛 主 席 啊 共 产 党， 抚育我们 成 长，
挥 动 鞭 儿 响 四 方， 百 鸟 齐 飞 翔。
我 就 骄 傲 地 告 诉 他， 这是我们的家 乡。
歌 唱 我 们 的 新 生 活， 歌 唱 共 产 党。
草 原 上 升 起 不 落的 太 阳。
草 原 上 升 起 不 落 的 太 阳。

呼伦贝尔大草原

克 明 词
乌兰托嘎 曲
沈公宝 制谱

1=♭E 4/4

♩=55

(1 1 2 3 5 — | 5.i 6 5 6 1 — | 2 2 2 1 6 2 — | 2 2 1 6 6 5 5 —)

‖: 1 1 2 3 5 — | 5 6 1 6 5 6 1 — | 2 2 2 1 6 2 — | 2 2 1 6 6 5 5 — |

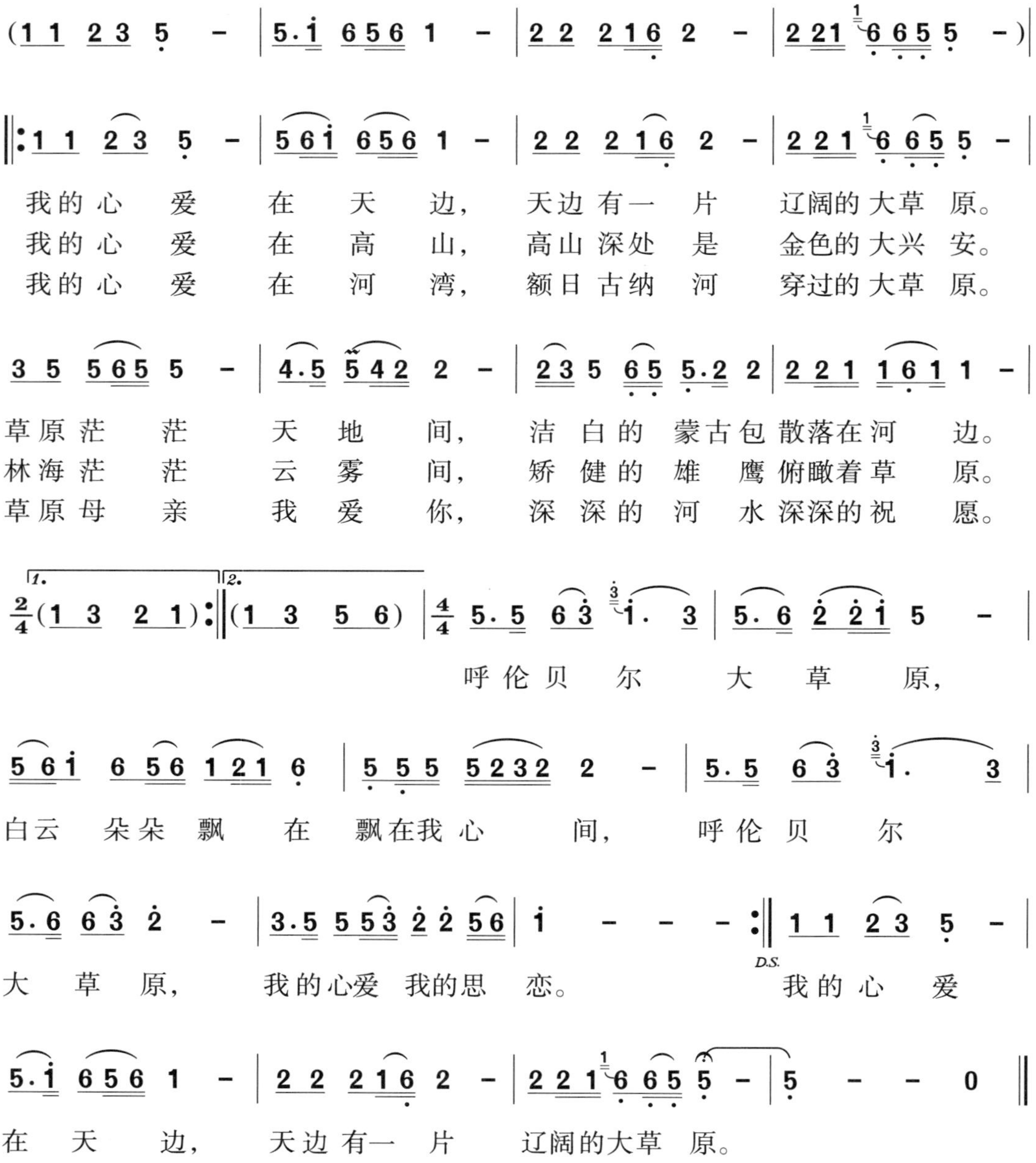

我的心 爱 在 天 边， 天边有一 片 辽阔的大草 原。
我的心 爱 在 高 山， 高山深处 是 金色的大兴 安。
我的心 爱 在 河 湾， 额日古纳 河 穿过的大草 原。

3 5 5 6 5 5 — | 4.5 5 4 2 2 — | 2 3 5 6 5 5.2 2 | 2 2 1 1 6 1 1 — |

草原茫 茫 天 地 间， 洁白的 蒙古包 散落在河 边。
林海茫 茫 云 雾 间， 矫健的 雄 鹰俯瞰着草 原。
草原母 亲 我 爱 你， 深深的 河 水深深的祝 愿。

2/4 (1 3 2 1) :‖ (1 3 5 6) | 4/4 5.5 6 3 1. 3 | 5.6 2 2 1 5 — |

呼伦贝 尔 大草 原，

5 6 i 6 5 6 1 2 1 6 | 5.5 5 5 5 2 3 2 2 — | 5.5 6 3 1. 3 |

白云 朵朵 飘 在 飘在我心 间， 呼伦贝 尔

5.6 6 3 2 — | 3.5 5 5 5 3 2 2 5 6 | i — — — :‖ 1 1 2 3 5 — |

大 草 原， 我的心爱 我的思 恋。 我的心 爱

5.i 6 5 6 1 — | 2 2 2 1 6 2 — | 2 2 1 6 6 5 5 — | 5 — — 0 ‖

在 天 边， 天边有一 片 辽阔的大草 原。

雕花的马鞍

蒙古族民歌
德德玛 演唱

1＝C　2/4

(3 3 6̲1̲7̲6̲ | 1̇ － | 3 3 6̲1̲7̲6̲ | 6 － | 6 2̇·2̇ | 1̇2̇1̇6 5 |

5̲1̲ 2̲ 3̲5̲6̲5̲ | 3 － | 3̲3̲ 1̇2̲1̲6 | 6 －) | 6̲ 6̲ 2̲ 2̲ | 2̲3̲2̲1̲ 6̲ 6̲ |

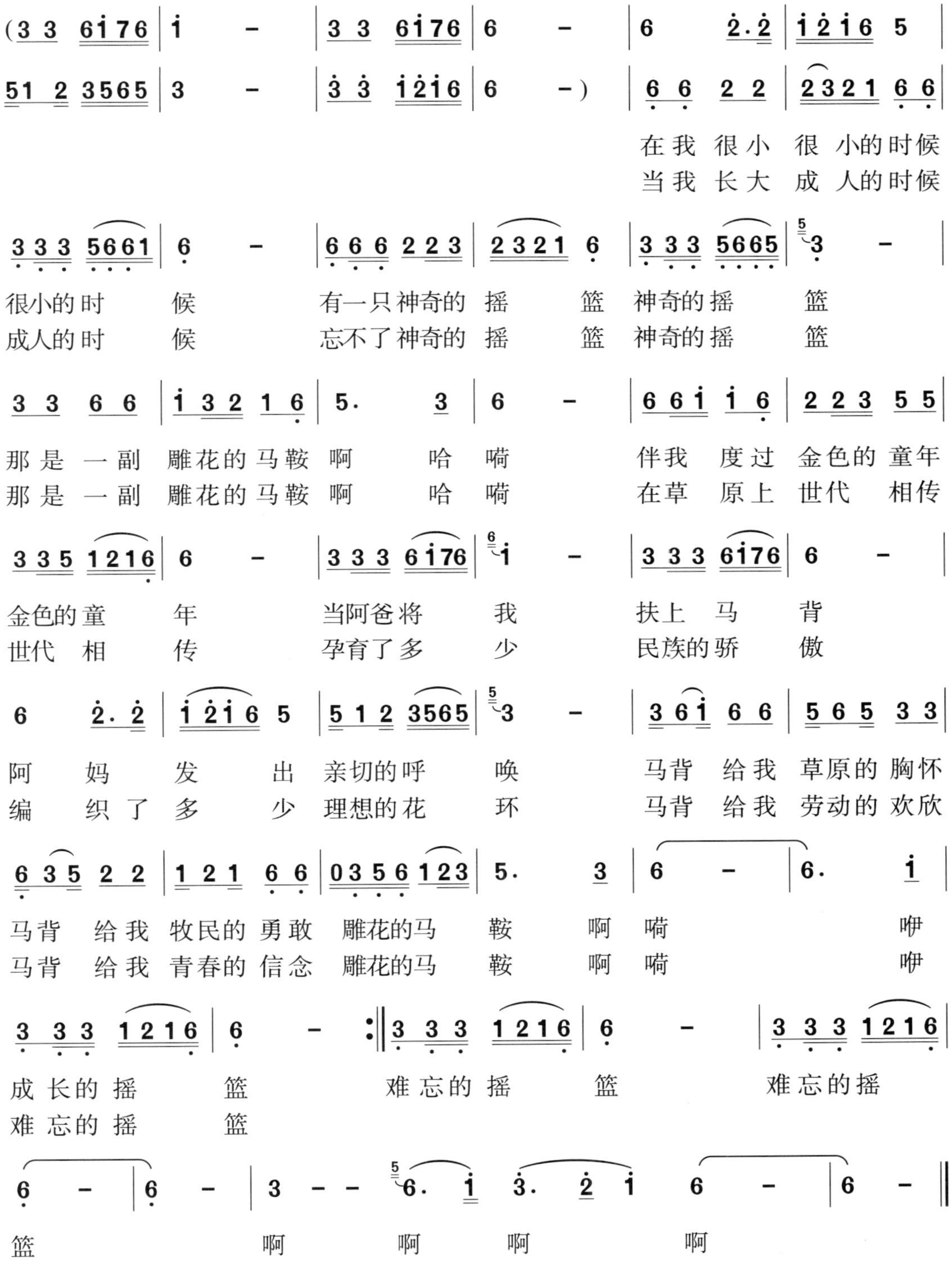

在我　很小　很　小的时候
当我　长大　成　人的时候

3̲3̲3̲ 5̲6̲6̲1̲ | 6 － | 6̲6̲6̲ 2̲2̲3̲ | 2̲3̲2̲1̲ 6̲ | 3̲3̲3̲ 5̲6̲6̲5̲ | 3 － |

很小的时　候　　有一只神奇的　摇　　篮　神奇的摇　　篮
成人的时　候　　忘不了神奇的　摇　　篮　神奇的摇　　篮

3̲ 3̲ 6̲ 6̲ | 1̇3̲2̲1̲6̲ | 5· 3 | 6 － | 6̲6̲1̇ 1̇6̲ | 2̲2̲3̲ 5 5 |

那是　一副　雕花的马鞍　啊　嗬　嗬　　伴我　度过　金色的　童年
那是　一副　雕花的马鞍　啊　嗬　嗬　　在草　原上　世代　相传

3̲3̲5̲ 1̇2̲1̲6̲ | 6 － | 3̲3̲3̲ 6̲1̲7̲6̲ | 1̇ － | 3̲3̲3̲ 6̲1̲7̲6̲ | 6 － |

金色的童　　年　　当阿爸将　我　　扶上　马　　背
世代　相　传　　孕育了多　少　　民族的骄　　傲

6 2̇·2̇ | 1̇2̇1̇6 5 | 5̲1̲ 2̲ 3̲5̲6̲5̲ | 3 － | 3̲6̲1̇ 6̲ 6̲ | 5̲6̲5̲ 3̲ 3̲ |

阿　妈　发　出　亲切的呼　唤　　马背　给我　草原的　胸怀
编　织了多　少　理想的花　环　　马背　给我　劳动的　欢欣

6̲3̲5̲ 2̲ 2̲ | 1̲2̲1̲ 6̲ 6̲ | 0̲3̲5̲6̲ 1̲2̲3̲ | 5· 3 | 6 － | 6· 1̇ |

马背　给我　牧民的勇敢　雕花的马　鞍　啊　嗬　　　　咿
马背　给我　青春的信念　雕花的马　鞍　啊　嗬　　　　咿

3̲3̲3̲ 1̲2̲1̲6̲ | 6 － ‖: 3̲3̲3̲ 1̲2̲1̲6̲ | 6 － | 3̲3̲3̲ 1̲2̲1̲6̲ |

成　长的摇　　篮　　难忘的摇　篮　　　难忘的摇
难忘的摇　　篮

6 － | 6 － | 3 － － | 6·1̇ | 3̇· 2̇ 1̇ | 6 － | 6 － ‖

篮　　　　　　啊　　　　啊　啊　　　　啊

代钦塔拉草原

董树棠 词
阿古拉 曲

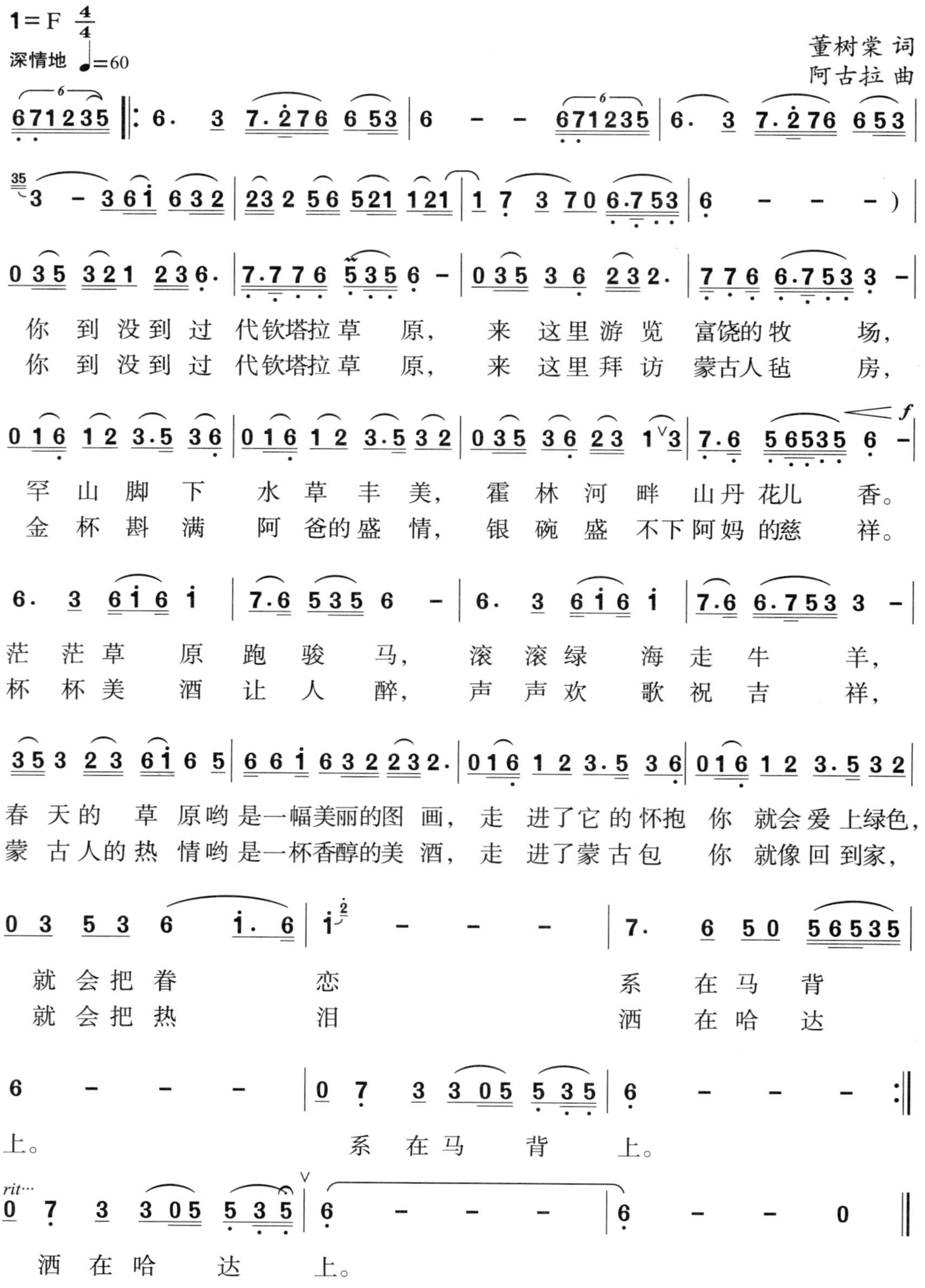
1=F 4/4
深情地 ♩=60
你到没到过代钦塔拉草原，来这里游览富饶的牧场，
你到没到过代钦塔拉草原，来这里拜访蒙古人毡房，
罕山脚下水草丰美，霍林河畔山丹花儿香。
金杯斟满阿爸的盛情，银碗盛不下阿妈的慈祥。
茫茫草原跑骏马，滚滚绿海走牛羊，
杯杯美酒让人醉，声声欢歌祝吉祥，
春天的草原哟是一幅美丽的图画，走进了它的怀抱你就会爱上绿色，
蒙古人的热情哟是一杯香醇的美酒，走进了蒙古包你就像回到家，
就会把眷恋系在马背上。系在马背上。
就会把热泪洒在哈达
rit…
洒在哈达上。

阿妈的蒙古袍

1＝G $\frac{6}{8}$
深情地 ♩＝120

王守宪 词
阿古拉 曲

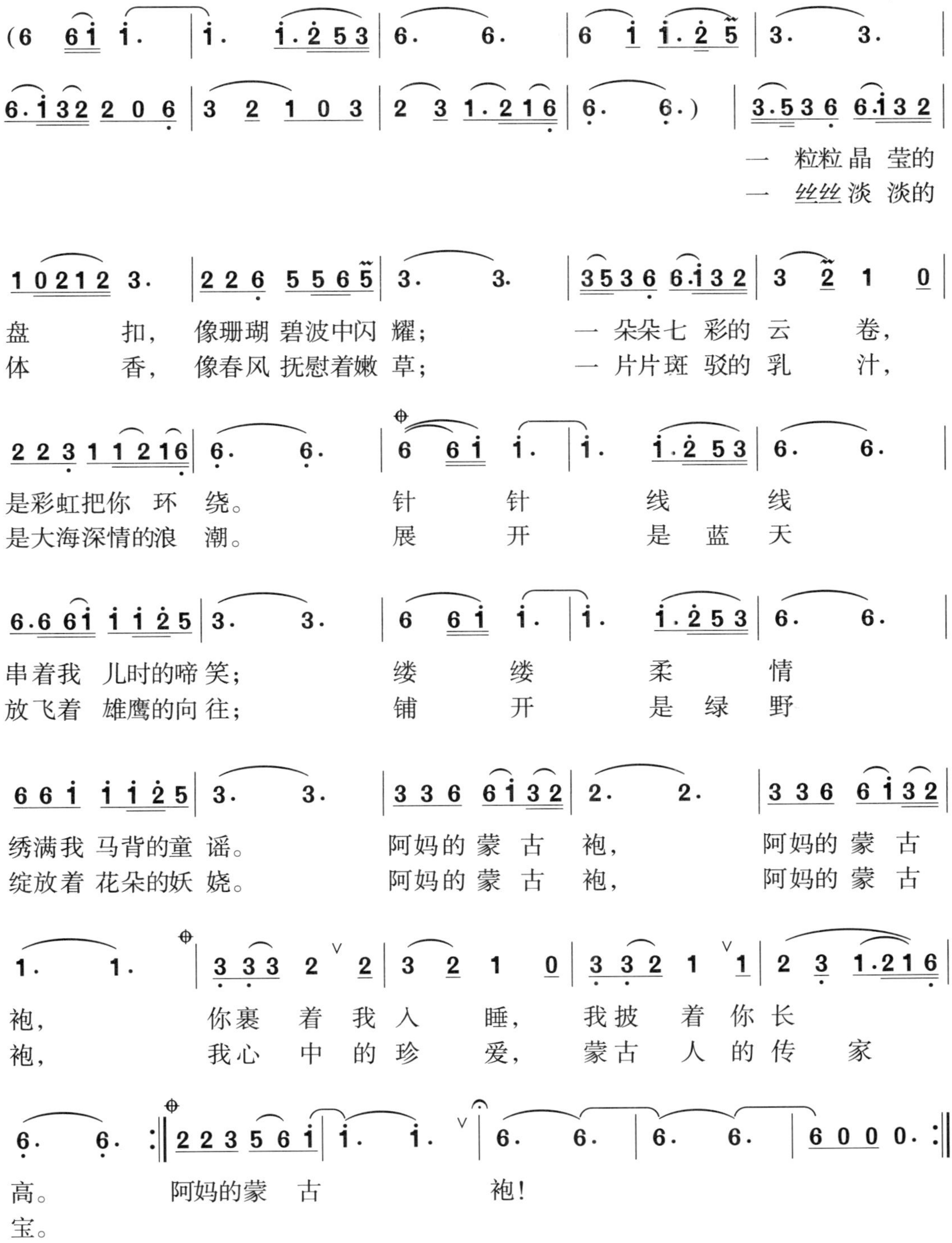

一 粒粒晶 莹的
一 丝丝淡 淡的
盘 扣，像珊瑚 碧波中闪 耀；一 朵朵七 彩的 云 卷，
体 香，像春风 抚慰着嫩 草；一 片片斑 驳的 乳 汁，
是彩虹把你 环 绕。针 针 线 线
是大海深情的浪 潮。展 开 是 蓝 天
串着我 儿时的啼 笑；缕 缕 柔 情
放飞着 雄鹰的向 往；铺 开 是 绿 野
绣满我 马背的童 谣。阿妈的 蒙 古 袍，阿妈的 蒙 古
绽放着 花朵的妖 娆。阿妈的 蒙 古 袍，阿妈的 蒙 古
袍，你裹 着 我 入 睡，我披 着 你 长
袍，我心 中 的 珍 爱，蒙古 人 的 传 家
高。阿妈的蒙 古 袍！
宝。

兴安之恋

1=F 4/4

高 俊 词
那日松 曲

中快板 热情地赞颂 ♩=75

```
(3 5 | 6 1̇ - 5 3 | 6 - - 5 3 | 2. 3 1 2 1 6 5 | 5 - - - |
3 6 1̇ 1. 2 | 3.5 2 3 5 - 5 6 1 3 1 2 1 | 6 - - - ) | 6 3 - 5 6 |
```
　　　　　　　　　　　　　　　　　　　　　　　　　　天 上　有
　　　　　　　　　　　　　　　　　　　　　　　　　　水 上　有

```
1 2 1̇ 6 5 | 1 2 3 6 5 6 5 | 3 - - - | 5 6 1̇ - 6 | 5 6 5 3 2 |
```
美　丽 的 白 天　　鹅，　　　　　地 上 有 哺 育 我 的
珍　奇 的 丹 顶　　鹤，　　　　　陆 上 有 抚 养 我 的

```
1 6̇ 1.2 3 5 | 2 - - - | 3 2 3 5. 3 | 2 3 1 6̇ - | 6 5 6 1̇. 6 |
```
洮　儿　　河。　　　　稻 浪 草 浪 绕 毡 房，　羊 鞭 赶 着
洮　儿　　河。　　　　飞 花 点 翠 裁 锦 绣，　人 间 奇 迹

```
5 6 5 3 - | 5. 3 5 6 1̇ | 6 5 6 5 3 6 | 6 2 2 2 5 3 1 2 1 | 6 - - 3 5 |
```
白 云　朵。　　鹿 鸣 回 响 大 森　林，　渔 歌 唱 绿 万 顷　波。　　　　　啊，
手 上　托。　　神 山 圣 水 捧 兴　安，　北 疆 明 珠 在 闪　烁。

```
6 1̇ - 5 3 | 6 - - 5 3 | 2.3 1 2 1 6 5 | 5 - - - | 3 6 1̇ 1 1 2 |
```
洮　儿　河　哟　　多 情　　的　河，　　　马 背　造 就 了
　　　　　　　　　沸 腾　　的　河，　　　草 原　塑 造 了

```
        1.                    ( 3 5 ) 2.
3.5 2 3 5 - | 5 6 1 3 1 2 1 | 6 - - - :‖ 6 - - - | 3 6 1̇ 1 1 2 |
```
我　　们 豪 迈 的 性　格。　　　　　　　　　　　　草 原 塑 造 了
我　　们 民 族 的 魂　　　魄！

```
                    rit...              1.               3.
3.5 2 3 5 - | 5 6 1̇ 2 3 1 2 1 | 6 - - - | 6 - - - | 6 0 0 0 ‖
```
我　　们 民 族 的 魂　　　魄！

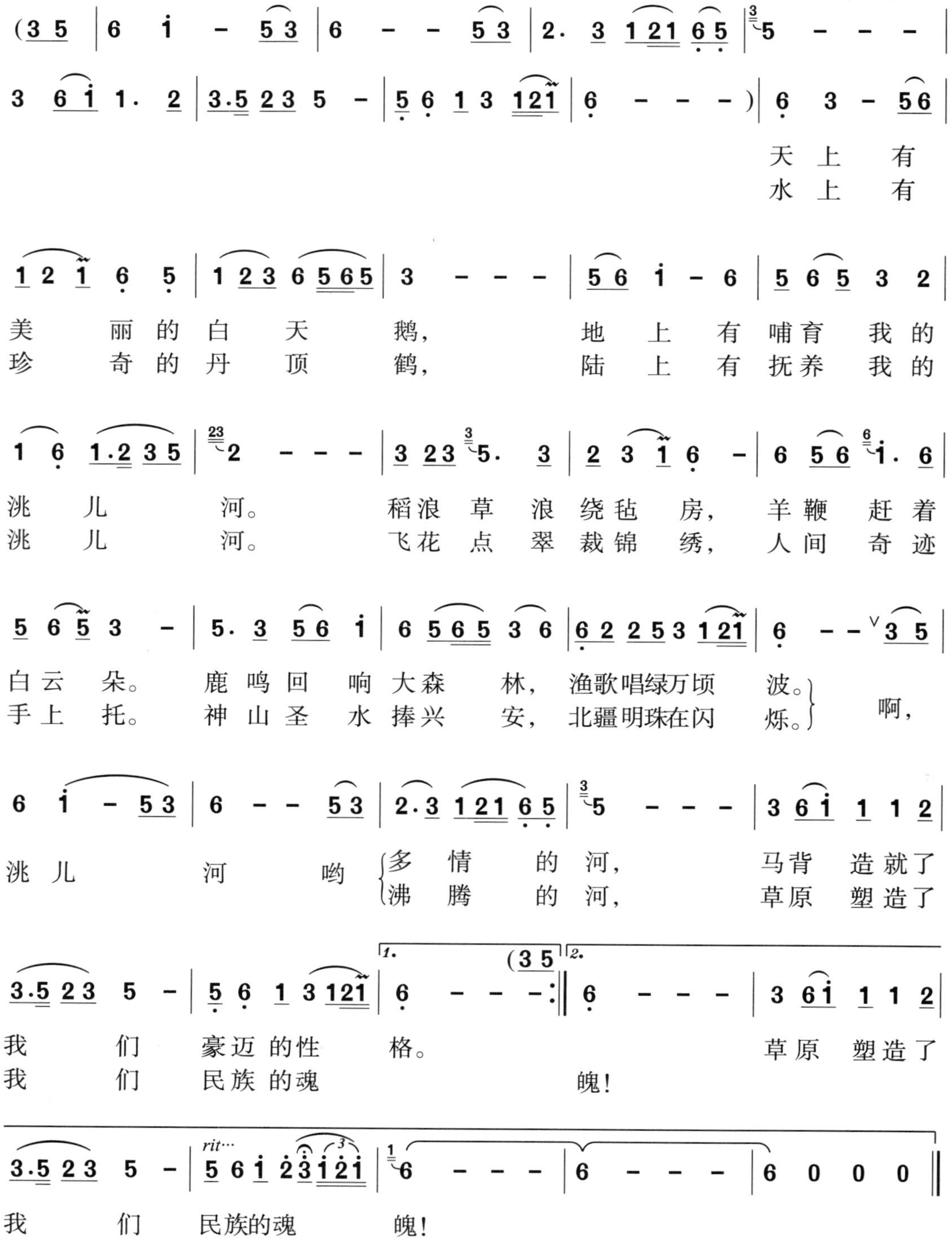

兴 安 颂

联　庄 词
那日松 曲

1=D 4/4

赞美地

5356 ‖: 3 − − − | 35 i2i 6 − | i656 i.3 2 | 3235 5 − − |

656 i 523 6 | 5612 3.5 2 | 1656 1 − −) | 3 56 i.6 56i 121 65 |

　　　　　　　　　　　兴 安 岭哟山 连
　　　　　　　　　　　科尔沁草 原哟宽 无

5 − − − | i 656 3. 2 | 121 65 6.i 53 | 2 − − 12 |

山，　　　风 吹 林 海 起 波 澜。　都
边，　　　牧 草 青 青 连 蓝 天。　都

3 05 6 53 | 23 0 1 6 − | 65 6i 2 323 | 5 − − 561 |

说　　这 里 风 光 美，　山 光 水 影 似
说　　这 里 牛 羊 多，　就 像 群 星 落

3. 5 2 1656 | 1 − − 53 | 3 − − − | 32 i6 5 63 |

画　　　卷。　　啊 啊　　　这 是 我 美 丽 的
草　　　原。　　啊 啊　　　这 是 我 繁 荣 的

(5356)

5 6i 2 − | 2 56i 6. 3 | 2 323 5. 0 | 2 1656 1 −:‖

兴　安，　　我 怎 能 不 把 你 颂 扬。
兴　安，　　我 怎 能 不 把 你 歌 唱。

56i 6. 3 2 | 323 5 2 1656 | i − − − | i 0 0 0 ‖

我 怎 能 不 把 你 歌　唱。

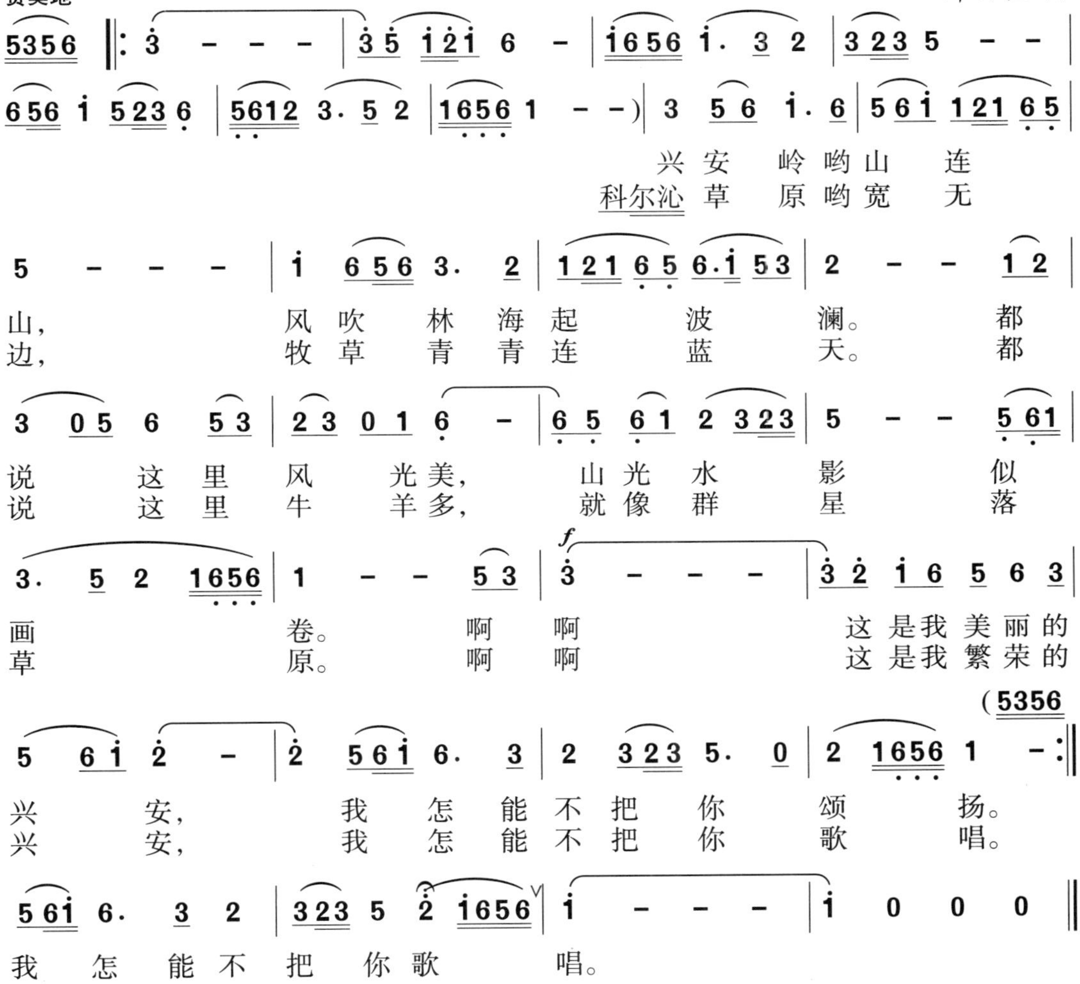

第二节　蒙古族民歌

摇 篮 歌

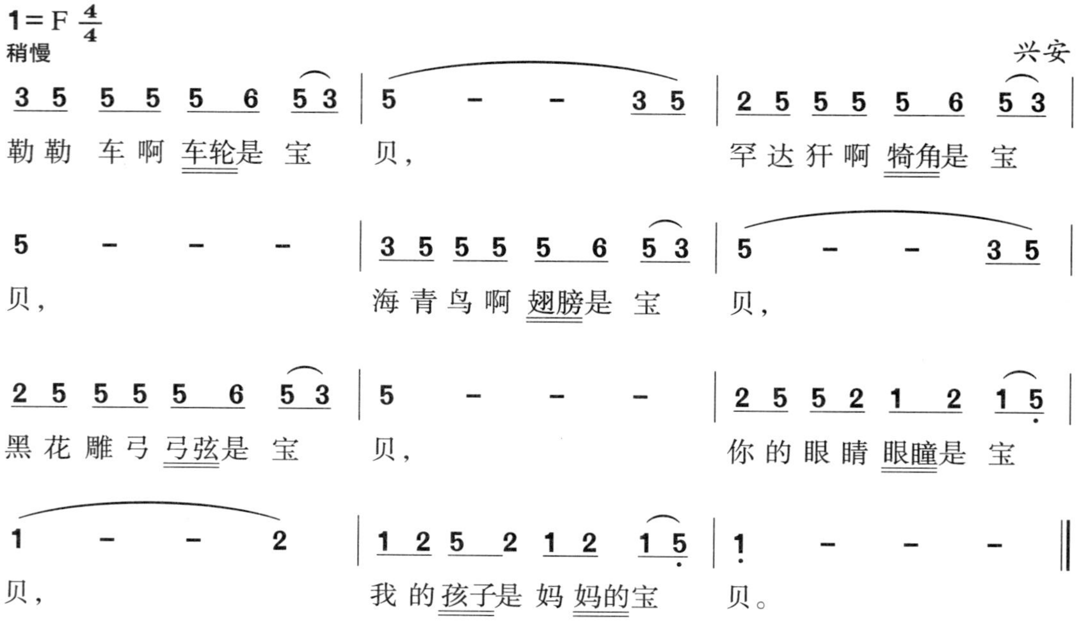

1=F 4/4
稍慢

兴安

```
3 5  5 5  5 6  5 3 | 5  —  —  3 5 | 2 5  5 5  5 6  5 3 |
勒勒  车啊 车轮是 宝  贝,           罕达犴啊 犄角是 宝
```

```
5  —  —  — | 3 5  5 5  5 6  5 3 | 5  —  —  3 5 |
贝,           海青鸟啊 翅膀是 宝  贝,
```

```
2 5  5 5  5 6  5 3 | 5  —  —  — | 2 5  5 5  2 1  2 1 5 |
黑花雕弓 弓弦是 宝  贝,           你的眼睛 眼瞳是 宝
```

```
1  —  —  2 | 1 2  5 2  1 2  1 5 | 1  —  —  — ‖
贝,           我的孩子是 妈妈的宝  贝。
```

诺文吉娅

1=A 4/4 3/4
稍慢

兴安

```
6 2 1  6 5  3 | 3/4 2 5  3  — | 2 3  6 5  3 2  1 6 | 1 3  2  — |
1.嫩  江 的 岸上,     马儿 拖着 缰 绳。
2.驾 起了长 辕子 车辆,     走也 走不到的 地 方。
```

```
1 2  3  3 5  6 | 5 6  1. | 2 | 5 6  2 1  6 5  3 | 5 1  6  — ‖
性情温 顺的诺文吉  娅, 嫁 到 遥 远的地  方。
花翅膀 的 凤凰,   飞 也 飞不到的 地  方。
```

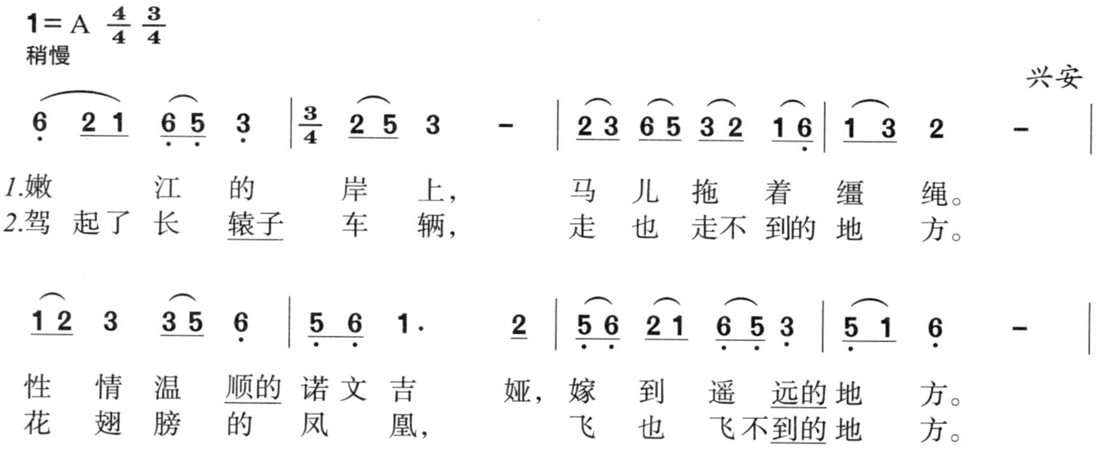

$\underset{\cdot}{6}$ $\underline{\underset{\cdot}{2}\,\underset{\cdot}{1}}$ $\underline{\underset{\cdot}{6}\,\underset{\cdot}{5}}$ $\underset{\cdot}{3}$ ｜ $\underline{2\,5}$ 3 － ｜ $\underline{2\,3}$ $\underline{\underset{\cdot}{6}\,\underset{\cdot}{5}}$ $\underline{3\,2\,\underset{\cdot}{1}\,\underset{\cdot}{6}}$ ｜ $\underline{1\,3}$ 2 － ｜

海青　河的　岸　上，　　　马儿　抬头　张　望。

套上　大轮子　车　辆，　　　赶也　赶不到的　地　方。

$\underline{1\,2}$ 3 $\underline{3\,5}$ $\underset{\cdot}{6}$ ｜ $\underline{\underset{\cdot}{5}\,\underset{\cdot}{6}}$ $1\cdot$ 2 ｜ $\underline{\underset{\cdot}{5}\,\underset{\cdot}{6}}$ $\underline{\underset{\cdot}{2}\,\underset{\cdot}{1}}$ $\underline{\underset{\cdot}{6}\,\underset{\cdot}{5}}$ $\underset{\cdot}{3}$ ｜ $\underline{5\,1}$ $\underset{\cdot}{6}$ － ：｜

性情　可爱的　诺文吉　娅，嫁　到　遥远的　地　方。

蓝翅膀　的　孔雀，　　　飞也　飞不到的　地　方。

丁香波尔

1＝C　$\frac{2}{4}$

稍快

哲里木

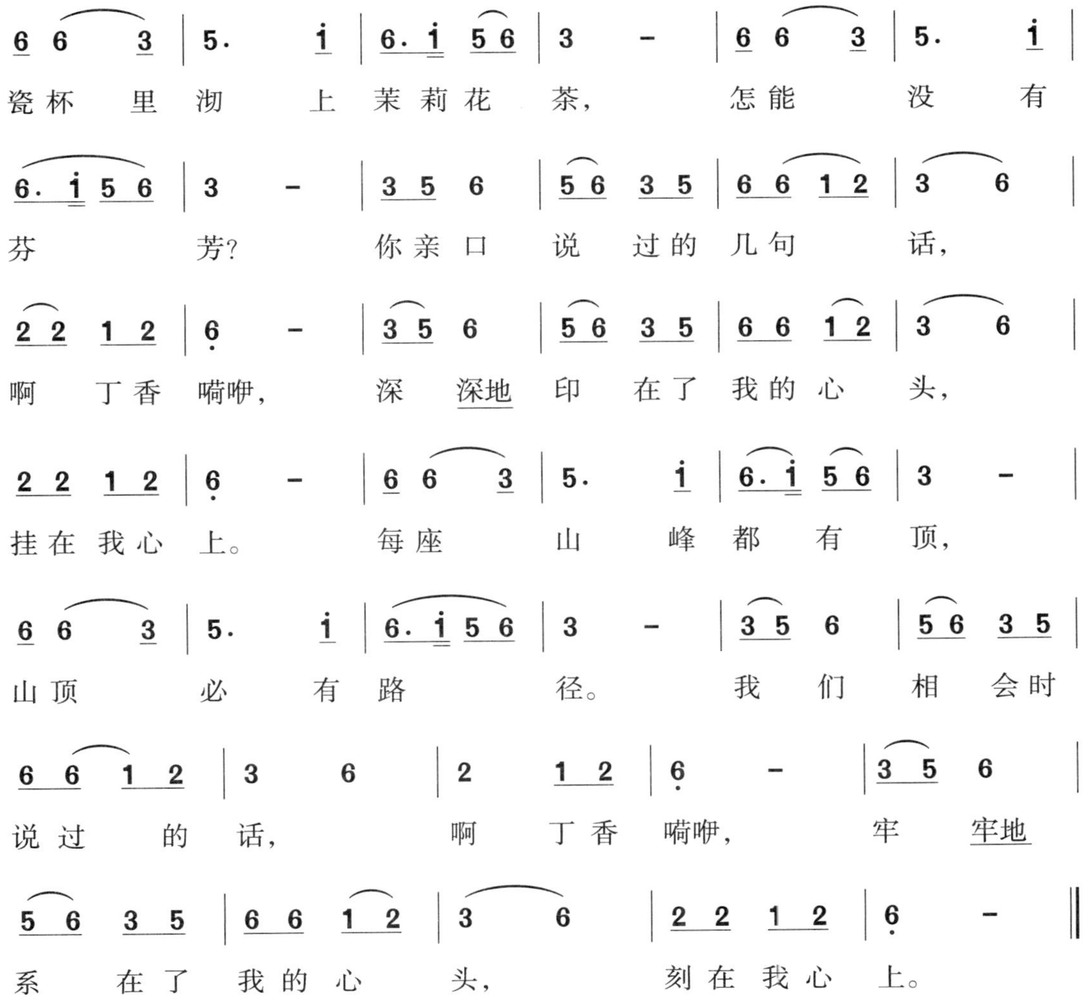

$\underline{\underset{\cdot}{6}\,6}$ $\underline{\underset{\cdot}{3}}$ ｜ $5\cdot$ $\dot{1}$ ｜ $\underline{6\cdot\dot{1}}$ $\underline{5\,6}$ ｜ 3 － ｜ $\underline{\underset{\cdot}{6}\,6}$ $\underline{\underset{\cdot}{3}}$ ｜ $5\cdot$ $\dot{1}$ ｜

瓷杯　里沏　上　茉莉花　茶，　　怎能　　没　有

$\underline{6\cdot\dot{1}}$ $\underline{5\,6}$ ｜ 3 － ｜ $3\,5\,6$ ｜ $\underline{5\,6}$ $\underline{3\,5}$ ｜ $\underline{6\,6}$ $\underline{1\,2}$ ｜ 3 6 ｜

芬　　芳？　你亲口　说　过的　几句　话，

$\underline{2\,2}$ $\underline{1\,2}$ ｜ $\underset{\cdot}{6}$ － ｜ $3\,5\,6$ ｜ $\underline{5\,6}$ $\underline{3\,5}$ ｜ $\underline{6\,6}$ $\underline{1\,2}$ ｜ 3 6 ｜

啊丁香　嘀咿，　深　深地　印　在了　我的心　头，

$\underline{2\,2}$ $\underline{1\,2}$ ｜ $\underset{\cdot}{6}$ － ｜ $\underline{6\,6}$ $\underline{3}$ ｜ $5\cdot$ $\dot{1}$ ｜ $\underline{6\cdot\dot{1}}$ $\underline{5\,6}$ ｜ 3 － ｜

挂在　我心　上。　每座　山　峰都　有顶，

$\underline{6\,6}$ $\underline{3}$ ｜ $5\cdot$ $\dot{1}$ ｜ $\underline{6\cdot\dot{1}}$ $\underline{5\,6}$ ｜ 3 － ｜ $3\,5\,6$ ｜ $\underline{5\,6}$ $\underline{3\,5}$ ｜

山顶　必　有路　径。　我们　相　会时

$\underline{6\,6}$ $\underline{1\,2}$ ｜ 3 6 ｜ 2 $\underline{1\,2}$ ｜ $\underset{\cdot}{6}$ － ｜ $3\,5\,6$ ｜

说过　的话，　啊　丁香　嘀咿，　牢　牢地

$\underline{5\,6}$ $\underline{3\,5}$ ｜ $\underline{6\,6}$ $\underline{1\,2}$ ｜ 3 6 ｜ $\underline{2\,2}$ $\underline{1\,2}$ ｜ $\underset{\cdot}{6}$ － ‖

系　在了　我的心　头，　刻在　我心　上。

天　鹅

1 = G　4/4

中板

巴彦淖尔

```
3  16 5  -  | 5  61 6  -  | 6  53 12 53 | 2  -  -  - |
```

1.天　　鹅，　　天　　鹅，　　洁　白　的　天　　鹅！
2.天　　鹅，　　天　　鹅，　　赛　过　那　白　海　螺！

```
5  61 6  -  | 2  16 5.  6 | 3  16 5 63 | 1.6 -  -  - |
```

低　飞　徘　　徊　　落　在　芦　苇　荡。
高　飞　盘　　旋　　寻　找　清　清　湖　泊。

```
3  16 5  -  | 5  61 6  -  | 6  53 12 53 | 2  -  -  - |
```

客　　人，　　客　　人，　　尊　贵　的　客　　人！
亲　　人，　　亲　　人，　　从　那　远　方　来。

```
5  61 6  -  | 2  16 5.  6 | 3  16 5 63 | 1.6 -  -  - :|
```

让　我　们　　通　宵　达　旦　唱　起　欢　乐　歌。
让　我　们　　敬　上　美　酒　共　同　来　欢　乐。

车里湖畔

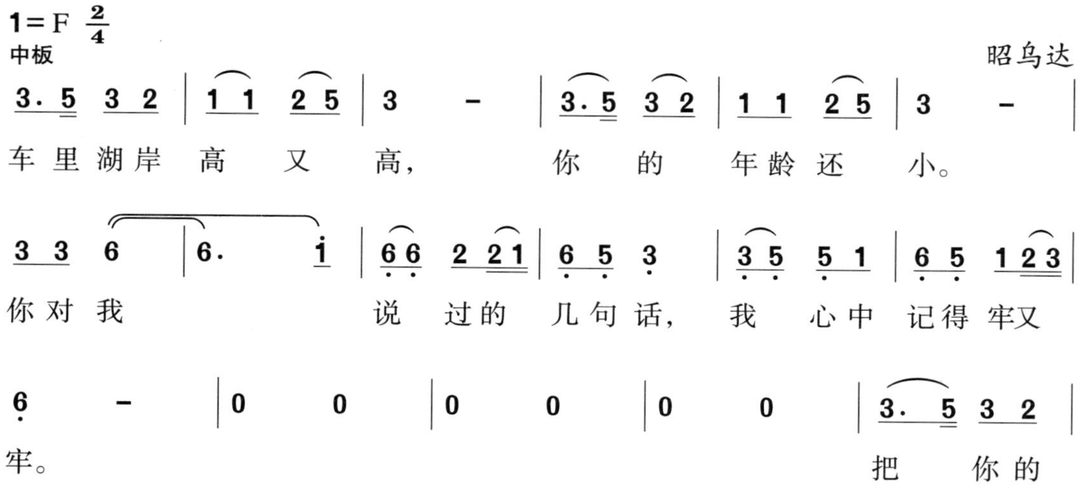

1 = F　2/4

中板

昭乌达

```
3.5 32 | 11 25 | 3  -  | 3.5 32 | 11 25 | 3  -  |
```

车　里　湖　岸　高　又　高，　你　的　年　龄　还　小。

```
3  3  6 | 6.  1 | 66 221 | 65 3 | 35 51 | 65 123 |
```

你　对　我　　说　过　的　几　句　话，　我　心　中　记　得　牢　又

```
6  -  | 0  0 | 0  0 | 0  0 | 3.5 32 |
```

牢。　　　　　　　　　　　　　　把　你　的

戒 指 取 下 来，戴 在 手 上 心 连 着 心，
哪 怕 相 隔 千 万 里，你 我 永 远
不 分 离。把 你 的 手 帕 留 下 来，
我 们的 生 命 连 接 在 一 起。哪 怕
天 各 一 方，你 永 远在 我 的 心 坎 里。

达　古　拉

1=C $\frac{2}{4}$
中板

哲里木

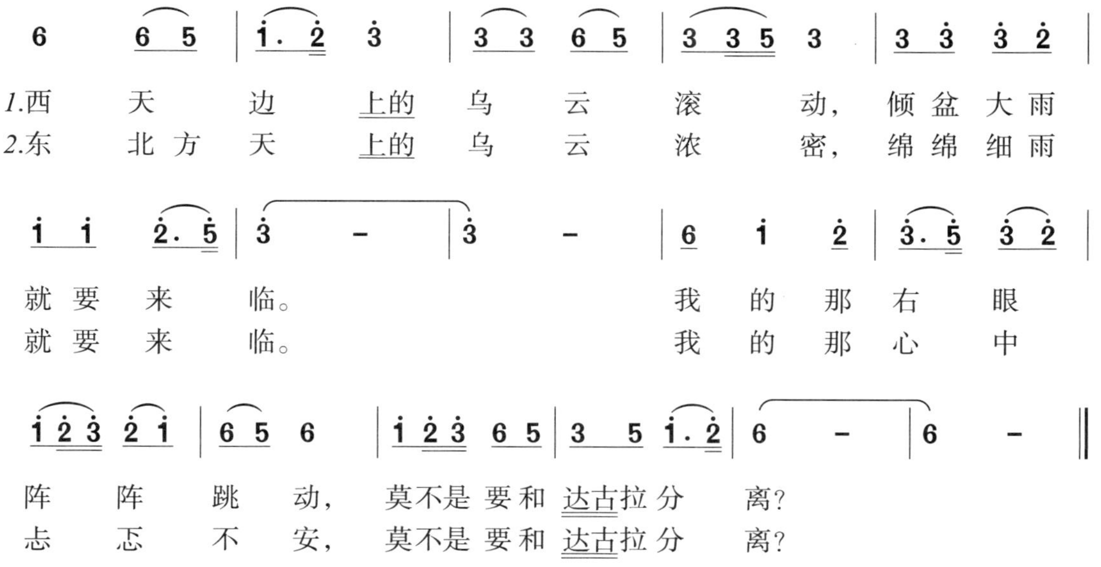
1.西 天 边 上的 乌 云 滚 动，倾 盆 大 雨
2.东 北 方 天 上的 乌 云 浓 密，绵 绵 细 雨
就 要 来 临。我 的 那 右 眼
就 要 来 临。我 的 那 心 中
阵 阵 跳 动，莫不是 要 和 达古拉 分 离？
忐 忑 不 安，莫不是 要 和 达古拉 分 离？

乌尤黛

1=♭B $\frac{2}{4}$

中板

哲里木

想念你呀我是多么想念你，呵乌尤
假如我是一只能飞翔的蝴蝶哟，呵乌尤
黛！备好我的白马月夜里去见你
黛！落在你的胸襟上永远望着你
嗬咿。月夜里备马那还不要紧，呵乌尤
嗬咿。可惜我不是能飞翔的蝴蝶哟，呵乌尤
黛！一头撞在大树上躺了一月还没起嗬咿。
黛！两眼含泪从那远方呼唤你嗬咿。

达雅波尔

1=D $\frac{4}{4}$

稍慢

阜新

登上金色的兴安岭哟，举目瞭望嗬咿，
好像望到我的故乡蒙古镇旗地方嗬咿。
走下金色的兴安岭哟，心中惆怅嗬咿，
好像听到我那十岁的孩儿达雅波尔的哭声嗬咿。

龙　梅

1=♭A $\frac{4}{4}$

稍慢

兴　安

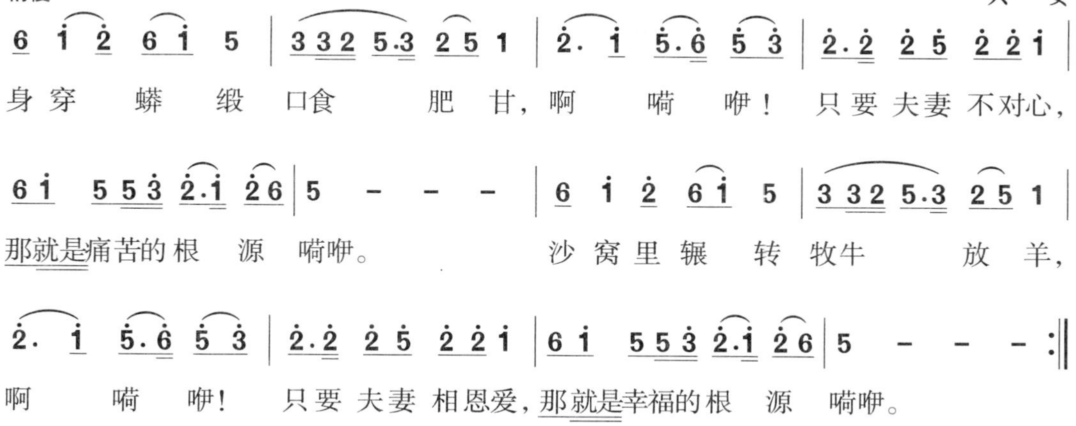
身穿蟒缎口食肥甘，啊嗬咿！只要夫妻不对心，
那就是痛苦的根源嗬咿。沙窝里辗转牧牛放羊，
啊嗬咿！只要夫妻相恩爱，那就是幸福的根源嗬咿。

嘎达梅林

（叙事歌）

1=F $\frac{4}{4}$

稍慢

内蒙古 哲里木盟

蒙　古　族

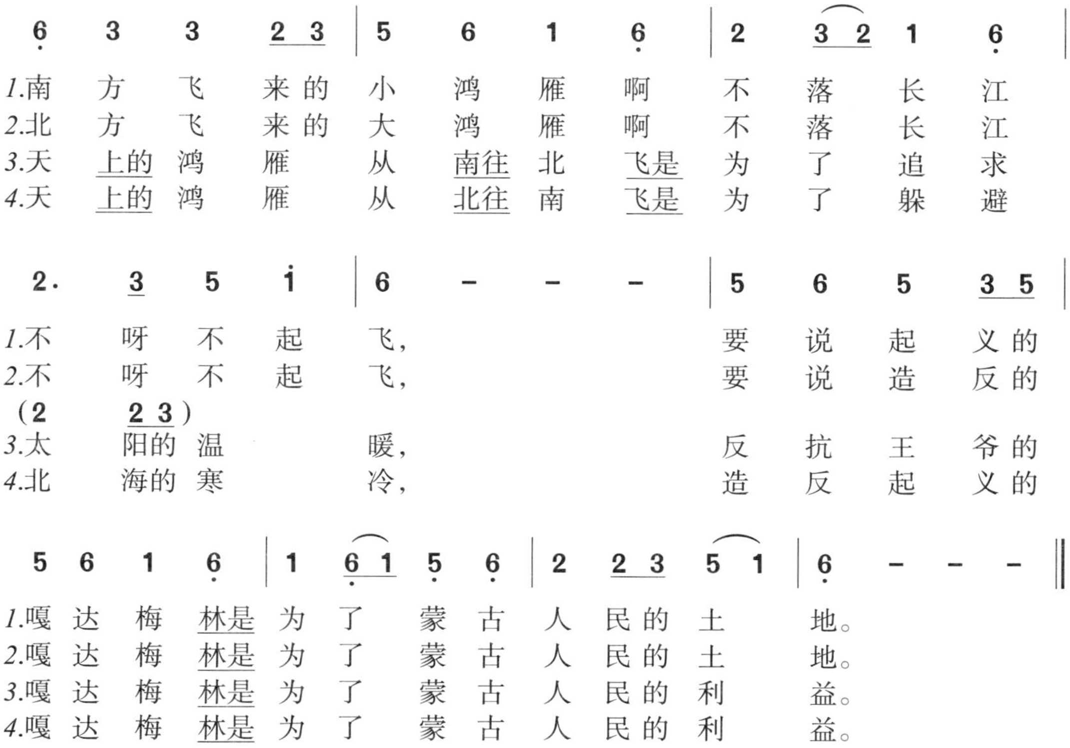
1.南方飞来的小鸿雁啊不落长江
2.北方飞来的大鸿雁啊不落长江
3.天上的鸿雁从南往北飞是为了追求
4.天上的鸿雁从北往南飞是为了躲避
1.不呀不起飞，要说起义的
2.不呀不起飞，要说造反的
3.太阳的温暖，反抗王爷的
4.北海的寒冷，造反起义的
1.嘎达梅林是为了蒙古人民的土地。
2.嘎达梅林是为了蒙古人民的土地。
3.嘎达梅林是为了蒙古人民的利益。
4.嘎达梅林是为了蒙古人民的利益。

黑缎子坎肩

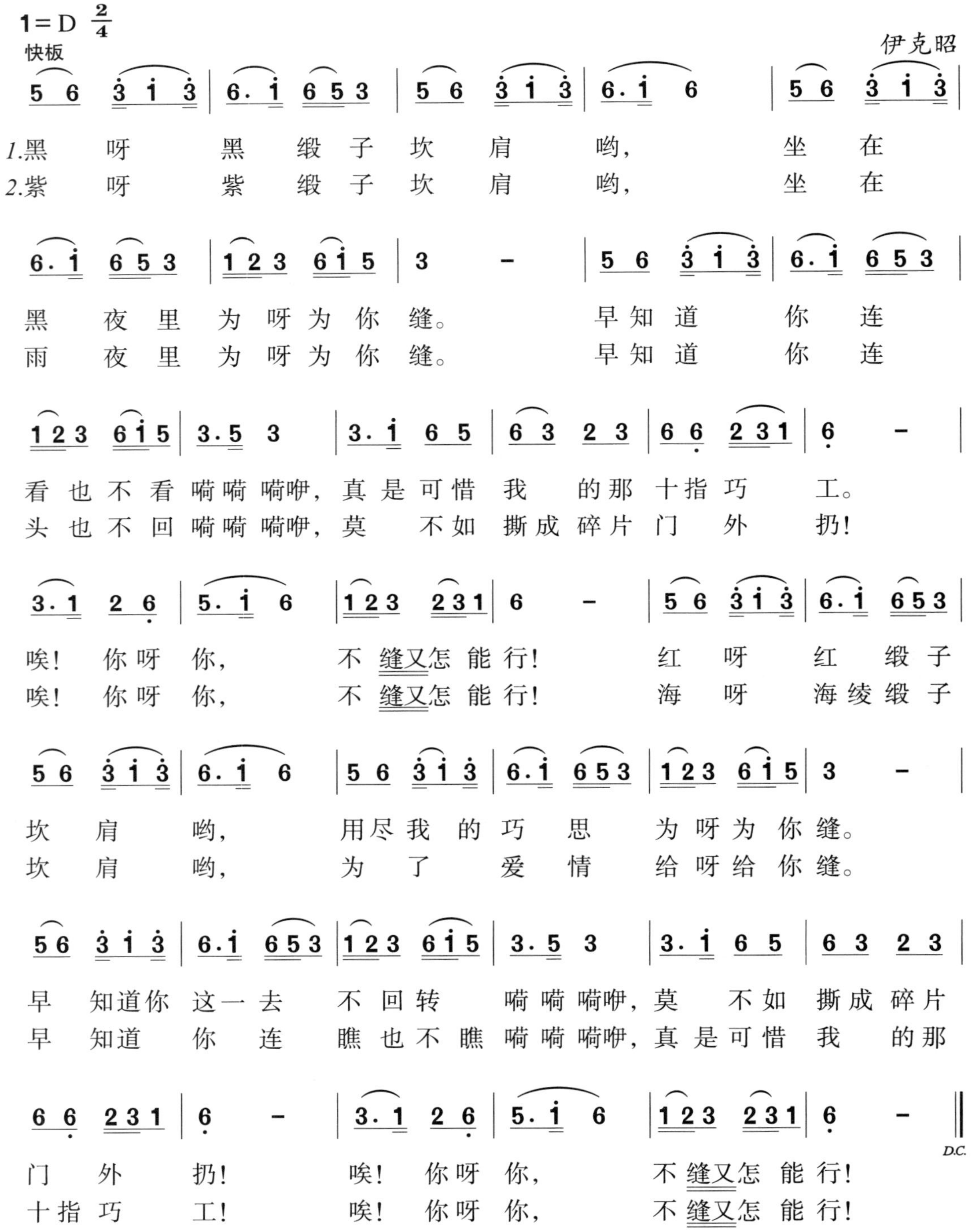
1=D 2/4
快板
伊克昭
1.黑 呀 黑 缎 子 坎 肩 哟，坐 在
2.紫 呀 紫 缎 子 坎 肩 哟，坐 在
黑 夜 里 为 呀 为 你 缝。早 知 道 你 连
雨 夜 里 为 呀 为 你 缝。早 知 道 你 连
看 也 不 看 嘀嘀 嘀咿，真 是 可 惜 我 的 那 十 指 巧 工。
头 也 不 回 嘀嘀 嘀咿，莫 不 如 撕 成 碎 片 门 外 扔！
唉！你 呀 你，不 缝又怎 能 行！红 呀 红 缎 子
唉！你 呀 你，不 缝又怎 能 行！海 呀 海 绫 缎 子
坎 肩 哟，用 尽 我 的 巧 思 为 呀 为 你 缝。
坎 肩 哟，为 了 爱 情 给 呀 给 你 缝。
早 知道你 这 一 去 不 回 转 嘀 嘀 嘀咿，莫 不 如 撕 成 碎 片
早 知道 你 连 瞧 也 不 瞧 嘀 嘀 嘀咿，真 是 可 惜 我 的 那
门 外 扔！唉！你 呀 你，不 缝又怎 能 行！
十 指 巧 工！唉！你 呀 你，不 缝又怎 能 行！
D.C.

嫁 女 歌

1＝C 2/4

中板

伊克昭

```
6  6̂5 3  3 | 6   6̂5 3̂5 | 6   -  | 2̇ 1  2 3 | 2   3̂ 1̇ 3 |
```

1.跨上　宝马　紫檀　红，　　　　向着　旃檀　召　启
2.沙梁　弯弯　沙梁　高，　　　　黄骠　马儿　在　奔

```
1̣6   -  | 6 6̂5 6 6 | 2̇. 5̇ 3̇ 1̇ | 2̇   -  | 3̇ 3̇  3 5̇ |
```

程。　　　　金色　世界　多　美　好，　　　祝愿　众生
跑。　　　　身穿　蟒缎　头戴　珊　瑚，　　我的　女儿

```
6   2̇ 1̂ 3̇ | 1̣6   -  | 6 6̂5 3 3 | 6   6̂5 3̂5 | 6   -  |
```

幸福　安　　宁。　　　　湖水　结冰　冰　面　平，
多　俊　　俏。

```
2̇ 1  2 3 | 2   3̂ 1̇ 3 | 1̣6   -  | 6 6̂5 6 6 | 2̇. 5̇ 3̇ 1̇ |
```

银斑　白马　在　驰　骋，　　　　珠光　宝气　容光　焕

```
2̇   -  | 3̇ 3̇  3 5̇ | 6   2̇ 1̂ 3̇ | 1̣6   -  ‖
```

发，　　　我的　女儿　美丽　聪　　明。

木 色 烈

1＝C 4/4 3/4

稍慢

哲里木

```
5   1̂6 5̣. 6̣ 5̣5 | 5̣ 5̣.   5  5 3 | 5   1̂6 5̣. 6̣ 5̣3 |
```

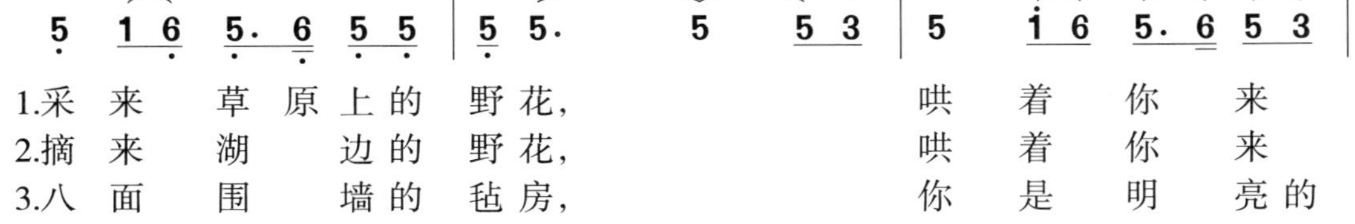

1.采来　草原上的　野花，　　　　哄　着　你　来
2.摘来　湖边的　野花，　　　　哄　着　你　来
3.八面　围墙的　毡房，　　　　你是　明亮　的

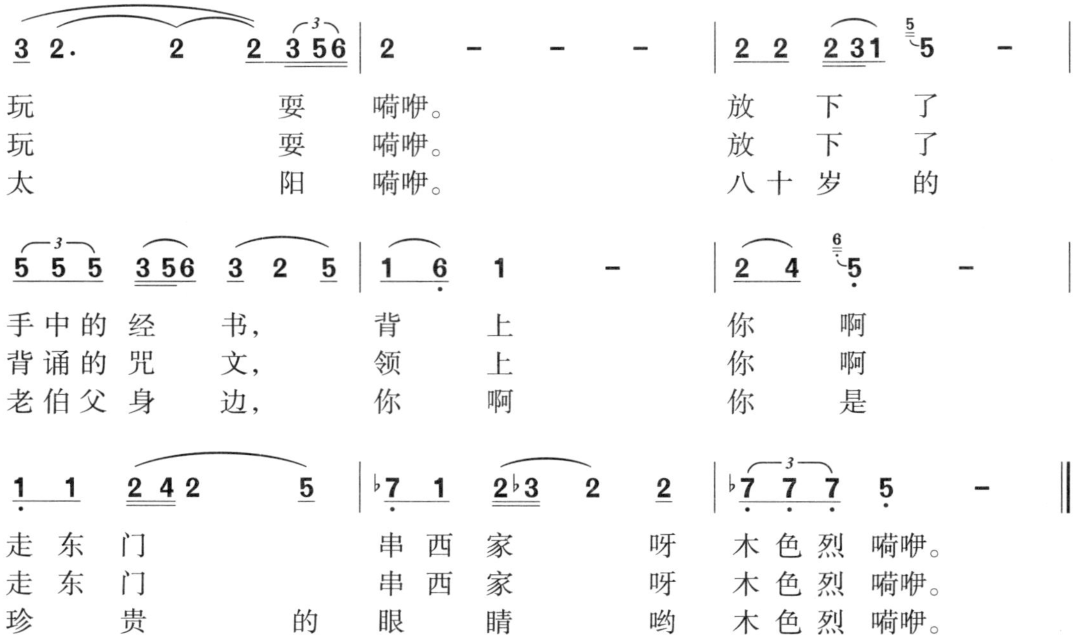
玩 耍 啃咿。放 下 了 手中的经 书，背 上 你 啊 走 东 门 串 西 家 呀 木色烈 啃咿。
玩 耍 啃咿。放 下 了 背诵的咒 文，领 上 你 啊 走 东 门 串 西 家 呀 木色烈 啃咿。
太 阳 啃咿。八十岁 的 老伯父身 边，你 啊 你 是 珍 贵 的 眼 睛 哟 木色烈 啃咿。

鹿花背的白马

1=C $\frac{4}{4}$

稍慢

锡林郭勒

1.鹿 花 背 的 白 马 啃咿，轻 轻 嘶 叫 我 就 知 道 了。我 亲 爱 的 情 人 啃咿，轻 轻 一 笑 我 就 知 道 了。
2.路 有 荆 棘 不 怕 难，山 有 岩 石 没 能 阻 拦。只 因 为 我 深 深 爱 着 你，信 守 诺 言 前 来 相 见。

森吉德玛

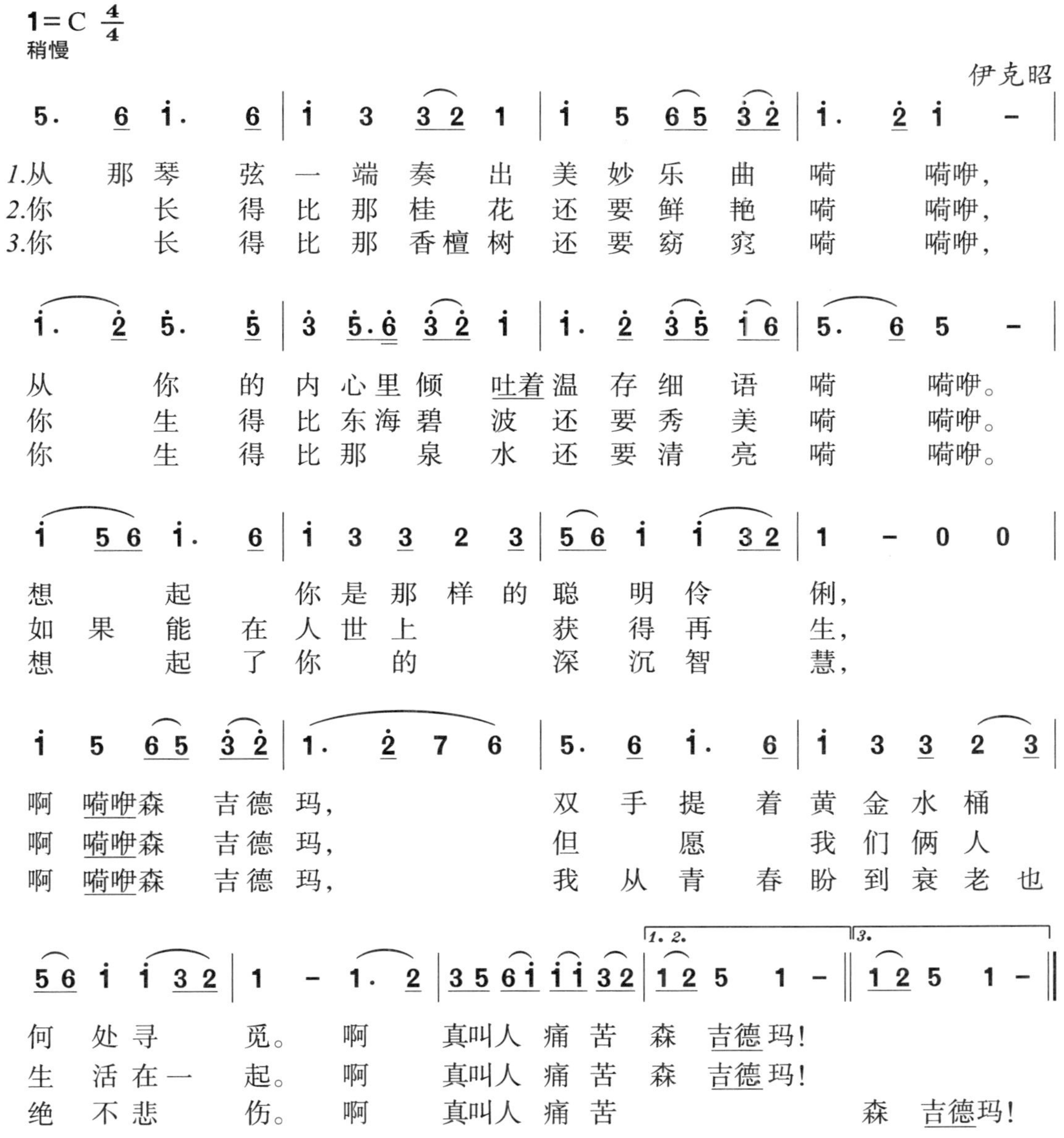

1= C 4/4
稍慢

伊克昭

```
5.  6  i.  6 | i  3  321  1 | i  5  65  32 | i.  2i  i  - |
```

1.从　那琴　弦　一　端奏　出美　妙乐　曲嗬　嗬咿，
2.你　长　得比　那桂　花还　要鲜　艳嗬　嗬咿，
3.你　长　得比　那香　檀树还　要窈　窕嗬　嗬咿，

```
i.  2  5.  5 | 3  5.6  32  i | i.  2  35  16 | 5.  6  5  - |
```

从　　你的内心里倾　吐着温　存细　语嗬　　嗬咿。
你　　生得比东海碧波还要秀美嗬　　嗬咿。
你　　生得比那泉水还要清亮嗬　　嗬咿。

```
i  56  i.  6 | i  3  3  23 | 56  i  i  32 | 1  -  0  0 |
```

想　起　你是那样的聪　明伶　俐，
如果　能在人世上　获得再　生，
想　起了你的　深沉智　慧，

```
i  5  65  32 | 1.  2  7  6 | 5.  6  i.  6 | i  3  3  2  3 |
```

啊　嗬咿森　吉德玛，　　双手提着黄金水桶
啊　嗬咿森　吉德玛，　　但愿我们俩人
啊　嗬咿森　吉德玛，　我从青春盼到衰老也

```
56  i  i  32 | 1  -  1.  2 | 35  6i  ii  32 |[1.2.] 12  5  1  - ‖[3.] 12  5  1  - ‖
```

何　处寻　觅。　啊　真叫人痛苦森　吉德玛！
生活在一　起。　啊　真叫人痛苦森　吉德玛！
绝　不悲　伤。　啊　真叫人痛苦　　森　吉德玛！

四岁的海骝马

1=♭B 3/4
中板

锡林郭勒

```
56  i.  2 | 3  55  - | 23  5.  3 | 2 5 3 2  2  - |
```

四　岁　的　海骝马，　铁蹄　飞　扬，

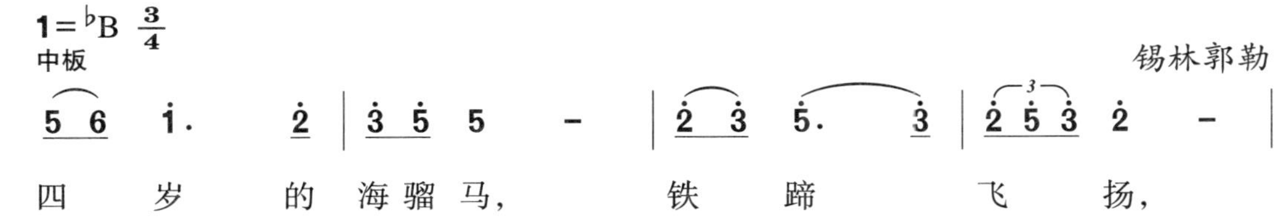

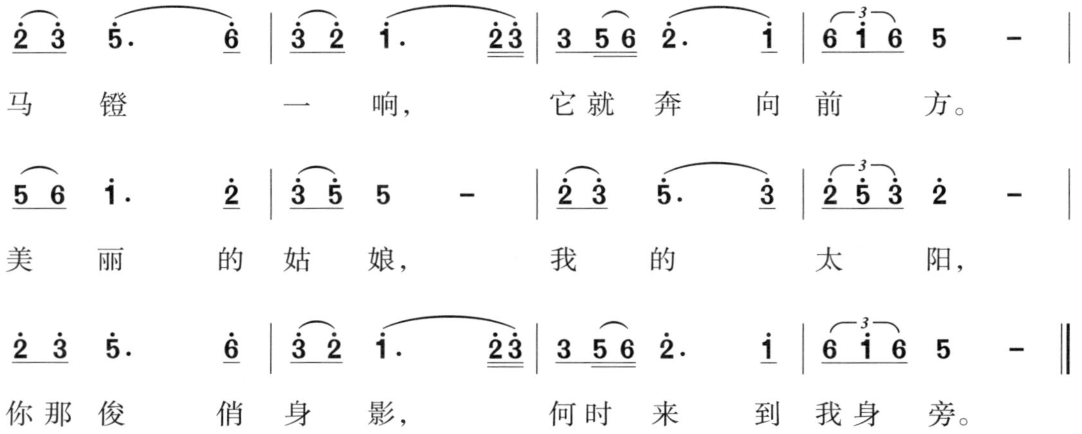
马 镫 一 响， 它就 奔 向 前 方。
美 丽 的 姑 娘， 我 的 太 阳，
你那 俊 俏 身 影， 何时 来 到 我身 旁。

辽阔的草原

1＝G $\frac{3}{4}$
中板

呼伦贝尔

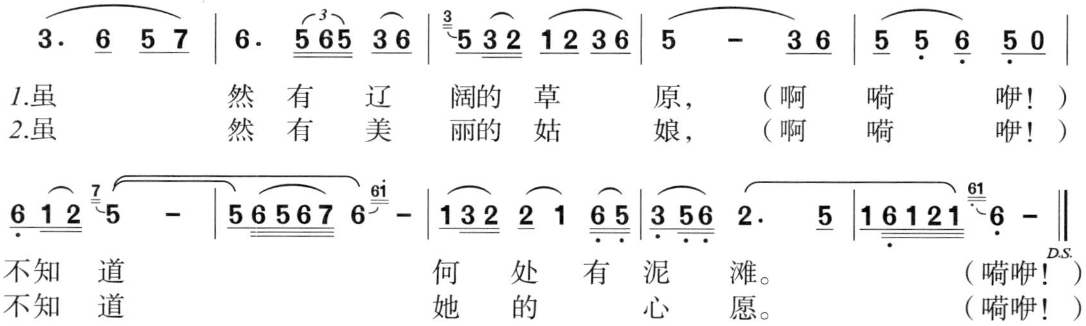
1.虽 然 有 辽 阔的 草 原，（啊 嗬 咿！）
2.虽 然 有 美 丽的 姑 娘，（啊 嗬 咿！）
不知 道 何 处 有 泥 滩。（嗬咿！）
不知 道 她 的 心 愿。（嗬咿！）
D.S.

小 黄 马

1＝C $\frac{4}{4}$
慢板

锡林郭勒

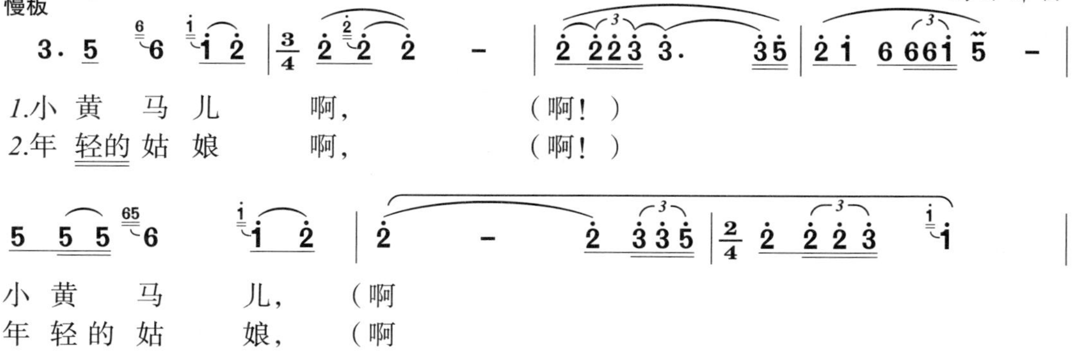
1.小 黄 马 儿 啊， （啊！）
2.年 轻的 姑 娘 啊， （啊！）
小 黄 马 儿，（啊
年 轻 的 姑 娘，（啊

3/4 3 – 3 3 5 | 2 – – | 4/4 5 3 3 6 1 2 5 6 i 2 i |
听）
听）
你 那 轻 巧 的
你 那 温 柔 的
3/4 6 6 6 i 5 – | 5 6 2 i 2 2 – | 2 2 2 3 3· 3 3 6 |
步 伐，（啊）
性 格，（啊）
2 2 2 3 i 0 | 3 3 6 2 2 2 2 3 2 i 6 | i i i 2 6 – ‖
令人陶 醉。（啊）
让我心 碎。（啊）
D.S.

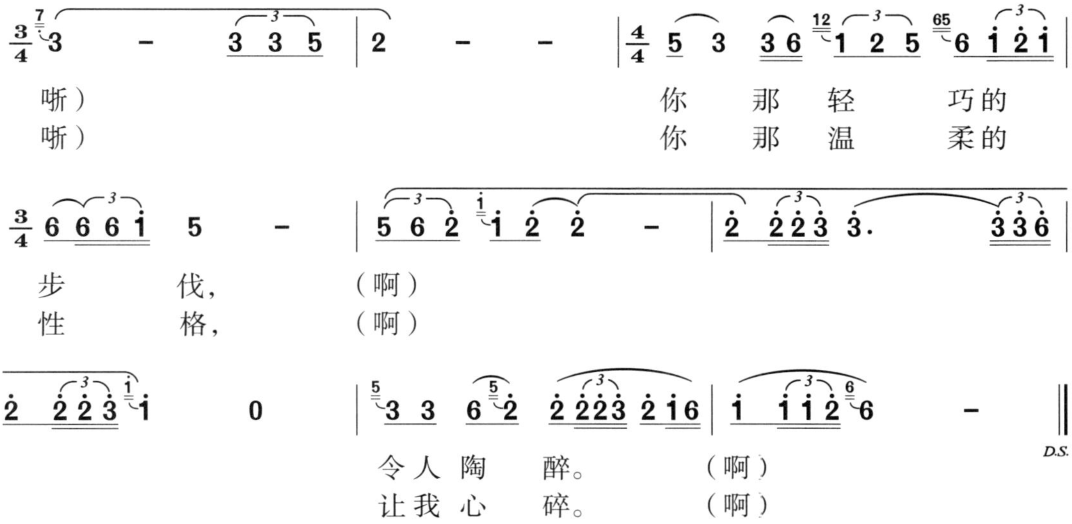

第三节 蒙古族儿歌

美丽的幼儿园

1=C 2/4

欢快

色楞傲日布 词
娜 仁 曲

| i i 5 | 6 i 5 | 2 2 3 i 6 | 5 - | i i 5 i | 6 6 5 3 |
| 幼儿园 | 幼儿园 | 我们的家园 | | 充满欢乐跳起 |

| 5 1 | 2 - | 3 5 3 | 2 1 6 | 2 2 3 5 | 6 - | 6·i 6 5 |
| 优美舞 | 唱起 | 悠扬 欢快歌 | 我们的 |

| 6 i 6 5 | i 2 | 3 - | 2 2 3 | 5· | 6 3 2 i | i - ‖
| 幼 儿园真美 好 | 天堂 般 的真美 好 |

庆祝国庆

1=F 2/4

欢快地

伊·巴德仍贵 词曲

| 6 i | 6 5 3 | 5 6 i 5 | 6 - | 6 6 i | 6 5 3 | 5 6 i 5 | 3 - |
| 百 灵 鸟 | 百 灵 鸟 | 快 快 醒 来 快 快 醒 来 |

| 6 6 1 | 2· 3 | 5 i | 6 5 3 | 2 3 5 6 | i 0 5 0 | 6 6 i·5 | 6 - ‖
| 为 国 庆 典 礼 唱 | 赞 歌 伟 大 的 祖 国 繁 荣 发 展 |

手 拉 手

1 = D 2/4

欢快地

```
1  13 | 1  - | 55 56 | 5  - | 6. 5 | 33 1 | 22 23 | 2  - |
小 朋 友    小 朋 友    快 来 手拉手拉成圆  圈
```

```
1  13 | 1  - | 5 56 | 5  - | 6. 5 | 3 1 | 2 23 | 1  - ‖
走 一 步    蹲 一 蹲    拍 拍 手    拍 拍 手
```

唱起来，跳起来

1 = D 2/4

壮观地

阿拉坦·胡雅格 词曲

```
1  55 | 3.2 1 0 | 1  55 | 3.2 1 0 | 1 5 5 5 | 65 6 1 | 5  - | 5  1 |
童 年 的 朋 友 们   欢 快 地 玩 耍   百 灵 鸟 在 歌     唱
```

```
1  55 | 3.2 1 0 | 1  55 | 3.2 1 0 | 6.1 6 5 | 3  2 | 3.2 3 5 | 1  0 |
童 年 的 朋 友 们   欢 快 地 玩 耍   山 野 花 在 挥 手 召   唤
```

```
1  55 | 6 1 1 | 1  55 | 6 1 | 1 | 3.2 3 5 | 1  5 | 3.2 3 5 | 1  0 ‖
跳 起 来 吧 唱 起 来 吧 童 年 的 幸 福 属 于 我 们
```

雨

1 = F 2/4

欢快地

```
33 33 | 21 23 | 3  - | 3  - | 33 33 | 21 23 | 6  - | 6  - |
小雨 小雨 唰 唰 唰         小树 小树 荡 悠 悠
```

```
22 22 | 6 | 65 | 3  - | 5  - | 66 33 | 21 23 | 6  - | 6  - ‖
小朋 友们 急 匆 匆         背着 书包 要 回 家
```

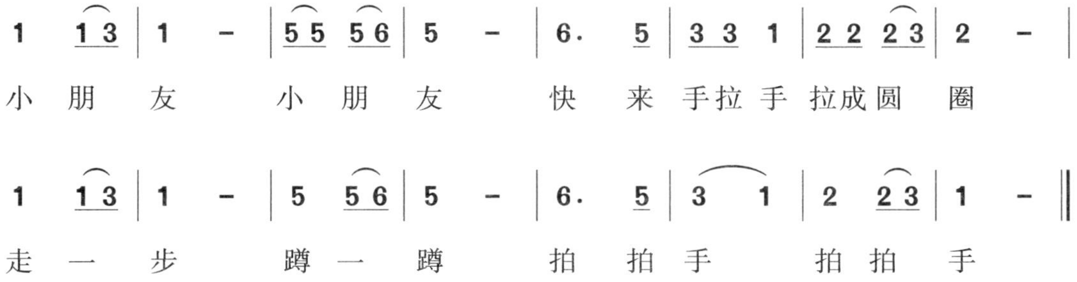

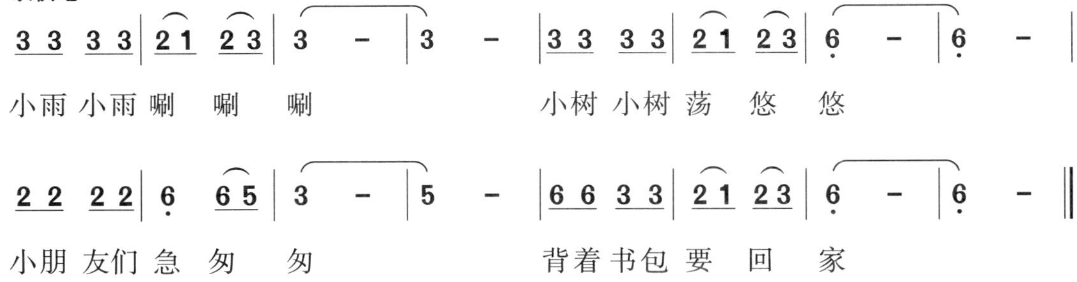

我和咪咪俩

1= D 2/4
慢速

默 德 格 词
娜仁格日条 曲

```
1      1 2 | 3 3  1 | 5 5  3 1 | 2 3  2 | 5    3 1 | 2 3  5 |
爸爸   妈 妈   去 上   班        我 和   小 猫
```

```
3 3  2 | 1 1  1 | 3 3  5 3 | 2 3  5 | 3 3  2 3 | 1 1  1 ‖
留在   家     咪咪  咪咪   乖 乖   我 俩   要 玩 耍
```

过 年 好

1= F 2/4
中速、热情地

桑格仁钦 词
墩 都 布 曲

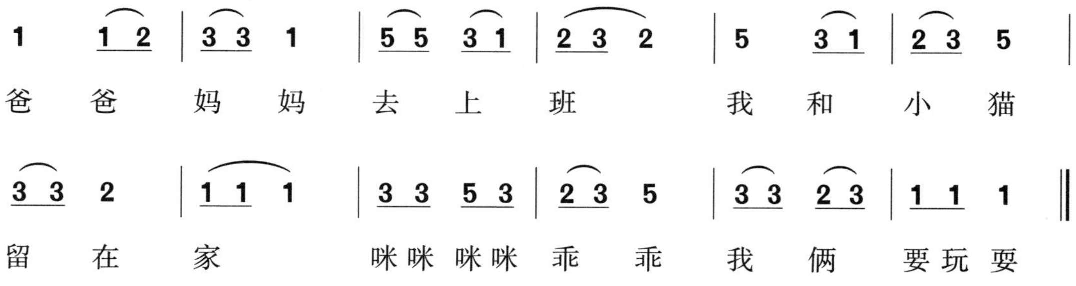

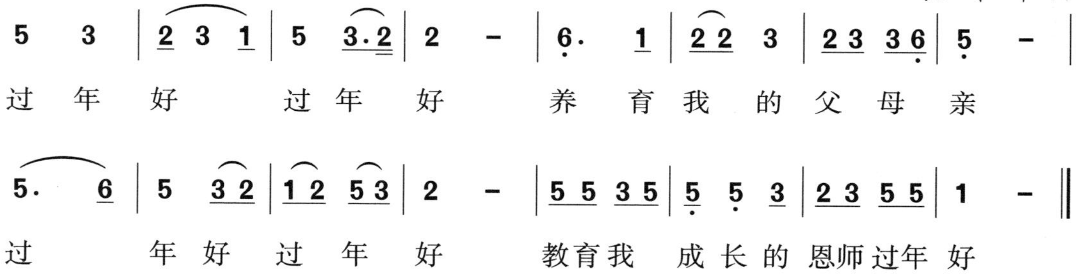

```
5   3 | 2 3  1 5 | 3.2  2 | 2 - | 6.  1 | 2 2  3 | 2 3  3 6 | 5 - |
过年   好    过年   好      养 育   我 的   父 母   亲
```

```
5.  6 | 5  3 2 | 1 2  5 3 | 2 - | 5 5 3 5 | 5.  5  3 | 2 3  5 5 | 1 - ‖
过     年 好   过年  好      教育我   成 长 的   恩师 过   年 好
```

不要这样

1= C 2/4
中速

```
5 5 5  5 | 3 3 3  3 | 1.6  2 | 5 - | 6.1  1 6 | 2 2  6 | 5  2 3 | 5 - |
哗哗哗  哗哗哗哗     哗       小羊羔   在     叫    唤
```

```
6.  6 | 5  3 | 2.  3 | 1 2  3 | 5.5 5 5 | 3.  5 | 2  5 | 1 - ‖
围     着我   身     旁      轻轻闻着   我 的   书   包
```

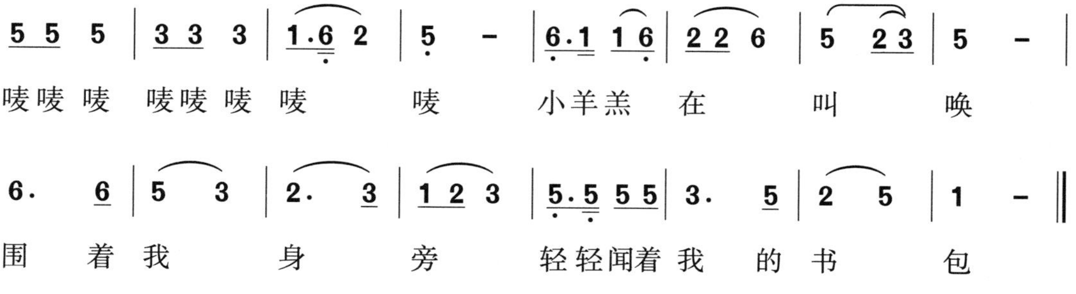

丢　手　绢

如意宁布 词曲

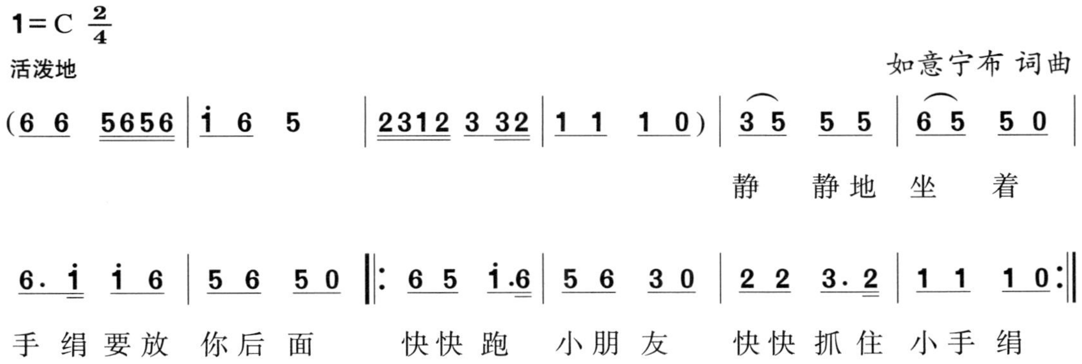
1=C 2/4
活泼地
静静地坐着
手绢要放你后面
快快跑小朋友
快快抓住小手绢

富饶的秋天

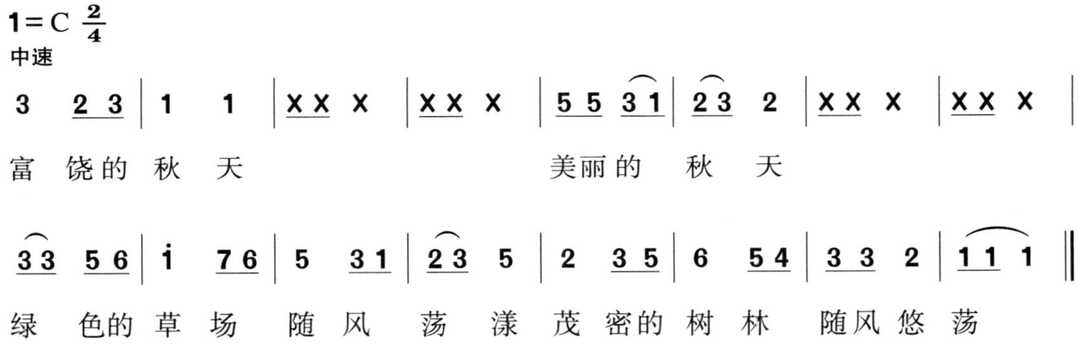
1=C 2/4
中速
富饶的秋天
美丽的秋天
绿色的草场随风荡漾
茂密的树林随风悠荡

单元三
幼儿歌曲

学习目标

知识目标：1. 理解儿童歌曲的内涵与曲作者的创作意图。

2. 明晰幼儿歌曲的音乐特点与演唱情绪。

3. 了解儿童歌曲独特的表现形式。

4. 掌握儿童歌曲的演唱方法、音乐特辑演唱风格。

能力目标：1. 用自然、甜美、富有童趣的声音，完整地演唱儿歌。

2. 较好地表达歌曲的思想感情。

3. 较好地运用面部表情及肢体动作表现歌曲。

小 花 狗

金　本 词
程春春 曲

1＝E 2/4
纯真地

(#4. 5 4. 5 | #4. 5 4. 5 | 6.　54 | 3　－ | #2. 3 2. 3 | #2. 3 2. 3 |

5.　43 2 | 2　－ | 7 1 2 2 | 4 3 2 | 7 5 7 2 | 1　－)

5　1 1 | 7 1 2 | 3 1 2 7 | 5　－ | 5　1 1 | 7 1 3 |

橱　窗 里 有 一 只　小 呀 小 花　狗，　黑　黑 的 眼　睛
远　方 有 一 位　小 呀 小 朋 友，　双　腿 残　废
如　果 爸 爸 不 呀 不 给 钱，　我　就 自　己

2 6 7 1 | 2　－ | 4 4 4 | 6 6 0 | 5. 6 5 4 | 3　1 0 |

圆　呀 圆 溜　溜。　看 见 我 它 就　汪 汪 汪 地 叫　呀，
不　呀 不 会　走。　我 想 买 下　这 只 小 花 狗　呀，
把　呀 把 钱　凑。　从 今 我 不 再　买 巧 克 力 吃　呀，

7 1 2 | 4 3 2 | 7 5 7 2 | 1　－ | #4 5 4 5 | #4. 5 4. 5 |

又　摆 尾 巴 又 呀 又 摇 头。
寄　给 那 位 小 呀 小 朋 友。｝ 噢
直　到 那 一 天 把 钱 来 攒 够。

6.　5 4 | 3　－ | X X X | #2 3 2 3 | #2 3 2 3 | 5.　4 3 |

小　花 狗，　汪 汪 汪，噢　小　花

2　－ | X X X | 7 1 2 2 | 4 3 2 | 7 5 5 7 2 | 1　－ ：|

狗，　汪 汪 汪，{ 我 好 喜 欢 这 一 只　可 爱 的 小 花 狗。
　　　　　　　　日 夜 伴 着 小 朋 友　为 他　解 忧 愁。
　　　　　　　　我 一 定 要 买 下　这 只　小 花 狗。

结束句
5. 5 5 6 | 5　4 | 3　－ | 4. 3 2 5 | 7 0　2 0 | 1 0 | X X X ‖

我 一 定 要 买　下　买 下 这 只 小　花　狗。　汪 汪 汪

雨后的小花

胡敦骅 词
唐 诃 曲

1=C 2/4

i. 6 | 5 6 3 | i 5 6 3 | 5 - | 6. 5 | 1 2 3 |

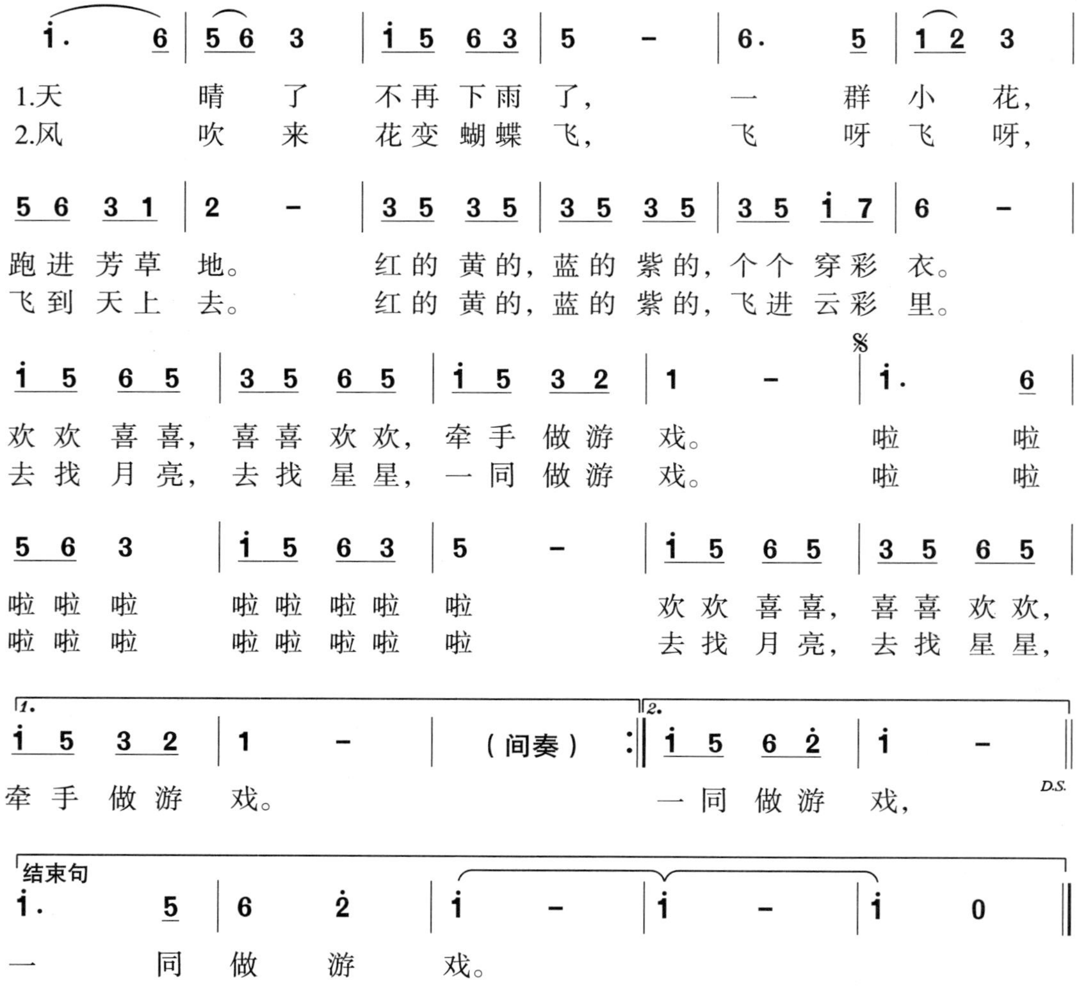

1.天　晴了　不再下雨了，　一　群小　花，
2.风　吹来　花变蝴蝶飞，　飞　呀飞　呀，

5 6 3 1 | 2 - | 3 5 3 5 | 3 5 3 5 | 3 5 i 7 | 6 - |

跑进芳草　地。　红的黄的，蓝的紫的，个个穿彩　衣。
飞到天上　去。　红的黄的，蓝的紫的，飞进云彩　里。

i 5 6 5 | 3 5 6 5 | i 5 3 2 | 1 - | i. 6 |

欢欢喜喜，喜喜欢欢，牵手做游　戏。　啦　啦
去找月亮，去找星星，一同做游　戏。　啦　啦

5 6 3 | i 5 6 3 | 5 - | i 5 6 5 | 3 5 6 5 |

啦啦啦　啦啦啦啦啦　　欢欢喜喜，喜喜欢欢，
啦啦啦　啦啦啦啦啦　　去找月亮，去找星星，

1.
i 5 3 2 | 1 - | （间奏） ‖ 2.
i 5 6 2 | i - ‖

牵手做游　戏。　　　　一同做游　戏，

D.S.

结束句
i. 5 | 6 2 | i - i - i 0 ‖

一　同做游　戏。

小鹿乖乖

金 波 词
瞿希贤 曲

1=♭B 4/4

轻快天真地

5 i 6 i 6 5 | 2 7 7 7 7 - 5 6 5 4 2 5 6 5 4 2 0 5 5 4 5 6 6

　　　　　　小鹿乖　乖,小鹿乖　乖, 快把你的犄角
　　　　　　小鹿乖　乖,小鹿乖　乖, 快把你的花衣

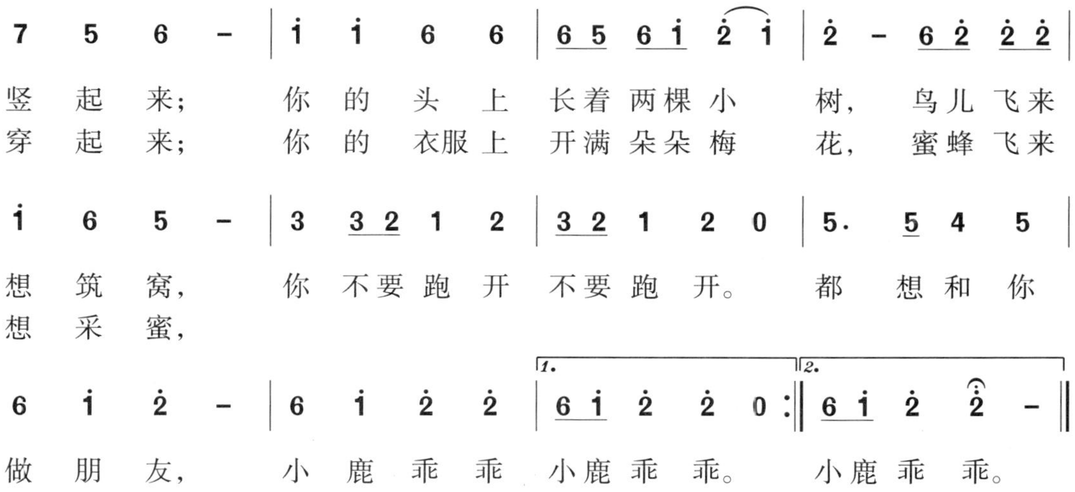
竖起来；你的头上长着两棵小树，鸟儿飞来
穿起来；你的衣服上开满朵朵梅花，蜜蜂飞来
想筑窝，你不要跑开不要跑开。都想和你
想采蜜，
做朋友，小鹿乖乖小鹿乖乖。小鹿乖乖。

太阳小鸟夸奖我

1=♭E $\frac{2}{4}$
朝气蓬勃地 ♩=108

杨春华 词
苏　勇 曲

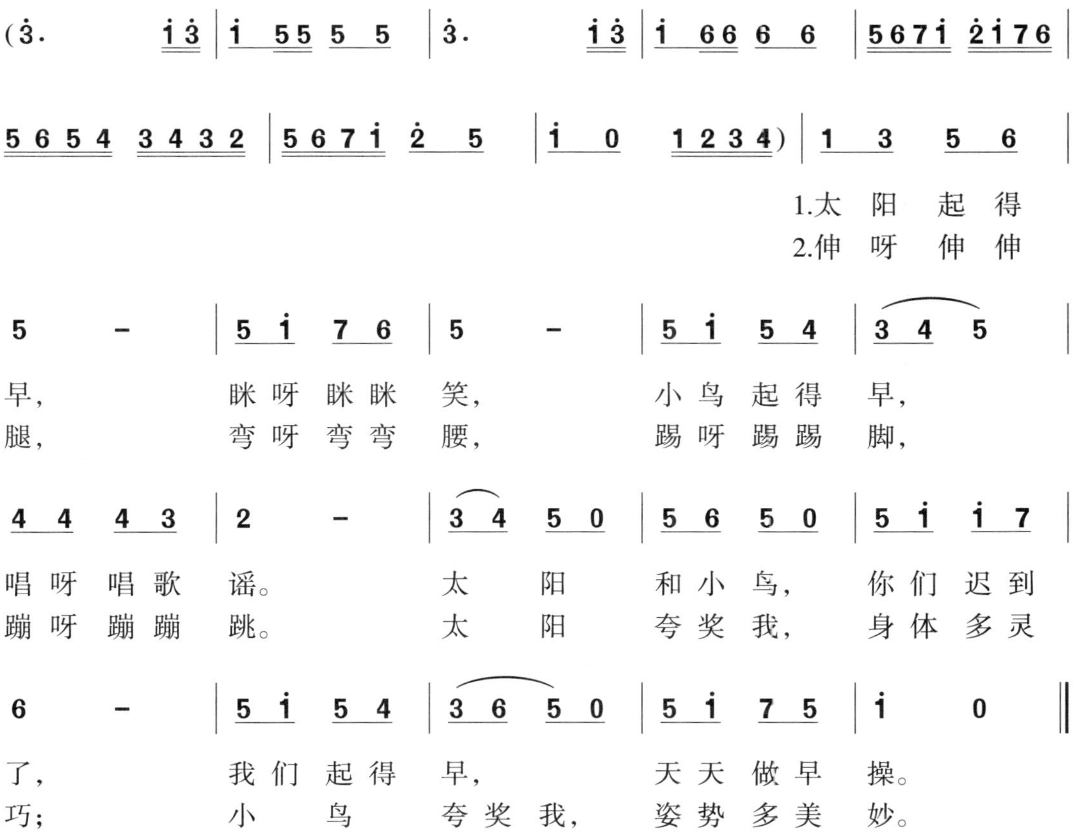
1.太阳起得早，眯呀眯眯笑，小鸟起得早，唱呀唱歌谣。太阳和小鸟，你们迟到了，我们起得早，天天做早操。
2.伸呀伸伸腿，弯呀弯弯腰，踢呀踢踢脚，蹦呀蹦蹦跳。太阳夸奖我，身体多灵巧；小鸟夸奖我，姿势多美妙。

小虾变成小罗锅

李如会 词
姜春阳 曲

1=F 2/4

小鱼呀，小虾呀，是同桌呀，一般呀高来呀，一般矬呀。
小鱼呀，上课呀，坐得直呀，小虾呀总爱呀，趴在桌呀。
日子一长不得了，小虾变成小罗锅。小罗锅，
小罗锅，哎呀呀变成小罗锅。唉！

小 麻 雀

小 怡 词
邓洛章 曲

1=F 2/4
♩=105

小麻雀 喳喳喳，
大大声音就像吵架架。
小麻雀要乖呀，
吵吵闹闹就会声沙哑。
小麻

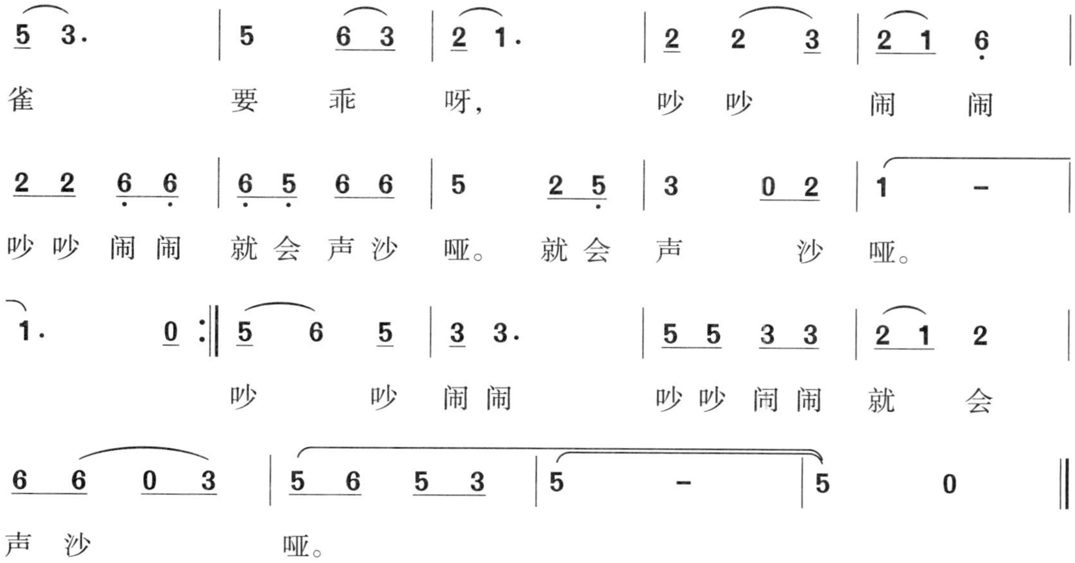

5̲ 3. | 5 6̲3̲ | 2 1. | 2 2̲3̲ | 2̲1̲ 6 |

雀 要 乖 呀， 吵 吵 闹 闹

2̲2̲6̲6̲ | 6̲5̲6̲6̲ | 5 2̲5̲ | 3 0̲2̲ | 1 — |

吵吵闹闹 就会声沙 哑。 就会 声 沙 哑。

1. 0 ‖: 5̲ 6̲5̲ | 3̲3̲. | 5̲5̲3̲3̲ | 2̲1̲2̲ 2 |

吵 吵 闹闹 吵吵闹闹 就 会

6̲6̲0̲3̲ | 5̲6̲5̲3̲ 5 | — 5 | 0 ‖

声 沙 哑。

小 乌 龟

游家豪词
廖世杰曲
阿潘音乐工场 编配

1=♭D $\frac{4}{4}$

0 0 0 0 | 0 0 0 0 | 0 0 0 0 | 0 0 0 0 |

0̲6̲ 6̲.5̲ 6̲5̲3̲3̲ | 0̲2̲ 2̲.1̲ 2̲3̲3̲ | 0̲6̲ 7̲1̲̇ 7̲5̲5̲5̲3̲2̲ |

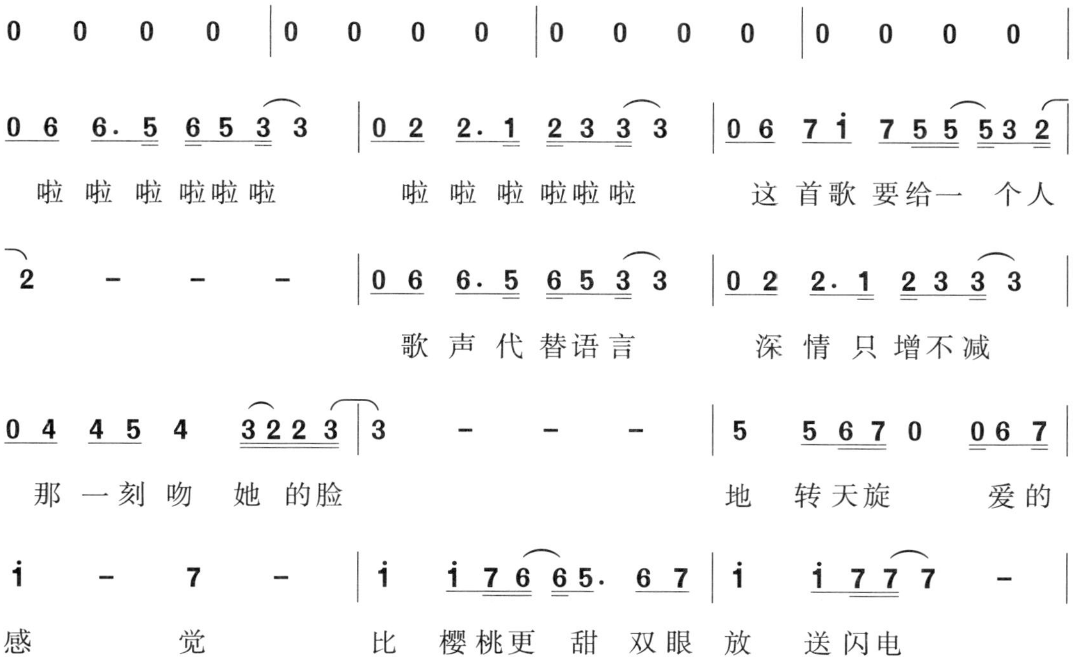
啦 啦 啦 啦啦 啦 啦 啦 啦 啦啦 啦 这 首 歌 要 给 一 个 人

2 — — — | 0̲6̲ 6̲.5̲ 6̲5̲3̲3̲ | 0̲2̲ 2̲.1̲ 2̲3̲3̲3̲ |

歌 声 代 替 语 言 深 情 只 增 不 减

0̲4̲ 4̲5̲4̲ 3̲2̲2̲3̲ 3 | 3 — — — | 5 5̲6̲7̲0̲ 0̲6̲7̲ |

那 一 刻 吻 她 的 脸 地 转 天 旋 爱 的

1̇ — 7 — | 1̇ 1̲̇7̲6̲6̲5̲.6̲7̲ | 1̇ 1̲̇7̲7̲7̲ — |

感 觉 比 樱 桃 更 甜 双 眼 放 送 闪 电

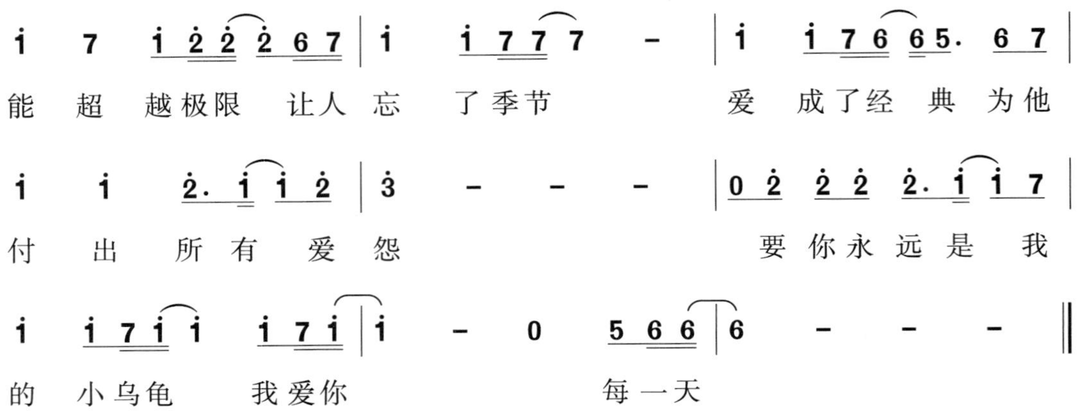
能 超 越极限 让人 忘 了季节
爱 成了经 典 为他

i̱ i̱ i̱ | 2̱. i̱ i̱ 2̱ | 3 - - | 0̱ 2̱ 2̱ 2̱ 2̱. i̱ i̱ 7̱ |

付 出 所 有 爱 怨
要 你永 远 是 我

i̱ i̱ 7̱ i̱ i̱ i̱ 7̱ i̱ i̱ | i - 0 5̱ 6̱ 6̱ | 6 - - - ‖

的 小乌龟 我爱你
每一天

萤 火 虫

1=F $\frac{3}{4}$
♩=100

朱洪湘 词曲

(5 5 6 | 5̱ 4̱ 3̱ 1 | 2 2̱ 3̱ | 5̣ - 2̱ 1̱ | 1 - - | 1 - -) |

5̣ 6̣ 5̣ | 1 - 2 | 3 2̱ 1̱ | 5̣ - - | 6̣ 6̣ 7̣ | 1 - 7̱ 6̱ |

萤 火 虫 呀 萤 火 虫
身 背 一 盏

5̣ - 3 | 2 - 1 | 2 - - | 2 - - | 5 5̱ 5̱ | 3̱ 3̱ 1 |

小 灯 笼
东 飞 飞 西 停 停

2 2̱ 3̱ | 1 1̱ 6̣ | 5̣ 5̱ 6̱ | 5̱ 4̱ 3̱ 1 | 2 - 3 | 5̣ - 2̱ 1̱ |

东 飞 飞 西 停 停 就 像 那 星 星 眨 眼

1 - - | 1 - - | 6̱ 6̱ 6̱ 5̱ 5̱ 3 | 2 2̱ 3̱ | 4 - 6̱ 5̱ |

睛
萤 火 虫 萤 火 虫 可 爱 的 小 精

5 - - | 5 - - | 3 2̱ 3̱ | 1 2̱ 6̣ | 5̣ 5̱ 2̱ | 3 - - |

灵
尽 管 只 有 一 点 点 亮

5 5 6 | 5̱ 4̱ 3̱ 1 | 2 2̱ 3̱ | 5̣ - 2̱ 1̱ | 1 - - | 1 - - ‖

黑 夜 里 却 能 看 到 一 片 光 明

懒 惰 虫

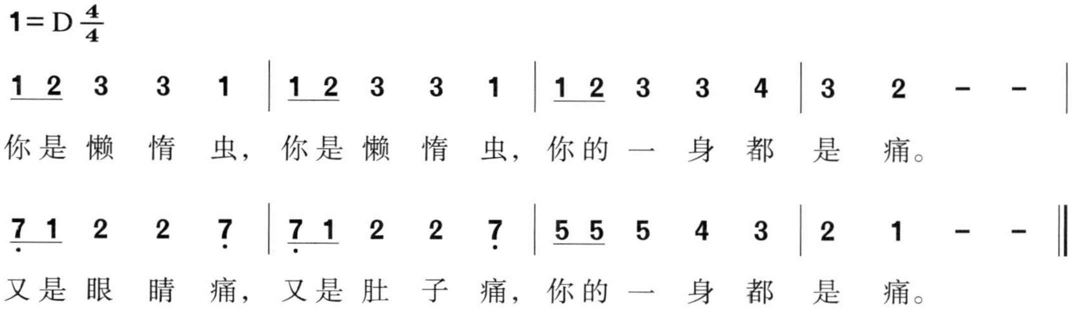

1=D 4/4

1 2 3　3　1 ｜ 1 2 3　3　1 ｜ 1 2 3　3 4 ｜ 3　2　－ － ｜

你是懒惰 虫，你是懒惰 虫，你的一身都是 痛。

7 1 2　2　7 ｜ 7 1 2　2　7 ｜ 5 5 5　4 3 ｜ 2　1　－ － ‖

又是眼 睛 痛，又是肚 子 痛，你的一身都是 痛。

两只小象

常　瑞　词
汪　玲　曲

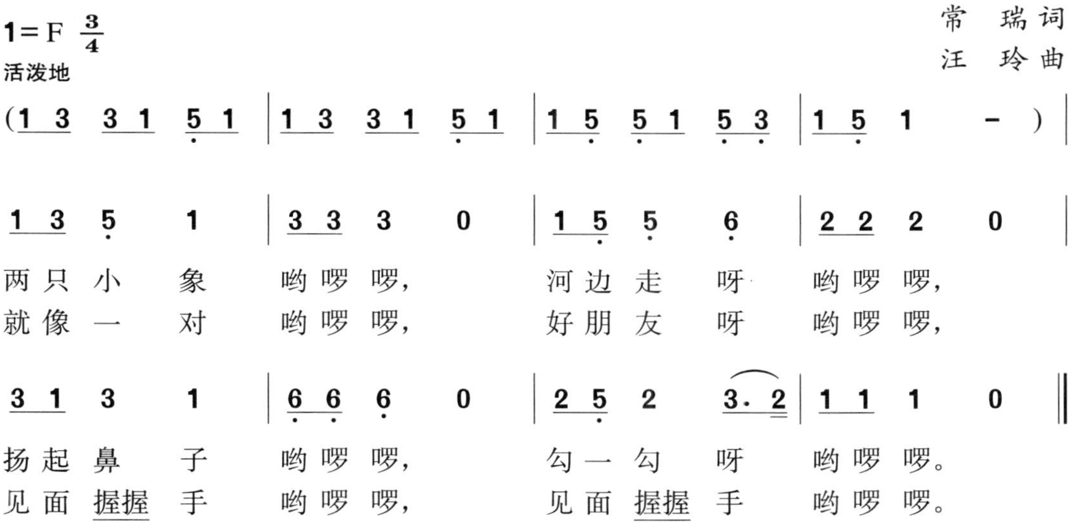

1=F 3/4

活泼地

(1 3　3 1　5 1 ｜ 1 3　3 1　5 1 ｜ 1 5　5 1　5 3 ｜ 1 5　1　－) ｜

1 3 5　1 ｜ 3 3 3　0 ｜ 1 5 5　6 ｜ 2 2 2　0 ｜

两只小　象　哟啰啰，　河边走呀　哟啰啰，
就像一　对　哟啰啰，　好朋友呀　哟啰啰，

3 1 3　1 ｜ 6 6 6　0 ｜ 2 5 2　3·2 ｜ 1 1 1　0 ‖

扬起鼻　子　哟啰啰，　勾一勾呀　哟啰啰。
见面握握　手　哟啰啰，　见面握握 手　哟啰啰。

苹 果 歌

1=C 4/4

♩=100

5 5　3 6　5 5　3 ｜ 1 3　5 3　2 2 2　1 ｜

树上许多红苹果，　一个一个摘下来。

5 5　3 6　5 5　3 ｜ 1 3　5 3　2 2 2　1 ‖

我们喜欢吃苹果，　身体健康多快乐。

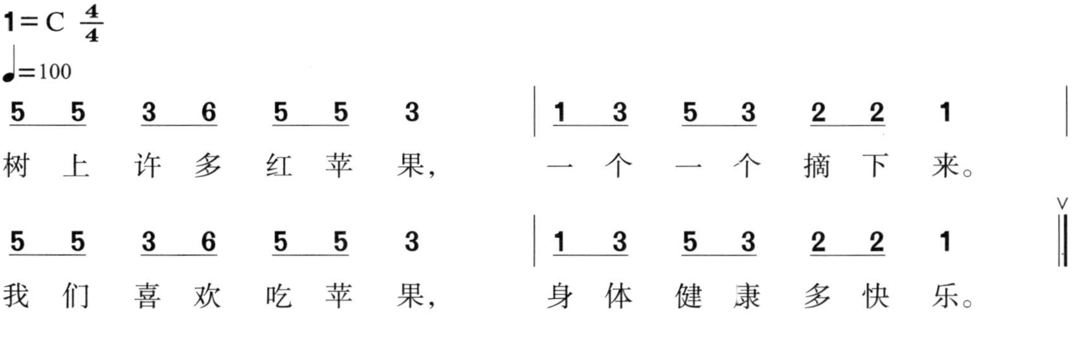

大 馒 头

1 = D 2/4

| 1 | 6̣ 5̣ | 1 2 | 3 2 | 3 — | 1 | 6̣ 5̣ | 1 3 | 2 1 | 2 — |

大 大 的 馒 头 哪 里 来？ 白 白 的 面 粉 做 出 来！
黄 黄 的 小 麦 哪 里 来？ 农 民 伯 伯 种 出 来！

| 3 | 2 1 | 6̣ 1 | 2 3 | 5 — | 2 | 3 5 | 3 2 | 1 1 | 1 — |

白 白 的 面 粉 哪 里 来？ 黄 黄 的 小 麦 磨 出 来！
大 大 的 馒 头 味 道 好！ 小 朋 友 吃 了 身 体 好！

蓬 蓬 头

1 = C 3/4

| 1 3 3 1 | 5 3 2 — | 1 3 3 1 | 5 3 2 — |

蓬 蓬 头 呀 哗 啦 啦， 肥 皂 泡 泡 白 花 花，

| 3 5 5 5 5 | 1 3 3 3 3 | 3 1 2 4 | 3 2 1 — |

洗 呀 洗 呀 洗， 洗 呀 洗 呀 洗， 洗 出 一 个 小 娃 娃。

小 手 爬

1 = C 2/4

| 1 | 1 2 | 3 3 4 | 5 5 6 | 5 — | 5 5 6 | 7 6 7 |

爬 呀 爬 呀 爬 呀 爬， 一 爬 爬 到

| 1 | 1 | 1 0 | 1 1 7 | 6 6 5 | 4 4 3 |

头 顶 上。 爬 呀 爬 呀 爬 呀

| 2 — | 7 7 6 | 5 6 5 4 | 3 2 | 1 — |

爬， 一 爬 爬 到 小 脚 上。

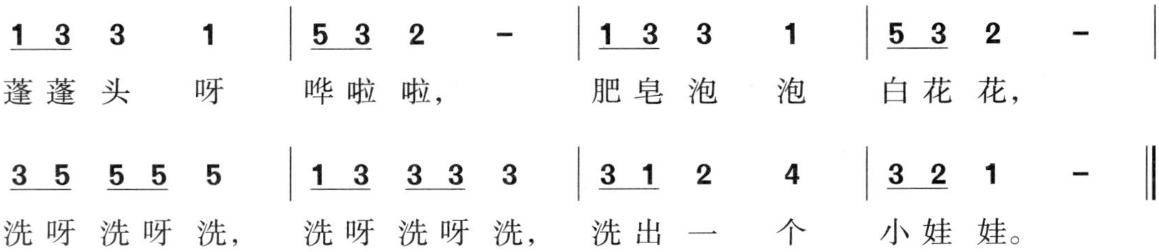

手　指　歌

（对　唱）

法国儿歌
颂　今填词

1＝F $\frac{4}{4}$

1 22 3 1 | 1 22 3 1 | 3 4 5 - | 3 4 5 - |

(甲)第　一根　手　指　第　一根　手　指　我　问　你：　叫　什　么？
(甲)第　二根　手　指　第　二根　手　指　我　问　你：　叫　什　么？
(甲)第　三根　手　指　第　三根　手　指　我　问　你：　叫　什　么？
(甲)第　四根　手　指　第　四根　手　指　我　问　你：　叫　什　么？
(甲)第　五根　手　指　第　五根　手　指　我　问　你：　叫　什　么？

56 54 3 1 | 56 54 3 1 | 1 5̣ 1 - | 1 5̣ 1 - ‖

(乙)人们　都爱　叫　我，叫我　大拇　指　呀，大　拇　指，　就　是　我。
(乙)人们　都爱　叫　我，叫我　食　指　呀，食　指　呀，　就　是　我。
(乙)人们　都爱　叫　我，叫我　中　指　呀，中　指　呀，　就　是　我。
(乙)人们　都爱　叫　我，叫我　无名　指　呀，无　名　指，　就　是　我。
(乙)人们　都爱　叫　我，叫我　小　指　呀，小　指　呀，　就　是　我。

捏拢放开

1＝C $\frac{2}{4}$

5̣5̣ 11 | 5̣5̣ 11 | 3.2 13 | 2 - | 5̣5̣ 22 |

捏拢　放开，捏拢　放开，小　手抬起　来。　捏拢　放开，

5̣5̣ 22 | 4.3 24 | 3 - | 11 22 | 33 44 |

捏拢　放开，小　手放下　来。　爬呀　爬呀，爬呀　爬呀，

5.6 54 | 3 - | 3 21 | 2 17̣ | 22 5̣5̣ | 1 - ‖

爬　到头顶　上，　耳　朵上　肩　膀上　膝盖　小脚　上。

头发肩膀膝盖脚

1＝C 2/4

| 5. 6 5 4 | 3 4 5 | 2 3 4 | 3 4 5 ‖
头　发　肩　膀　膝　盖　脚　　膝　盖　脚　　膝　盖　脚

| 5. 6 5 4 | 3 4 5 | 2 2 5 5 | 3 3 1 ‖
头　发　肩　膀　膝　盖　脚　　眼　睛　耳　朵　鼻　子　嘴

碰　一　碰

1＝C 2/4

李　芹词曲

1 3 4 | 5 3 | 6 4 | 2 — | 1 3 4 | 5 3 | 4 2 | 1 —
找　一个朋　友　碰　一　碰　　找　一个朋　友　碰　一　碰

4 4 | 6 — | 1 1 | 1 0 | (1 1 3 4 | 5 5 3 | 4 4 2 2 | 1 i) ‖
碰　哪　里　　鼻子 碰鼻 子!

泡泡不见了

诸品娟 词
帆　帆曲

1＝D 2/4

3 1 | 5 5 3 | (5 6 5 6 5 i | 5 5 3) | 2 3 |
吹　呀　吹泡 泡,　　　　　　　　　　　有　大

7 2 1 | (2 3 2 3 2 5 | 7 2 1) | 3 1 | 5 5 3 | 4 2 |
又 有 小,　　　　　　　　飞　呀　飞上天, 飞　呀

6 6 5 | 4 4 0 | 3 3 0 | X 0 | 2. 1 7 2 | 1 — ‖
飞上 天, 泡泡! 　泡泡!　　咦?　　泡　泡 不 见 了。

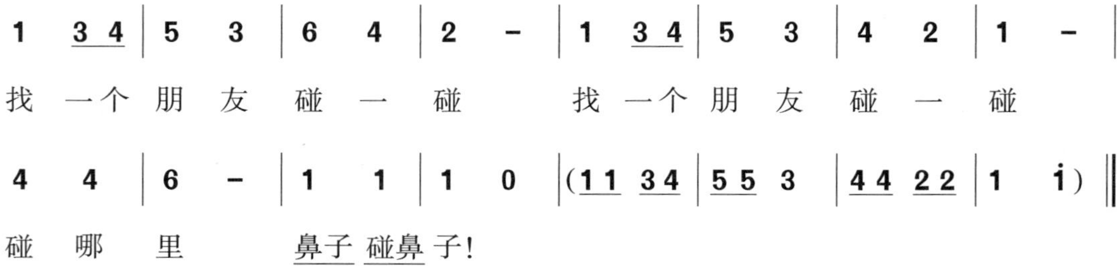

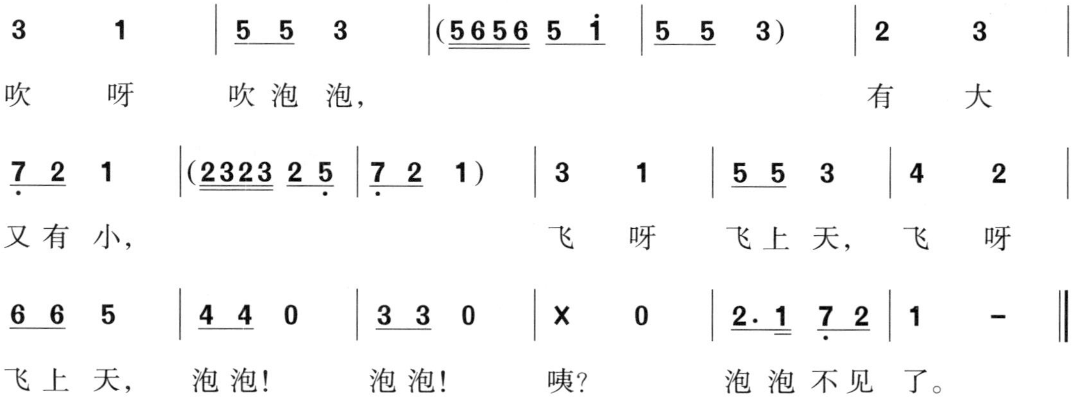

我的朋友在哪里

1＝♭E $\frac{4}{4}$

一 二 三 四 五 六 七，我 的 朋 友 在 哪 里？
啦 啦 啦 啦 真 欢 喜，同 唱 歌 来 同 游 戏，
在 这 里，在 这 里，我 的 朋 友 在 这 里。
笑 嘻 嘻，多 甜 蜜，我 的 朋 友 就 是 你。

小猫咪写信

林芳萍 词
徐正渊 曲

1＝D $\frac{4}{4}$

小 猫 咪，学 写 信。想 说 我 爱 你，就 画 三 颗 心！
不 会 签 大 名，就 盖 上 四 只 脚 趾 印！

小 海 军

常福生 词
柴本尧 曲

1＝F $\frac{2}{4}$

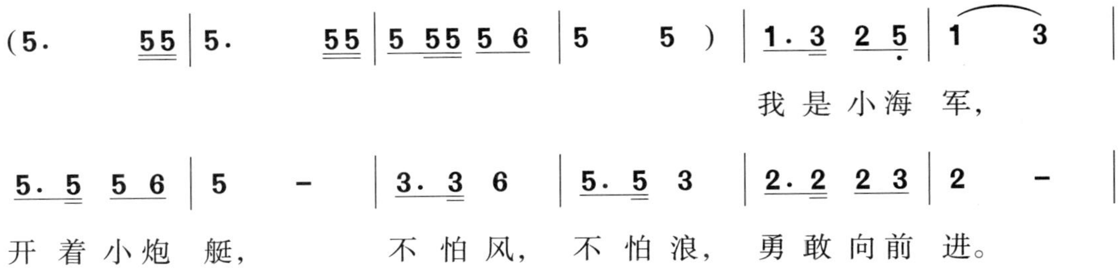
我 是 小 海 军，
开 着 小 炮 艇，不 怕 风，不 怕 浪，勇 敢 向 前 进。

炮艇开得 快，
大炮瞄得 准。
敌人胆敢 来侵 犯
轰 轰 轰，
打 得它呀 海 底 沉。

小 红 帽

巴 西 儿 歌
张 宁 配歌
吉 聿 制谱

1=C $\frac{2}{4}$

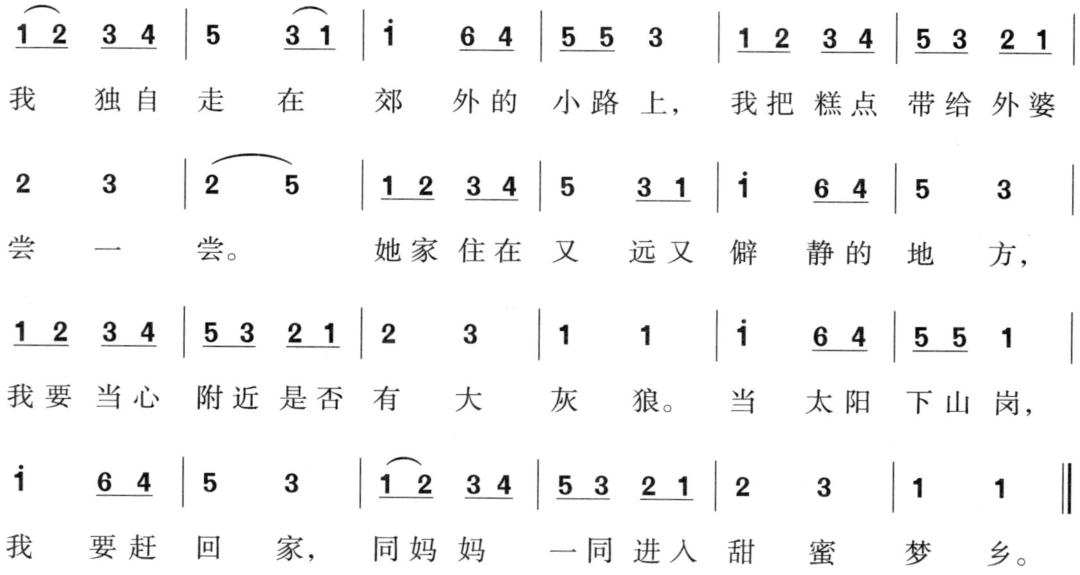
我 独自 走 在 郊 外的 小路 上，我把 糕点 带给 外婆
尝 一 尝。 她家 住在 又 远又 僻 静的 地 方，
我要 当心 附近 是否 有 大 灰 狼。 当 太阳 下山 岗，
我 要赶 回 家， 同妈 妈 一同 进入 甜 蜜 梦 乡。

蝴蝶找花

童 友词
汪 玲曲

1=D $\frac{6}{8}$

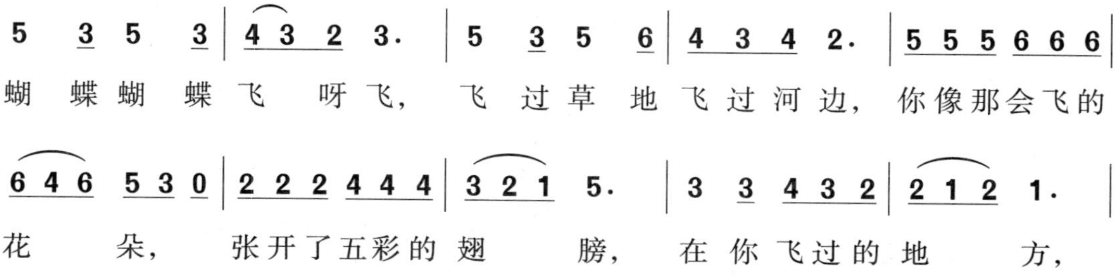
蝴 蝶蝴 蝶飞 呀飞， 飞 过草 地 飞过 河 边， 你像那会飞的
花 朵， 张开了五彩的 翅 膀， 在 你 飞过的 地 方，

到 处 鲜 花 开 放，到 处 鲜 花 开 放。

数　鸭　子

（齐　唱）

王嘉桢 词
胡小环 曲

1=C $\frac{4}{4}$
中速 活泼地

(白)门 前 大桥 下，游过 一群 鸭，快来 快来 数一 数，二四 六七 八。
门 前 大桥 下，游过 一群 鸭，
赶 鸭 老爷 爷，胡子 白花 花，
快来 快来 数一 数，二四 六七 八，咕 嘎 咕 嘎 真呀 真多 呀，
唱呀 唱着 家乡 戏，还会 说笑 话，小 孩 小 孩 快快 上学 校，
数 不清 到 底 多 少 鸭，数 不清 到 底 多 少 鸭。
别 考个 鸭 蛋 抱 回 家，别 考个 鸭 蛋 抱 回 家。
(白)门 前 大桥 下，游过 一群 鸭，快来 快来 数一 数，二四 六七 八。

扭　秧　歌

1=F $\frac{2}{4}$

佚　名词曲

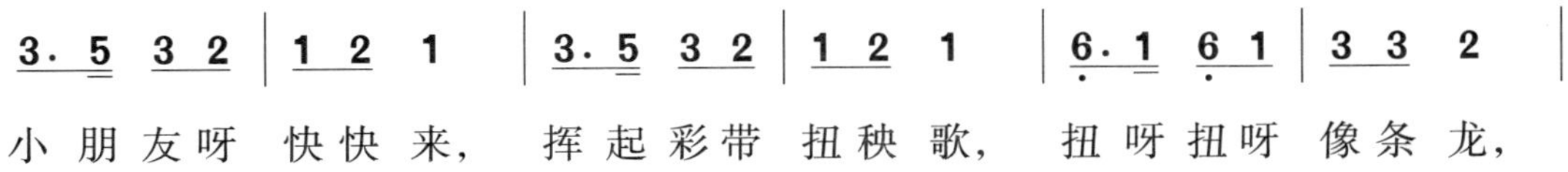
小 朋 友呀 快快 来，挥 起 彩带 扭秧 歌，扭呀 扭呀 像条 龙，

扭 呀 扭 呀 像 彩 虹， 你 也 扭， 我 也 扭， 你 也 扭，
我 也 扭， 扭 呀 扭 呀 扭 呀 扭， 扭 呀 扭 呀 扭 呀 扭，
扭 得 大 家， 笑呀 笑哈 哈。 嘿！

小燕子筑新巢

孙加祯 词
张长松 曲

1＝C $\frac{3}{4}$
轻松、愉快地

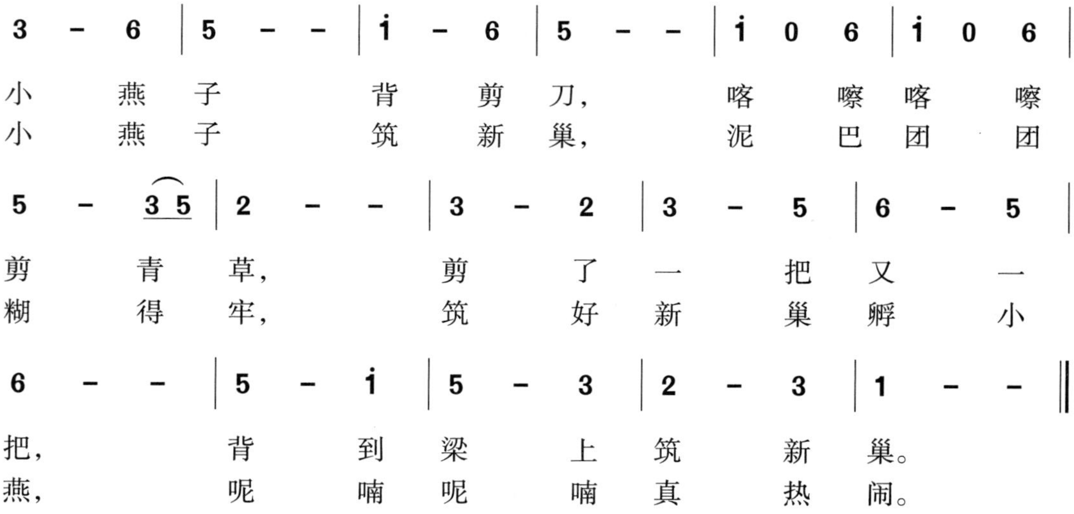
小 燕 子 背 剪 刀， 喀 嚓 喀 嚓
小 燕 子 筑 新 巢， 泥 巴 团 团
剪 青 草， 剪 了 一 把 又 一
糊 得 牢， 筑 好 新 巢 孵 小
把， 背 到 梁 上 筑 新 巢。
燕， 呢 喃 呢 喃 真 热 闹。

春　天

盛璐德 词
马革顺 曲

1＝D$\frac{2}{4}$

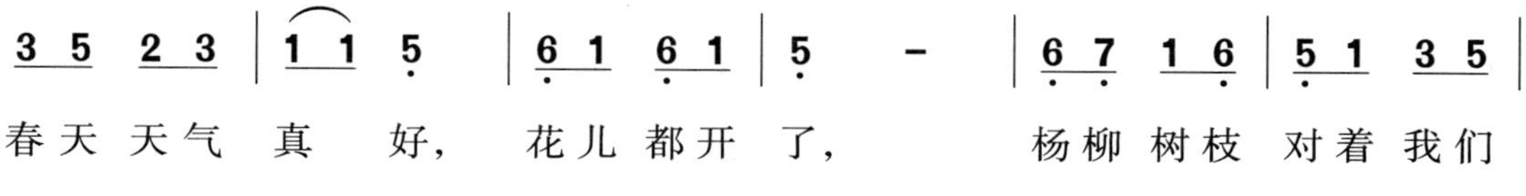
春天 天气 真 好， 花儿 都开 了， 杨柳 树枝 对着 我们

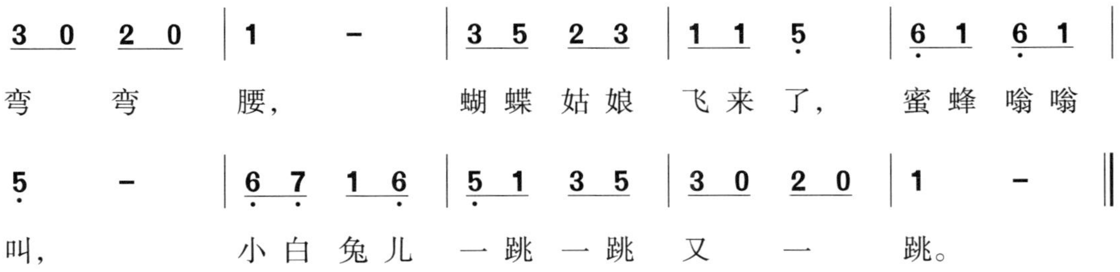
弯　弯　腰，　蝴蝶姑娘　飞来了，　蜜蜂嗡嗡
叫，　小白兔儿　一跳　一跳　又　一　跳。

好娃娃

1=C $\frac{2}{4}$

爷爷年纪大呀，嘴里缺了牙，
奶奶年纪大呀，头发白花花，
爸爸和妈妈呀，齐声把我夸，
我给爷爷端杯茶呀，爷爷笑哈哈。
我给奶奶搬凳坐呀，奶奶笑哈哈。
尊敬老人有礼貌呀，是个好娃娃。

拉拉勾

陈镒康 词
汪　玲 曲

1=F $\frac{4}{4}$

你也生气了，我也生气了，不理不睬，不理不睬，
小嘴巴往上翘呀，小嘴巴往上翘。

1 5 6 5 | 1 – 1 0) | 3 5 3 5 3 0 | 3 5 3 5 3 0 |
你伸小指头， 我伸小指头，
6 6 1 6 6 6 1 | 6 1 6 1 1 – | 1 1 1 3 2 1 6 |
拉拉勾， 拉拉勾， 拉 拉 勾， 我们又做好 朋
1 5. 5 0 | 3 3 3 5 2 1 6 | 6 1. 1 0 ‖
友 呀， 我们又做好 朋 友 呀。

颠 倒 歌

1＝♯C $\frac{4}{4}$

♩＝84

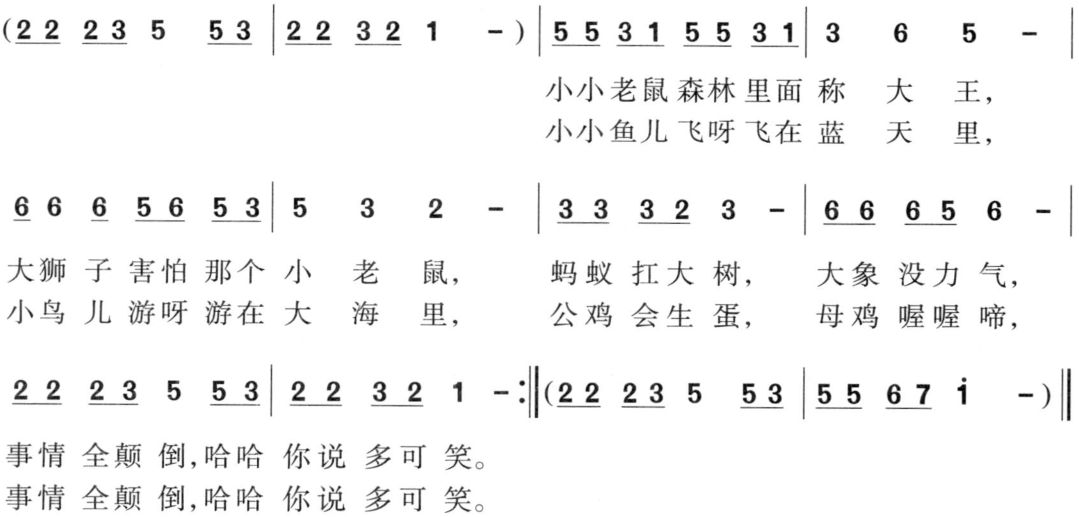
(2 2 2 3 5 5 3 | 2 2 3 2 1 –) | 5 5 3 1 5 5 3 1 | 3 6 5 – |
小小老鼠森林里面称 大 王，
小小鱼儿飞呀飞在蓝 天 里，
6 6 6 5 6 5 3 | 5 3 2 – | 3 3 3 2 3 – | 6 6 6 5 6 – |
大狮子害怕那个小 老 鼠， 蚂蚁扛大树， 大象没力气，
小鸟儿游呀游在大 海 里， 公鸡会生蛋， 母鸡喔喔啼，
2 2 2 3 5 5 3 | 2 2 3 2 1 – :‖(2 2 2 3 5 5 3 | 5 5 6 7 1 –) ‖
事情全颠倒，哈哈你说多可笑。
事情全颠倒，哈哈你说多可笑。

夏天的雷雨

1＝C $\frac{2}{4}$

中速

盛璐德 词

马革顺 曲

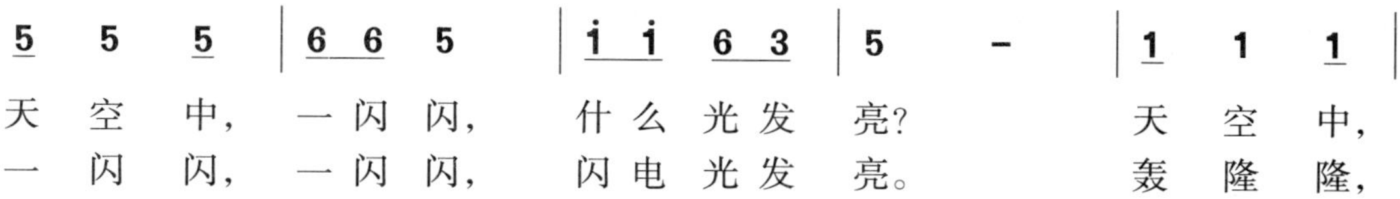
5 5 5 | 6 6 5 | 1 1 6 3 | 5 – | 1 1 1 |
天 空 中， 一 闪 闪， 什么光发 亮？ 天 空 中，
一 闪 闪， 一 闪 闪， 闪电光发 亮。 轰 隆 隆，

5 5 3	5 5 4 3	2 —	5 5 5	6 6 5

轰 隆 隆， 什 么 声 音 响？ 天 空 中， 哗 啦 啦，

轰 隆 隆， 打 雷 声 音 响。 哗 啦 啦， 哗 啦 啦，

i i 6 3	5 —	2 3 5	5 6 6 5	3 2	1 —

什 么 落 下 来？ 小 朋 友 请 你 快 快 告 诉 我。

大 雨 落 下 来。 告 诉 你 这 是 夏 天 的 雷 雨。

我爱我的小动物

1＝E 4/4

5 5 5 4 3 1	2 1 2 3 5 —	3 3 3 5 5 5	3 3 2 2 1 —

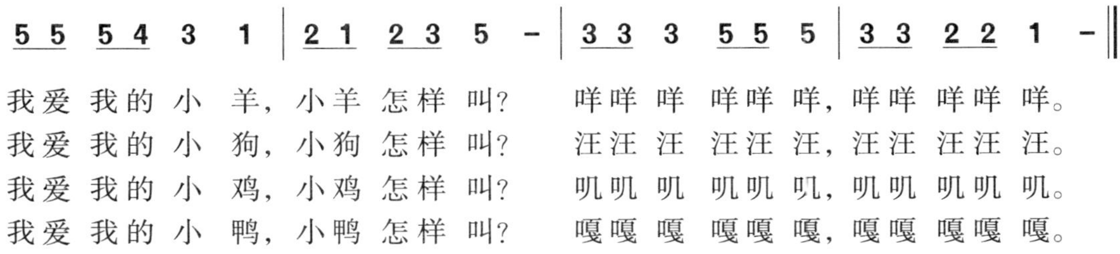

我 爱 我 的 小 羊， 小 羊 怎 样 叫？ 咩 咩 咩 咩 咩 咩， 咩 咩 咩 咩 咩。

我 爱 我 的 小 狗， 小 狗 怎 样 叫？ 汪 汪 汪 汪 汪 汪， 汪 汪 汪 汪 汪。

我 爱 我 的 小 鸡， 小 鸡 怎 样 叫？ 叽 叽 叽 叽 叽 叽， 叽 叽 叽 叽 叽。

我 爱 我 的 小 鸭， 小 鸭 怎 样 叫？ 嘎 嘎 嘎 嘎 嘎 嘎， 嘎 嘎 嘎 嘎 嘎。

我和星星打电话

张秋生 词
马白倩 曲

1＝E 2/4

5 0 3 0	5 0 3 0	1. 3 2 1	5 —	1 1 1 2	3 6	5 —

星 星 星 星 满 天 撒， 我 给 星 星 打 电 话：

星 星 打 开 讯 号 灯， 一 闪 一 闪 把 话 答：

5 3 5	6. 7	6 5 3	2. 1	6 1 2	3. 5	3 2 1

小 星 星 你 好 啊， 你 为 啥 把

小 朋 友 树 雄 心， 为 祖 国 学

6. 1	5 —	1 1 1 7	6	6 5	3. 5	2. 5

眼 眨？ 你 离 我 们 有 多 远？ 你 那

文 化， 快 快 长 大 驾 飞 船， 欢 迎

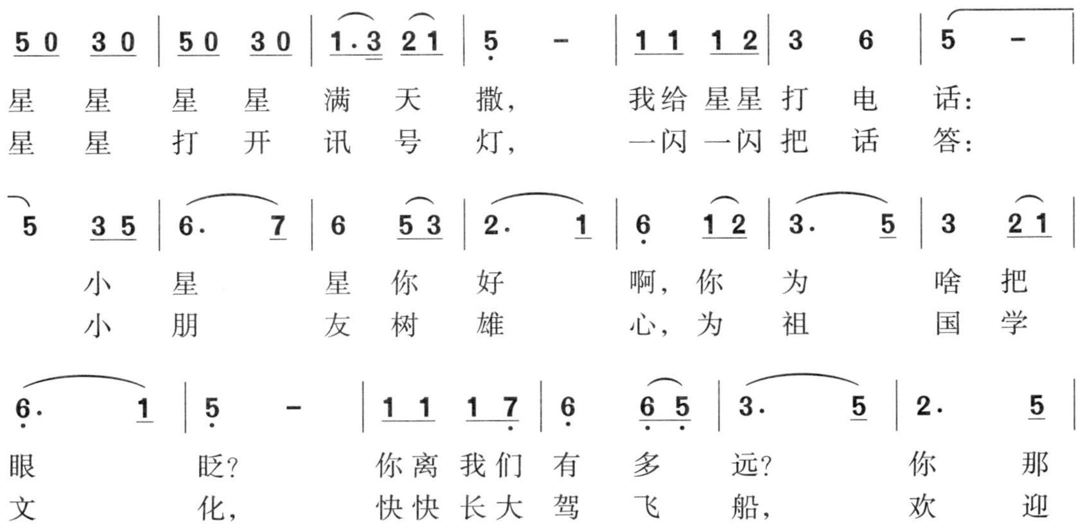

3 0	1 0	2 0	2 3	5. 6	5 2 5	1 —	1 0 ‖

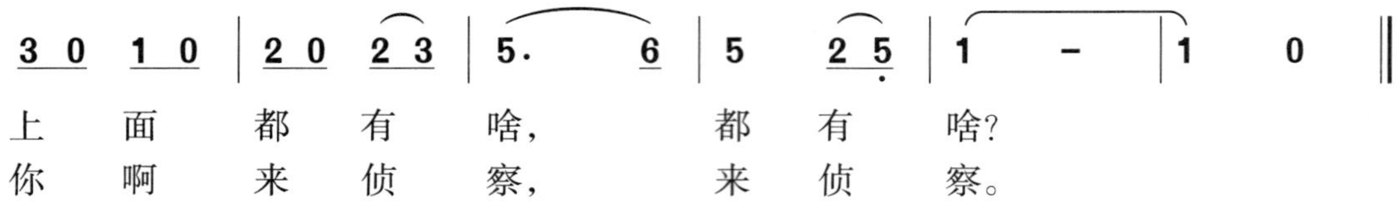

上 面 　　都 有　　啥，　　都 有　　啥？

你 啊　　来 侦　　察，　　来 侦　　察。

我爱我的幼儿园

1 = C 2/4

中速

1 2	3 4	5 5 5	5 5	3 1	2 3 2

我 爱 我 的 幼 儿 园，　　幼 儿 园 里 朋 友 多，

1 2	3 4	5 5 5	5 5	3 1	2 3 1 ‖

又 唱 歌 来 又 跳 舞，　　大 家 一 起 真 快 乐。

小乌鸦爱妈妈

1 = F 2/4

何 英 词曲

| 5 5 5 5 | 3 6 | 5 — | 3 — | 4 4 4 4 | 4 6 | 5 — |

路边 开放 野 菊 花，　　飞来 一只 小 乌 鸦，

它的 妈妈 年 纪 大，　　躺在 屋里 飞 不 动，

多懂 事的 小 乌 鸦，　　多可 爱的 小 乌 鸦，

| 2 — | 3 3 3 3 | 3 3 | 1 — | 5. — | 5 5 5 5 | 5 3 |

不 吵 闹呀 不 玩 耍 呀，　　急急 忙忙 赶 回

小乌 鸦呀 叼 来 虫 子，　　一口 一口 喂 妈

飞来 飞去 不 忘 记 呀，　　妈妈 把 它 养 育

结束句

| 1 — | 1 — :‖ | 5 5 5 5 | 5 5 | 3 — | 3 — ‖ |

家。

妈。

大。　　　　　妈妈 把 它 养 育 大。

不再麻烦好妈妈

1=C 2/4

天真地

颂　今　千　红词
颂　今曲

```
5    5̂6̂ | 5301 | 4· 3 | 2 0 | 5  5 í | 5301 |
妈 妈  妈妈  你歇  会儿  吧，    自 己的 事儿 我

4·    3 | 2 0 | 3432 | 1 1 | 3432 | 1 1 |
会    做 了。  自己 穿衣 服 呀， 自己 穿鞋 袜 呀，

3 2 3 4 | 5 5 | 3 2 3 4 | 5 5 | í - | 5 - |
自己 叠被 子 呀， 自己 梳头 发 呀， 不    再

4 3 2 | 6 - | 5403 | 2 3 | 1 - | 1 0 ‖
麻烦 你 呀，  亲爱 的 好 妈 妈。
```

娃　哈　哈

1=F 2/4

新　疆　民　歌
石　夫　记谱配词

```
(2 2  2 6̂7 | 1 1  1 7̂6 | 7 777217 | 6· 6  6 )

6 3 3 | 3 3 | 4 4̂6 3 | 2 2 2 2 1 | 2 2̂3 6 |
1.我 们的 祖国 是 花  园，  花园里花朵 真 鲜 艳，
2.大 姐姐 你呀 赶 快  来，  小弟弟你也 莫 躲 开，

2 2 2 | 2 6̂7 | 1 1 1 | 1 7̂6 | 777 7217 | 6· 6 6 |
和暖的 阳光 照耀着 我们， 每个人脸上都 笑 开 颜，
手拉着 手呀 唱起那 歌儿， 我们的 生活 多 愉 快，

2 2  2 6̂7 | 1 1 | 1 7̂6 | 777 7217 | 6· 6  6 ‖
娃 哈 哈！  娃 哈 哈！ 每个人脸上都 笑 开 颜。
娃 哈 哈！  娃 哈 哈！ 我们的 生活 多 愉 快。
```

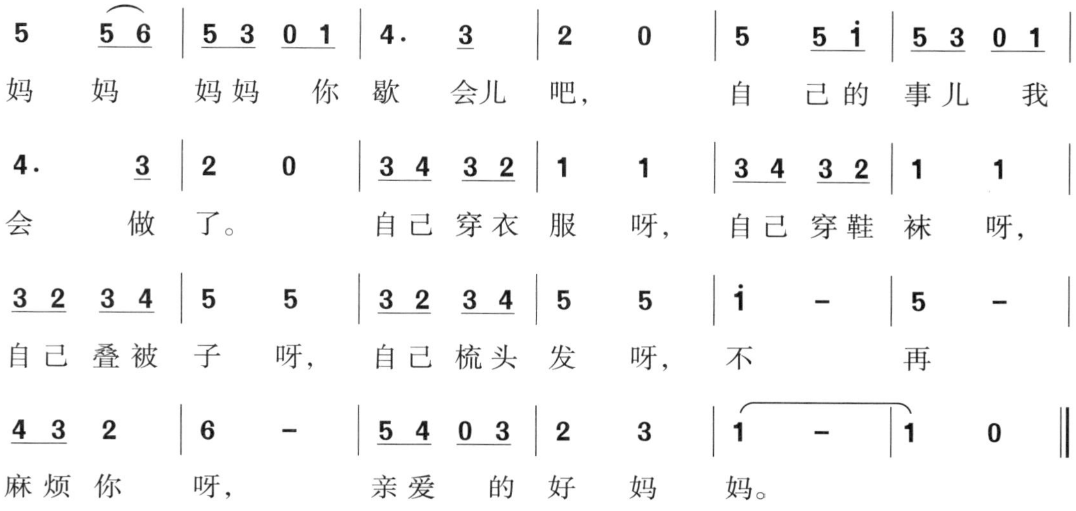

爱唱什么歌

郭荣安 词
哈布尔 曲

1=E 2/4

| 5 5 3 | 1 3 2 | 5 3 5 3 | 1 3 2 | 5 5 3 |

小青蛙　爱唱歌，　咕呱咕呱咕咕呱。　它爱唱
小蜜蜂　爱唱歌，　嗡嗡嗡嗡嗡嗡嗡。　它爱唱

| 1 3 2 | 2 3 5 6 | 5 - | 2 5 5 3 2 | 1 - |

什么歌？　它爱唱呀　　清清的小　河。
什么歌？　它爱唱呀　　甜甜的花　朵。

小伞花

朱胜民 词
苏小洋 曲

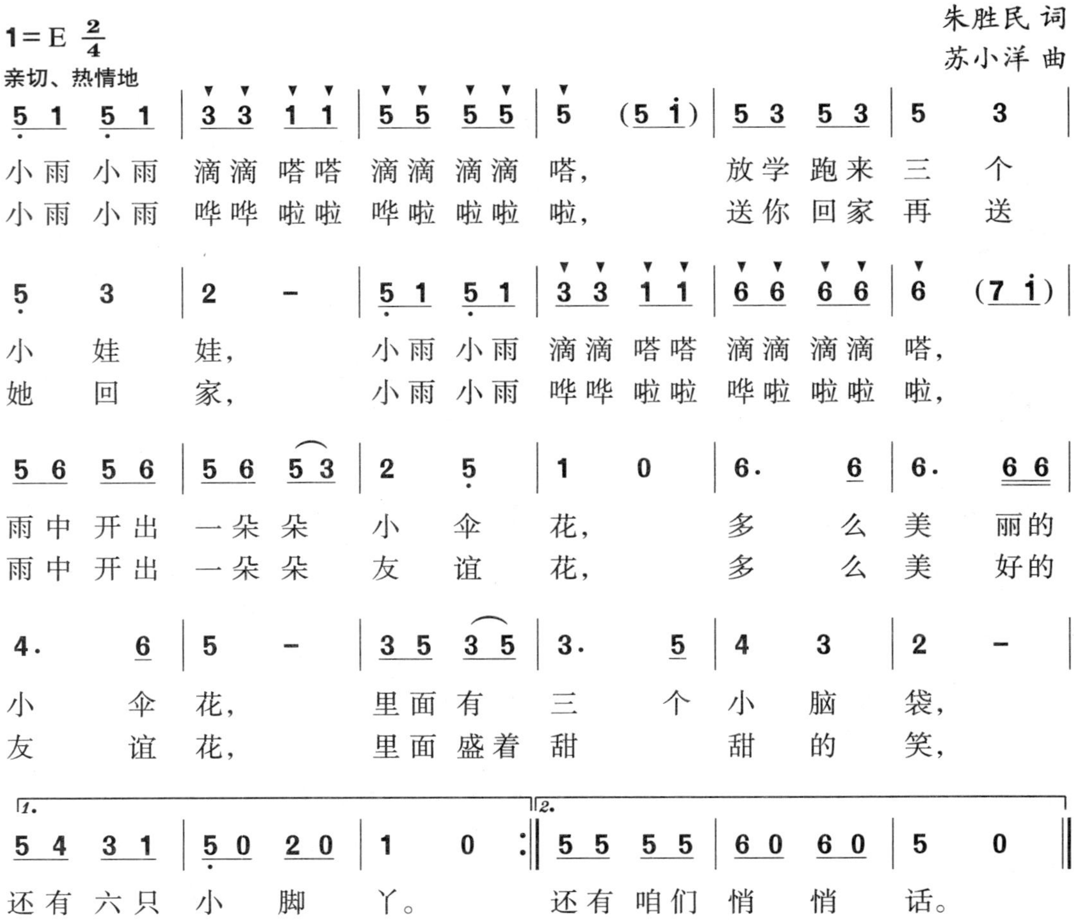

1=E 2/4

亲切、热情地

| 5 1 5 1 | 3 3 1 1 | 5 5 5 5 | 5 (5 1) | 5 3 5 3 | 5 3 |

小雨小雨　滴滴嗒嗒　滴滴滴滴　嗒，　　放学跑来三个
小雨小雨　哗哗啦啦　哗啦啦啦　啦，　　送你回家再送

| 5 3 | 2 - | 5 1 5 1 | 3 3 1 1 | 6 6 6 6 | 6 (7 1) |

小娃娃，　小雨小雨　滴滴嗒嗒　滴滴滴滴　嗒，
她回家，　小雨小雨　哗哗啦啦　哗啦啦啦　啦，

| 5 6 5 6 | 5 6 5 3 | 2 5 | 1 0 | 6. 6 | 6. 6 6 |

雨中开出　一朵朵　小伞花，　多么美丽的
雨中开出　一朵朵　友谊花，　多么美好的

| 4. 6 | 5 - | 3 5 3 5 | 3. 5 | 4 3 | 2 - |

小伞花，　里面有三个小脑袋，
友谊花，　里面盛着甜甜的笑，

| 1. 5 4 3 1 | 5 0 2 0 | 1 0 : | 2. 5 5 5 5 | 6 0 6 0 | 5 0 |

还有六只小脚丫。　　还有咱们悄悄话。

小小雨点

1=♭E　2/4

童　谣
金月苓　曲

中速 活泼地

(2 2 7̣ 5̣ | 2 　 7̣ 5̣ | 1 1 3 3 | 2 　 -) | 5 5 3 1 |

小 小 雨 点，
小 小 雨 点，
小 小 雨 点，

5 5 3 1 | 2 2 2 3 | 4 　 - | 2 2 7̣ 5̣ | 2 　 7̣ 5̣ |

小 小 雨 点， 沙 沙 沙 沙 沙， 落 在 花 园 里， 花 儿
小 小 雨 点， 沙 沙 沙 沙 沙， 落 在 鱼 池 里， 鱼 儿
小 小 雨 点， 沙 沙 沙 沙 沙， 落 在 田 野 里， 苗 儿

1 1 1 2 | 3 　 - | 5 5 3 1 | 5 5 3 1 | 2 2 2 3 |

乐 得 张 嘴 巴， 小 小 雨 点， 小 小 雨 点， 沙 沙 沙 沙
乐 得 摇 尾 巴， 小 小 雨 点， 小 小 雨 点， 沙 沙 沙 沙
乐 得 向 上 爬， 小 小 雨 点， 小 小 雨 点， 沙 沙 沙 沙

4 　 - | 2 2 7̣ 5̣ | 2 　 7̣ 5̣ | 1 1 3 3 | 1 　 - ‖

沙， 落 在 花 园 里， 花 儿 乐 得 张 嘴 巴。
沙， 落 在 鱼 池 里， 鱼 儿 乐 得 摇 尾 巴。
沙， 落 在 田 野 里， 苗 儿 乐 得 向 上 爬。

我爱雪莲花

1=♭B　2/4

赵起越　词
黄虎威　曲

活泼、热情地

(5 5 6567 | i̅ 　 3 0 | 2 23 2 7 | 1 35 i̅ 0) | 5 　 i̅ | 2̇ 2̇ i̅ |

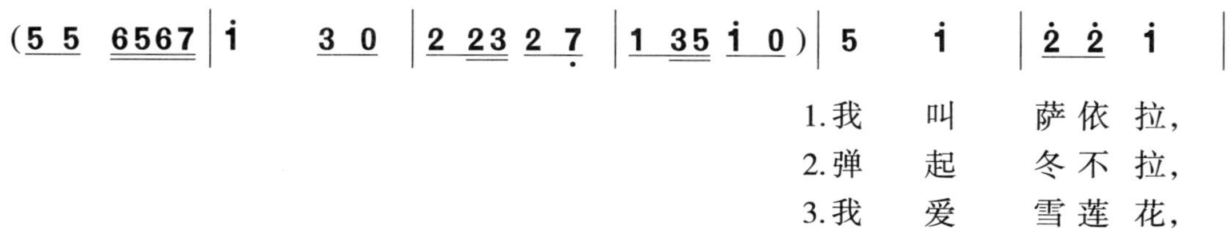

1.我 叫 萨 依 拉，
2.弹 起 冬 不 拉，
3.我 爱 雪 莲 花，

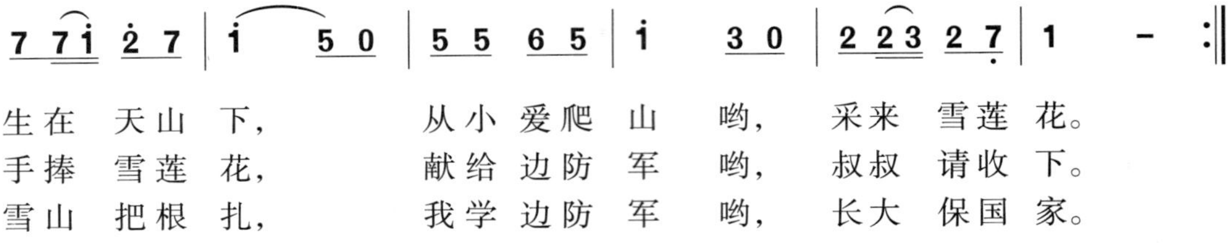
生在 天山 下， 从小 爱爬 山 哟， 采来 雪莲 花。
手捧 雪莲 花， 献给 边防 军 哟， 叔叔 请收 下。
雪山 把根 扎， 我学 边防 军 哟， 长大 保国 家。

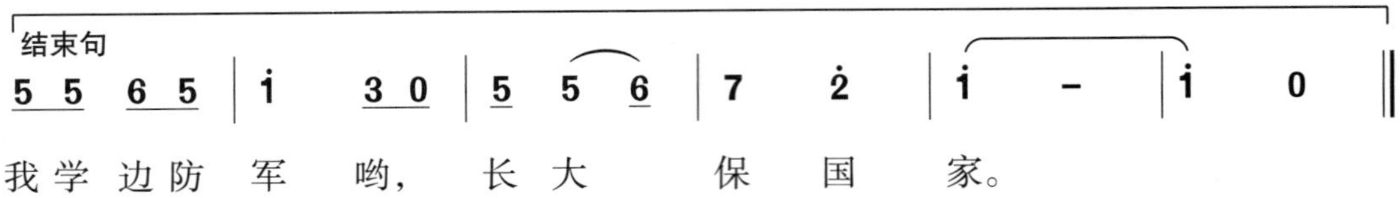
结束句
我学 边防 军 哟， 长 大 保 国 家。

大雨小雨

1=D $\frac{4}{4}$

佚 名词曲

大雨 哗啦 啦， 小雨 淅沥 沥， 哗啦 啦 淅沥 沥
我们 笑哈 哈， 我们 笑嘻 嘻， 笑哈 哈 笑嘻 嘻
大雨 小雨 快快 下， 大 雨 哗啦 啦， 小雨 淅沥 沥，
哈哈 嘻嘻 嘻嘻 哈， 我 们 笑哈 哈， 我们 笑嘻 嘻，
大 雨 哗啦 啦， 小雨 淅沥 沥， 哗啦 啦 哗啦 啦
我 们 笑哈 哈， 我们 笑嘻 嘻， 笑哈 哈 笑哈 哈
淅沥 沥 淅沥 沥 大雨 小雨 快快 下。 （间 奏）
笑嘻 嘻 笑嘻 嘻 哈哈 嘻嘻 嘻嘻 哈。

龟兔赛跑

〔日〕石原和三郎 词
〔日〕纳所辨次郎 曲
昉　雪 译配

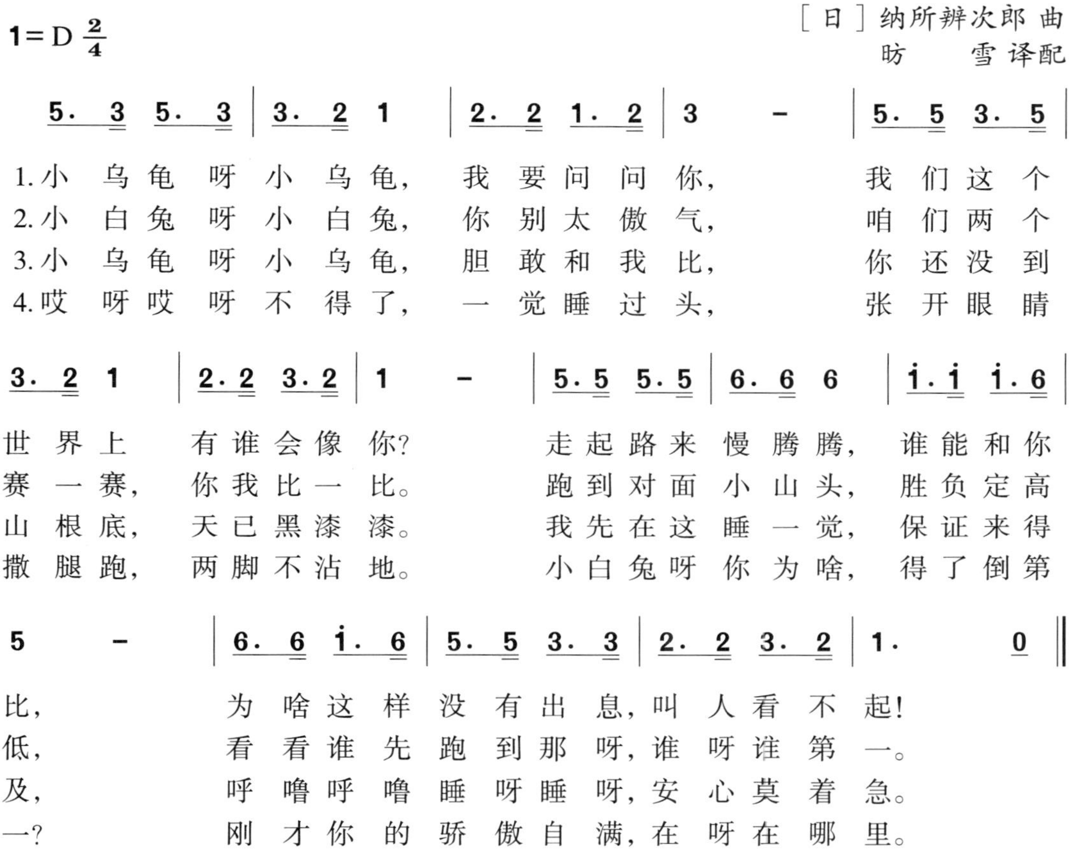

1=D 2/4

```
5· 3  5· 3 │ 3· 2  1 │ 2· 2  1· 2 │ 3    —  │ 5· 5  3· 5 │
```

1. 小 乌 龟 呀 小 乌 龟，　我 要 问 问 你，　　我 们 这 个
2. 小 白 兔 呀 小 白 兔，　你 别 太 傲 气，　　咱 们 两 个
3. 小 乌 龟 呀 小 乌 龟，　胆 敢 和 我 比，　　你 还 没 到
4. 哎 呀 哎 呀 不 得 了，　一 觉 睡 过 头，　　张 开 眼 睛

```
3· 2  1 │ 2· 2  3· 2 │ 1    —  │ 5· 5  5· 5 │ 6· 6  6 │ 1· 1  1· 6 │
```

世 界 上　有 谁 会 像 你?　　走 起 路 来 慢 腾 腾，　谁 能 和 你
赛 一 赛，　你 我 比 一 比。　　跑 到 对 面 小 山 头，　胜 负 定 高
山 根 底，　天 已 黑 漆 漆。　　我 先 在 这 睡 一 觉，　保 证 来 得
撒 腿 跑，　两 脚 不 沾 地。　　小 白 兔 呀 你 为 啥，　得 了 倒 第

```
5    —  │ 6· 6  1· 6 │ 5· 5  3· 3 │ 2· 2  3· 2 │ 1·    0 ‖
```

比，　　为 啥 这 样 没 有 出 息，叫 人 看 不 起!
低，　　看 看 谁 先 跑 到 那 呀，谁 呀 谁 第 一。
及，　　呼 噜 呼 噜 睡 呀 睡 呀，安 心 莫 着 急。
一?　　刚 才 你 的 骄 傲 自 满，在 呀 在 哪 里。

拾 豆 豆

（农村儿童歌曲）

李 如 会 词
颂 　 今 编曲

1=A 2/4

民歌风 天真地

```
( 1· 2  3 3 │ 2  1  2 │ 3· 5  7 6 │ 5    3 6 │ 5    5 ) │ 1 6  3 2 │
```

　　　　　　　　　　　　　　　　　　　　　　　　　胖 丫
　　　　　　　　　　　　　　　　　　　　　　　　　金 豆

```
1    1  │ 3 7  6 5 │ 5 3· │ 1 6  3 2 │ 1  1  2 │ 3 7  6 5 │
```

丫 哎，　俊 妞 妞，　　手 牵 着 手 儿 过 沟
豆 哎，　银 豆 豆，　　圆 不 溜 溜 的 红 豆

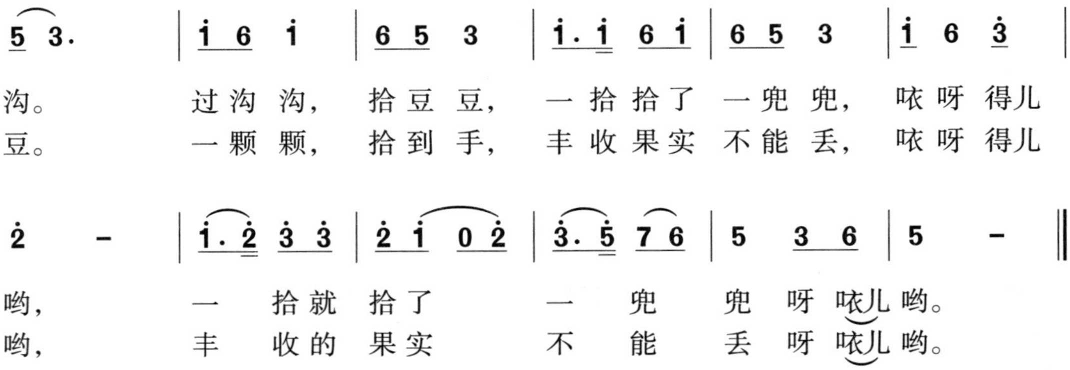

$\widehat{5\ 3}$. | $\dot{1}\ 6\ \dot{1}$ | $6\ 5\ 3$ | $\dot{1}\cdot\dot{1}\ 6\ \dot{1}$ | $6\ 5\ 3$ | $\dot{1}\ 6\ \dot{3}$ |

沟。 过沟沟，拾豆豆，一拾拾了一兜兜，哝呀得儿
豆。 一颗颗，拾到手，丰收果实不能丢，哝呀得儿
哟，一拾就拾了一兜兜呀哝儿哟。
哟，丰收的果实不能丢呀哝儿哟。

小狗抬轿

佚 名词
火 风曲

1=C $\frac{2}{4}$

八只小狗抬花轿，老虎坐轿把扇摇。一只小狗跌一跤呀，
小狗疼得汪汪叫，老虎却在睡大觉。花轿抬到半山腰呀，
老虎狠狠踢一脚。一二三，向上抛，老虎摔了
想个办法真正好。
一大跤。一二三，向上抛，老虎摔了一大跤！

柳树姑娘

罗晓航 词
夏晓红 曲

1=D $\frac{3}{4}$
优美地

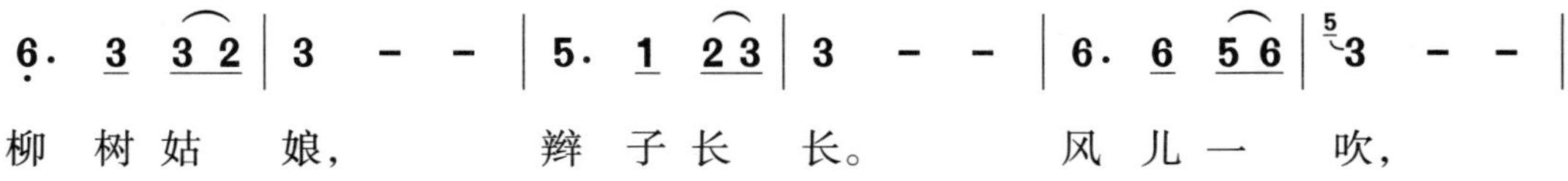
柳树姑娘，辫子长长。风儿一吹，

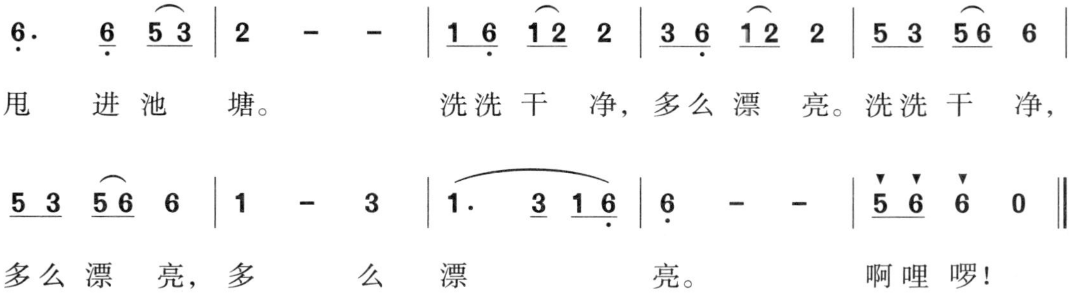
甩 进池 塘。 洗洗 干 净，多么 漂 亮。洗洗 干 净，
多么漂 亮，多 么 漂 亮。 啊哩 啰！

绿色的家

刘　伟词
刘北休 曲

1＝D $\frac{2}{4}$

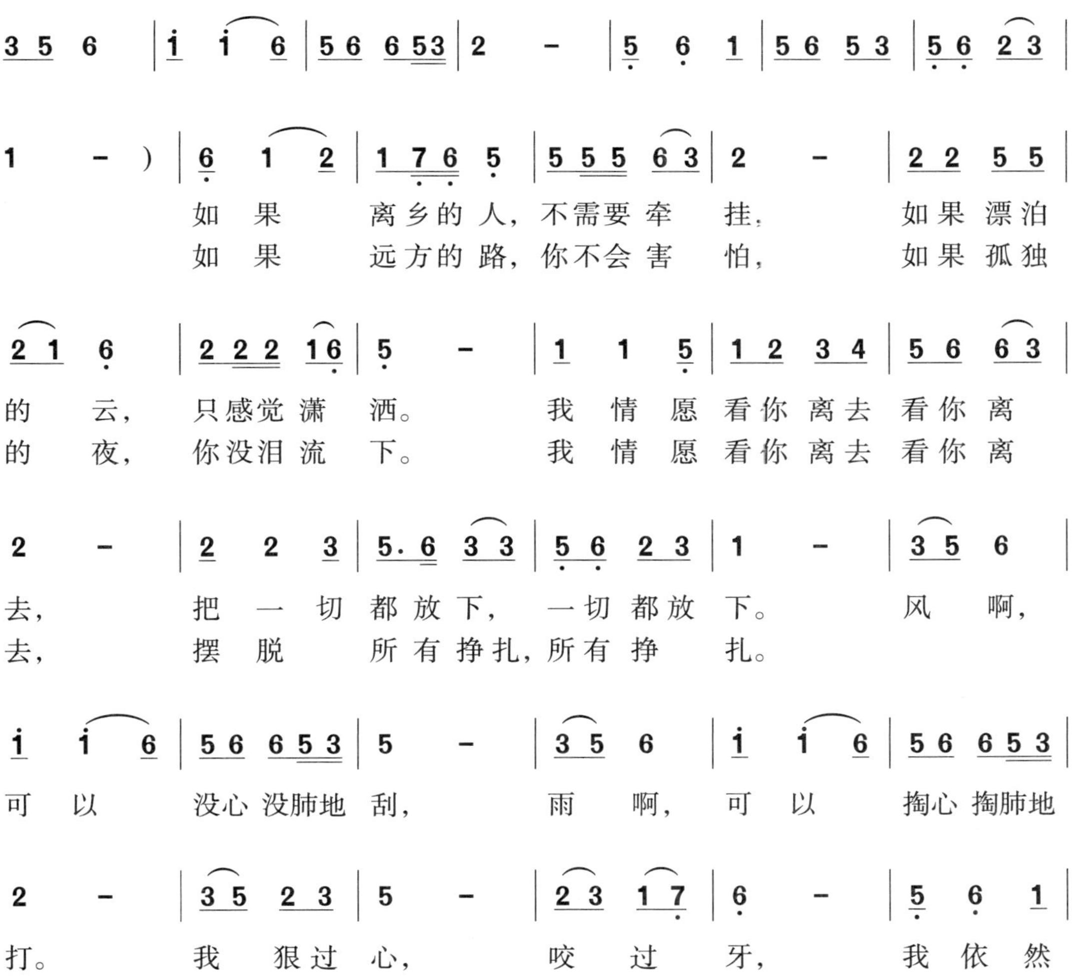
如 果 离乡的 人，不需要 牵 挂， 如果 漂泊
如 果 远方的 路，你不会 害 怕， 如果 孤独
的 云， 只感觉 潇 洒。 我 情 愿 看你 离去 看你 离
的 夜， 你没泪 流 下。 我 情 愿 看你 离去 看你 离
去， 把 一 切 都 放 下， 一切 都放 下。 风 啊，
去， 摆 脱 所 有 挣 扎，所有 挣 扎。
可 以 没心 没肺地 刮， 雨 啊， 可 以 掏心 掏肺地
打。 我 狠过 心， 咬 过 牙， 我 依 然

$\overline{2\,3}\ \overline{5\,3}$ | $\underset{\cdot}{5}.\ \underset{\cdot}{6}\ \overline{2\,3}$ | $1\ -$ | $\dot{1}\ \dot{2}\ \dot{1}$ | $\overline{\dot{1}\,\dot{2}}\ \overline{\dot{1}\,6}$ | $\overline{5\,6}\ \overline{6\,\overline{5\,3}}$ |

不能像你 一样潇 洒。 我无法像 你一样潇

$5\ -$ | $\dot{1}\ \dot{2}\ \dot{1}$ | $\overline{\dot{1}\,\dot{2}}\ \overline{\dot{1}\,6}$ | $\overline{5\,6}\ \overline{6\,\overline{5\,3}}$ | $2\ -$ | $2\ 2\ \overline{2\,3}\,3$ |

洒， 我无法随 你远走天 涯。 哪怕身边的

$\overline{5\,\overline{6\,5}}\ 3$ | $\overline{2\,3}\ \overline{2\,1}$ | $\underset{\cdot}{6}.\ -$ | $\overline{5\,6\,1}\ \overline{2\,3\,5}$ | $\overline{6\,5}\ \overline{3\,5}$ | $\underset{\cdot}{5}.\ \underset{\cdot}{6}\ \overline{2\,3}$ |

草原 早已沙 化， 我依然守护着 我的梦中，绿 色的

$1\ -$: || $\underset{\cdot}{5}.\ \underset{\cdot}{6}$ | $\underset{\cdot}{2}\ \overset{\frown}{3}$ | $\dot{1}\ -$ | $\dot{1}\ -$ | $\dot{1}\ -$ | $\dot{1}\ -$ ||

家。 D.S. 绿 色的 家。
rit
pp
Fine.

国旗国旗真美丽

1=E $\frac{4}{4}$
进行曲速度

陈年芳 词
罗建新 曲

($\underset{}{3}.\ \underline{4}\ 5$ | $5\ -$ | $\overline{4\,3}\ 2$ | $\underset{\cdot}{6}\ -$ | $\underset{\cdot}{5}.\ \underset{\cdot}{5}\ \overline{1\,2}$ | $\overline{3\,4}\ 5$ | $\underline{4}\ 3\ \underline{2}\ 1$) |

|: $1.\ \underset{\cdot}{5}$ | $\overline{\underset{\cdot}{1}\,2}\ 3$ | $3\ 2$ | $\underset{\cdot}{1}\ \underset{\cdot}{5}\ -$ | $1.\ \underset{\cdot}{5}$ | $\overline{1\,2}\ 3$ | $5\ 4$ | $3\ 2\ -$ |

国旗国旗 真美 丽， 五颗金星 照大 地，

$\underset{}{3}.\ \underline{4}\ 5$ | $5\ -$ | $4\ \overline{3\,2}$ | $\underset{\cdot}{6}\ -$ | $\underset{\cdot}{5}.\ \underset{\cdot}{5}\ \overline{1\,2}$ | $\overline{3\,4}\,5$ | $\overline{4\,3}\ 2\ 1\ -$:||

我们从小 爱祖 国， 向着国旗 敬个礼，敬个 礼，

2.

$4\ \overline{3\,2}\ 1\ -$ | (X X X X X.) | $6\ -\ 5\ -$ | $5\ -\ -\ 0$ ||

敬个 礼！ 敬礼，敬礼，敬礼！ 敬 礼！

数 蛤 蟆

1=F 2/4
中速

四川民歌

5 3 5 3 | 5 1 2 | 5 3 5 3 | 5 1 2 | 5 3 5 3 |
一只 蛤蟆 一张 嘴， 两只 眼睛 四条 腿， 乒乓 乒乓

1 2 3 2 1 | 6 1 6 1 2 | 1 1 6 5 | 6 1 6 1 2 | 1 1 6 5 |
跳下 水呀， 蛤蟆不吃水，（太平 年）， 蛤蟆不吃水，（太平 年），

3 5 2 3 5 | 3 1 2 | 3 5 2 3 5 | 3 1 2 ‖
（荷儿梅子 兮） 水上 漂， （花儿梅子 兮） 水上 漂。

迷路的小花鸭

王 森 词
王紫萱 曲

1=G 2/4

(3 6 | 6 - 6 3 | 5 - | 3 5 3 3 2 | 1 3 2 | 3 5 2 3 |

1 -) | 1 0 1 2 | 3 - | 2 0 1 6 | 5 - | 1 1 1 6 5 | 1 3 2 |
　　　池塘 边， 柳树 下， 有只迷路的 小花 鸭，

3 5 1 3 | 2 - | 3 5 5 | 6 3 5 | 3 5 3 2 | 1 3 2 | 3 5 2 3 |
小花 鸭。 嘎嘎嘎， 嘎嘎嘎， 嘎嘎嘎嘎叫妈 妈， 叫妈

1 - | 3 6 | 6 - | 6 3 | 5 - | 3 5 3 3 2 | 1 3 2 |
妈。 小朋 友 看见 了， 抱起可爱的 小花 鸭，

3 5 2 1 | 2. 3 | 3 5 2 3 | 1 - | 1 - | 1 0 ‖
把它送回 家， 把它送回 家。

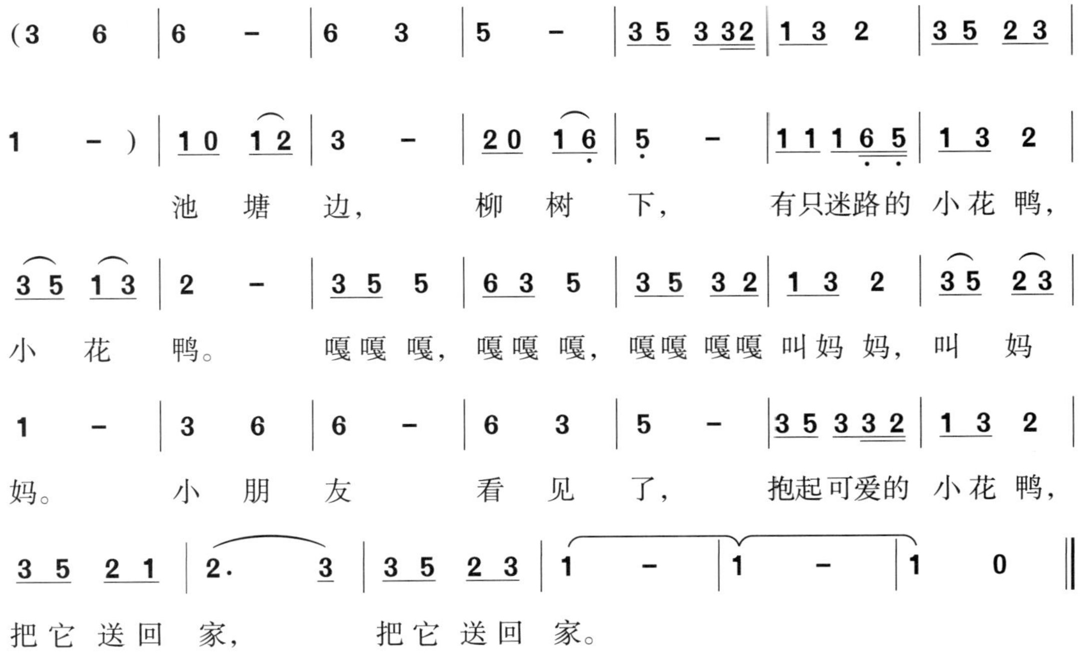

小娃娃跌倒了

1＝$^\flat$E $\frac{4}{4}$　　潘振声 词曲

中速 助人为乐地

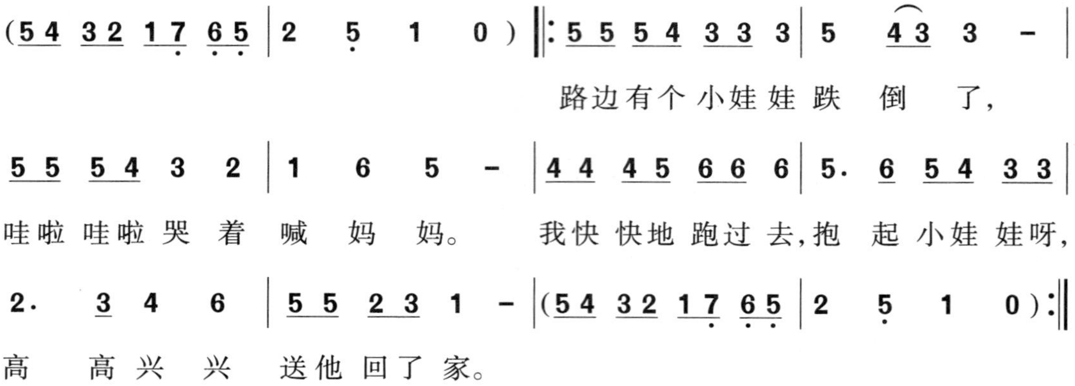
路边有个小娃娃跌 倒 了，
哇啦 哇啦 哭 着 喊 妈 妈。 我快 快地 跑过 去，抱 起 小娃 娃呀，
高 高兴 兴 送他 回了 家。

青蛙打哈哈

1＝D $\frac{2}{4}$　　佚　名词　李　漫曲

富有情趣地

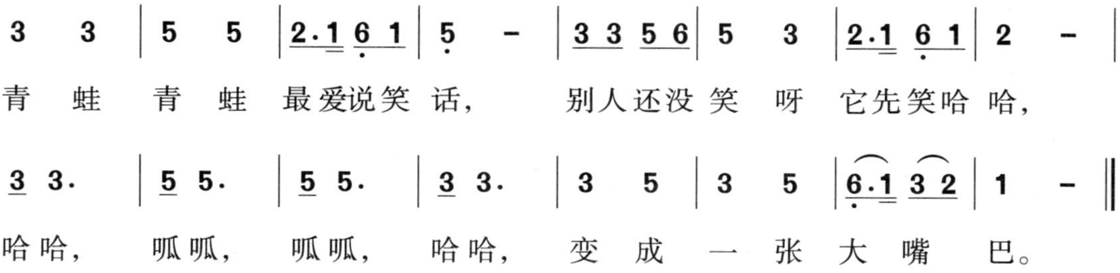
青 蛙 青 蛙 最爱说笑 话， 别人还没 笑 呀 它先笑哈 哈，
哈哈， 呱呱， 呱呱， 哈哈， 变 成 一 张 大 嘴 巴。

小鸡的一家

1＝D $\frac{2}{4}$　　王　森词　邓融和曲

活泼地

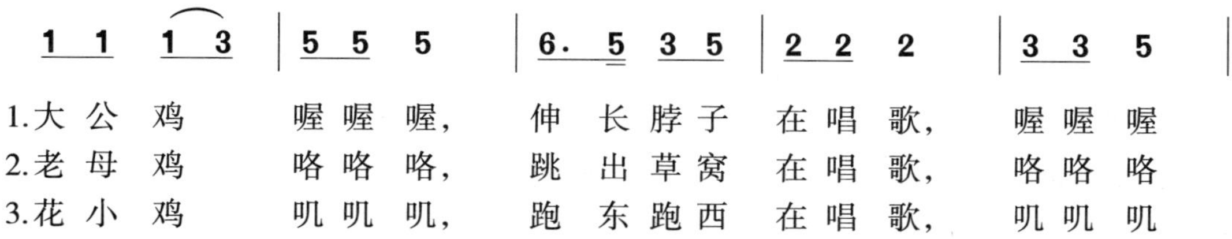
1.大 公 鸡 喔 喔 喔， 伸 长 脖 子 在 唱 歌， 喔 喔 喔
2.老 母 鸡 咯 咯 咯， 跳 出 草 窝 在 唱 歌， 咯 咯 咯
3.花 小 鸡 叽 叽 叽， 跑 东 跑 西 在 唱 歌， 叽 叽 叽

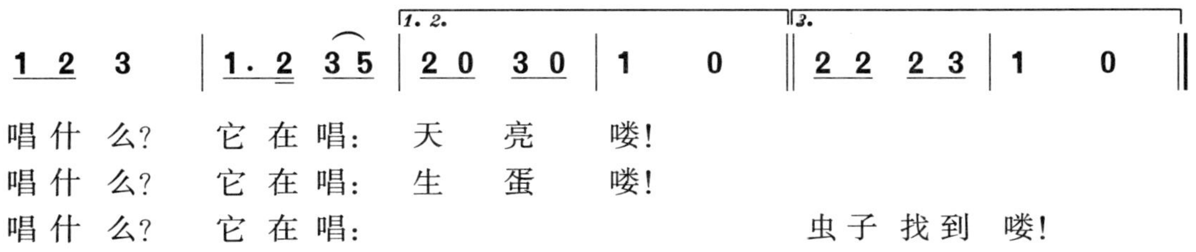

```
1 2  3  | 1.2 3 5 | 2 0 3 0 | 1  0 ‖1.2. 2 2 2 3 | 1  0 ‖3.
```

唱什么？ 它在唱： 天 亮 喽！
唱什么？ 它在唱： 生 蛋 喽！
唱什么？ 它在唱： 虫子 找到 喽！

小兔与狼

1=C 2/4

鲍贤琨 词曲

```
5 5 3 3 | 5 5 3 3 | 6 1 7 6 | 5 — | 5 0 3 0 |
```
小小 兔子 跳呀跳呀， 跳到 树林 里， 竖 起

```
5 0 3 0 | 2 3 4 3 | 2 — | 1 2 3 4 | 5 — |
```
耳 朵 仔 细 听， 风儿 呼呼 吹，

```
4 5 6 7 | 1 — | 1 6 0 | 5 4 3 2 | 1 — ‖
```
树叶 沙沙 响。 哎呀！ 狼 来 了。

牵 牛 花

田洪兰 词
周汇俭 曲

1=C 或 D 3/4

中速稍快

```
5 — 6 | 5 — 6 | 3 — 23 | 1 — — | 5 — 3 | 5 — 6 | 1 — 61 |
```
牵 牛 花， 长 绿 芽， 一 丛丛 向 上
牵 牛 花， 开 红 花， 一 朵朵 吹 喇

```
5 — — | 6 — 5 | 6 — 1 | 1 — 65 | 6 — — | 6 5 6 | 3 3 5 |
```
爬。 顺 着屋 墙 到屋 顶， 小院 被它
叭。 吹 得鸡 狗 鹅鸭 笑， 吹得 全家

```
3 — 2 | 1 — —:‖ 6 5 6 | 3 3 5 | 2 — 0 | 2 1 — | 1 — — | 1 — — ‖
```
爬 绿 了。
乐 哈 哈。 吹得 全家 乐 哈 哈。

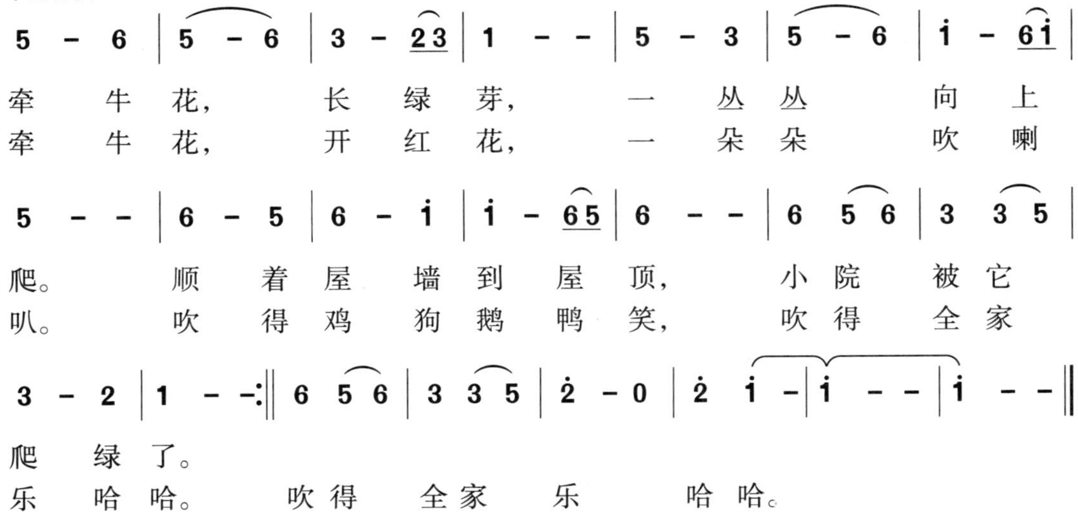

美丽的黄昏

（三部轮唱）

欧美歌曲
夏禹生 译配

1=F 3/4
中板

```
1  -  2 | 3  -  1 | 4  -  3 | ⌒3 2  1 | 4  -  3 | ⌒3 2  1∨ |
啊，   那  黄     昏，  美   丽的 黄     昏，   美   丽的 黄      昏。

3  -  4 | 5  -  3 | 6  -  5 | ⌒5 4  3 | 6  -  5 | ⌒5 4  3∨ |
听    那  钟     声，  美   妙的 钟     声，   美   妙的 钟      声。

1  -  - | 1  -  - | 1  -  - | 1  -  - | 1  -  - | 1  -  -:‖
叮，     咚，       叮，     咚，      叮，      咚！
```

画画彩霞

张立国 词
王聚宝 曲

1=E 4/4
童真、幸福地

```
(7 3 3 6  6 | 3̲5̲ 3̲5̲ 6̣ - | 6̣·1̇ 6̣ 1̇ 2  2 | 5  3  -  - |
7 3 3 6  1̇ | 1̇ 3̲2̲3̲ - | 7̲2̲ 7̲2̲ 7̲2̲ 7̲6̲ | 6̣  -  -  -) |

6̣ 3 0 3 2̲3̲ 3 | 3̲5̲ 1 6̣ - | 1̣̇ 6̣ 0 6̣ 1 2 | 5 5̲6̲ 3 - |
画一 片 彩 霞 飘 果 林，   画 一 片 彩 霞 绕 楼 群，
画一 片 彩 霞 飘 高 原，   画 一 片 彩 霞 绕 山 岭，

6 5̲6̲ 6  6 | 5 6̲1̲ 2 - | 3  3  3 5 6 | 7 - 5 3 |
彩 色 的 蜡 笔 画 彩 霞，   画 一 画 少 年 甜 美 的
彩 色 的 蜡 笔 画 彩 霞，   画 一 画 少 年 美 丽 的

6 6 - - | 6 - - 0 | 1̇ - 6 6 | 7· 6̲ 6 - | 1 6̣ 6 5̲6̲ |
梦 境。      画 一 朵 彩 霞 在 国 旗
憧 憬。      画 一 朵 彩 霞 在 国 徽
```

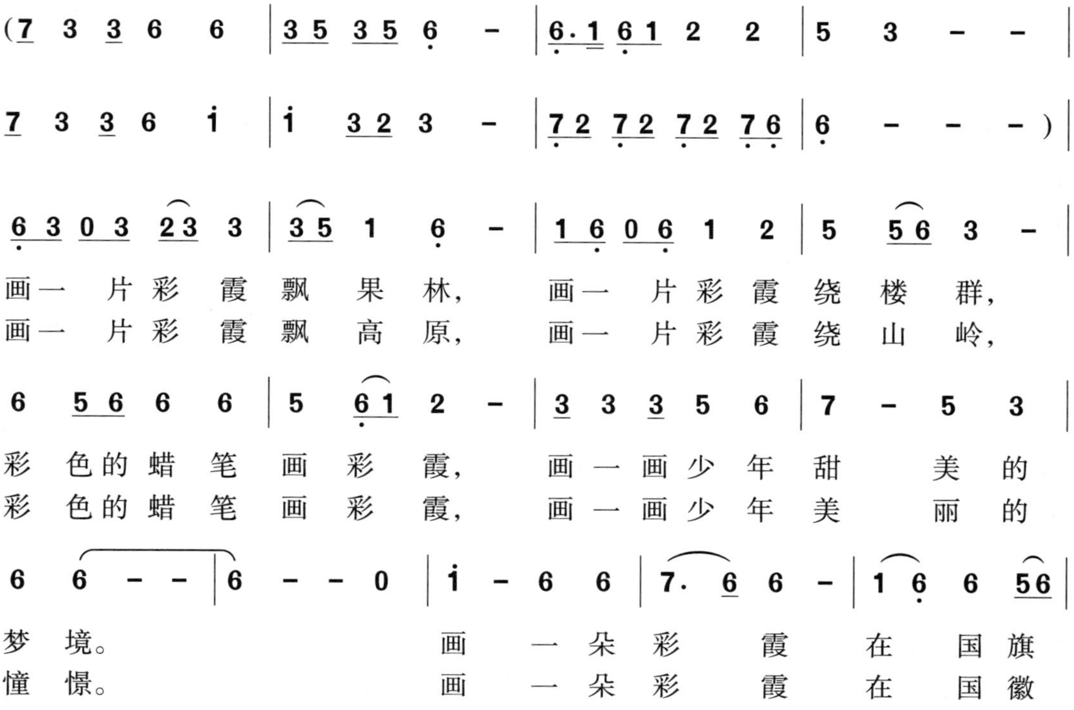

$3 \quad - \quad - \quad - \quad | \quad 7 \quad - \quad 5 \quad 3 \quad | \quad 6 \quad - \quad 6 \quad - \quad | \quad \dot{6} \quad - \quad 3 \quad \overset{\frown}{2} \quad | \quad 2 \quad - \quad - \quad - \quad |$

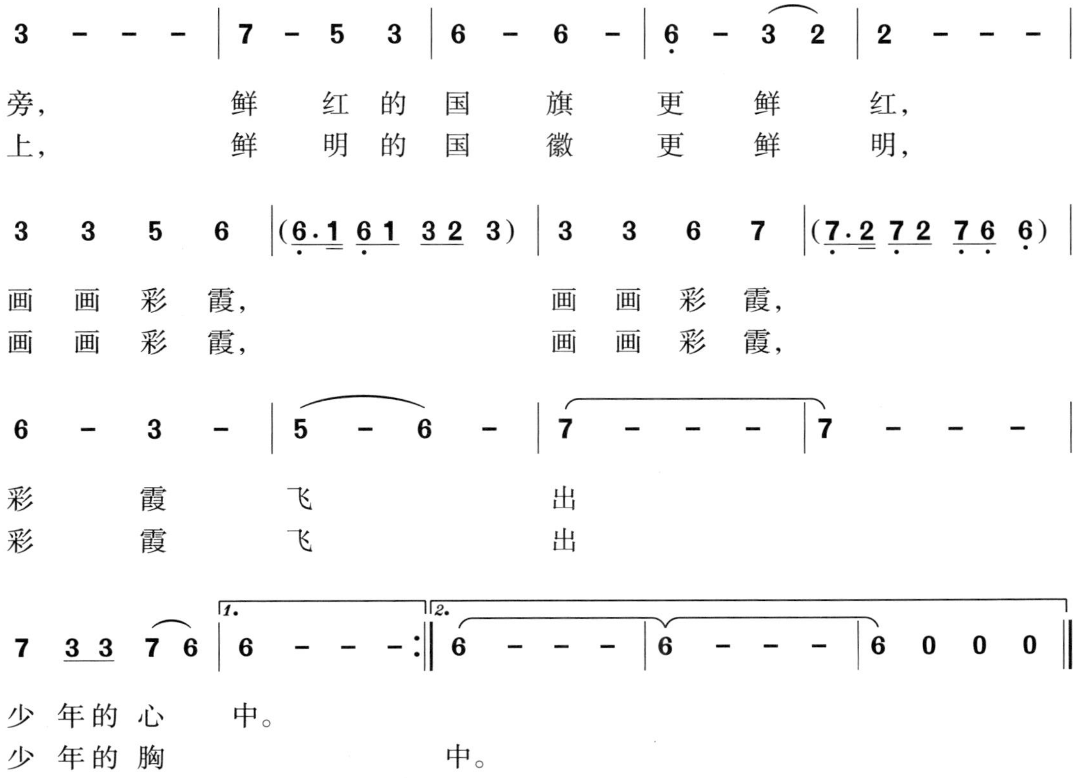

旁，　　　　鲜　红　的　国　旗　更　鲜　红，

上，　　　　鲜　明　的　国　徽　更　鲜　明，

$3 \quad 3 \quad 5 \quad 6 \quad | \quad (\underline{6 \cdot 1} \; \underline{6 \, 1} \; \underline{3 \, 2} \; 3) \quad | \quad 3 \quad 3 \quad 6 \quad 7 \quad | \quad (\underline{7 \cdot 2} \; \underline{7 \, 2} \; \underline{7 \, 6} \; \dot{6}) \quad |$

画　画　彩　霞，　　　　　　画　画　彩　霞，

画　画　彩　霞，　　　　　　画　画　彩　霞，

$6 \quad - \quad 3 \quad - \quad | \quad 5 \quad - \quad 6 \quad - \quad | \quad 7 \quad - \quad - \quad - \quad | \quad 7 \quad - \quad - \quad - \quad |$

彩　　霞　　飞　　　出

彩　　霞　　飞　　　出

$7 \quad \underline{3 \, 3} \quad \overset{\frown}{7} \quad 6 \quad | \quad 6 \quad - \quad - \quad - \quad : \| \quad 6 \quad - \quad - \quad - \quad | \quad 6 \quad - \quad - \quad - \quad | \quad 6 \quad 0 \quad 0 \quad 0 \quad \|$

少　年　的　心　　中。

少　年　的　胸　　　　中。

月儿弯弯

宋祖芬 词
徐　欣 曲

$1 = C \quad \frac{3}{4}$

轻柔、甜美地

$\underline{3 \; 4} \quad 5 \quad \quad 5 \quad | \quad \underline{3 \; 4} \quad 5 \quad \quad 5 \quad | \quad \underline{5 \; 6} \quad 5 \quad \quad 3 \quad | \quad \underline{1 \; 3} \quad 2 \quad \quad - \quad |$

月　儿　弯　　弯，　月　儿　弯　　弯，　像　只　小　　船　在　天　　边。

月　儿　圆　　圆，　月　儿　圆　　圆，　像　面　镜　　子　挂　天　　边。

$\underline{\dot{6} \; 1} \quad 2 \quad \quad 2 \quad | \quad \underline{2 \; 3} \quad 5 \quad \quad 3 \quad | \quad \underline{2 \; 3} \quad 2 \quad \quad 1 \quad | \quad \underline{2 \; 3} \quad 1 \quad \quad - \quad \|$

船　边　星　　星，　一　闪　一　　闪，　眨　着　眼　　睛　向　我　　看。

镜　子　里　　面，　有　只　白　　兔，　一　蹦　一　　跳　要　下　　来。

做 饭 饭

若　水 词
泽　宁 曲

1=D 2/4

稍快 忙碌、热烈地

(5 - | 3565 1565 | 3565 1567 | 1 0 765432 ‖: 1155 1155) :‖

5　3 5 | 2 2 1 0 | 6 6 6 3 | 5. 　0 | 3 3 6 6 |

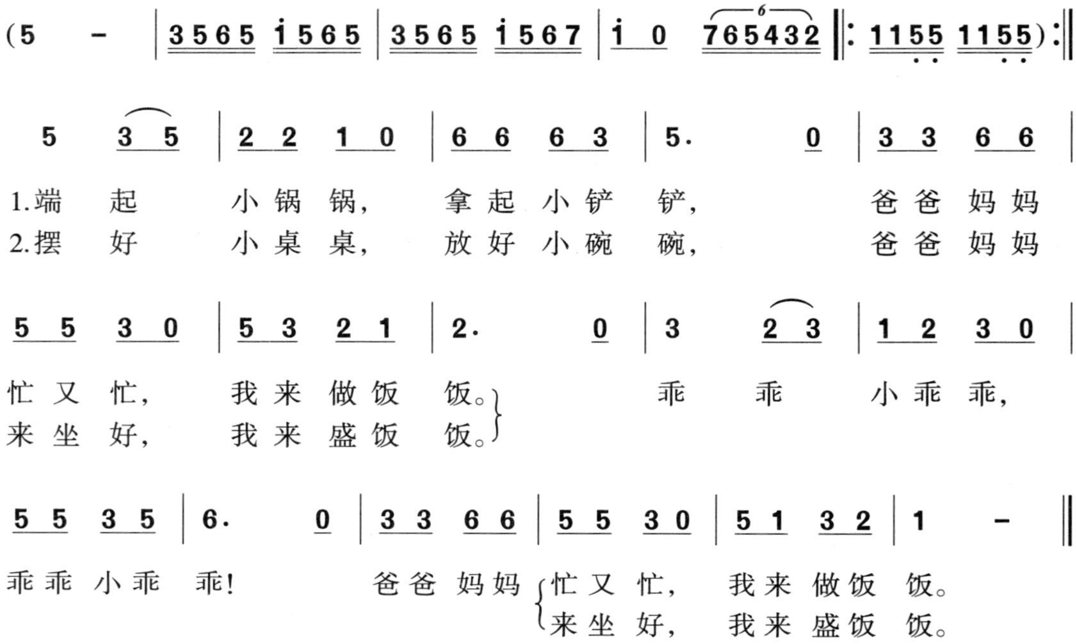

1.端 起　小 锅 锅，　拿 起 小 铲 铲，　　爸 爸 妈 妈
2.摆 好　小 桌 桌，　放 好 小 碗 碗，　　爸 爸 妈 妈

5 5　3 0 | 5 3 2 1 | 2. 　0 3 | 2 3 | 1 2 3 0 |

忙 又 忙，　我 来 做 饭 饭。　　乖 乖 小 乖 乖，
来 坐 好，　我 来 盛 饭 饭。

5 5　3 5 | 6. 　0 | 3 3 6 6 | 5 5 3 0 | 5 1 3 2 | 1 － ‖

乖 乖 小 乖 乖！　　爸 爸 妈 妈 {忙 又 忙，　我 来 做 饭 饭。
　　　　　　　　　　　　　　　 来 坐 好，　我 来 盛 饭 饭。

刷 牙 歌

许常德 词
郭　子 曲

1=♭B 4/4

※ ‖: 0 5 5 5 0 5. | 0 6 6 6 0 6. | 0 7 7 7 0 7. | [1.] 0 1 1 1 0 1. :‖

哇⋯⋯　　哇⋯⋯　　哇⋯⋯　　哇⋯⋯

0 1 1 1 0 1 5 ‖: 1 0 0 5 1 0 0 5 | [1.] 1 1 1 1 0 5 :‖ [2.] 1 1 1 1 0 1 |

哇⋯⋯ 我 刷 我 刷 我 刷 刷 刷，　我 刷 刷 刷，　我

3 3 2 1 1 | 0 1 | 5 5 4 3 3 | 0 2 | 4 4 3 2 2 | 0 2 |

上 上 下 下，　我 前 前 后 后，　我 仔 仔 细 细，　我

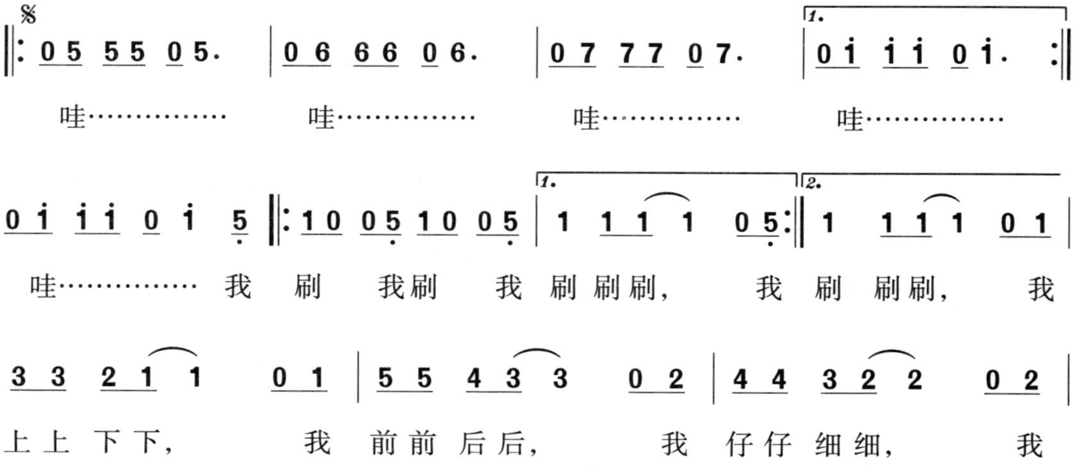

7 7 6 5 5　　0 1 ｜ 3 3 2 1 5 5 4 3 ｜ 6 6 5 4 7 7 6 5 ｜

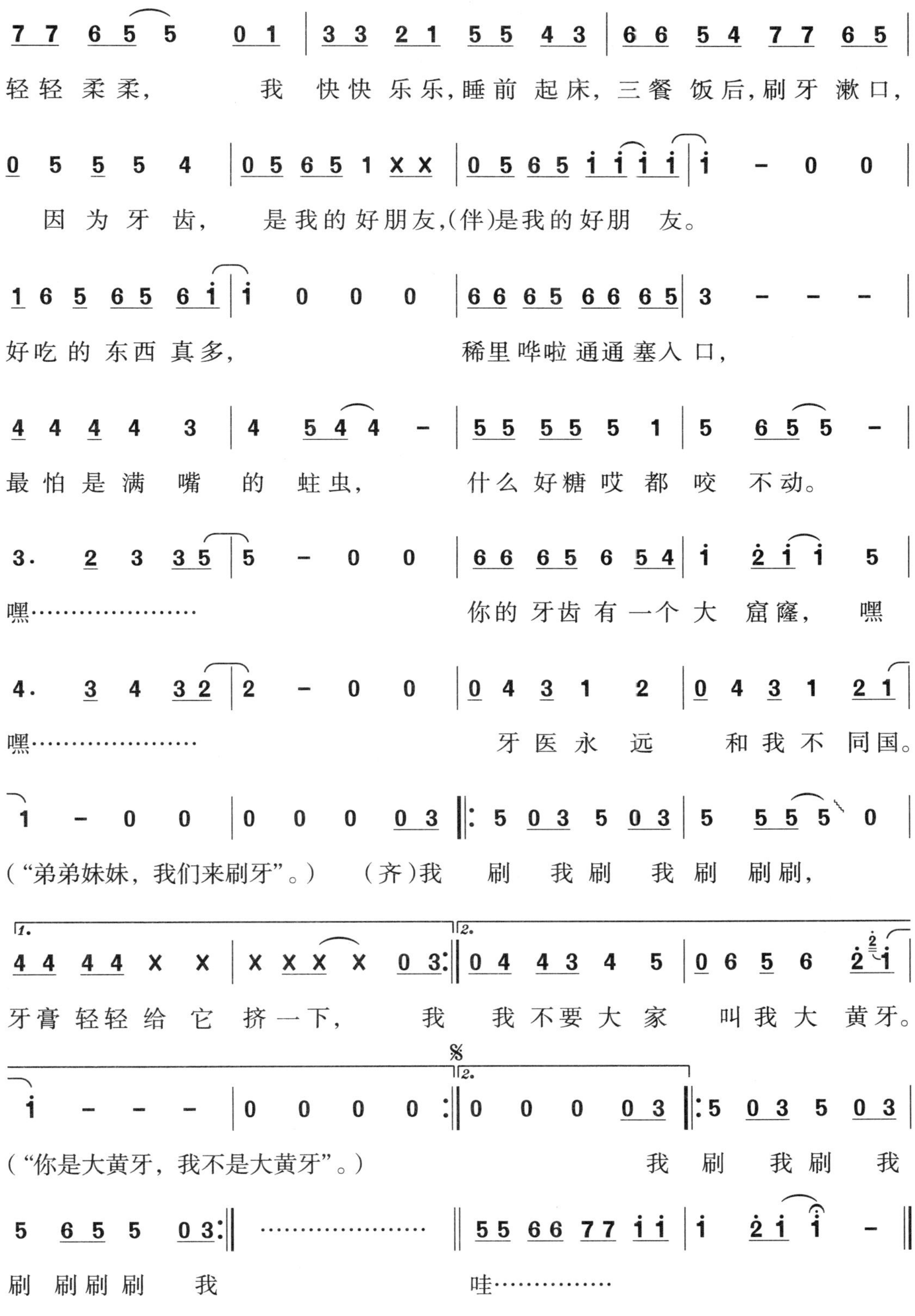

轻轻 柔柔，　　我　快快乐乐，睡前 起床，三餐 饭后，刷牙 漱口，

0 5 5 5 4 ｜ 0 5 6 5 1 X X ｜ 0 5 6 5 i i i i｜ i － 0 0 ｜

因 为 牙 齿，　是 我 的 好朋友,(伴)是 我 的 好朋　友。

1 6 5 6 5 6 i i｜ i 0 0 0 ｜ 6 6 6 5 6 6 6 5 ｜ 3 － － － ｜

好吃的 东西 真多，　　　　稀里 哗啦 通通 塞入 口，

4 4 4 4 3 ｜ 4　5 4 4 － ｜ 5 5 5 5 5 1 ｜ 5　6 5 5 － ｜

最怕是满 嘴 的 蛀虫，　什么 好糖哎都 咬 不动。

3. 2 3 3 5｜ 5 － 0 0 ｜ 6 6 6 5 6 5 4 ｜ i 2 i i 　5 ｜

嘿………………　　　　你的 牙齿 有一个 大 窟窿，嘿

4. 3 4 3 2｜ 2 － 0 0 ｜ 0 4 3 1　2 ｜ 0 4 3 1　2 1 ｜

嘿…………………　　　牙医 永远　和我 不 同国。

i － 0 0 ｜ 0 0 0 0 3 ‖: 5 0 3 5 0 3 ｜ 5　5 5 5 0 ｜

("弟弟妹妹，我们来刷牙"。)　（齐）我　刷　我刷　我刷 刷刷，

[1.]

4 4 4 4 X X ｜ X X X X 0 3:‖

牙膏 轻轻 给它 挤一下，　我

[2.]

0 4 4 3 4 5 ｜ 0 6 5 6　2 i ｜

我不要 大家　叫我 大 黄牙。

[※]

i － － － ｜ 0 0 0 0 0 :‖

("你是大黄牙，我不是大黄牙"。)

[2.]

0 0 0 0 3 ‖: 5 0 3 5 0 3 ｜

我　刷　我刷　我

5 6 5 5 0 3:‖ …………………… ‖ 5 5 6 6 7 7 i i ｜ i 2 i i － ‖

刷 刷刷刷　我　　　　　哇……………………

小猴子拍照

余 莠 词
方 翔 曲

```
1=F  2/4
♩=102

(5·1 2 3 | 5 6 5 6 | 5 5 5 5 | 5 6 5 6 | 5 5 5 5 | 5 3 5 3 2 | 1 1 1 1 6· |

5· 6· 1 2 3 | 5 0 ) | 5· 1 1 | 2 2 2 | 3 3 3 2 3 2 | 2 0 |
              小 猴 子  爬 上 了  河边的 树梢 梢，

5 2 2 | 3 2 1 | 2 3 2 3 | 5 0 | 5· 3 5 | 3 — |
荡 在 那 枝 头 上 学 拍      照。    照 小 鸟，

3 3 3 2 | 1 3 2 | 1 1 1 | 1 6 0 | 5· 3 5 | 3 — |
小鸟吓得 躲 进 巢， 躲进巢。    照 青 蛙，

3 3 3 2 | 3 3 2 | 1 1 1 | 1 6 0 | 5· 3 5 | 3 — |
青蛙笑得 呱 呱 叫， 呱呱叫。    照 夕 阳，

5 5 6 6 | 5 5 5 3 | 5 5 3 | 5 6 0 | 5· 1 1 | 2 2 2 |
夕阳 羞红的 圆脸 像火 烧， 像火 烧。    小猴子， 乐淘 淘，

3 3 2 3 | 2 0 | 5 2 2 | 3 2 1 | 2 3 2 3 | 5 0 |
乐淘  淘，   不 小 心 树枝  摇断    了。

5 5· | 5 3 2 1 | 2 1 | 1 6 (0 1 6 | 1 5· 6 1) | 2 3 5· 6· |
一 下  掉 到 河 里 面，     水 底的

3 2· | 2 3 2 3 | 5 0 6 | 5 6 5 6 | 5 0 2 3 | 5 ‖
月 亮  把 它 捞，  哈 哈哈 哈哈 哈，  把 它 捞。
```

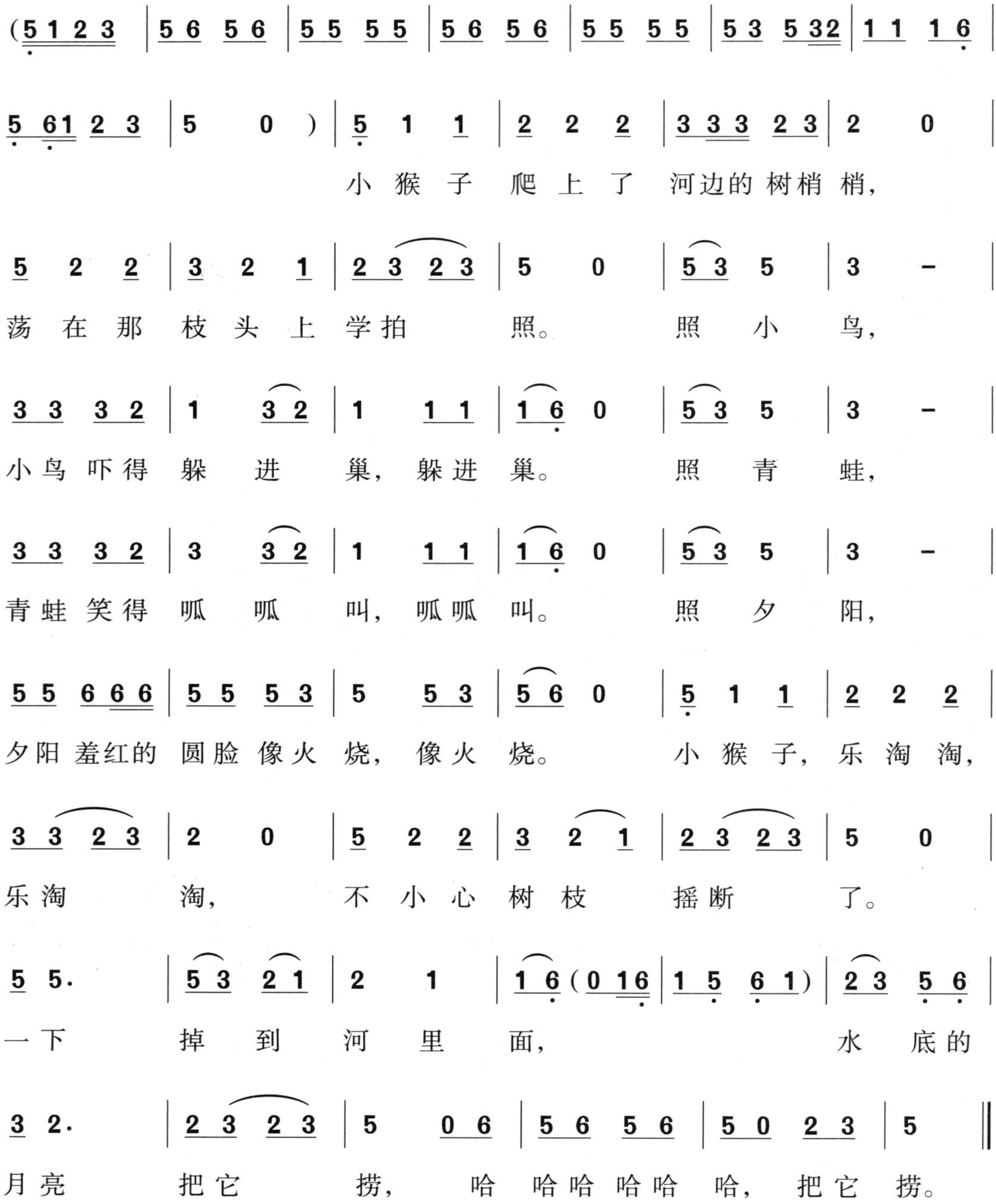

拜 年 歌

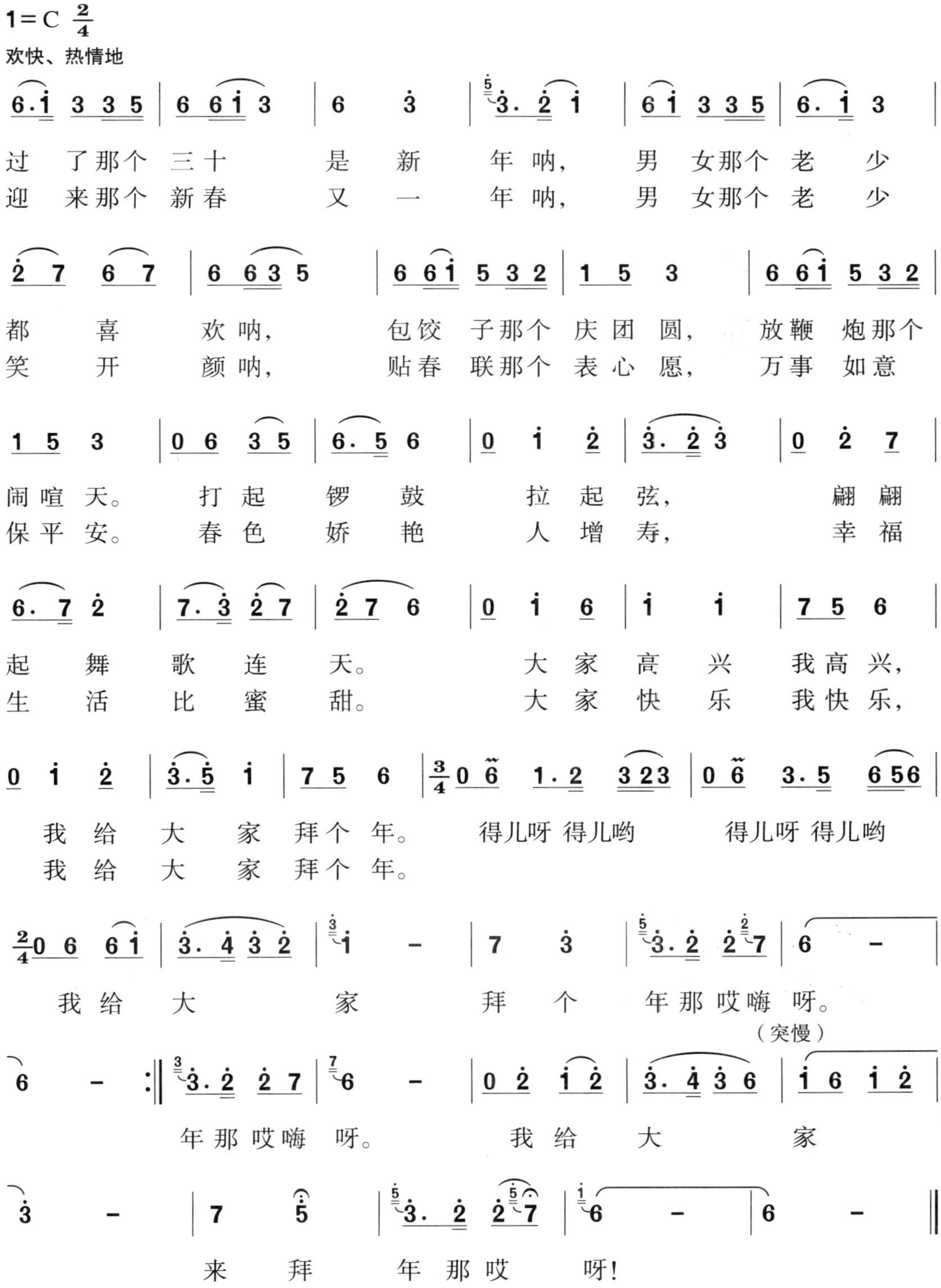

1 = C $\frac{2}{4}$

欢快、热情地

6·1 335 | 6 61 3 | 6 　 3 | 3·2 1 | 61 335 | 6·1 3 |

过 了那个 三十 　 是 新 年呐，男 女那个老 少
迎 来那个 新春 　 又 一 年呐，男 女那个老 少

2 7 6 7 | 6 635 | 661 532 | 1 53 3 | 661 532 |

都 喜 欢呐， 包饺 子那个 庆团 圆， 放鞭 炮那个
笑 开 颜呐， 贴春 联那个 表心 愿， 万事 如意

1 53 | 0 6 35 | 6·5 6 | 0 1 2 | 3·2 3 | 0 2 7 |

闹喧 天。 打起 锣鼓 拉起 弦， 翩翩
保平 安。 春色 娇艳 人增 寿， 幸福

6·7 2 | 7·3 2 7 | 2 7 6 | 0 1 6 | 1 1 | 7 5 6 |

起 舞 歌 连 天。 大家高 兴 我高兴，
生 活 比 蜜 甜。 大家快 乐 我快乐，

0 1 2 | 3·5 1 | 7 5 6 | $\frac{3}{4}$ 0 6 1·2 | 3 23 | 0 6 3·5 | 6 56 |

我 给 大 家 拜个 年。 得儿呀 得儿哟 得儿呀 得儿哟
我 给 大 家 拜个 年。

$\frac{2}{4}$ 0 6 61 | 3·4 32 | 1 — | 7 3 | 3·2 2 7 | 6 — |

我 给 大 家 拜个 年那哎嗨 呀。

（突慢）

6 — : | 3·2 2 7 | 6 — | 0 2 1 2 | 3·4 3 6 | 1 6 1 2 |

年那哎嗨 呀。 我 给 大 家

3 — | 7 5 | 3·2 2 7 | 6 — 6 — ‖

来 拜 年那哎 呀！

水啊水，我们要珍惜

生吉俐 词
张　峰 曲

1=♭B $\frac{4}{4}$
中速 美好地

(3. 4 5 3 2 | 1 1 7 5 5 - | 4. 5 6 5 4 | 3 4 3 2 2 - |

3. 2 1 2 3 | 5 1 7 6 6 - | 5 6 7 1 2 3 | 1 - - -)

3 3 3 1 5 - | 3 4 3 2 1 0 1 | 6 0 5 4 5 4 2 | 3 - - 0 1 |

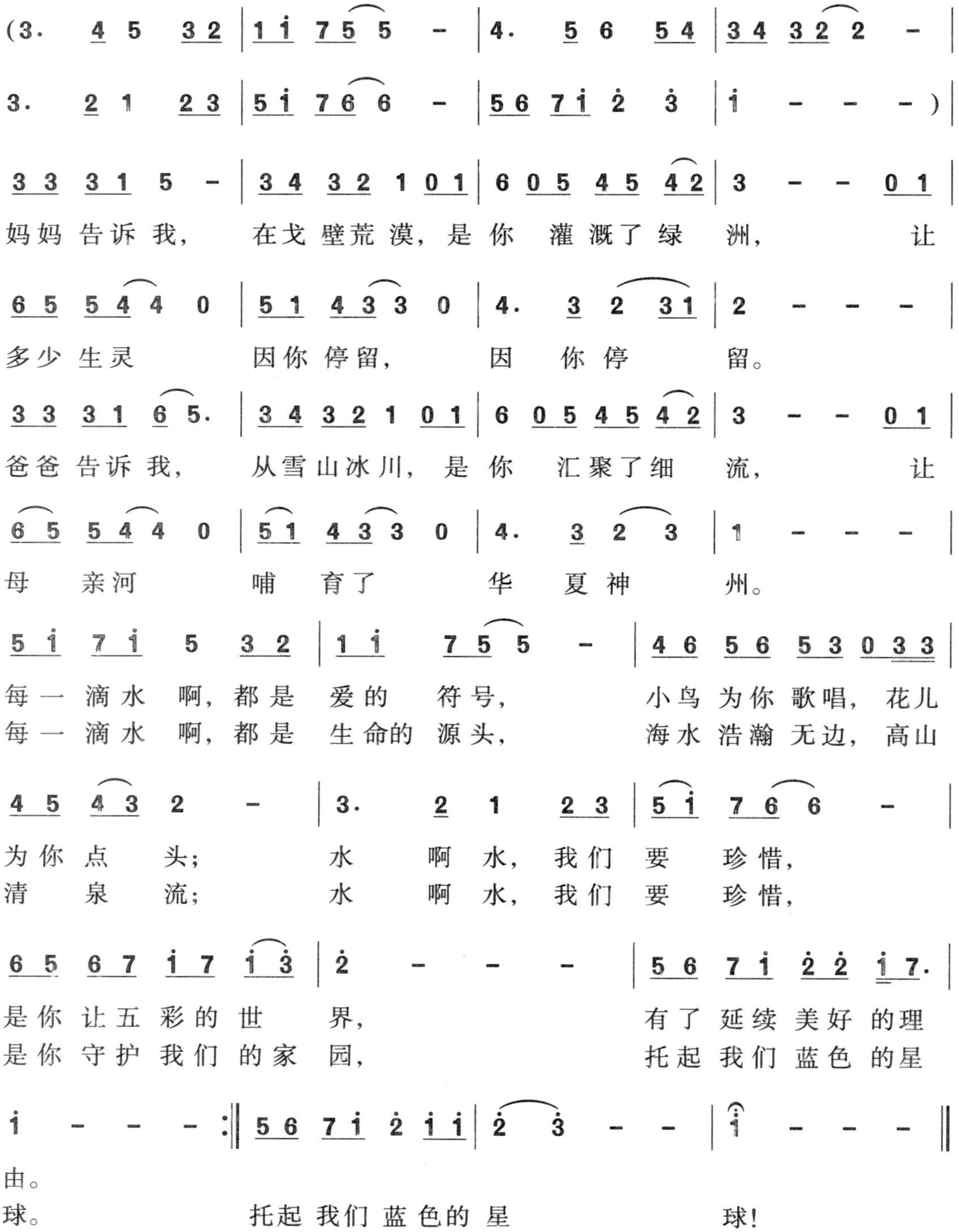
妈妈告诉我，在戈壁荒漠，是你灌溉了绿洲，让

6 5 5 4 4 0 | 5 1 4 3 3 0 | 4. 3 2 3 1 | 2 - - - |
多少生灵因你停留，因你停留。

3 3 3 1 6 5. | 3 4 3 2 1 0 1 | 6 0 5 4 5 4 2 | 3 - - 0 1 |
爸爸告诉我，从雪山冰川，是你汇聚了细流，让

6 5 5 4 4 0 | 5 1 4 3 3 0 | 4. 3 2 3 | 1 - - - |
母亲河哺育了华夏神州。

5 1 7 1 5 3 2 | 1 1 7 5 5 - | 4 6 5 6 5 3 0 3 3 |
每一滴水啊，都是爱的符号，小鸟为你歌唱，花儿
每一滴水啊，都是生命的源头，海水浩瀚无边，高山

4 5 4 3 2 - | 3. 2 1 2 3 | 5 1 7 6 6 - |
为你点头；水啊水，我们要珍惜，
清泉流；水啊水，我们要珍惜，

6 5 6 7 1 7 1 3 | 2 - - - | 5 6 7 1 2 2 1 7. |
是你让五彩的世界，有了延续美好的理
是你守护我们的家园，托起我们蓝色的星

1 - - - : | 5 6 7 1 2 1 1 | 2 3 - - | 1 - - - ||
由。
球。托起我们蓝色的星球！

邋遢大王

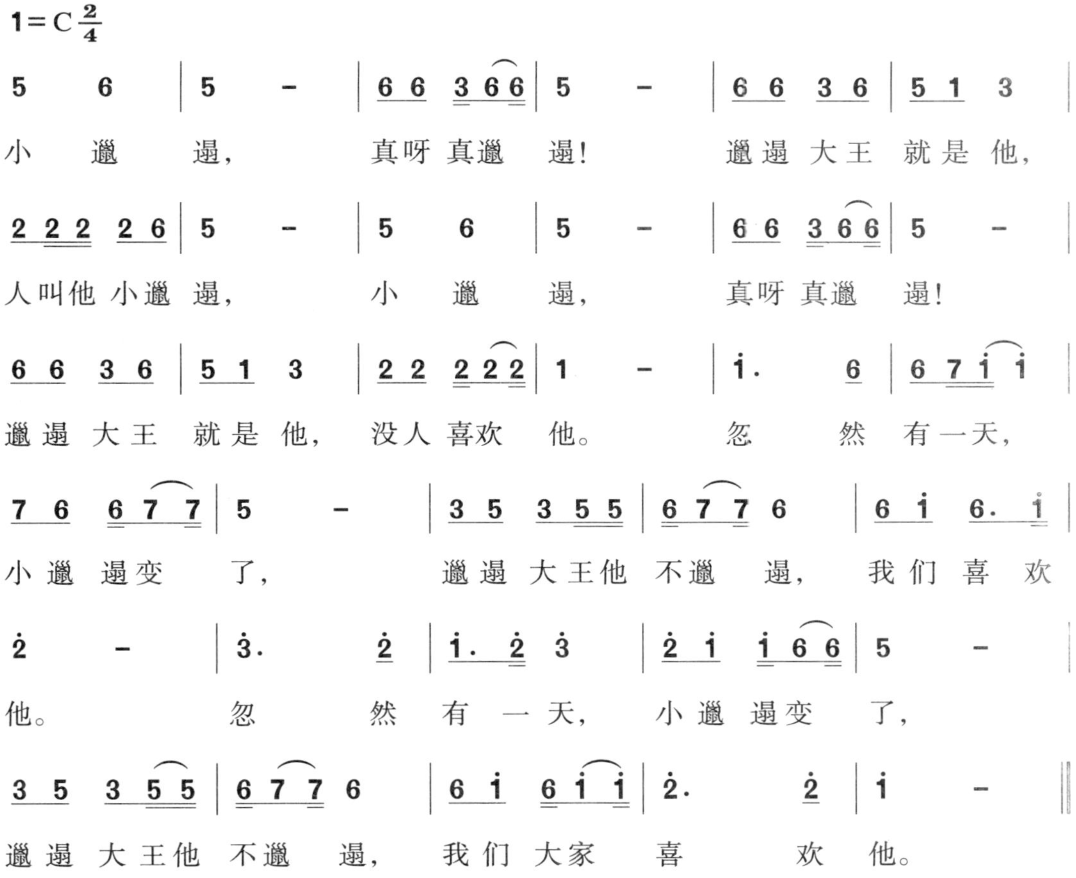

1=C 2/4

5　6 | 5　— | 6 6　3 6 6 | 5　— | 6 6　3 6 | 5 1　3 |

小　邋　遢，　　真呀 真邋　遢！　　邋遢 大王　就是　他，

2 2 2　2 6 | 5　— | 5　6 | 5　— | 6 6　3 6 6 | 5　— |

人叫他 小邋 遢，　　小　邋　遢，　　真呀 真邋　遢！

6 6　3 6 | 5 1　3 | 2 2　2 2 2 | 1　— | i.　6 | 6 7 i　i |

邋遢 大王　就是 他，没人 喜欢　他。　　忽　　然　有一天，

7 6　6 7 7 | 5　— | 3 5　3 5 5 | 6 7　7 6 | 6 i　6. i |

小邋 遢变　了，　　邋遢 大王他 不邋　遢，我 们　喜 欢

2̇　— | 3̇.　2̇ | i.　2̇ 3 | 2̇ i　i 6 6 | 5　— |

他。　　忽　　然　有 一 天，　小邋 遢变　了，

3 5　3 5 5 | 6 7　7 6 | 6 i　6 i i | 2̇.　2̇ | i　— |

邋遢 大王他 不邋　遢，　我 们 大家　喜　　欢　他。

勤快人和懒惰人

美 国 童 谣
汪爱丽 译配

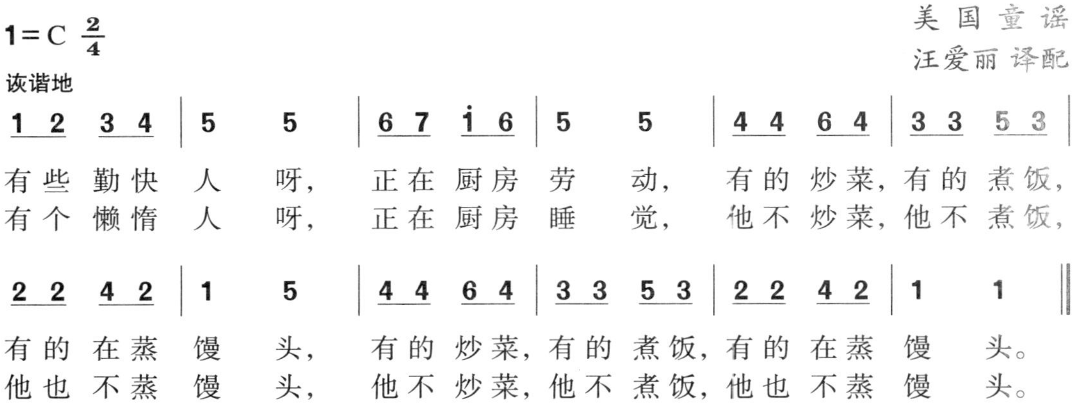

1=C 2/4

诙谐地

1 2　3 4 | 5　5 | 6 7　i 6 | 5　5 | 4 4　6 4 | 3 3　5 3 |

有些 勤快 人　呀，　正在 厨房 劳　动，　有的 炒菜，有的 煮饭，

有个 懒惰 人　呀，　正在 厨房 睡　觉，　他不 炒菜，他不 煮饭，

2 2　4 2 | 1　5 | 4 4　6 4 | 3 3　5 3 | 2 2　4 2 | 1　1 |

有的 在蒸 馒　头，　有的 炒菜，有的 煮饭，有的 在蒸 馒　头。

他也 不蒸 馒　头，　他不 炒菜，他不 煮饭，他也 不蒸 馒　头。

毕 业 歌

（故事影片《桃花劫》主题歌）

（齐 唱）

田 汉词
聂 耳曲

1=C $\frac{2}{4}$

进行曲

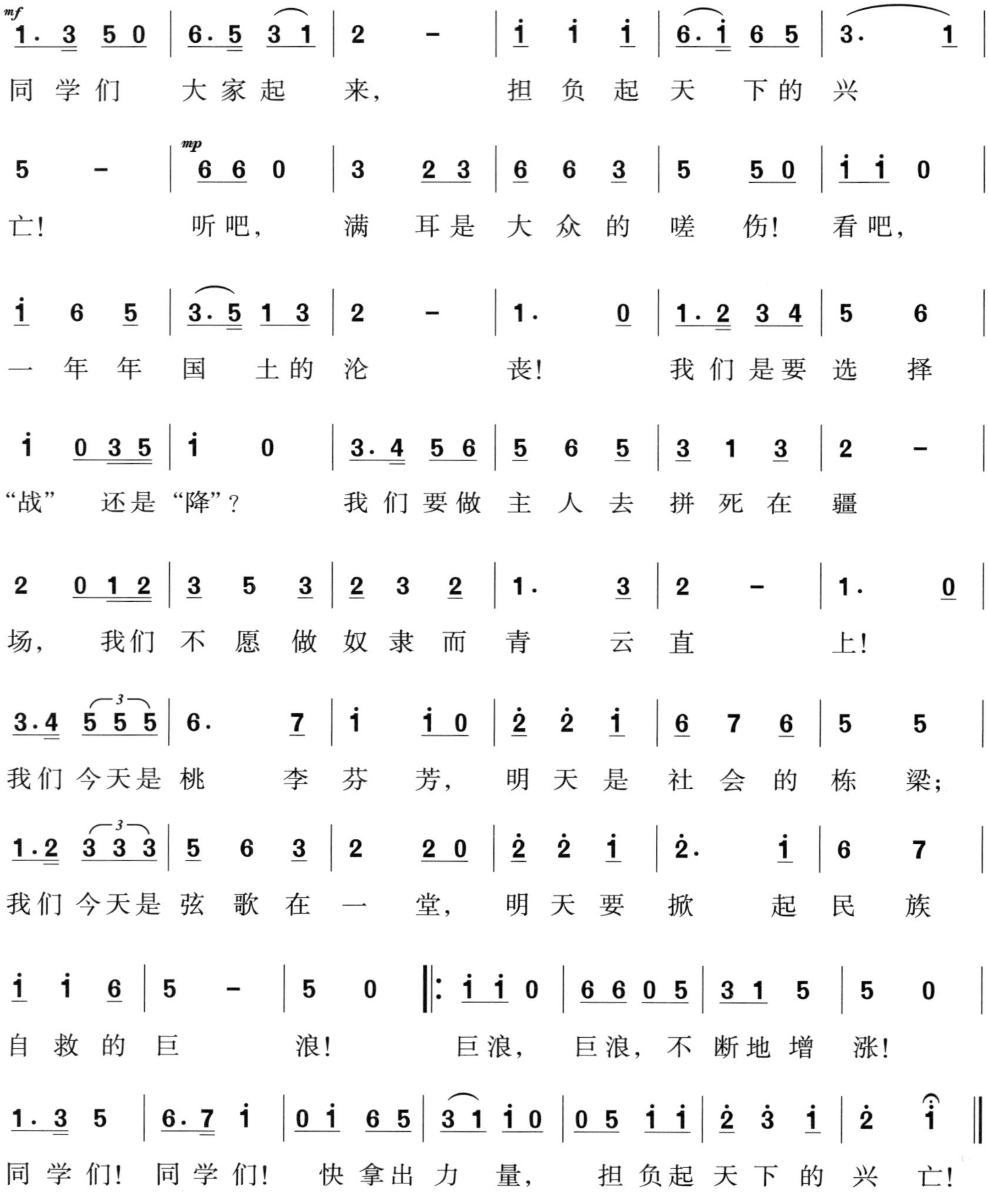
mf
同学们 大家起 来， 担负起天 下的 兴
亡！ mp 听吧， 满 耳是 大 众 的 嗟 伤！ 看吧，
一 年 年 国 土的 沦 丧！ 我们是要 选 择
“战” 还是“降”？ 我们要做 主 人 去 拼 死 在 疆
场， 我们 不 愿 做 奴 隶 而 青 云 直 上！
我们今天是 桃 李 芬 芳， 明 天 是 社 会 的 栋 梁；
我们今天是 弦 歌 在 一 堂， 明 天 要 掀 起 民 族
自 救 的 巨 浪！ 巨浪， 巨浪， 不 断地 增 涨！
同 学 们！ 同 学 们！ 快 拿 出 力 量， 担 负起 天 下 的 兴 亡！

郊　游

（小鸭子儿童乐园）

1=♭E　4/4

小快板　愉快地

6· 0 1 0 | 5· 1 3 - | 5 12 3 2 | 1 - - - |

‖: 5 0 5 0 | 5 3 5 0 | 5· 3 1 3 | 2 1 5· 0 |
走　　走　　走 走 走，　我 们 小 手 拉 小 手，

6· 0 1 0 | 5· 1 3 0 | 5 12 3 2 | 1 - - 0 |
走　　走　　走 走 走，　一 同 去 郊 游。

5 - 5 - | 35 65 3 - | 2 - 2 - | 12 31 6· - |
白　　云　　悠 悠，　阳 光　柔 柔，

1 61 5· 5· | 5 35 6 3 | 5 - - 0 | 5 0 5 0 |
青 山 绿 水 一 片 锦 绣。　　走　　走

5 3 5 0 | 5· 3 1 3 | 2 1 5· 0 | 6· 0 1 0 |
走 走 走，　我 们 小 手 拉 小 手，　走　　走

5 1 3 0 | 5 12 3 2 | [1. 1 - - 0 :‖ [2. 1 - - 1 0 ‖
走 走 走，　一 同 去 郊 游。　　游。

快乐的"六一"

张友珊 词
汪　玲 曲

1=D或E　2/4

愉快地

(3· 45 1 | 54 31 | 4· 43 2 | 1　1 0) | 3　3· 3 | 3 5· |
　　　　　　　　　　　　　　　　　　　快 乐 的 "六 一"，

3　3· 3 | 3 5· | 44 32 | 1　3 | 44 32 | 1 - |
快 乐 的 "六 一"，　我 们 欢 迎 你，　我 们 欢 迎 你，

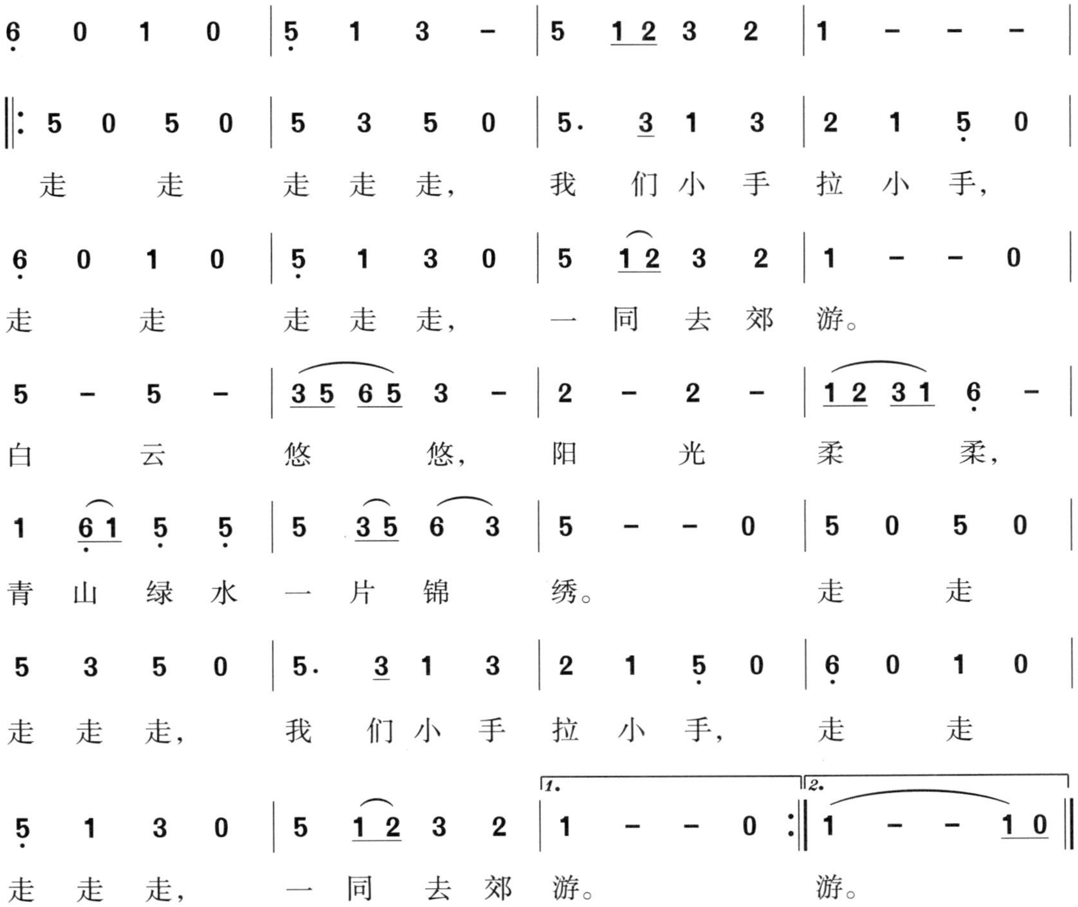

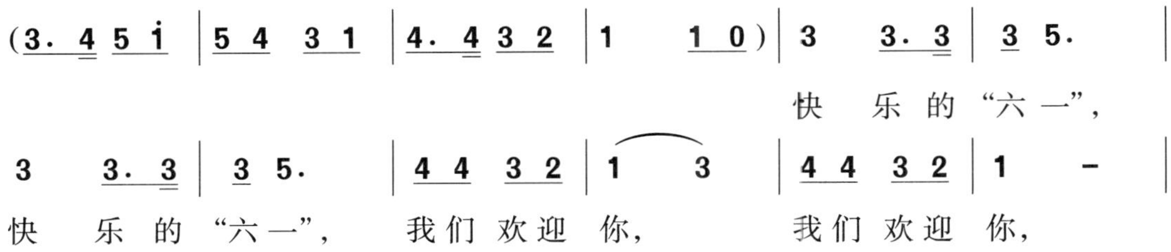

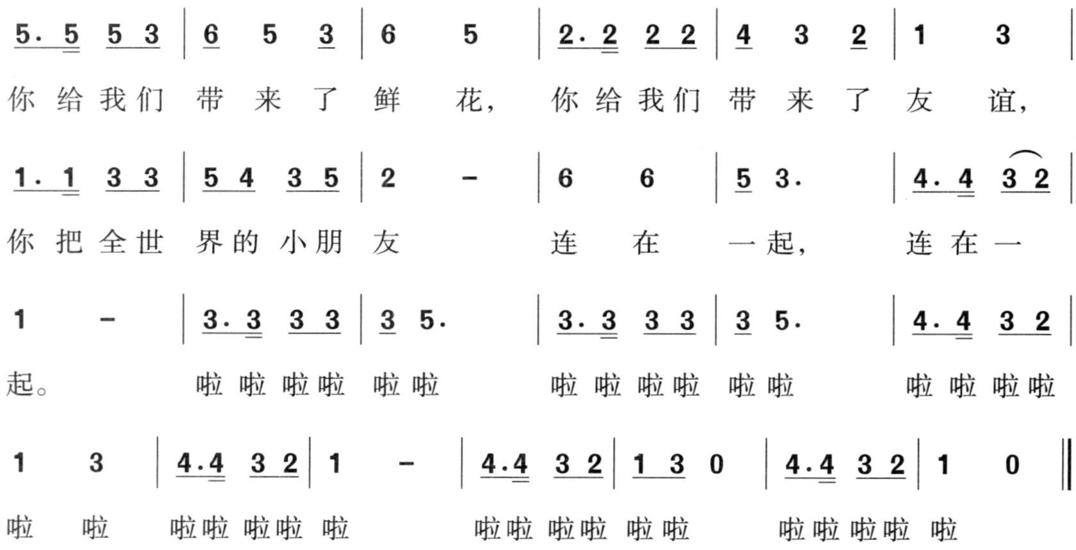

5. 5 53 | 6 5 3 | 6 5 | 2. 2 22 | 4 3 2 | 1 3 |

你给我们带来了鲜花，你给我们带来了友谊，

1. 1 33 | 5 4 3 5 | 2 － | 6 6 | 5 3. | 4. 4 3 2 |

你把全世界的小朋友 连在一起，连在一

1 3 | 4. 4 3 2 | 1 － | 4. 4 3 2 | 1 3 0 | 4. 4 3 2 | 1 0 ‖

起。啦啦啦啦 啦啦 啦啦啦啦 啦啦 啦啦啦啦
啦 啦 啦啦啦啦 啦 啦啦啦啦 啦啦 啦啦啦啦 啦

童心是小鸟

（童声独唱）

韩景连 词
平安俊 曲

1=$^\flat$E $\frac{3}{4}$
♩=96 喜悦地

(6 6. 2 | 4 5 6 0 | i̅ 5. 1 | 3 4 5 0 | 4 3 2 1 7 6 | 5 5. 2 |

4 3 1 | 1 － | 1 － －) | 3 1 5 1 3 | 6 5 0 | i 6. 4 |

我把小树苗栽到春天的

6 5 5 － | 3 1 5 7 2 | 4 3 0 | 6 5. 2 | 4 3 3 － |

故事里，我把小蜻蜓送回夏天的目光里；

3 1 5 1 3 | 6 5 0 5 | i 6. 4 | 4 5 6 － | 5 i 5 5 3 |

我把小鸽子放飞在秋天的歌声里，我把小雪人

4 2 0 | 7. 5. 7 | 2 1 1 － | 3 5 5 5 5 6 3 | 5 － － |

堆在冬天的童话里。啦啦啦啦啦啦啦，

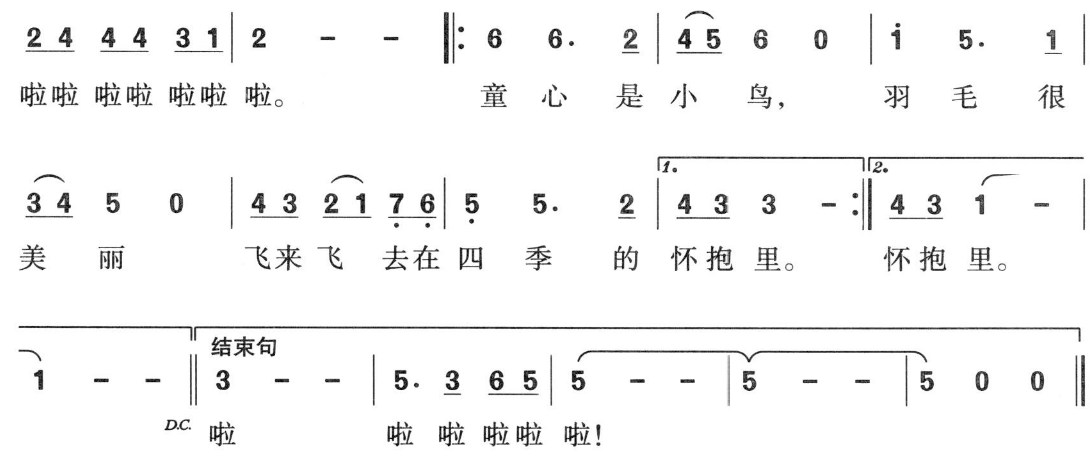

2 4 4 4 3 1 | 2 — — ‖: **6 6. 2 | 4 5 6 0 | i 5. 1 |**
啦啦 啦啦 啦啦 啦。　　　　童 心 是 小 鸟，　羽 毛 很

3 4 5 0 | 4 3 2 1 7 6 | 5 5. 2 | 4 3 3 — :‖ 4 3 1 — |
美 丽　　飞来飞 去在四 季 的 怀抱 里。 怀抱 里。

1 — — ‖ 结束句 **3 — — | 5. 3 6 5 | 5 — — | 5 — — | 5 0 0** ‖
D.C. 啦　　　啦 啦 啦啦 啦!

泥 娃 娃

1 = F 2/4

中速 温柔地

‖: **3 6 6 | 3 7 7 | 6. 6 6 5 | 3 — | 3 6 5 3 2 | 1 3 2 1 7 |**
泥娃 娃，泥娃 娃，一个泥娃 娃，
也有那 眉毛，也有那 眼睛，
也有那 鼻子，也有那 嘴巴，

【1.】 **6. 6 5 #4 | 3 — :‖** 【2.】 **3. 3 1 7 | 6 — | 6 1 1 |**
眼 睛不会 眨。　嘴 巴不说 话。　她是个

1 7 6 7 | 6 2 2 | 4 3 2 3 | 0 1 1 2 | 3 6 5 3 2 |
假娃 娃，不是个 真娃 娃，她没有 亲爱的妈妈，

1 3 2 1 6 | 7 — | 3 6 6 | 3 7 7 | 6. 6 6 5 |
也没有爸 爸。　泥娃 娃，泥娃 娃，一 个泥娃

3 — | 3 6 5 3 2 | 1 3 2 1 7 | 3. 3 1 7 | 6 — ‖
娃，　我做她 妈妈，我做她爸爸，永 远爱着 她。

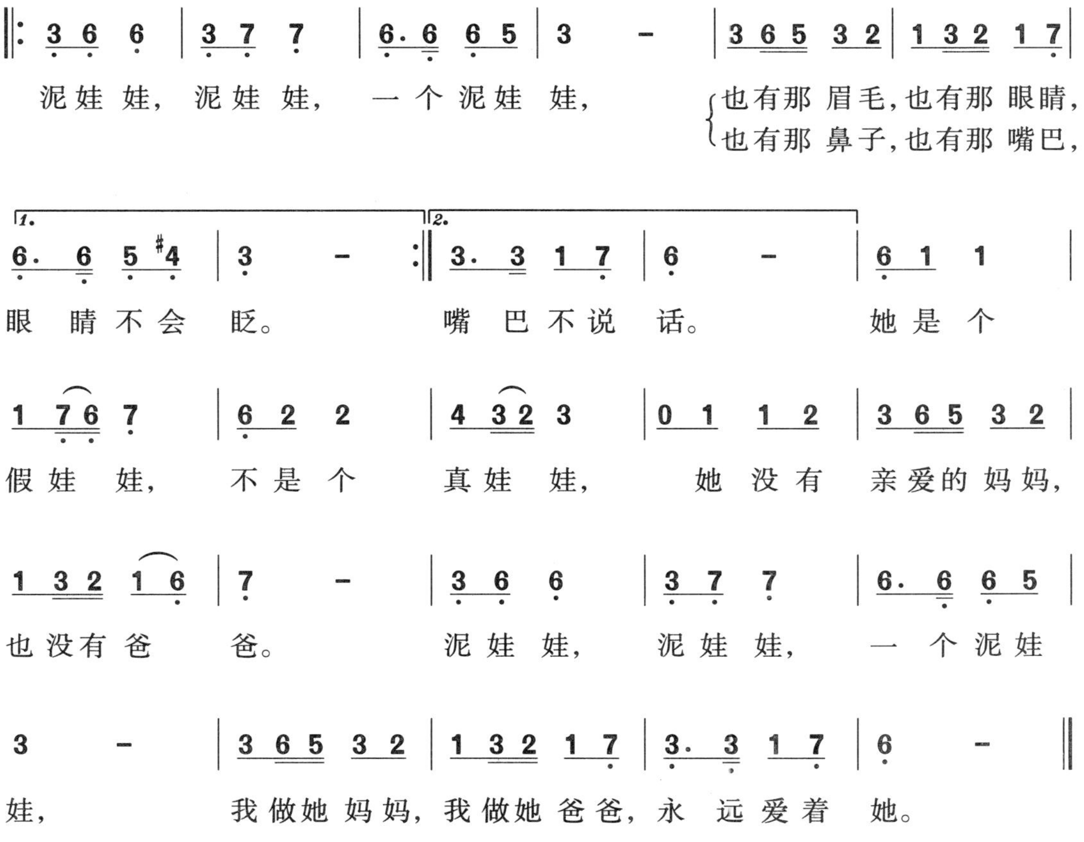

蝴蝶，蝴蝶，你找谁

金　波 词
罗晓航 曲

1=E 2/4
中速

```
5  13 | 2 - | 6. 13 | 2 - | 5555 | 6 53 | 2. 3 |
```

花　蝴　蝶，　　多　么　美，　　张开　翅膀　飞　呀　飞，
黄　花　开，　　白　花　开，　　一朵　更比　一　朵　美，
你　快　看，　　有个　小妹　妹，　是她　摘了　红　玫　瑰，

```
2 - | 5 31 | 6. - | 2 31 | 6. - | 6. 2. | 3 5. |
```

　　这　里　找，　　那　里　找，　　蝴蝶，　　蝴蝶，
　　这　里　找，　　那　里　找，　　我　丢了　一　朵，
　　这　样　做，　　可　不　好，　　戴在　头上

```
21 61 | 5. - : | 6 2. | 3 5. | 2 1 | 6. 1 | 5. - | 5. - |
```

你　找　谁？
红　玫　瑰。
也　不　美。　　戴在　头上　也　不　美。

小 雪 花

杨春华 词曲

1=F 3/4
甜美地

```
3 4 5  1 | 6 65 - | 3 4 5  1 | 33 2 - |
```

1.小雪花　飞呀飞，　　小雪花　飞呀飞，
2.小雪花　飞呀飞，　　小雪花　飞呀飞，
3.小雪花　飞呀飞，　　小雪花　飞呀飞，

```
6 5 44 4 | 54 33 3 | 43 2  2 | 3. 1 34 |
```

飞到　田野里，　飞到　田野里，　麦苗盖　上　厚　　棉
飞到　小河边，　飞到　小河边，　青蛙过　冬　睡　　一
飞到　院子里，　飞到　院子里，　小朋友　把　雪　　人

```
5 - - | 43 2  2 | 3. 6. 23 | 1 - - |
```

被，　　麦苗盖　上　厚　　棉　被。
睡，　　青蛙过　冬　睡　　一　睡。
堆，　　小朋友　把　雪　　人　堆。

数 星 星

（儿童歌曲）

小叶子 记谱

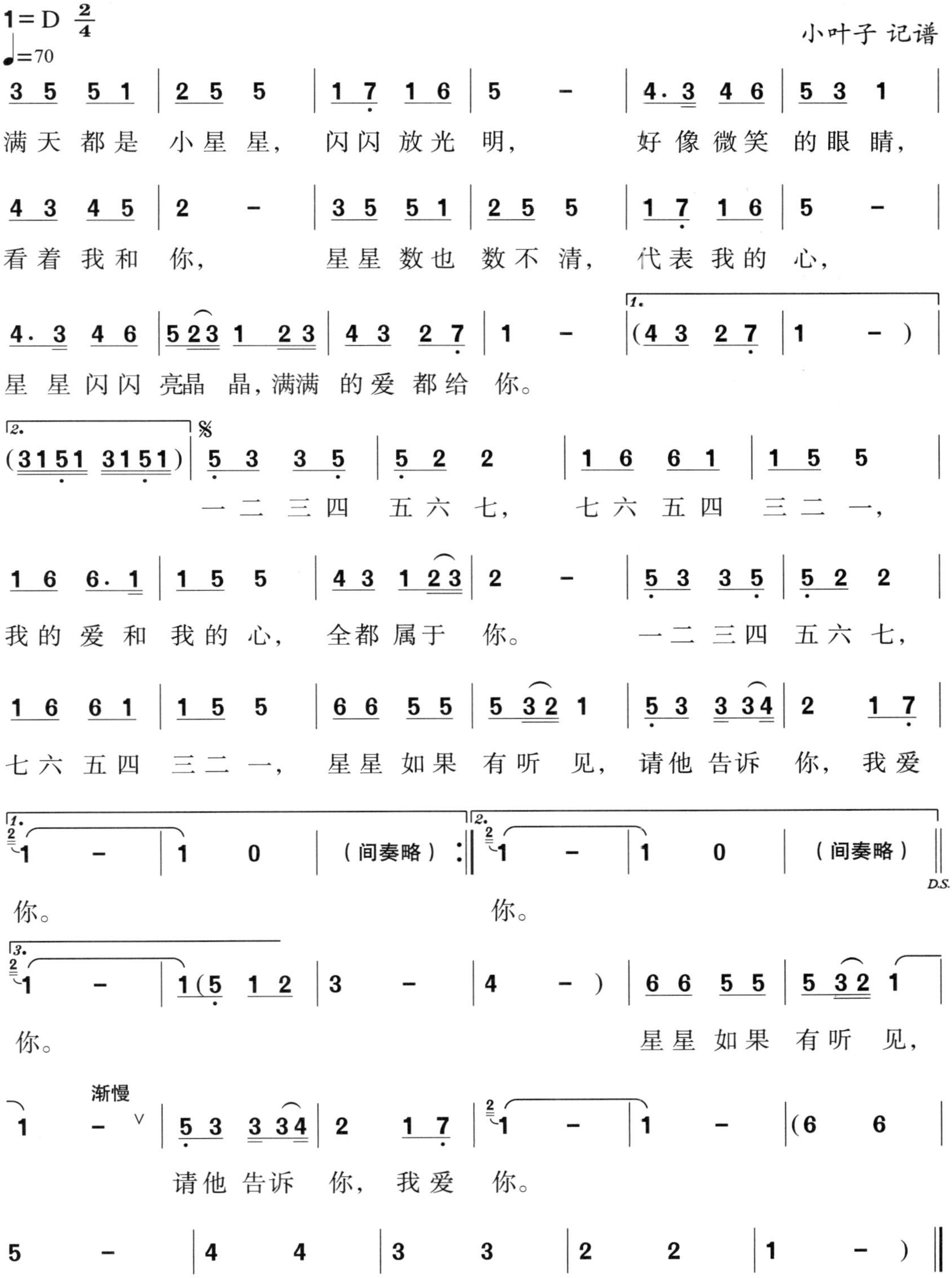

1 = D 2/4

♩=70

3 5 5 1 | 2 5 5 | 1 7 1 6 | 5 - | 4·3 4 6 | 5 3 1 |
满天 都是 小星星，闪闪 放光 明，好像微笑 的眼 睛，

4 3 4 5 | 2 - | 3 5 5 1 | 2 5 5 | 1 7 1 6 | 5 - |
看着 我和 你，星星 数也 数不 清，代表 我的 心，

4·3 4 6 | 5 2 3 1 2 3 | 4 3 2 7 | 1 - | 1. (4 3 2 7 | 1 -) |
星 星闪闪 亮晶 晶，满满 的爱 都给 你。

2. (3 1 5 1 3 1 5 1) | ※ 5 3 3 5 | 5 2 2 | 1 6 6 1 | 1 5 5 |
一二 三四 五六 七，七六 五四 三二 一，

1 6 6·1 | 1 5 5 | 4 3 1 2 3 | 2 - | 5 3 3 5 | 5 2 2 |
我的 爱和 我的 心，全都 属于 你。一二 三四 五六 七，

1 6 6 1 | 1 5 5 | 6 6 5 5 | 5 3 2 1 | 5 3 3 3 4 | 2 1 7 |
七六 五四 三二 一，星星 如果 有听 见，请他 告诉 你，我爱

1.2/4 1 - | 1 0 | （间奏略）：‖ 2.2/4 1 - | 1 0 | （间奏略）‖ D.S.
你。你。

3.2/4 1 - | 1 (5 1 2 | 3 - | 4 -) | 6 6 5 5 | 5 3 2 1 |
你。星星 如果 有听 见，

1 - ∨ | 5 3 3 3 4 | 2 1 7 | 2/4 1 - | 1 - | (6 6 |
请他 告诉 你，我爱 你。

5 - | 4 4 | 3 3 | 2 2 | 1 -) ‖

秋　天

英美儿歌
张　宁译配

1＝E $\frac{2}{4}$

5 5 6 5 5 6 | 5 5 3 0 | 4 4 2 0 | 5 5 3 0 |

1.我们迎接秋天到，秋天到，秋天到，
2.树叶开始变黄了，变黄了，变黄了，
3.片片树叶往下掉，往下掉，往下掉，
4.我们把落叶都扫掉，都扫掉，都扫掉，
5.阵阵寒风呜呜叫，呜呜叫，呜呜叫，
6.白天开始变短了，变短了，变短了，
7.夜晚开始来早了，来早了，来早了，

5 5 6 5 5 6 | 5 5 3 0 | 4 2 1 7 | 1 － ‖

我们迎接秋天到，秋天来到了。
树叶开始变黄了，秋天来到了。
片片树叶往下掉，秋天来到了。
我们把落叶都扫掉，秋天来到了。
阵阵寒风呜呜叫，秋天来到了。
白天开始变短了，秋天来到了。
夜晚开始来早了，秋天来到了。

小　树　叶

陈镒康 词
茅光里 曲

1＝F $\frac{2}{4}$
中速

3 3 3 2 | 1 5 | 3 3 3 3 | 2 － | 2 3 5 |

秋风起来啦，秋风起来啦，小树叶
小树叶沙沙，沙沙沙沙沙，好像在

3 3 2 | 1. 6 | 1 － | 7. 7 | 7 7 6 5 |

离开了妈妈，飘呀飘呀飘向
勇敢地说话，春天春天我会

6. 1 | 2 － | 2 3 5 | 3 2 | 1 － | 1 － ‖

哪里？心里可害怕？
回来，打扮树妈妈！

粉　刷　匠

波兰儿歌
曹永声 译配

1＝D 2/4

```
5̲ 3̲  5̲ 3̲ | 5̲ 3̲  1 | 2̲ 4̲  3̲ 2̲ | 5 - | 5̲ 3̲  5̲͡3̲ | 5̲ 3̲  1 |
```
我是 一个 粉刷 匠，　粉刷 本领 强，　　我要 把那 新房 子，

```
2̲ 4̲  3̲ 2̲ | 1 - | 2̲ 2̲  4̲ 4̲ | 3̲ 1̲  5 | 2̲ 4̲  3̲ 2̲ |
```
刷得 很漂 亮。　　刷了 房顶 又刷 墙，　刷子 飞舞

```
5 - | 5̲ 3̲  5̲ 3̲ | 5̲ 3̲  1 | 2̲ 4̲  3̲ 2̲ | 1 - ‖
```
忙。　　哎呀 我的 小鼻 子，　变呀 变了 样。

盖　房　子

汪爱丽 译配

1＝G 4/4

中速

```
5̲̇ 5̲̇ | 1 1̲ 1̲  3 3̲ 3̲ | 5 5̲ 5̲  3 3̲ 3̲ | 4 4̲͡4̲  2 2 | 1 - - 5̲̇ 5̲̇ |
```
砌块 砖,加块 砖,砌块 砖,加块 砖,我的 房子 盖得 高，　　砌块

```
1 1̲ 1̲  3 3̲ 3̲ | 5 5̲ 5̲  3 3̲ 3̲ | 4 4  2 2 | 1 - 0 5̲ 5̲ |
```
砖,加块 砖,砌块 砖,加块 砖,房子 盖得 更加 高，　　抹呀

```
6 6̲ 6̲  1̇ | 7̲ 6̲  5 | 5 5̲ 5̲  3 3̲ 3̲ | 4 4  2 6 | 5 - - 5̲ 5̲ |
```
抹, 抹呀 抹, 抹呀 抹, 抹呀 抹,四周 墙壁 已抹 好，　　盖上

```
6 6̲ 6̲  1̇ | 7̲ 6̲  5 | 5 5̲ 5̲  3 3̲ 3̲ | 4 4̲  7̣  2 | 1 - - ‖
```
大房 顶, 加上 高烟 囱,房子 盖得 呱呱 叫。

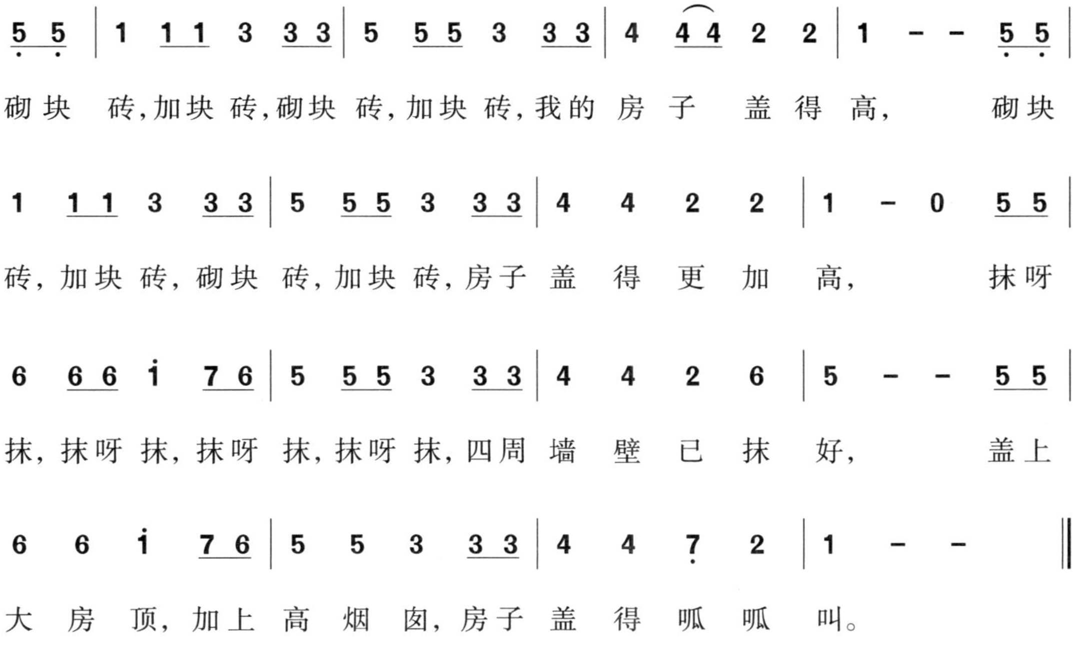

过 新 年

文 武 词
凡 兰 曲

1=C 2/4

稍快 兴高采烈地

6 i 6 5 | 3 5 | 6 6 6 6 | 6 0 | 6 i 6 5 | 3 5 |
过 新 年 呀， 咚咚 咚咚 锵， 喜 洋 洋 呀，

2 2 2 2 | 2 0 | 3 5 3 2 | 1 1 1 | 3 5 3 2 | 1 1 1 |
咚咚 咚咚 锵。 鞭炮 声声 锣鼓 响， 咚 锵 咚咚 锵，

6 i 6 3 | 5 5 5 | 6 i 6 3 | 5 5 5 | i 6 6 | 5 3 |
唱歌 跳舞 多欢 畅， 咚 锵 咚 锵， 幸 福 的 生 活

2 2 3 5 | 6 — | i 6 | 5 3 0 | 5 5 | i 0 ‖
甜呀 甜又 香。 咚 锵 咚锵 咚 咚 锵!

和你在一起

贾 东 词
谢 伟 曲

1=♭E或A 4/4

亲切、温馨地 ♩=52

(5 1 5 5 3 1 1 6 6 1 1 | 1 6 1 1 6 1 6 5 5 3 3 | 5 1 5 5 3 1 2 2 2 6 6 3 |

2 2 2 5 5 3 2 1 —) | 5 5 5 5 3 2 3 2 1. | 1 1 1 1 3 1 2 3 5. |
我愿意 和你在 一 起， 迎接每 一天的 晨 曦，

6 1 6 5 1 3 2 2 1 2 | 5 5. 5 5 2 2 3 — | 5 5 5 5 3 2 3 2 1. |
把所有 的快 乐都给 你， 有苦 咱俩一起 去! 我愿意 和你在 一 起，

1 1 1 1 3 1 2 3 5. | 6 1 6 5 1 3 2 2 1 2 | 2 2 2 5 3 2 1 1 — |
双脚走 过苍茫 大 地， 我就 住在 你心 里， 有我你会 更美 丽。

※
1 6 6 5 3 5. 3 1 | 1 1 3 1 2 5 5 — | 3 2 3 5 3 2 2 2 1 6 |
我愿意 和你在 一 起， 任凭斗转星 移， 人生 路上 不用再寻 觅，

2 2 2 5 3 2 1 1 — :‖ 2 2 2 5 3 2 1 1. ∨3 5 | 5 — — — ‖
你我永远 不分 离。 你我永远 不分 离 不分 离。
D.S.

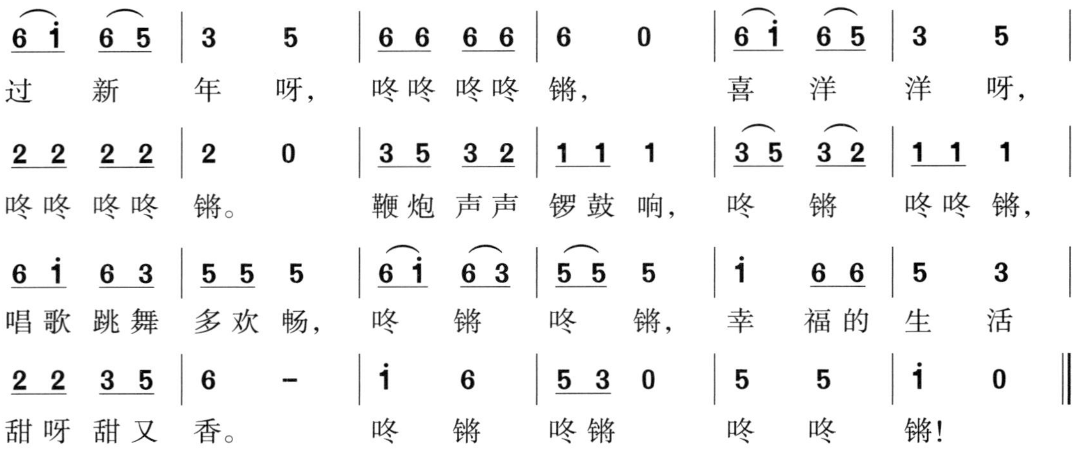

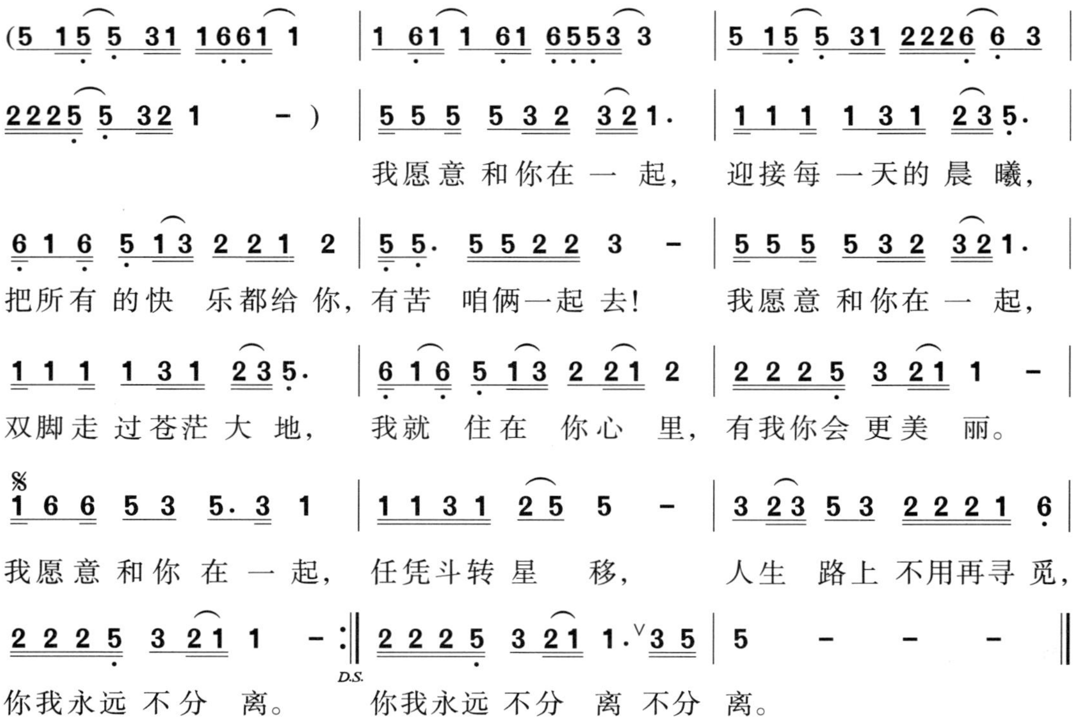

冬爷爷的礼物

1=D 3/4

（小快板）

(3 1 5 | 5 5 | 2 7 5 | 5 5 | 2 3 4 3 2 6 | 6 — — | 5 3 1 —)

3 1 5 — | 2 7 5 — | 1 2 3 4 | 3 3 2 — | 3 3 3 3
雪花舞，　　北风笑，　　冬爷爷　　来到了。　{他给大地
　　　　　　　　　　　　　　　　　　　　　　　　他帮我们

2 1 6 — | 7 1 2 2 | 1 6 5 — | 4 4 4 3 | 2 2 5 —
铺银毯，　　他给小山　戴绒帽，　他给麦苗　盖棉被，
堆雪人，　　他帮我们　滑雪橇。　湖面结冰　像明镜，

4 4 4 3 | 2 2 1 — | 3 1 5 | 5 5 | 2 7 5 | 5 5 | 2 3 4 3
他给小树　穿白袍。}　啦啦啦　啦啦　啦啦啦　啦啦，我们拍手

2 2 5 — | 6 5 4 3 | 2 6 — | 5 3 1 — :‖ 5 3 1 0 ‖
齐欢迎，　　冬爷爷的礼物　多么好!　多么好!

小小的礼物收到了

（儿童电视剧《小不点儿》插曲）

（童声合唱）

史　俊 词
顾国兴 曲

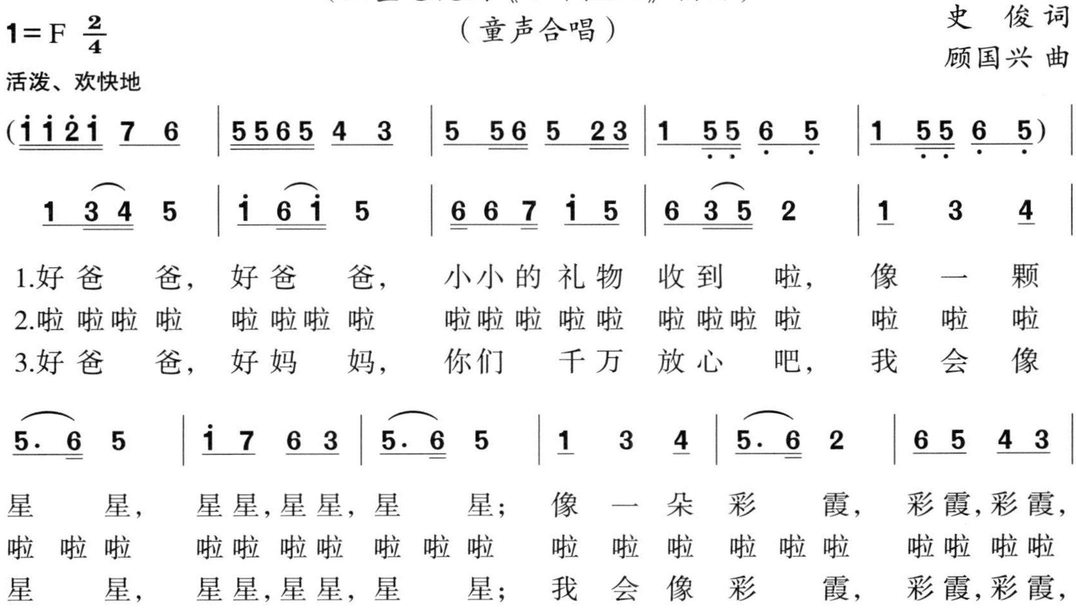

1=F 2/4

活泼、欢快地

(1 1 2 1 7 6 | 5 5 6 5 4 3 | 5 5 6 5 2 3 | 1 5 5 6 5 | 1 5 5 6 5)

1 3 4 5 | 1 6 1 5 | 6 6 7 1 5 | 6 3 5 2 | 1 3 4
1.好爸 爸，　好爸 爸，　小小的礼物　收到 啦，　像一 颗
2.啦啦啦啦　啦啦啦啦　啦啦啦啦啦　啦啦啦啦　啦啦 啦
3.好爸 爸，　好妈 妈，　你们 千万 放心 吧，　我会 像

5. 6 5 | 1 7 6 3 | 5. 6 5 | 1 3 4 | 5. 6 2 | 6 5 4 3
星　星，　星星,星星，星　星;　像一朵彩　霞，　彩霞,彩霞,
啦　啦　啦　啦啦 啦啦 啦啦 啦　啦啦 啦　啦啦 啦　啦啦 啦啦
星　星，　星星,星星，星　星;　我会像彩　霞，　彩霞,彩霞,

$\overset{\frown}{5 \cdot \underline{6}} \ 2 \ | \ \underline{1 \ 1} \ \underline{2 \ 3} \ 4 \ | \ \overset{\frown}{5 \cdot \underline{6}} \ \overset{\frown}{\underline{5 \ 3}} \ | \ \underline{5 \ 5 \ 5} \ \overset{\frown}{\underline{5 \ 2 \ 3}} \ | \ 1 \ \ 0 \ \|$

彩　霞，　　珍藏在我的　心　里，　闪呀么闪光　华。
啦　啦　啦　　啦啦啦啦啦　啦　啦啦啦　　啦啦啦 啦啦啦　啦。
彩　霞，　　无论在什么　地　方，　闪呀么闪光　华。

大树妈妈

$1 = F \quad \frac{2}{4}$

胡天麟、邬根元 词
丛　　　　铭 曲

中速 轻柔地

$\underline{3 \ 5} \ \overset{\frown}{\underline{5 \ 3}} \ | \ 5 \ - \ | \ \underline{5 \ 0} \ \overset{\frown}{\underline{6 \cdot 1}} \ | \ 2 \ - \ | \ 3 \ \underline{5 \ 3} \ | \ \overset{\frown}{\underline{6 \ 5}} \ \underline{5 \ 3} \ 0 \ |$

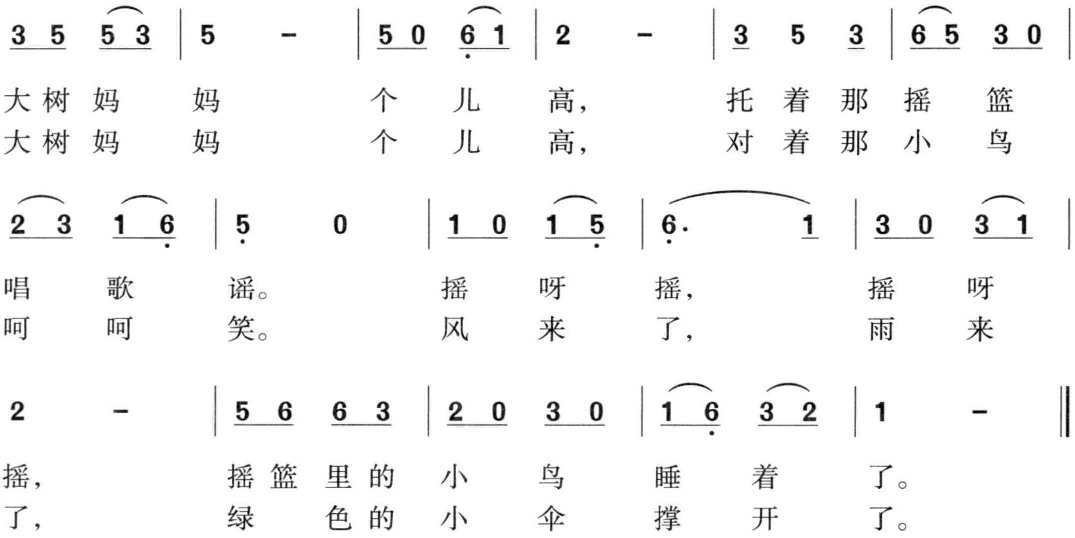

大树妈　妈　　　个　儿　高，　　托着那摇　篮
大树妈　妈　　　个　儿　高，　　对着那小　鸟

$\overset{\frown}{\underline{2 \ 3}} \ \overset{\frown}{\underline{1 \ 6}} \ | \ 5 \ \ 0 \ | \ 1 \ 0 \ \underline{1 \ 5} \ | \ \overset{\frown}{6 \cdot \quad 1} \ | \ 3 \ 0 \ \underline{3 \ 1} \ |$

唱　歌　谣。　　　摇　呀　摇，　　摇　呀
呵　呵　笑。　　　风　来　了，　　雨　来

$2 \ - \ | \ \underline{5 \ 6} \ \underline{6 \ 3} \ | \ \underline{2 \ 0} \ \underline{3 \ 0} \ | \ \overset{\frown}{\underline{1 \ 6}} \ \overset{\frown}{\underline{3 \ 2}} \ | \ 1 \ - \ \|$

摇，　　　摇篮里的　小　鸟　睡　着　了。
了，　　　绿　色的　小　伞　撑　开　了。

我家有几口

$1 = {}^{\flat}E \quad \frac{2}{4}$

金苗苓 词曲

$\underline{1 \ 3} \ \underline{2 \ 1} \ | \ 2 \ - \ | \ \underline{3 \ 3} \ \underline{1 \ 2} \ | \ 2 \ - \ | \ 5 \ \underline{3 \ 0} \ | \ 5 \ \underline{3 \ 0} \ |$

我家有几　口？　　让我扳指　头，　　爸　爸　妈　妈

$\overset{\frown}{\underline{2 \ 1}} \ \overset{\frown}{\underline{2 \ 3}} \ 3 \ | \ 0 \ \ 0 \ | \ \underline{2 \ 2} \ \underline{2 \ 3} \ | \ \underline{5 \ 5} \ 3 \ | \ 0 \ \ 0 \ | \ 2 \ 3 \ | \ 1 \ - \ \|$

还　有　我　　　　　再加一个布娃　娃　哟!　　有　四　口。

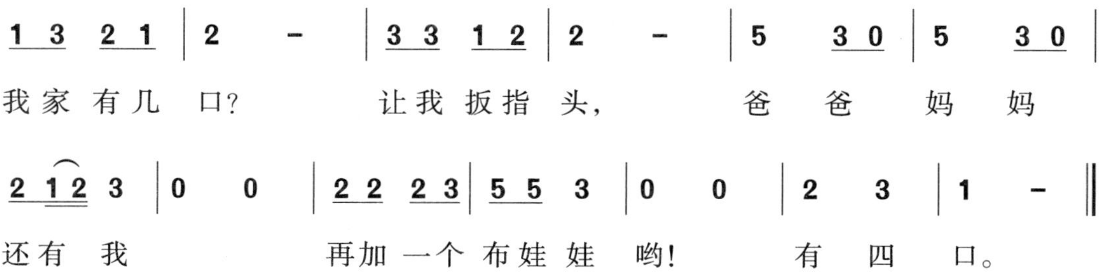

参 考 文 献

［1］胡钟刚，张友刚 . 声乐实用基础教程［M］. 重庆：西南师范大学出版社，2006.

［2］徐浩，刘世音 . 声乐［M］. 第 2 版 . 北京：高等教育出版社，2014.

［3］王守宪，张世奇，阿古拉 . 飞扬的赞歌［M］. 北京：中国炎黄文化出版社，2011.

［4］马玉蕤，乌兰杰 .99 首蒙古族民歌精选［M］. 北京：中央民族出版社，1993.

［5］杨建明 . 幼儿歌曲弹唱［M］. 北京：高等教育出版社，2014.

［6］黄瑾 . 我的身体会唱歌［M］. 武汉：武汉大学出版社，2010.

［7］中国学前教育研究会 . 幼儿建构式课程［M］. 上海：华东师范大学出版社，2010.